南京大学材料科学与工程系列丛书

纳米结构材料科学基础

韩民 谢波 编著

科学出版社

北京

内 容 简 介

本书所讨论的纳米结构，是由纳米尺度(0.1～100nm)的构造单元所构成的材料和器件。它们具有与通常的宏观物质不同的奇异性质，并可以通过对纳米构造单元的基于物理、化学和生物过程的可控组装来设计与合成。本书包括以下五个方面：①纳米科学技术概览；②以原子团簇作为切入点对纳米效应进行基本的阐述；③纳米结构材料的制备、组装与加工；④基于扫描探针显微术的纳米结构表征；⑤纳米结构的电学、磁学与光学特性；⑥一种典型的纳米结构材料：碳基纳米结构的介绍。本书内容涵盖了从原子团簇到纳米结构薄膜的基本性质；从纳米结构的自组装到纳米加工和纳米结构表征方法；从原子所主导的表面效应到量子过程所主导的限制效应；特定纳米结构的应用和研究进展。

本书可供材料科学与工程、应用物理科学及相关专业背景的高年级本科生和研究生作为教材或教学参考用书。

图书在版编目(CIP)数据

纳米结构材料科学基础 / 韩民，谢波编著.—北京：科学出版社，2017.3

(南京大学材料科学与工程系列丛书)

ISBN 978-7-03-052250-4

Ⅰ. ①纳… Ⅱ. ①韩… ②谢… Ⅲ. ①纳米材料-结构材料 Ⅳ. ①TB383

中国版本图书馆CIP数据核字(2017)第053404号

责任编辑：张 析 高 微 / 责任校对：张小霞

责任印制：徐晓晨 / 封面设计：王 浩

科 学 出 版 社 出版

北京东黄城根北街16号

邮政编码：100717

http://www.sciencep.com

北京中石油彩色印刷有限责任公司 印刷

科学出版社发行 各地新华书店经销

*

2017年3月第 一 版 开本：720 × 1000 1/16

2018年1月第二次印刷 印张：18 1/2

字数：375 000

定价：69.00 元

(如有印装质量问题，我社负责调换)

前　　言

2000 年初，美国前总统克林顿发表了题为《国家的纳米技术战略》的著名国情咨文，“纳米科学与纳米技术”作为我们这个时代的一个标志性词组流行于世界。一般认为，纳米科技是 21 世纪前期最具影响力的主导科技，将对材料科学和微器件技术产生革命性的影响。有专家预言，纳米科学对人类社会的影响和冲击力将不亚于蒸汽机的发明，纳米科技的发展将导致新的工业革命。

尽管至今在大众传媒上，纳米科技还带有很多童话般的传奇色彩，但是纳米科技的研究对象却是明确而具体的，纳米科技可被定义为研究由尺寸在 0.1～100nm 之间的物质所组成体系的运动规律、相互作用，以及它们在实际应用中的技术问题的一门科学技术。而本书所论述的纳米结构，则正是纳米科技的物质载体。纳米结构，是由纳米尺度的构造单元所构成的材料和器件。它们具有与通常宏观物质不同的奇异性质，并可以通过对纳米构造单元的基于物理、化学和生物过程的可控组装来设计与合成。

纳米材料和纳米结构是当今材料研究领域中最富有活力、对未来经济和社会发展有着重要影响的研究对象，也是纳米科技中最为活跃的重要组成部分。对于纳米结构的研究开辟了认识自然的新层次，构筑起材料科学体系的新框架，也极大地丰富了物理、化学等领域的研究内涵。近年来，纳米结构和纳米材料研究取得了引人注目的成就。利用纳米尺度的新物性、新原理、新方法设计纳米结构材料和器件正孕育着众多新的突破。

纳米结构科学和技术是一个宽广的交叉领域，过去二三十年间其研究与开发活动在全球范围内经历了爆炸性的发展。关于纳米结构和纳米材料各个方面的性质和应用的研究成果早就已经难以包揽于单一的专著中，以至于出现了一系列大部头的百科全书或手册来总结纳米科学技术的进展。这些著作往往重于罗列种种文献报道研究进展，头绪众多，但是疏于总结归纳，导致初学者窥尽繁花，却往往不得要领。在国内，至今仍然缺乏适合初加入纳米科学研究行列者阅读的、对纳米科学的基本原理与技术做系统介绍的深浅适中的教材。

为了发展纳米科技，科学研究人员和工程技术人员需要了解支配纳米尺度物质的基本物理规律。从本质上说，这些物理规律依然包含于经典物理学和量子物理学的理论范畴中，纳米科学并未发展出一门新的物理学。一般来说，当接近原子尺度时，相关的物理定律由经典物理转变到量子物理。但量子物理早已成为原子分子物理、固体物理、化学等学科的基础。事实上，我们可以发现，关于纳米尺度的新效应，都可以在现有的物理学的基本理论框架下得以解释。但是，从宏观尺度到介观尺度，再到原子尺度，物质行为的演变在特定条件下的相关细节却是十分复杂的，当代物理学对此还只有一个宽泛的认识。在纳米尺度，一些现有的理论和方法将不再适用，这也为发现新的纳米效应带来了契机。

本书的出发点是为具有材料科学与工程学科和应用物理科学本科专业背景的研究生和高年级大学生在纳米科学技术研究中提供一本入门教材，其主旨是在对纳米效应及相关的物理概念理解提供指导，让读者了解到当物质尺度向着原子尺寸减小时所发生物性的变化。

本书作者自 2004 年起在南京大学讲授“纳米结构与纳米科学”课程，本书以讲课提纲为基础整理而成。本书以固体物理与表面物理的基本原理为基础，强调材料与器件小型化过程的尺寸与限制效应及其物理本质。在内容组织中，摒弃了常见纳米材料科学教材选定若干特定纳米结构材料与器件为主线展开的惯例，强调材料由大块到纳米尺寸的缩小过程，以及由原子分子到纳米结构单元的生长过程中原子组态与电子特性演变的普遍规律，以求解决纳米科学与技术的初始接触者往往把“纳米”仅作为一种尺寸概念，以尺寸大小作为判断“纳米材料与器件”的唯一依据的弊病。书中反复强调物理对象的缩放规则，以及缩放过程中物理定律与公式的适用性及物理性质的“经典”与“量子”演变。因此，本书对于“特征长度”给予特别的强调，并作为分析各种“纳米效应”的基本依据。

纳米科学技术发展至今，新材料、新器件、新方法层出不穷，但是基本上仍然可以由已有的几个基本的纳米效应加以解释。因此，本书起始，即将纳米效应的物理起源进行归纳整理，并以原子团簇作为切入点对纳米效应进行细致的阐述，着重强调几个关键因素：由尺寸减小导致的系统粒子数(原子分子数和电子数)由不可数到可数，空间范围从周期性边界条件可用到无周期性边界条件，以及由粒子序到波序的演化，由此引入几个基本的纳米效应：巨大表体比、分立能级的产生、量子限制与量子传输。在此基础上，本书引入特征尺寸作为纳米效应的区分界限，并成为一条主线贯穿于课程始终，在论述纳米材料的各种物理性质及其表征中，随时引入特征长度分析。

本书在写作中也注重与固体物理、统计物理及量子物理的衔接。纳米尺度的奇异性质本质上都是在现有的固体物理、统计物理和量子物理的基本原理与方法的基础上通过引入有限空间尺寸、有限粒子数以及量子化能级后而引申得到。因此，本书的主要章节都以对大块物质的宏观性质的回顾入手，通过分析纳米化导致的关键物理限制，从而推导出独特的纳米效应。希望通过这样的叙述风格，达到提纲挈领的效果，使学生易于融会贯通，并启发其对纳米效应的新思考。

本书由韩民统稿并撰写第 1～4 章、第 6 章、第 8～10 章，由谢波撰写第 5 章和第 7 章。南京大学现代工程与应用科学学院、固体微结构物理国家重点实验室对本书的撰写提供了重要的条件，谨志谢忱。

由于学识有限，书中难免有疏漏或不妥之处，敬请批评指正。

韩　民

2016 年 10 月

目　录

第1章　引　　言

1.1　纳米科技：一场可能的新产业革命

从石器时代开始，人类历史的发展经历了多次产业革命。石器时代始于距今二三百万年，止于距今6000～4000年。这个时代人类发展的文明水准，以制造和利用石制工具为特点。石器时代包含了人类进化过程中的第一次科技大范围传播。大约从公元前4000年至公元初年，世界各地相继进入青铜时代(中国在公元前3000年前已掌握了青铜冶炼技术，但一般认为公元前2000年左右，是中国青铜时代的上限。中国的青铜时代绵延1500余年，使中国成为人类古代文明形成的中心之一)。在青铜时代，青铜器在生产、生活中占据重要地位。青铜的出现，对提高社会生产力起了划时代的作用。当人们在冶炼青铜的基础上逐渐掌握了冶炼铁的技术之后，铁器时代到来了。铁器时代以能够冶铁和制造铁器为标志，是人类发展史中一个极为重要的时代。中国在战国初期，青铜器时代逐渐被铁器时代所代替。从青铜时代到铁器时代，工业生产的特征是工场手工业作坊。

18世纪60年代，瓦特研制出新蒸汽机；到80年代，瓦特制成联动式蒸汽机，推动人类社会进入“机器时代”。机器时代的到来，促使工场手工业作坊转变为机器大工业生产，改变了人们的生活和工作环境，形成了真正意义上的社会化大生产，也促进了采矿业、纺织业、冶金业及交通运输业的发展。蒸汽动力驱动的轮船和火车使交通运输更加便捷，世界各地的联系更加密切。机器时代的到来，代表了人类工业的一次重大变革，被称为第一次工业革命。工业革命创造了巨大生产力，使社会面貌发生了翻天覆地的变化，实现了从传统农业社会转向现代工业社会的重要变革。19世纪末20世纪初，电、电流、电磁感应、电磁波的发明和应用以及电力传输技术的发展，使电力取代了蒸汽动力成为广泛应用的能源和动力，电力技术开始广泛应用，电力工业、电气设备工业迅速发展，发电机、电动机、变压器、断路器以及电线、电缆等研究制造发展迅速，使人类社会生产力发展又一次实现重大飞跃，这次变革被称为第二次工业革命，人类由此进入电气时代。汽车和飞机的问世是第二次工业革命时期应用技术上的一个重大成就，内燃机的发明推动了石油开采业的发展和石油化学工业的产生。石油也像电力一样成为一种极为重要的新能源。

20世纪中期，半导体材料和技术兴起。半导体材料的研究推动了计算机的发展。到20世纪后期，进一步发展为微电子技术。硅作为最重要、应用最广泛的半导体材料，绝大多数的集成电路器件都是制作在高纯优质的硅抛光片和外延片上，成为支撑着通信、计算机与网络技术等电子信息产业的重要基础材料。砷化镓、氮化镓等作为性能优良的半导体材料，用于发光二极管、光探测器及半导体激光器的制备，推动了光电子技术、现代信息技术、移动通信、卫星通信等的高速发展。微计算机与通信技术的发展，使互联网迅速崛起，互联网通过计算机网络，以数字化的方式存储、处理和传播信息，突破了空间上的限制，使世界紧密连成一体，使工作效率极大提高，生活方式与社会交往方式发生极大变化，人类因此进入“信息时代”。

回顾“机器时代”以来的历次产业革命，可以看到，材料的发展变化在每一次产业革命中都起到了积极的推动作用。另外一个重要特征是，自18世纪后期以来，每个世纪都会出现2种基本的科技发明，成为巨大财富创造的主要源泉，如19世纪的纺织技术和铁路，20世纪的汽车和计算机技术。如图1.1所示，每一项这种技术都可在社会经济发展中持续100年的时间，包括前25年缓慢增长的导入期，中间50年线性高速增长的广泛采用期，以及后25年的增长饱和期。以计算机技术为例，1939年美国人Atanasoff和他的学生Berry完成第一台真空管电子计算机，电子计算机开始获得发展并投入实际使用。1969年出现第一个集成电路后，电子计算机技术开始获得迅猛的发展并延续至今，成为全球经济发展的主要推动力量。但最近已可看到，以个人计算机为代表的计算机产业已有增长变缓的趋势，预计于2025年前后进入增长衰退期。那么，2025年以后接替计算机技术成为全球经济增长主要驱动力的核心技术将会是什么呢？很多分析都指向纳米技术。纳米科技是在20世纪80年代末、90年代初逐步发展起来的前沿、交叉性新兴学科领域，由于它具有创造新的生产工艺、新的物质和新的产品的巨大潜能，因而它有可能在21世纪掀起一场新的产业革命。

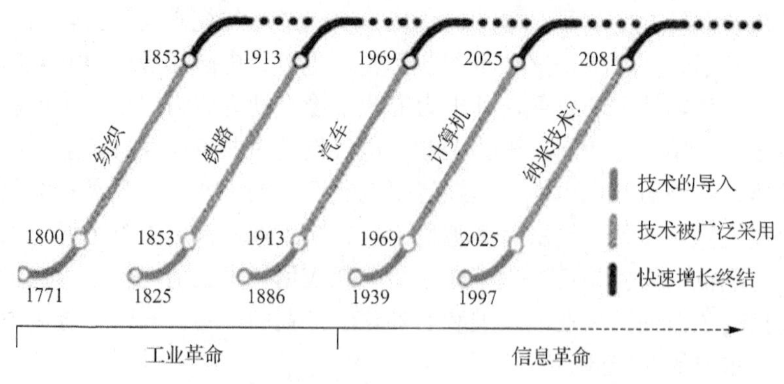

图1.1 技术革命的发展及其对工业经济的推动[1]

1.2 纳米的概念

纳米科技是关于纳米尺度物质的科学与技术。其中，“纳”是一个表示数量的词头，给出 10^{-9} 这一微小数量级。因此，用于长度上就是纳米，用于时间上就是纳秒，用于体积上就是纳升，用于质量上就是纳克。

“纳”是英语“nano”的音译，在台湾则译为“奈”。而“nano”这个英文词头则来自希腊语，原意是侏儒。因此可以认为“nano”最初是用来表示长度的，亦即“nanometer”，也就是“纳米”或“奈米”的意思。中文中还有一个与“nano”对应的词，即“毫微”，于是“毫微米”即“纳米”，“毫微秒”即“纳秒”。比“纳米”大的一个数量词头是“微”(micro-)，表示 10^{-6}，1 微米=1000 纳米。比“纳米”小的一个数量词头是“皮”(pico-)，表示 10^{-12}，1 皮米=10^{-3} 纳米。在表示长度时，物理学上还有一个与纳米接近的单位是“埃”(Å)，1 纳米=10 埃。埃与一般原子的直径相当。

与 nano 对应的一个大数词头是“-giga”，即“吉”(G)。nano 代表微小，为 10^{-9}，而 giga 代表巨大，为 10^{9}。因此，对于宏观物体，如果组成单元达到纳米尺寸，则组成单元的数密度将达到吉量级。从这个意义上讲，尺寸的减小，意味着数量的增加。相应地，如果组成单元达到微米尺寸，组成单元的数密度则为兆(M，10^{6})量级。以上尺寸与数量的逻辑关系，可以磁存储器件的发展为典型来说明。目前，计算机硬盘的面记录密度每年以 100%的速率递增。目前硬盘的存储介质为 Co 合金磁性层，提高硬盘记录密度要求 Co 合金磁性层的晶粒微细化，并保持均一化和低噪声化。2002 年，硬盘的存储密度为 30Gbits/in^{2}(1in=2.54cm)，其存储单元的直径为 50nm，Co 合金层厚度为 17nm，磁性层晶粒直径为 12nm。到 2010 年，硬盘存储密度达到 1000Gbits/in^{2}，或者说 1Tbits/in^{2}，其存储单元直径减小到 10nm，Co 合金层厚度减小到 6nm，磁性层晶粒直径则已达到 5nm。制作这样的磁性介质层需要纳米量级控制精度的成膜技术。随着存储密度的提高，存储单元尺寸减小，最后将达到磁存储的物理极限：单磁畴的铁磁性晶粒的热扰动随尺寸的减小而增大，导致存储稳定性成为很大的问题。为此，发展出一种新的磁记录模式——垂直记录介质。

纳米空间尺度的物理过程中，时间尺度往往达到纳秒(ns)量级甚至更短。因此，与纳米被用来表示微小的空间尺度相对应，纳秒表示的时间尺度极短暂，或速度极快。在表述高速过程时往往采用频率，其单位为赫兹(Hz)。1ns 的周期对应的频率是 1GHz。目前，微电子器件的典型线宽为数十到十余纳米，而运行频率则已达到 1GHz 以上，也就是说，微电子器件已进入纳米尺寸和亚纳秒速度的时代。

图 1.2 比较了一些不同尺度范围的典型物体。在毫米尺寸有蚂蚁等自然物及大头针等人造物，在微米尺度有头发、粉煤灰、白细胞与红细胞等天然物及微机电器件、X 射线波带板等人造物。而腺苷三磷酸合成酶、DNA、硅原子点阵等天然物与碳纳米管及其所构成的纳米管电极、纳米管、晶体管以及量子围栏等都属于我们所定义的纳米尺度物体的范畴。图 1.2 的中间一栏还比较了一些电磁波谱的波长范围。可以看到，红外光波长主要在微米尺度，软 X 射线波长主要在亚纳米尺度，而可见光和紫外光的波长则都位于纳米尺度。

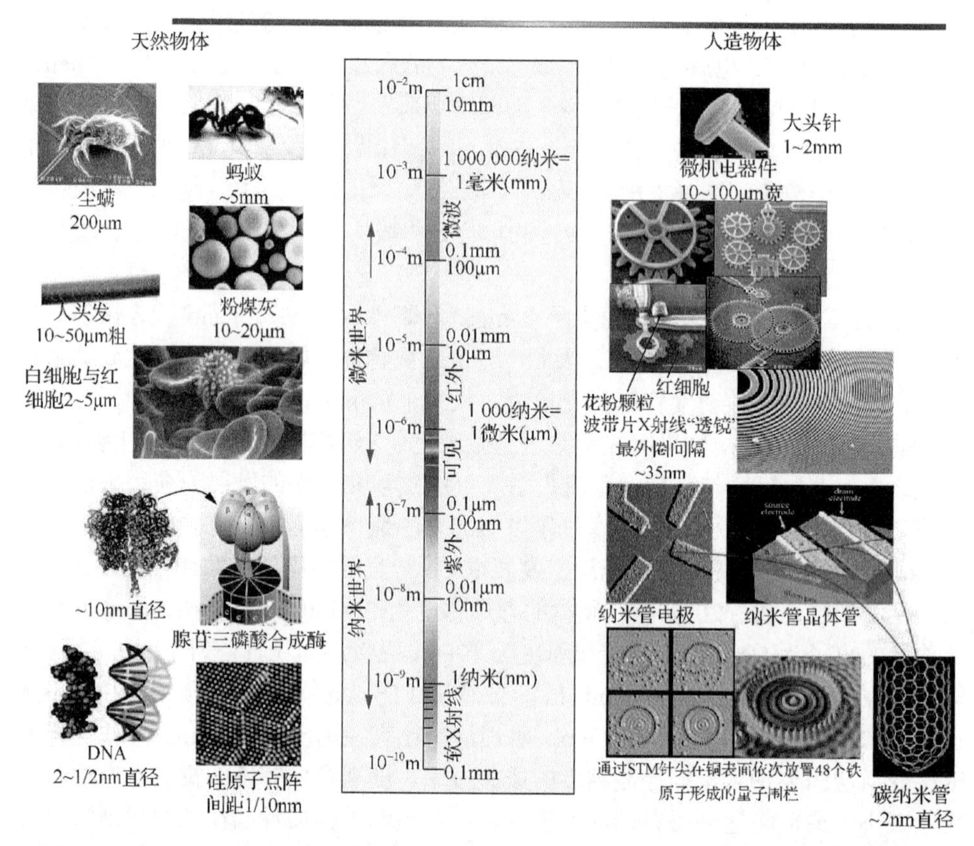

图 1.2　不同尺寸的典型的天然物体和人造物体。中间的标尺比较了不同波长的电磁波，从最短波长的软 X 射线到最长波长的微波

图 1.3 比较了不同尺度的物质层次及相应的观察手段。人眼可以直接观察毫米到米的尺寸范围；借助于常规的望远镜，人眼可以观察到公里的尺寸范围；而借助于常规的光学显微镜，人眼可以分辨微米的尺寸范围。在纳米尺度，常规的光学显微镜已失去用武之地，电子显微镜成为该尺度有效的观察工具。在亚原子尺度，则需通过高能加速器来探索原子核的结构。

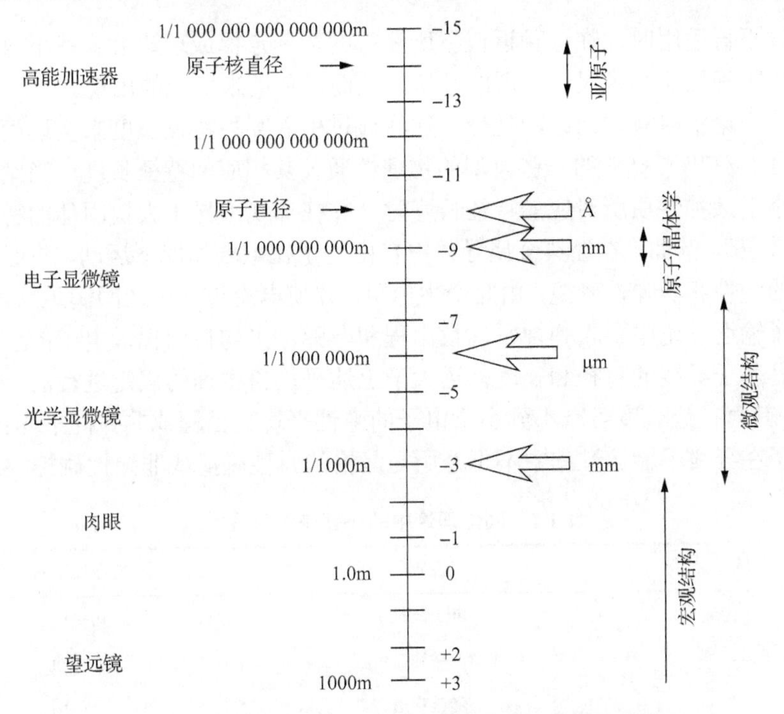

图1.3　各种物质层次的尺度范围及相应的观测手段

1.3　纳米尺度材料的新特性

材料科学有一个基本法则，即材料的结构决定材料的性质。对于纳米材料，纳米尺度的结构导致特定纳米效应的出现，由此决定了特定纳米结构的功能。

大量数目的同类原子或分子[例如，10^{23}个，这是人的感官能够不借助于仪器而对其性质(如质量、体积、颜色等)给出半定量估价的基本量级]被约束于特定的空间内并处于特定的条件(如温度、压力)下，可以以独立的原子或分子的形式而分散存在，构成气态；或者以相互凝聚的流体的形式存在，构成液态；或者以相互间处于固定平衡位置的固体的形式存在，构成固态。对于这三种状态的物质，在宏观的情形，可以通过考察孤立的单个原子或分子(即单粒子系统)，或宏观量(无穷多)的相互作用的原子或分子所认知。迄今科学家们所擅长的理论和数学手段，在处理单粒子系统或无穷多粒子系统(统计系综)时，都是水到渠成的。实际上，宏观物质各种性质的理论描述都是在无穷多全同粒子的假设前提下，经过一定的简化或近似，引入一定的边界条件或初始条件，并通过某种特定的统计分布计算得到的平均值。对于纳米尺度的物质，当空间尺度有限或粒子数有限，导致某种假设不再适用时，在这种近似下所获得的物理定律或理论公式就不再适用，因而不能正确描述纳米尺度物质的性质，从而导致纳米效应的出现。

固体理论中对特定问题的处理，往往通过引入某种特征长度来实现简化或近似。表 1.1 列出了材料的一些典型的物理性质及其相应的特征长度。当纳米结构的尺寸小于某种性质所对应的特征长度时，往往体现出异于大块固体的特性，即“纳米效应”。例如，在经典金属导体中自由电子在电场作用下运动，将经历大量与晶格的弹性和非弹性碰撞，由此产生电阻，并使电流与电压之间满足欧姆定律。经典电子输运理论中引入弹性平均自由程和非弹性平均自由程，电子的经典电导的推导是基于导线的直径和长度都远大于上述平均自由程的假定进行的。对于纳米导线，其直径或长度可减小到小于电子的弹性平均自由程或非弹性平均自由程，因此电子在导线中输运过程中不再经历与晶格的弹性碰撞或非弹性碰撞，这就使

表 1.1 固体理论中的一些特征长度[2]

领域	性质	特征长度/nm
电学	电子波长	10～100
	非弹性平均自由程	1～100
	隧道穿透	1～10
磁学	畴壁	10～100
	交换能	0.1～1
	自旋反转散射长度	1～100
光学	量子阱	1～100
	金属趋肤深度	10～100
超导	库珀对相干长度	0.1～100
	Meisner 穿透深度	1～100
力学	位错相互作用	1～1000
	晶界	1～10
成核/生长	缺陷	0.1～10
	表面褶皱	1～10
催化	定域成键轨道	0.01～0.1
	表面拓扑	1～10
超分子	初级结构	0.1～1
	次级结构	1～10
	三级结构	10～1000

得电子输运不再满足欧姆定律。同时，有限边界对电子运动的限制将导致分立能级的产生，电子传输过程中无非弹性碰撞使得其初始相位得以保持因而电子间量子干涉明显，这些都导致纳米导线有限温度的电导具有量子输运的特征。而当介电层厚度减小到1nm时，电子将在电极间产生量子力学隧道穿透，因此纳米尺度的电容器在一定的偏压下有隧道电流存在，从而在包含纳米电容器的电路中出现以单个电子电荷为单位的电流，即单电子输运。又如，当光学元件的尺寸小于瑞利衍射极限(约相当于光的波长)，基于光的远场行为的经典几何光学将不再适用，光学近场将对光传输起主导作用，导致基于经典几何光学的许多光学效应失效。当光纤弯曲的曲率半径小于光波长时，全内反射将不再被严格保持，因而光不再被约束于光纤中。

所以纳米结构的纳米效应本质上并不取决于其尺寸是否达到纳米量级，关键在于关于宏观尺度的物理学在什么尺寸下不再适用。例如，电子的隧道穿透的特征长度为1～10nm，事实上隧道穿透仅在1nm尺寸才能够有效发生，因此，即使电极间距减小到数十纳米，也不可能发生基于电子隧道穿透的单电子学现象。因此，只有当纳米结构的尺寸小于与我们所关心的物理性质(如电子态、电子输运、光传输等)对应的特征长度(如电子平均自由程、电子波长、光子波长等)时，才出现纳米效应。

一般而言，纳米结构材料具有纳米尺度的三大基本物理效应：①表面效应；②小尺寸效应；③量子效应。纳米结构具有大的表面-体积比或界面-体积比，位于表面或界面的原子占相当大的比例。表1.2列出了表面原子的百分数随纳米颗粒尺寸的变化(假定纳米粒子中原子间距为0.2nm)，对于20μm边长的立方体，表面原子仅占总原子数的0.006%，当立方体边长减小到200nm时，表面原子占总原子数的百分比增加到0.6%，而对于2nm边长的立方体，将有大约一半的原子位于表面。

表1.2　固态粒子的尺寸及粒子表面原子所占百分数[3]

立方体一条边上的原子数	表面原子数	总原子数	表面原子数与总原子数之比/%	典型的粒子及其尺寸
2	8	8	100	
3	26	27	97	
4	56	64	87.5	
5	98	125	78.5	
10	488	1000	48.8	2nm
100	58800	1×10^6	5.9	20nm(氧化硅胶体)
1000	6×10^6	1×10^9	0.6	200nm(钛白粉)
10000	6×10^8	1×10^{12}	0.06	2μm(轻质碳酸钙)
100000	6×10^{10}	1×10^{15}	0.006	20μm(绿茶末，粉笔灰)

随着结构单元尺寸的减小，表面/界面原子数比例急剧增加，表面能迅速增大。当直径小于 10nm，纳米粒子的比表面积总和将大于 $100m^2/g$。表面原子具有低的配位数，存在大量的悬挂键和不饱和键，并具有高的表面能，因而获得很高的活性，催化和吸附性能大大增强，并引起纳米粒子的表面原子输运和构型的变化，以及表面电子自旋构象和电子能谱的变化。一个典型的例子是金纳米粒子的催化活性。众所周知，黄金具有高度的化学稳定性。表面科学研究和密度函数理论计算表明，在 Au 的光洁表面，低于 473K 时不可能发生 H_2 和 O_2 的解离吸附，表明 Au 对于氢化和氧化反应是惰性的。然而研究发现[4]，直径小于 2nm 的金纳米粒子，对于许多反应，即使在低温下如一氧化碳氧化和丙烯环氧化反应也很剧烈。因此，金纳米粒子已经广泛地被应用于一氧化碳氧化反应中，其催化效果对粒子的大小有很强的相关性，2nm 的金纳米粒子对一氧化碳的氧化反应有最佳的催化效果，该尺寸的金纳米粒子可获得最大的总比表面积或台阶位数目。表面/界面效应的另一个著名的例子是纳米晶材料或纳米相材料。这是一种将具有清洁表面的纳米粒子在超高真空中实地施加超高压（～5GPa）而获得的体材料[5]。直径为 5～50nm 的金属纳米粒子构成的纳米晶金属，其强度和硬度往往远高于大晶粒材料。通常认为这是由于晶粒间界对位错运动起了阻碍作用：当晶粒尺寸减小，晶界数增加，位错运动变得困难，导致材料变硬。当晶粒尺寸为 5nm 以下，接近 50%的原子位于晶粒间界，因此晶粒间界的性质将主要影响材料性质。而在大块材料中，晶界所占的比例可以忽略不计。这就使纳米晶材料可具有与相应的大晶粒材料完全不同的性质，如通常陶瓷材料具有高的硬度，但不具有塑性，而纳米晶陶瓷不仅保持常规陶瓷的高硬度，同时也具有类似于金属的高塑性。

纳米尺度的另一个重要效应是小尺寸效应，即当纳米结构的尺寸小于表 1.1 所列的某些特征长度时，由于周期性边界条件被破坏，系统的粒子数或准粒子数变得有限，导致由这些粒子的协同效应所支配的光、电、磁、声、热等性质呈现异于大块固体的纳米特性。例如，铁磁体的纳米粒子具有超顺磁性，并具有异常高的矫顽力。又如，纳米粒子熔点大幅度降低，2nm 直径的金纳米粒子熔点可由大块金的 1337K 降到 600K。基于纳米粒子的粉末成型材料制备新工艺中烧结温度大大降低就是这种效应的直接受益者。

纳米结构体系的量子效应具有多方面的体现，是纳米超微器件的重要基础。对于金属纳米结构，量子效应可表现为著名的 Kubo 理论所描述的“量子尺寸效应”。对于宏观的金属体系，体系中的电子数趋于无穷：$N\sim10^{24}$，致使费米波矢 $\boldsymbol{k}_F$ 远大于电子许可态在 $\boldsymbol{k}$ 空间中的间隔 $\Delta\boldsymbol{k}$，$\Delta\boldsymbol{k}/\boldsymbol{k}_F\sim10^{-8}$，电子能谱 $\varepsilon(\boldsymbol{k})$ 为准连续。根据自由电子模型，能级间隔与总电子数成反比，即

$$\delta = \frac{1}{1/2g(E_F)V} = \frac{4}{3}\left(\frac{E_F}{N}\right) \tag{1.1}$$

式中，费米能量E_F与体系的尺寸无关。因此当金属纳米结构的尺寸减小，导致总电子数N变得有限时，能级间隔就会展宽，其直接效应是导致金属态到非金属态的转变。当能级间距大于热能、磁能、静电能、超导态的凝聚能时，就必须考虑分立能级的出现引起的量子尺寸效应，导致纳米结构材料的物理性质与宏观材料有很大的不同。例如，当金属纳米粒子处于足够低温度，使$k_B T \ll \delta$，$\delta \gg \hbar/\tau$（τ为电子在相应能级上的寿命)，同时不确定性原理造成的能级展宽远小于能级间隔的大小，电子在相应能级上有足够长的寿命，量子尺寸效应就会体现出来，金属纳米粒子会呈现电绝缘性。对于金属银，当纳米粒子直径为 14nm 时，在 1K 温度下就能观察到量子尺寸效应。

对于半导体纳米结构，载流子在空间的三个维度都受到约束，导致零维的“量子点”。当量子点的直径a小于电子和空穴的玻尔半径(a_e，a_h)，即$a \ll a_e$，a_h时，电子、空穴和激子等载流子的运动将受到强量子封闭性的限制,导致其能量增加。由于能量的增加，原来的带隙展宽，在强量子限制下，相对于价带顶的导带的能量成为

$$E_{nlm} = E_g + \frac{h^2 \boldsymbol{k}_{nl}^2}{2m_e} \tag{1.2}$$

式中，E_g为体材料的能带间隙；m_e为电子有效质量；n,l,m=1,2,3,…，为三个量子数；$\boldsymbol{k}_{nl}$为分立波矢。电子结构将从体相的连续能带结构变成准分立能级。这种效应称为量子限制效应。量子限制效应将使半导体量子点的有效带隙增加，光吸收边和光致发光的波长随尺寸的减小向短波长方向移动，在短波长半导体激光器和半导体显示器件方面具有重要应用。特别是对于硅材料，通过控制量子点的尺寸、形状和结构，可调节其电子结构，使得体材料中辐射跃迁被禁戒的动量选择定则发生改变，从而在室温下产生高效率的光致发光和电致发光特性，开辟了硅系半导体器件的光电集成的途径，在微电子工业界引起了巨大的关注。

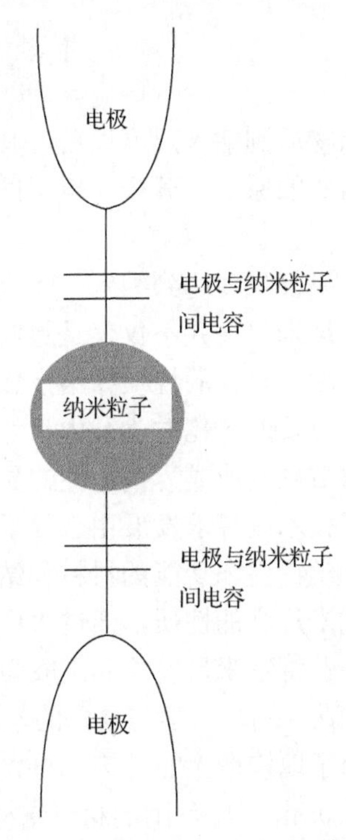

图 1.4 测量单个量子点的 *I-V* 曲线的等效电路。量子点与电极间的电容由纳米粒子表面的绝缘钝化层构成

“量子点”体系中其他具有重要量子效应的是“库仑阻塞”和“单电子隧穿”。如图 1.4 所示，一个纳米粒子(量子点)与一对电极通过电容(即在量子点与电极之间插入绝缘材料薄层，这层绝缘材料在电极和量子点间形成一个隧道结)连接起来，使得可以通过电极对量子点加减电压。如果一个电子通过隧道穿透由电极输入到量子点上，量子点就具有 $E_c=e^2/(2C)$ 的静电能，其中 C 为量子点的等效电容。这个能量称为库仑阻塞能。库仑阻塞能对一个后继的电子形成库仑排斥，只有当外加的电压增加 $U_c=e/2C$ 使得库仑阻塞能被抵消时，第二个电子才能通过隧道穿透到达量子点。这种效应将导致对一个量子点的充放电过程，电子不能集体传输，而是一个一个单电子的传输，量子点上的电荷的充放是量子化的，所以将这种过程称为单电子隧穿(SET)过程。量子点的尺寸越小，电容 C 也越小，库仑阻塞能 E_c 就越大。如果测量量子点的充放电电流随外加电压的变化，就会得到阶梯状的 I-V 曲线。利用库仑阻塞和单电子隧穿效应，可以构成单电子晶体管和量子开关，它们是纳米结构器件的关键单元，对于新一代微电子器件具有重要意义。

1.4　纳米科学与技术

当物质到纳米尺度以后，其性能往往会发生突变，出现特殊性能，既不同于原来组成的原子、分子，也不同于宏观物质，具有这种特殊性能的材料，即为纳米材料。

如果仅尺度达到纳米，而没有特殊性能的材料，并不能称为纳米材料。也就是说，纳米尺度并不仅仅是趋向小型化的一个步骤，这是一个本质上新的尺度，在此尺度，材料的性质如熔点、电导等，与大块材料的特性有显著的不同。性能上的最重要的变化并不是由尺寸减小的数量引起的，而是由在纳米尺度观察到的新现象被激发或成为决定性的显著现象而引起的。纳米科学寻求了解这些新性质，而纳米技术则寻求发展由于处于纳米尺寸而体现出优异和显著增强的物理、化学和生物学特性和功能的材料和结构。纳米科学与纳米技术的目标是了解并预知物质在纳米尺度的性质，通过“由顶向下”或“由底向上”的途径制造纳米尺度的单元，并将纳米尺度单元集成为宏观尺度的物体或器件，以获得实际应用。

因此，纳米科学与技术的本质是在分子层次，通过新的组织形式，一个原子、一个原子地构造大的结构，与大约 0.1nm 大小的孤立原子以及大块材料相比，在 $10^{-9}\sim10^{-7}$m 尺度范围的材料结构和特性呈现出重要的变化。纳米技术关心的是由于尺度处于纳米尺寸而在物理、化学和生物性质、现象和过程中呈现出显著增强和优化的材料和系统。其目的是通过在原子、分子和超分子的层次获得对结构的控制而探索这种性质并研究有效的制作和使用这些器件的方法。维持稳定的界面并在微米尺度和宏观尺度集成这些纳米结构是所有纳米技术成功的关键。

纳米科学与技术是以许多现代先进科学技术为基础的科学技术，它是现代科学(固体物理、量子力学、介观物理、分子生物学)和现代技术(计算机技术、微电子和扫描隧道显微镜技术、微加工技术)结合的产物。纳米科学与技术又将引发一系列新的科学技术，如纳电子学、纳米材料科学、纳机械学等。

随着纳米技术的发展，出现了许多以“纳米”相标榜的产品。例如，市场上曾经出现过“纳米冰箱”，其所以被称为“纳米冰箱”，乃是因为冰箱的外壳涂敷了某种纳米粉，便于清洁卫生，在制冷与保温体系上并未实现任何与纳米技术相关的进步。因此，购买这款“纳米冰箱”，就颇有点“买椟还珠”的味道。因为，冰箱的本质功能是制冷与保温，一个表面清洁的盒子并不能被称为冰箱。那么，如何通过纳米技术来改进冰箱的制冷性能，实现真正的“纳米冰箱”呢？一项有前途的技术是采用基于纳米材料的“热电”器件取代常规的制冷机，实现高效率和轻便化。在典型的热电器件中，p 型和 n 型半导体材料间形成结。当结上有电流通过时，器件起帕尔帖热泵的功能，将电能转换为温差。而当将结沿温度梯度放置时，器件成为塞贝克发电机，将温差转变为电势差。在上述两种情形，热电器件的性能取决于材料的热电品质因素 ZT(thermoelectric figure of merit)即热电系数 Z 与绝对温度 T 的乘积。热电系数 Z 可表示为

$$Z=\sigma\alpha^2/\kappa \tag{1.3}$$

式中，α 为塞贝克系数(热电功率)；σ 为电导率；κ 为热导率。其中，$\sigma\alpha^2$ 被称为功率因子，用 P 表示，即 $P=\sigma\alpha^2$。常规固体中，热电品质因素的增加受到一个本征限制：增加塞贝克系数通常导致电导的减小，而电导率的增加同样导致电子贡献的热导率增加。因此，改变 σ、α、κ 三个输运系数中的任何一个都会使其他输运系数向反方向变化，因而 ZT 很快趋于极限，最终并不会产生显著的变化。

纳米结构则是高效热电能量转换的理想候选材料，这是因为在纳米结构中电荷的量子效应和热载流子的尺寸效应是独立起作用的。电荷载流子的量子限制效应可使材料由于费米能级处能态密度的增加而获得增强的电导率和塞贝克系数，另外，热载流子在界面散射的增强导致纳米结构的热导率有很大的减小。功率因子 $\sigma\alpha^2$ 增加和热导率减小的联合效应导致大的热电系数 Z。

1.5　纳米科技的历史

纳米科技是在 20 世纪 80 年代末、90 年代初逐步发展起来的前沿、交叉性新兴学科领域，由于它具有创造新的生产工艺、新的物质和新的产品的巨大潜能，因而它有可能在新世纪掀起一场新的产业革命。

在此之前，人们只注意原子、分子或者宇宙空间，通常忽略纳米尺度这个中间领域，但是纳米结构与纳米效应实际上大量存在于自然界，只是以前没有认识到这个尺度范围的性能。例如，通过静电纺丝技术制备纳米纤维是近十几年来纺织材料领域的一项重要技术发展，如图 1.5(a)所示，聚合物溶液或熔体在强电场中进行喷射，在电场作用下，针形喷头处的液滴会由球形变为圆锥形(即“泰勒

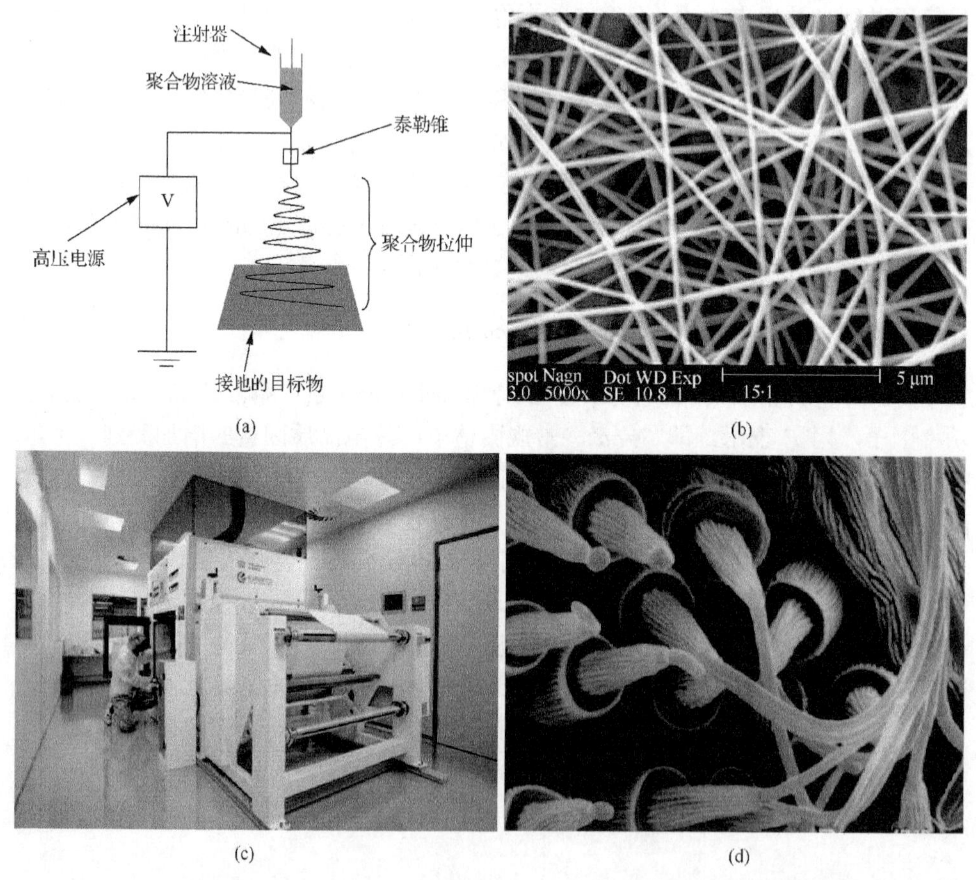

图 1.5　(a)静电纺丝工艺的示意图；(b)通过静电纺丝工艺制备的聚合物纳米细丝扫描电子显微照片；(c)世界上首台纳米纤维纺丝机——纳米蜘蛛；(d)蜘蛛丝腺筛状微管纺出的 20nm 直径纳米纤维

锥”)，并从圆锥尖端延展得到纤维细丝。通过这种方式可以生产出纳米级直径的聚合物细丝[图 1.5(b)]。2003 年，捷克利贝雷茨技术大学与 Elmarco 公司合作，研制出世界上首台纳米纤维纺丝机[图 1.5(c)]。其纺丝过程中将纺丝电极置于聚合物溶液内，通过电极的旋转，聚合物溶液在电极表面覆盖一层薄的液层，将该体系置于高压电场下，将施加电压升高到临界值后，电场力克服液体的表面张力和黏弹力，在电极表面的液层上形成很多突起，类似针头电纺中的泰勒锥，然后被进一步拉伸成一束束的射流，落在接收材料表面得到纳米纤维。这台机器被命名为“纳米蜘蛛”。事实上，“纳米蜘蛛”只是实现了自然界蜘蛛的吐丝与织网功能。如图 1.5(d)所示，蛛丝由蜘蛛腹部的丝腺分泌并形成，丝腺分泌一种胶状丝浆，而丝浆则在喷丝口与蛋白质融合反应，形成蛛丝。 蛛丝的直径约 20nm，蛛丝是自然界最理想的纤维材料之一，以高强度、高韧性著称，强度竟然超过所有其他天然纤维，甚至连以坚韧著称的钢丝和凯夫拉纤维都望尘莫及。蜘蛛借助蛛丝捕捉猎物、储存食物和繁殖后代。

图 1.6(a)显示了壁虎脚趾的结构。在放大镜下观察，可以看到壁虎的脚趾上有大量突起的纹理，对这些纹理进行光学显微镜观察，可以发现，这些纹理包含数百根刚毛，进一步用电子显微镜观察这些刚毛，可以发现每根毛上又分出几百个大约 200nm 粗的尖端。壁虎脚趾与表面接触时，每个尖端与表面之间产生微弱

图 1.6　(a)壁虎的脚趾、脚趾上的刚毛(光学显微镜照片)、细毛上的纳米毛(电子显微镜照片)；(b)对壁虎脚趾进行仿生研制的壁虎机器人

的分子间引力，尽管单个分子间引力很小，但会把表面与毛尖端紧紧地拉在一起。这个引力乘以数百万倍，就产生了支撑壁虎身体的附着力。2006 年，美国斯坦福大学科学家对壁虎脚趾的纳米构造进行了仿生学研究，设计研制了仿真吸力手，并制造出壁虎机器人，能在光滑如镜的垂直玻璃墙壁上行走如飞。壁虎机器人能代替人类来执行反恐侦查、地震搜救等“高难度”的任务。军方希望能够进一步开发产品，为特种作战的士兵提供爬行手套和爬行服装。

不仅在自然界纳米结构与纳米效应大量存在，人类在社会生产和生活中其实也早已实现纳米结构的制备与纳米效应的应用。图 1.7 显示了在中国被普遍用于建筑、艺术品、宫殿建筑的金箔及其反复捶打而成的制作过程。中国金箔以金陵制造最为有名。金陵金箔厚度已达数十纳米，甚至呈半透明。1g 金可制作 0.47m^2的金箔，1 盎司金则可制作 1.5 亩(1 亩=666.67m^2)的金箔。除了金箔，还可制作金线，1 盎司金可制得 105km 长的金线。

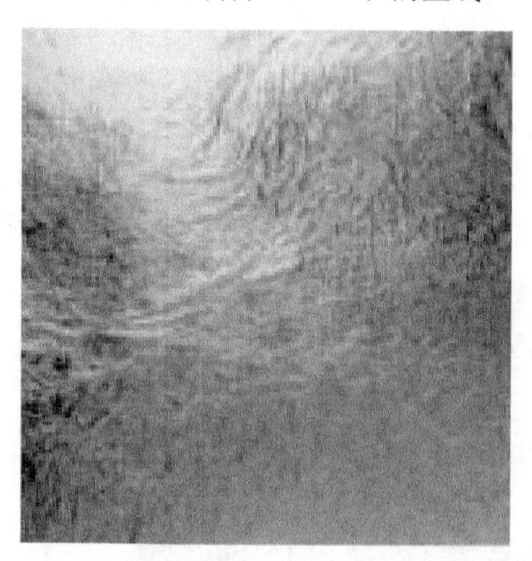

图 1.7　金箔及其制作过程

通过机械延伸的方法制作的金属纳米线也早已被用于科技产品上。沃拉斯顿(Wollaston，1766～1828 年)是英国化学家兼物理学家，他发明的沃拉斯顿线直径为数百纳米，被用于悬丝静电计、保护精密仪器的熔断器。沃拉斯顿线的制作步骤如下：在直径为 5mm 的银棒轴心贯穿一个直径为 0.5mm 的孔，将直径为 0.5mm 铂丝穿入银棒孔中，然后对银棒用金刚石模具拉伸，使银棒外径缩小到 0.5mm，同时铂线外径也同比缩小到 50μm。再将银棒穿入另一轴心贯穿 0.5mm 孔道的 5mm 外径银棒，并同法拉伸，由此可得到包裹于 50μm 粗银线轴心内的直径为 0.5μm 的铂线。将银线两端蘸石蜡，投入硝酸溶液溶去银，用镊子夹持蜡，另一端蜡的重量则使铂纳米丝保持悬垂，便于进一步的工艺安装。

古代对于纳米效应的另一个著名的应用例子是将贵金属纳米粒子嵌于玻璃中，在光照下呈现各种色彩。这项技术自中世纪以来，在欧洲就被大量应用。金属对各种可见光通常是强反射体，因此，金属除了用于反射镜，难以有其他光学应用。但贵金属(Au、Ag 等)纳米粒子在可见光波长会产生表面等离激元共振，使得共振频率的光发生强烈的散射或吸收，而对于非共振频率的光则呈透明。表面等离激元共振频率随金属的种类、纳米粒子的大小、形状、分布密度及纳米粒子所处的环境介质而变化，因此可通过改变这些参数使纳米粒子对不同波长的可见光产生散射和透射。欧洲很早就认识到这种效应，通过在玻璃中嵌埋不同的纳米粒子来调制其颜色。这项技术最普遍的应用是教堂窗玻璃上的宗教画的制作(图1.8)。这种宗教画在欧洲教堂随处可见。从教堂外部看，各玻璃窗是阴暗的，并不能看到任何图案，但是从教堂内部对着天空看，就可以从窗玻璃上发现鲜艳的宗教图案，这种鲜艳的色彩正是玻璃中嵌入的贵金属纳米粒子对可见光的选择性共振散射和透射产生的。1856 年，法拉第最早研究了金属纳米粒子对光的散射[6]。目前，金属纳米粒子的表面等离激元共振受到研究界的高度重视，成为纳米光学的重要组成部分，并在多个领域产生了重要的应用。

图 1.8　一座欧洲中古教堂及其窗玻璃上的宗教画。其鲜艳的颜色是贵金属纳米粒子对可见光的表面等离激元共振散射产生的

当代纳米科学技术的发展正是从纳米粒子的制备与研究开始的。1861 年，Thomas Graham 对 1～100nm 尺寸的胶体进行了描述，随后，瑞利、麦克斯韦、

爱因斯坦等都对胶体进行了研究。1930年，Langmuir和Blodgett发展了单分子膜的制备技术，制备出厚度约为2nm的硬脂酸[$CH_3(CH_2)_{16}COOH$]单分子层，这项技术直到1990年代还被广泛用于单分子膜的制备。1960年，Uyeda通过电子显微镜和电子衍射对纳米粒子进行了研究，亚微米尺寸的纳米粒子也开始被通过电弧法、等离子体、化学火焰炉等方法制备出来。1970年，亚微米的磁性合金粒子被用于磁带的生产。从20世纪60年代末开始，包含100个以下原子或分子的团簇开始被研究，20世纪80年代初，多种团簇束流产生技术被发明，关于原子团簇的研究开始系统展开，并促进了纳米科学的发展。1976年，第一届小粒子与无机团簇国际研讨会召开，成为最早的纳米科学系列国际会议并延续至今。

1981年，Rohrer和Binnig宣布发明了扫描隧道显微镜(STM)，该装置通过对显微镜针尖与表面之间的量子隧道电流的探测来实现表面原子分辨的显微成像，首次在实空间实现了固体表面原子的成像，为纳米尺度的表面结构研究提供了极为重要的手段。这成为纳米科学早期发展的一个标志性事件。发明者在五年后获得诺贝尔物理学奖。

1985年，Smalley、Curl和Kroto等发现了由60个碳原子组成的球笼状结构——巴基球，这一碳的新形态又被称为巴克敏斯特富勒烯(Buckminster fullerene)。Smalley等于11年后获得诺贝尔化学奖。

1986年，在STM的基础上，发展出原子力显微镜(AFM)。AFM具有类似于STM的空间分辨率，却不局限于导电表面探测，因此较STM具有更广泛的应用范围。AFM随之成为纳米结构表征不可缺少的手段，极大地促进了纳米科学的发展。

1987年，荷兰与英国的研究组首次观察到电导量子化现象：在半导体异质结材料上制作裂栅结构，通过栅电压约束电子沿一维通道运动，通道宽度通过改变栅极电压而调节，发现电子沿一维通道传输的电导随着栅极电压的增大而阶梯地增加，并且相邻电导台阶之间的高度差为$\Delta G=2q^2/h$，也就是说电导是量子化的。这一发现表明，纳米电子学不仅是缩小电路的尺寸，而且会产生不同的新效应。

1989年，IBM公司苏黎世实验室的科学家首次通过扫描隧道显微镜针尖一个一个地移动氙原子，并精确地放置到低温表面，用35个氙原子形成了“IBM”字样[图1.9(a)]，成为当时世上书写的最小字母。随后，1993年，位于美国加利福尼亚州Almaden的IBM研究中心的研究人员，在4K温度下用扫描隧道显微镜(STM)搬迁清洁的Cu(111)表面的铁原子，将它们排成一个由48个原子组成的圆圈，并显示分立的铁原子围住圈内处于Cu表面的电子，形成“量子围栏”[图1.9(b)]。

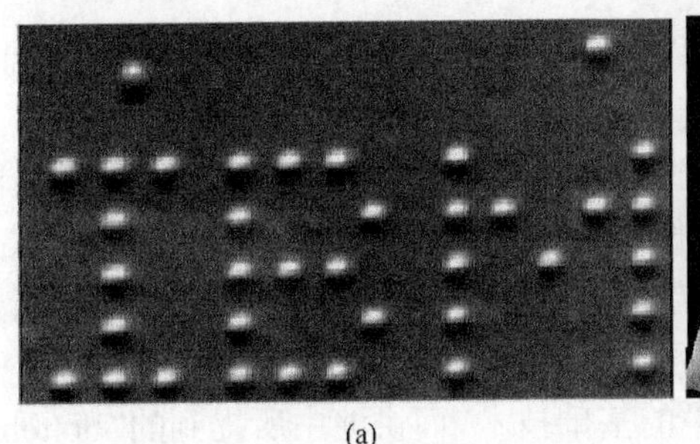
(a)

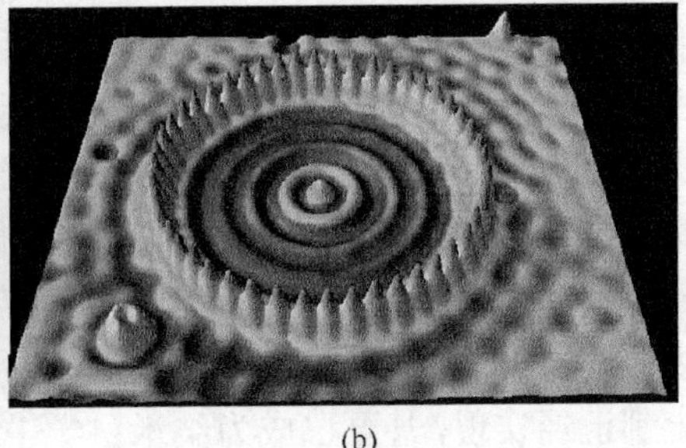
(b)

图 1.9 (a) STM 针尖搬动 35 个氙原子形成的“IBM”字样；(b) 扫描隧道显微镜下的 48 个铁原子在铜的表面排列成直径为 14.3nm 的圆圈，构成一个“量子围栏”，图中反映的是电子密度的高低，围栏内是电子密度波的驻波

1991 年，日本科学家饭岛澄男发现单壁碳纳米管，具有异常的强度及电学性质。碳纳米管受到广泛的研究，成为最有吸引力的纳米材料。

1993 年，在美国 Rice 大学建立了第一个专门从事纳米技术研究的纳米技术实验室。纳米技术开始确立了其在学术界的地位。

2000 年，美国总统克林顿宣布启动国家纳米技术促进计划(NNI)，投入 4.22 亿美元用于纳米技术研究，表明美国政府意识到纳米技术对于国家的战略重要性。随后，各国相继启动类似的纳米技术发展计划，纳米技术开始进入公众的日常语汇，纳米科学研究在全球范围内蓬勃开展起来。

在纳米科学技术的发展历程中，有三个人物对于该领域的兴起与成长起了重要的推动作用。首先需要提到的是理查德·费曼，他被认为是爱因斯坦之后最睿智的理论物理学家，提出了费曼图、费曼规则和重正化的计算方法，使其成为量子电动力学和粒子物理学不可缺少的工具，因此于 1965 年获诺贝尔物理学奖。现代纳米技术和纳米材料的起源可以追溯到费曼于 1959 年在美国物理学会年会上的讲演“底下的空间还很大”(There's Plenty of Room at the Bottom)[7]。在这篇讲演中，他提到：“我现在想描述一个目前所做还很少的领域，但是理论上有巨量的东西可以做。这个领域和其他的领域大异其趣，它不会替我们解答基本物理的问题(如奇异粒子是什么)，它比较像是固态物理学，也就是说它会极有兴趣地告诉我们在复杂状况下所发生的一些奇怪现象。而且最重要的是，它将会有惊人数目的科技应用。”这个领域就是“有关在一个小尺度下来操运和控制东西的问题”。“在这项技术底下还有一个极度小的世界。到公元 2000 年，当人们回顾这个世代，他们会不知道为什么到 1960 年，还没人认真地开始朝这个方向走”。他说：“今天我演讲的题目是‘底下的空间还很大’，而不只是‘底下还有空间’。……我要说明在那之下到底还有多少的空间。我现在讨论的不是其技术，而只是讨论其在理论上的可行性。也就是说依据物理的原理所可能达到的。……如果物理的法则是我们现在所想的模式，那么在此模式下我们有可能做到什么事”。他进一步设想：“我们为什么不能把全套 24 册的《大英百科全书》全写在大头针的针头上”，并讨论了具体的实现方案，提出发展更强的电子显微镜的方案、开发微型计算机的方案、制备微小器件的方案、纳米制造的方案甚至原子重排的方案。费曼的这个讲演不仅启示人们小尺度的科学技术大有可为，而且为以后纳米科学的发展指定了主要的方向，成为纳米科技的行动纲领。事实上，费曼讲演中的一系列预言基本上都已经实现，甚至已成为纳米科学中的基础技术。而讲演中所提到的“bottom”一词，也已成为纳米科技中表示直至原子层次的小尺度的专门词汇。这篇讲演使得费曼成为公认的“纳米科学之父”(the father of nanotechnology)。

Smalley 是富勒烯的发现者，并因此获 1996 年诺贝尔化学奖。他也是超声团簇束流激光光谱研究领域的顶尖专家，发明了脉冲激光蒸发团簇束流源，为其发现富勒烯提供了基础。获得诺贝尔化学奖之后，Smalley 成为纳米技术领域的坚定支持者，期待以纳米技术的发展来解决类似能源危机那样的全球性问题。1999 年，Smalley 在美国众议院关于《国家纳米技术促进计划》的听证会上说，“这些小小的纳米级家族成员，以及将它们组装并加以控制的技术——纳米技术，将使我们的产业和生活发生革命性的改变。”Smalley 的努力促成了美国国家纳米技术促进计划的设立，而正是该计划启动了全球纳米科技的研究高潮并保持至今。同样是在 Smalley 的努力下，美国国会批准并创建了国家纳米技术研究中心，成为国际纳米科技的重要研究机构。2005 年 Smalley 过世后，该研究中心被命名为 Richard E. Smalley 纳米尺度科学技术研究所。Smalley 是纳米技术领域最杰出的代言人之一，并被称为“纳米技术的始祖”(Grandfather of Nanotech)。

在纳米科学的兴起中，还有一个特殊的人物：德雷克斯勒，他也被称为“纳米技术教父”，甚至是“纳米技术”这个术语的创造者。但他之所以被公众所熟知主要是因为其畅销书成为大众科学读物，而其专业领域——分子纳米技术(MNT)，后来的发展则并不算太成功。1986 年，德雷克斯勒出版了《创造的引擎：纳米技术时代的到来》，正式提出了“纳米技术”(nanotechnology)这一词汇。该书的畅销对大众了解纳米技术起了重要的作用。1991 年，德雷克斯勒出版了第二本大众科学读物《坚定的未来》(*Unbounding the Future*)，进一步强化了大众对于纳米技术的热情。有人评论说：“德雷克斯勒抓住了人们，尤其是年轻人的想象力，他让人们接受了小东西可以有大作为的想法，并且走得更远。”在德雷克斯勒的上述著作中，还提出了一个广受争议的论题——纳米机器。纳米机器由装配器、分解器、纳米计算机组成。“装配器”(assembler)是一种用来执行机械动作的纳米级装置，通过原子的抓取和放置，这种人造的分子大小的纳米机械能够像人体内的蛋白质和酶一样，制造出任何东西，如电视机和计算机——当然，也包括它们自己。“分解器”(disassembler)与装配器功能相似，但其功能是将物质分解而不是合并在一起。复制器是一种可自身复制的专门的装配器。纳米计算机是能够对装配器、分解器和复制器传达工作指令的纳米级装置。科学家给这种可能蔓延成灾、数目巨大的纳米机械起了一个名字：灰色黏质(grey goo，也称为灰胶)。无数的自我复制纳米装配器制造了无数自身的复制品，这个过程将毁灭地球。这个对于纳米科技未来的设想曾引起了广泛的争论。尽管德雷克斯勒在纳米科技领域的专业研究后来并不算成功，但他确实启发了人们对于纳米科技的无穷想象，鼓舞了一代化学家，计算机学家和工程师专注于纳米科技。

纳米材料和纳米结构是当今新材料研究领域中最富有活力、对未来经济和社会发展有着十分重要影响的研究对象，也是纳米科技中最为活跃、最接近应用的重要组成部分。近年来，纳米材料和纳米结构取得了引人注目的成就。研究纳米材料和纳米结构的重要科学意义在于它开辟了人们认识自然的新层次，在纳米领域发现新现象，认识新规律，提出新概念，建立新理论，为构筑纳米材料科学体系新框架奠定基础，也将极大丰富纳米物理和纳米化学等新领域的研究内涵。利用新物性、新原理、新方法设计纳米结构器件以及纳米复合材料正孕育着新的突破。纳米材料制备和应用研究中所产生的纳米技术将成为本世纪的主导技术，带动纳米产业的发展。

纳米科技的兴起，对我国提出了严峻的挑战，也为我国实现跨越式发展提供了难得的机遇。2001年年初，国家成立了纳米科技指导协调委员会，负责组织协调全国纳米科技的研究开发力量，制定有关发展规划。当年7月，国务院批准了《国家纳米科技发展纲要》。自此，我国的纳米科技发展规划框架已经形成。中国政府、科学家及企业界广泛关注纳米科技这一新兴的学科领域，经过二十余年的发展，目前，中国纳米科学技术在前沿基础研究、应用与成果转化、基础设施建设等方面都取得了一系列重要进展，已成为世界纳米科技研发大国，部分基础研究已跃居国际领先水平。

参 考 文 献

[1] Poire N, Lynch M.Nanotechnology:The tiny revolution.Red Herring,2005,5:1-12.

[2] Murday J S. The coming revolution:science and technology of nanoscale structures.The AMPTIAC Newsletter ,2002, 6(1): 5-10.

[3] Hosokawa M, Nogi K, Naito M, et al. Nanoparticle Technology Handbook. Oxford: Elsevier B.V, 2007 .

[4] Haruta M. When gold is not noble: Catalysis by nanoparticles. Chemical Record, 2003, 3(2): 75-87.

[5] 王广厚，韩民. 纳米微晶材料的结构和性质. 物理学进展, 1990, 10: 248-282.

[6] Faraday M. The Bakerian lecture: Experimental relations of gold (and other metals) to light. Phil Trans Royal Soc (London)，1857, 147: 145-181.

[7] Feynman R P. There's plenty of room at the bottom. Journal of Microelectromechanical Systems, 1992, 1(1): 60-66.

第2章 团簇物理

特定数目的质子和中子在核力作用下构成特定的原子核，并可能稳定存在。而荷正电的原子核及其周围的与核电荷数相当的电子在库仑引力约束下也能够稳定存在，构成特定的原子。原子之间通过得失或共享电子形成键。特定的原子通过特定数目的键与异类或同类原子形成稳定结合，构成分子；或者宏观量数目的原子或分子通过各种形式的键相互结合，构成固体等凝聚物质。这是20世纪物理学对于物质结构层次的基本认识，这种认识也是至今物理、化学等学科发展的重要基础。

大量数目的同类原子或分子[如10^{23}个，这是人的感官能够不借助于仪器而对其性质(如质量、体积、颜色等)给出半定量估价的基本量级]被约束于特定的空间内并处于特定的条件(如温度、压力)下，可以以独立的原子或分子的形式而分散存在，构成气态；或者以相互凝聚的流体的形式存在，构成液态；或者以相互间处于固定平衡位置的固体的形式存在，构成固态。固态、液态和气态是以原子、分子为基元的三种稳定聚集状态。

在20世纪80年代之前，主流的物理学和化学给人们提供的关于物质结构和状态的基本知识就是如此。因为，在人类生存的常规条件下，人的感官所接触的无非就是固、液、气三种状态，而这三种状态的物质在宏观的情形可以通过考察孤立的单个原子或分子，或宏观量的相互作用的原子或分子所认知。而迄今科学家所擅长的理论和数学手段，在处理单粒子系统或无穷多粒子系统时，都是水到渠成的。

然而，当受到约束的原子或分子数目是可数但并非单一时，我们对于这类系统的认识就是非常有限的，至少在20世纪80年代以前是如此。主流的物理学和化学似乎有意忽视了这样一个层次。事实上，以现有的科学手段，不论是实验观测还是数学推演，在这一层次的研究中其能力都要局限得多。

然而这样一个层次不可能被一直忽略下去的，正如费曼所说：底下的空间还很大(There’s Plenty of Room at the Bottom)。当人类的生存空间和认知空间随着现代科技的发展以及由此带来的现代工业的发展变得越来越局促时，一个新的融合了物理学、化学以及最近包含生物学的交叉学科——团簇科学，首先在这个层次上发展起来，并且为随后产生的纳米科学提供了重要的基础。

2.1 原子团簇的概念

团簇来自英文的“cluster”。原子团簇是指由有限数目的原子或分子(基元)通过相同大小的金属键、共价键、离子键、氢键或范德华键相结合所构成的集团，团簇中所含的原子或分子的数目可以从 3 个到上万个，其空间尺寸可以从几埃到几纳米。因此团簇在尺度上大于典型无机分子却仍远小于大块固体或宏观微粒(所谓大块，这里是指体系所包含的原子数足够大，因而其结构和性质与由无穷多原子所构成的体系相同，英文为“bulk”)。其结构和性质具有很大的尺寸相关性，展现了从原子、分子到大块固体之间的过渡状态。实验技术、理论手段的发展和计算机性能的提高，为团簇科学研究提供了重要的基础，使之在过去 30 年里发展成为一个迅速成长的交叉学科领域。

图 2.1 给出了从孤立原子到大块固体的三个典型层次的直观图像。对于稀薄气体，原子间的相互作用可以忽略，每一个原子可看作是孤立的，有限个原子聚集则形成团簇，通过考虑团簇内原子间相互作用，可以获得团簇的结构和性质，但是由于没有周期性条件可用以简化系统，这种研究往往需要考虑团簇内的所有原子，引起了很大的复杂度；大块固体则可看作是数量趋向无穷的原子形成的稳定系统，如果固体处于晶态，则可采用周期性条件，只要取一个元胞就可以代表整个大块固体。

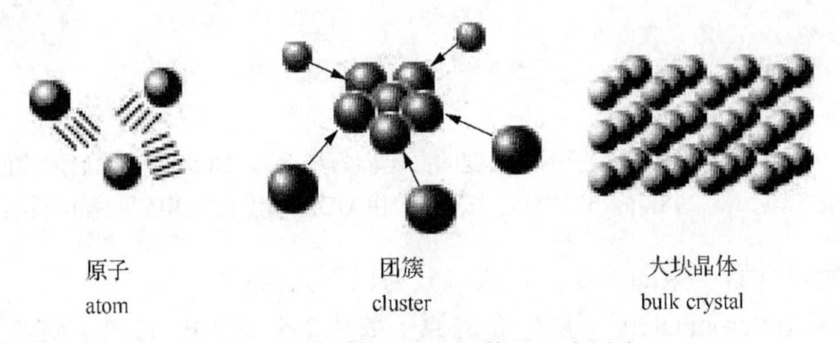

图 2.1 从原子到大块固体的三个层次

团簇可以不同的状态存在。以自由束流的方式存在的团簇构成了气相状态的团簇，成为研究团簇基本结构和性质的理想系统。一般而言，团簇束流中的团簇处于气相状态的寿命是极其有限的，它们最终将到达某个表面。团簇如果附着在衬底表面上，就构成支撑团簇(supported cluster)，或悬浮于液体中，以胶体的方式存在，或者嵌埋于固体介质中，成为嵌埋团簇(embedded cluster)，以这些状态存在的团簇可以通过 X 射线衍射、高分辨率电子显微镜、扫描隧道显微镜等方法进行结构表征，但需要考虑衬底和介质的存在对团簇结构的影响。此外，这类团簇往往因相互聚集而形成聚合(aggregation)结构。例如，图 2.2 为沉积于石墨晶体表面的 Sb_{2300} 团簇(Sb_n 表示该团簇是由 n 个 Sb 原子组成的)所形成的分形聚合结构的 TEM(透射电子显微镜)照片。因此，典型的关于团簇基本性质的实验往往是以气相方式存在的团簇作为研究对象。借助于自由喷射膨胀(free jet expansion)的束流技术，可以获得独立的团簇并进行尺寸选择，并进行一系列高分辨的谱学测量。

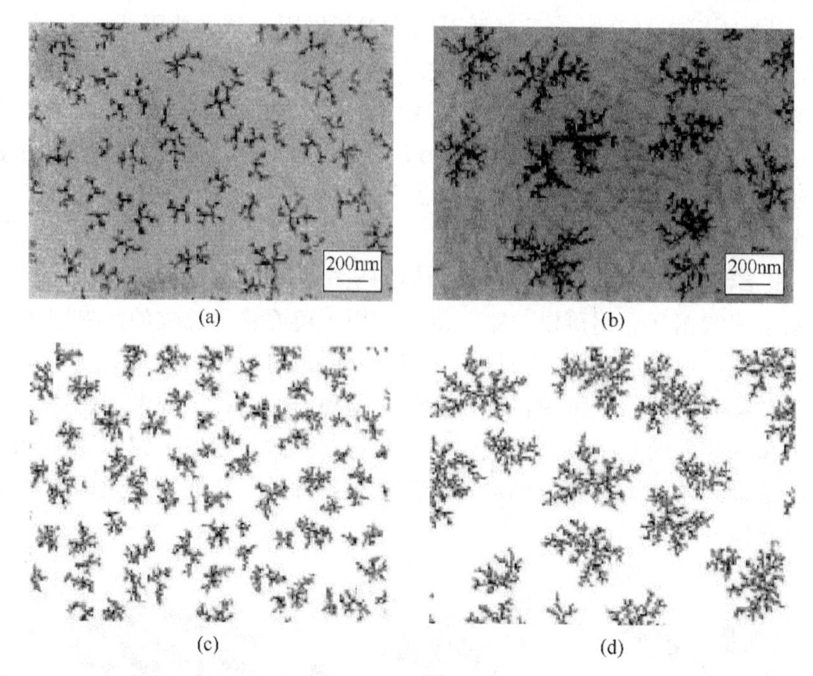

图 2.2　Sb_{2300} 团簇沉积到处于不同温度的高定向石墨晶体(HOPG)表面后形成的分形聚集结构。(a) 298K；(b) 373K；(c)、(d) 由 DDA 模型模拟得到的相应构型[1]

根据所包含原子数的多少，团簇可分为以下几类：

(1) 微簇(microclusters)，所包含的原子数从 3 个到 10～13 个。这类团簇几乎所有原子都位于粒子的表面。它们的结构和性质与常规的无机小分子接近，相应的理论和实验的研究也通常由原子、分子物理的研究方法延伸而来。

(2) 小团簇(small clusters)，所包含原子数从 10～13 个以上至 100 个。该尺寸范围的团簇的一个显著特点是对于一个给定尺寸，团簇存在大量的具有相近能量的异构体(isomer)结构。理论上，实验观察到的团簇的结构应是其异构体中具有最大原子结合能的最稳定结构。然而，团簇可能具有的异构体结构的数目随所包含的原子数按指数增长。例如，对于 6 个原子的团簇，其亚稳定构型大于 10 个；而对于 16 个原子的团簇，则其亚稳定构型超过 1000 个。同时，各相邻亚稳定构型之间的能量差也越来越小，因此，在小团簇尺度，从所有的异构体中获得最稳定结构变得非常困难，而原子、分子物理中延伸而来的理论和实验方法在该尺度也往往不再可用。

(3) 大团簇(large clusters)，所包含的原子数在 100 到数千之间。其结构上开始趋于稳定，性质开始向大块固体逐渐过渡。

(4) 小粒子或纳米晶(small particles, nanocrystal)，含有 1000 个以上的原子，大块固体的某些性质已开始在该尺度区域体现。该尺度的团簇是否呈现大块固体的性质与相应性质的特征长度有关。当团簇的尺寸小于某种性质所对应的特征长度时，往往体现出异于大块固体的特性，即纳米效应。这种团簇往往也称纳米粒子。

图 2.3 形象地显示出团簇的结构和性质随尺寸演变的过渡特性。图 2.3(a) 中，最下边为 4 个原子所组成的团簇呈锥体结构；往上，由数十个原子组成较大的团簇，则呈复杂的球形结构；团簇尺寸继续增大，到某个尺度，团簇具有与大块固体相同的立方结构，完成由原子到大块固体的过渡。在图 2.3(b) 中，显示了团簇的性质(如化学反应活性、特定波长的光吸收系数等)随尺寸的演变，从孤立原子的极限开始，小尺寸时团簇的性质将随尺寸发生强烈的振荡，而到较大尺寸时，则成为光滑的渐变过程，并最终趋向大块固体的极限。

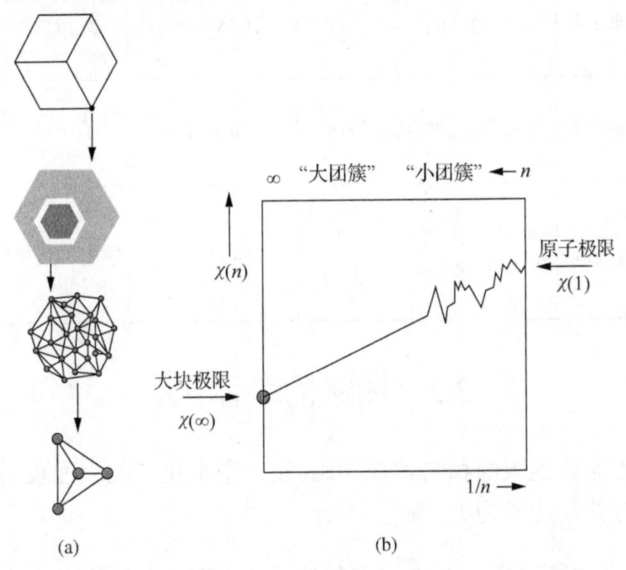

图 2.3 团簇的结构和性质随尺寸的演变过程示意图

Jortner[2]将由有限尺寸的大团簇到无限尺寸的大块系统的发展过程中团簇性质随其尺寸的逐渐演变过程描述为

$$\chi(n)=\chi(\infty)+An^{-\beta} \tag{2.1}$$

式中，A、$\beta(0\leqslant\beta\leqslant1)$为常数；$\chi(n)$为与团簇所包含原子数 n 有关的物理或化学性质；$\chi(\infty)$为大块的物理或化学性质。这一公式用以描述大尺寸团簇性质随尺寸增加单调趋向大块固体极限的过程显然是适当的。

此外，也可以按团簇内基元间的化学键的类型对团簇进行归类，将团簇分成金属键团簇、价键团簇、离子键团簇、氢键团簇、分子团簇、范德华团簇等。具体的分类及相应特征见表 2.1。

表 2.1　按化学键对团簇进行归类[3]

团簇类型	典型范例	每个原子的平均束缚能/eV	构成团簇的基本组元
金属键团簇：离域电子的半填充带	(碱金属)$_N$, Al_N, Cu_N, Fe_N, Pt_N, W_N, Hg_N(N>200)	0.5～3	元素周期表左下角的元素
价键团簇：通过 sp 杂化的电子对直接成键	C_N, Si_N, Hg_N($80\geqslant N\geqslant30$)	1～4 (Hg ≈ 0.5)	B, C, Si, Ge
离子键团簇：通过离子间的库仑力成键	$(NaCl)_N$, $(CaBr_2)_N$	2～4	元素周期表左边的金属与右边的电负性元素的化合物
氢键团簇：强的电偶极子-偶极子吸引	$(HF)_N$, $(H_2O)_N$	0.15～0.5	包含 H 和其他强电负性元素(F,O,N)的具有闭合电子壳层的分子
分子团簇：类范德华相互作用附加弱价键的贡献	$(I_2)_N$, $(S_6)_N$, (有机分子)$_N$	0.3～1	有机分子，某些其他闭合壳层分子
范德华团簇具有闭合电子壳层的原子和分子间的诱导偶极相互作用	(惰性气体原子)$_N$, $(H_2)_N$, $(CO_2)_N$, $Hg_{N}$$_{(N<10)}$	0.01～0.3	惰性气体，闭合壳层原子和分子

2.2　团簇的表体比

表体比是指团簇的表面积与体积之比。设一个小粒子的表面积为 S，体积为 V，如果粒子为立方体，边长为 l，则

$$S=6l^2,\quad V=l^3,\quad 表体比\ R_{SV}=S/V=6/l\sim l^{-1} \tag{2.2}$$

如果粒子为半径为 r 的球体，则

$$S=4\pi r^2,\quad V=4\pi r^3/3,\quad 表体比\ R_{SV}=3/r\sim r^{-1} \tag{2.3}$$

表体比与粒子的尺寸呈倒数关系，在小尺寸时增加显著。

采用液滴模型[4]，将团簇视为一个原子构成的理想液滴，设团簇所包含的原子或分子数为 n，原子或分子的半径为 R_0，则团簇的体积和表面积可表示为

$$V=\frac{4}{3}\pi R_0^3 n=\frac{4}{3}\pi r^3 \qquad S=4\pi r^2=4\pi R_0^2 n^{2/3}=n_s\cdot\pi R_0^2 \tag{2.4}$$

其中，n_s 为表面原子(分子)数。因此，可得表面原子(分子)所占的百分数为

$$F=\frac{n_s}{n}=\frac{4}{n^{1/3}} \tag{2.5}$$

团簇的许多特殊性质是源于表面原子数在构成团簇的总原子数中所占的高百分比。对于所有包含原子数 n 小于 13 的原子团簇，表面原子占 100%。从 n=13 个原子的团簇开始，表面原子百分数粗略地按 $4n^{-1/3}$ 随 n 变化。典型地取原子半径为 1Å，当 n=125 时，团簇的直径已有 0.8nm，而表面原子百分数为 80%，体效应将完全被表面效应所掩盖；当 n=1000，团簇直径已达 2nm，而表面原子百分数仍有 40%，表面效应与体效应相当；即使在 $n=10^4$，直径已大于 4nm，仍有 10%的原子位于表面，表面效应还是有显著贡献。

由于纳米粒子具有大的表体比，表面能在决定纳米粒子的性质中起了重要的作用。表 2.2 以 $CaCO_3$ 纳米粒子为例，比较了其比表面积和比表面能随直径的变化。$CaCO_3$ 大块固体的比表面能仅为 0.23J/mol，10nm 直径的纳米粒子的比表面能比大块材料增加 4 个数量级。

表 2.2 $CaCO_3$ 纳米粒子的尺寸、比表面积与比表面能

尺寸/nm	比表面积/(m^2/mol)	比表面能/(J/mol)
1	1.11×10^9	2.55×10^4
2	5.07×10^8	1.17×10^4
5	2.21×10^8	5.09×10^3
10	1.11×10^8	2.55×10^3
20	5.07×10^7	1.17×10^3
10^2	1.11×10^7	2.55×10^2
10^3(1μm)	1.11×10^6	2.55×10

晶体学中，配位数是晶格中围绕任一原子的最近邻等距离的原子数。配位数与晶体结构或晶胞类型有关，体心立方晶系中原子配位数为 8，面心立方晶系的配位数为 12。在固体表面，由于周期性到此中断，表面原子配位数低于体内而具有悬挂键。由于团簇的比表面积随尺寸减小而增大，因此可以预期其配位数将随

尺寸减小而减小，如图 2.4 所示。高的配位数意味着更多数量的成键，因而具有高的稳定能。对于团簇，由于配位数减小，表面活性增加。

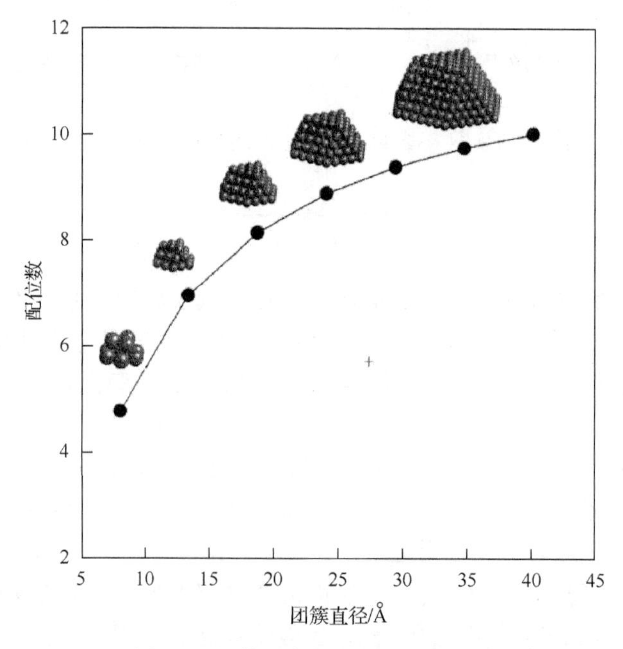

图 2.4 团簇配位数随其直径的变化

2.3 团簇的稳定结构和幻数

对于小团簇，其结构与大块固体显著不同，并且随尺寸显著变化，每增加一个原子，都可能造成团簇结构发生根本性的变化。由于结构决定了团簇的性质，因此在此尺寸范围内团簇的性质将出现更多的奇异性。

对于一种给定基本单元组成的团簇，从一个原子或分子长成固体过程中团簇所具有的各种结构序列，可以用一个螺旋线来排列，称之为生长螺旋。一个特定尺寸(原子数)的团簇处于螺旋的一个特定点上。图 2.5 显示了氯化钠的生长螺旋，其中每个结构均是从能量极小考虑选出的。生长螺旋直观地描述了微观和宏观之间的过渡，目前实验还不能确证它是否代表一个真实的生长过程。

当团簇尺寸小时，每增加一个原子，团簇的结构发生显著变化。而当团簇尺寸增加到一定数值时，其结构和性质不再随尺寸增加而发生显著改变，相对于大块固体，除了表面原子发生弛豫外，不发生整体结构的差异。这种尺寸称为临界尺寸，或称关节点。

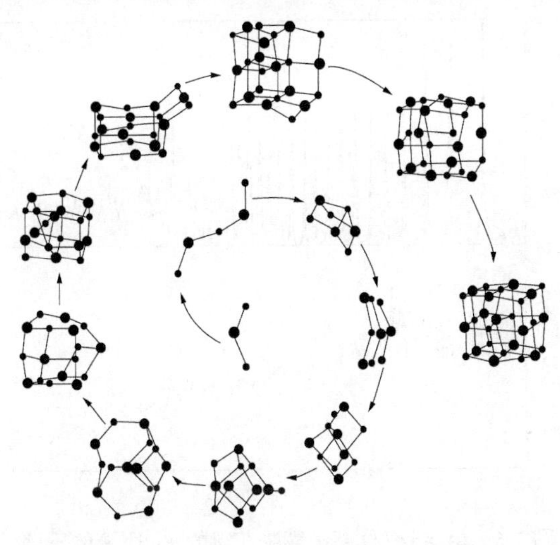

图 2.5 氯化钠团簇 $Na^+(NaCl)$ 最初十三步生长螺旋(理论计算结构)

正如图 2.3(b)中所显示的，在关节点之后，微粒的结合能、电离势、电子亲和力等即使随尺寸有所变化，也总是尺寸的单调变化，而在关节点之前，团簇的这些性质往往随尺寸(原子数)出现振荡，在一些特定的原子数时出现极值，这些特定的原子数称为幻数(magic number)。这与原子中的电子状态和原子核中的核子状态具有幻数特征(即壳层结构)类似，是与对称性和相互作用势密切相关的。

幻数的出现是与团簇稳定性达到极大的尺寸对应的(理论上，团簇越稳定，团簇增加或减少一个原子所造成结合能的变化也就越大)。团簇的稳定结构及结合能与团簇基元间的键合方式直接相关。对于离子键团簇，可通过对离子间库仑相互作用的考虑得到其稳定结构；对于金属键团簇，起主导作用的则是离域电子的行为；而对于范德华团簇，则可只考虑原子或分子间的范德华相互作用。对于原子系统，通常作为经典粒子处理，反映了位置序或粒子序(性)的效应；对于电子系统，通常表现出明显的量子力学特征，反映了动量序或德布罗意波序(性)的效应。在团簇研究中，按原子系统处理的范德华团簇和按电子系统处理的金属键团簇，以及由库仑相互作用主导的离子键团簇，提供了三套典型的幻数序列。

图 2.6 所示为惰性元素 Xe 团簇的质谱。该质谱对应于中性惰性元素团簇的尺寸分布。在实验中，由团簇源产生的团簇通常具有一定的温度，在离开源后的自由飞行过程中会经历蒸发、裂解等衰变过程，因此，较不稳定的团簇将因衰变而减少，较稳定的团簇则因衰变子体的加入而增加。如果能够控制电离团簇的光子或电子的能量(略高于团簇的电离势)，使得电离后团簇的裂解可以避免，则所得到的质谱就能反映中性团簇中的尺寸分布。质谱中某尺寸的团簇的相对丰度(与其相邻团簇比较)越高，表示该尺寸团簇的稳定性越高，其极值就给出幻数。

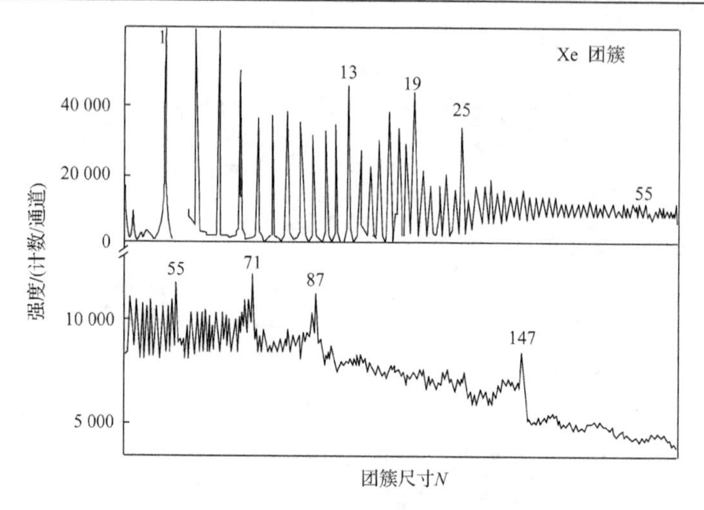

图 2.6　由 Xe 气体超声膨胀获得的 Xe 团簇的质谱

从图 2.6 可以看出，在某些特定原子数，质谱的丰度特别高，而在其后的几个紧邻的原子数，质谱的丰度又特别低。因此给出了幻数存在的显著例子。在上述幻数中，13、55、147 属于式(2.6)所给出的特定数列：

$$N = 1 + \sum_{p=1}^{n}(10p^2 + 2) \tag{2.6}$$

p=1, 2, 3 时，N=13, 55, 147。这一序列正是 Mackay 二十面体(Mackay icosahedral)的硬球密堆顺序。如图 2.7 所示，Mackay 二十面体给出了原子密堆的壳层结构。

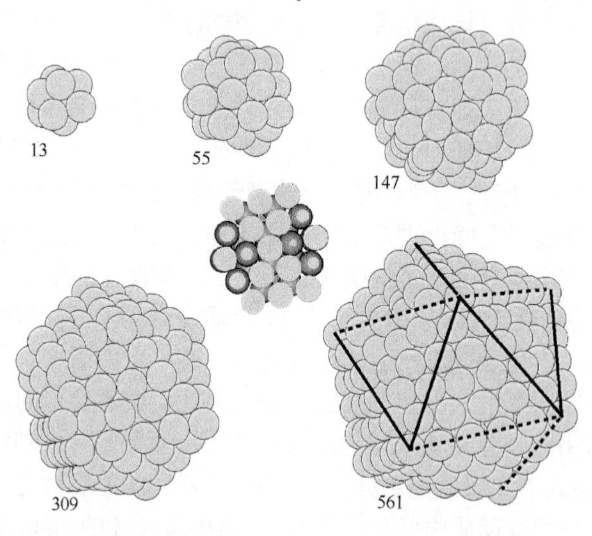

图 2.7　由惰性气体原子堆积形成的 Mackay 二十面体。位于图中心的图给出了 55 原子团簇构成的二十面体的剖视，清楚地显示三层壳层结构

$p=1(N=13)$给出了第一壳层，在中心原子外，12个原子彼此紧密接触密堆形成第一壳层。$p=2(N=55)$则是在$N=13$的第一壳层Mackay二十面体外密堆42个原子构成第二壳层，依次类推。图2.8为Mg团簇的光电离谱，清楚地给出了直到第十层的Mackay二十面体壳层堆积结构(Mg原子在基态具有闭合壳层，因此可以范德华键合形成团簇)。这类幻数结构是原子间以经典两体势相互作用结合构成的团簇的典型。

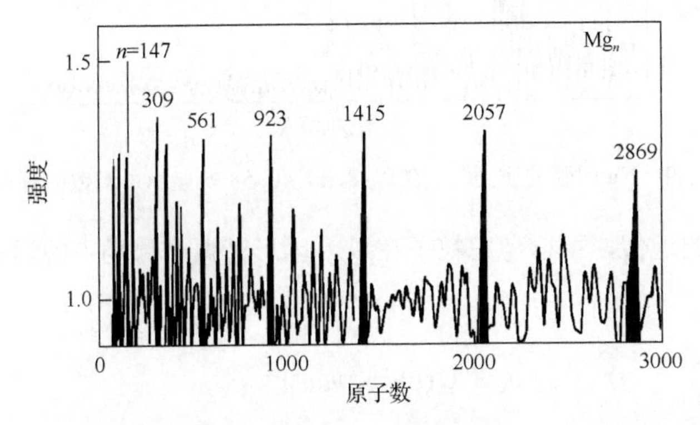

图2.8 由中性Mg团簇光电离得到的荷电Mg团簇的质谱。该质谱给出了直到第十层的Mackay二十面体所对应的幻数[5]

对于惰性元素团簇，簇内原子间相互作用可用Lennard-Jones作用势来描述，即

$$V(r)=4\varepsilon_i\left(\frac{\sigma_i^{12}}{r^{12}}-\frac{\sigma_i^{6}}{r^{6}}\right) \tag{2.7}$$

式中，r为原子间距；ε_i、σ_i为经验参数。对于一个特定的团簇原子构型，对簇内所有原子对(i,j)(其位矢分别为$\boldsymbol{r}_i, \boldsymbol{r}_j$)间的两两相互作用求和，获得总能量(为负值)：

$$E=\sum_{i=1}^{n-1}\sum_{j=i+1}^{n}V\left(\left|\boldsymbol{r}_i-\boldsymbol{r}_j\right|\right) \tag{2.8}$$

总能量具有最小值的结构可认为是该尺寸团簇的稳定结构。由此可以很容易验证惰性气体团簇的Mackay二十面体壳层堆积结构。

另一类典型的幻数结构存在于以碱金属为代表的简单金属的团簇中。图2.9为Na团簇的质谱，在n=8,20,40,58处存在幻数。决定这类金属团簇稳定结构的是价电子对于分立能级的填充。这种情况与原子核结构理论中的壳层模型所给出的幻数非常类似。可以采用对中心势的量子力学处理来获得分立电子能级结构。

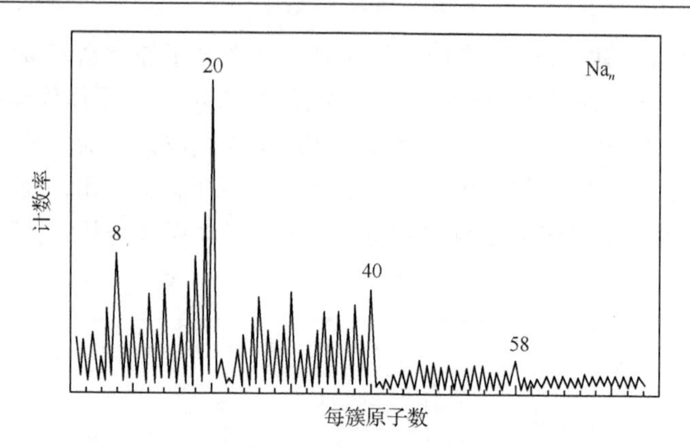

图 2.9　Na 团簇的质谱[6]。在 N=8, 20, 40, 58 处显示了幻数的存在

作为初步的近似，可以考虑粒子在以下球形谐振子势场中的运动来说明幻数的产生。

$$U(r)=\frac{1}{2}m\omega^2r^2 \tag{2.9}$$

式中，ω 为常数；m 为电子质量，其能量本征方程为

$$\left[\frac{-\hbar^2}{2m}\nabla^2+\frac{1}{2}m\omega^2r^2\right]\Psi=E\Psi \tag{2.10}$$

对于球形谐振子势，薛定谔方程是可以精确求解的。由能量本征方程可以得到能量本征值：

$$E=(2n_r+l+3/2)\hbar\omega \tag{2.11}$$

式中，$n_r, l=0,1,2,\cdots$，分别为径向量子数和角动量量子数。图 2.10 绘出了谐振子势场中的能级分布。图中量子态的符号：字母 s, p, d, f,…分别代表角动量量子数 $l=0,1,2,3,\cdots$；字母前面的数字为 n_r+1。谐振子势场中粒子的能级是 $(2l+1)$ 重简并的，即在给定的 l 值，磁量子数 $m=-1,-1+1,\cdots,l-1,l$，共有 $(2l+1)$ 个可能取值。对于电子，计入自旋，在每个量子态上可供 $2(2l+1)$ 个电子填充。粒子按由低到高的顺序依次填充各能级。而系统的总能量是各占据态本征值之和，显然是系统中所含电子数 N 的函数，记作 $E(N)$。对于含有 N 个电子的系统 A，如果它与 $(N+1)$ 个电子的系统 B 的总能量之差

$$\Delta(N)=E(N+1)-E(N) \tag{2.12}$$

或它与$(N-1)$个电子的系统C的总能量的差$(\Delta N-1)=E(N)-E(N-1)$都为极大值时，可以预计，A 系统得到一个电子跃迁到 B 系统或失去一个电子跃迁到 C 系统都是最困难的，因而 A 系统在其周围的各态中是最稳定的。

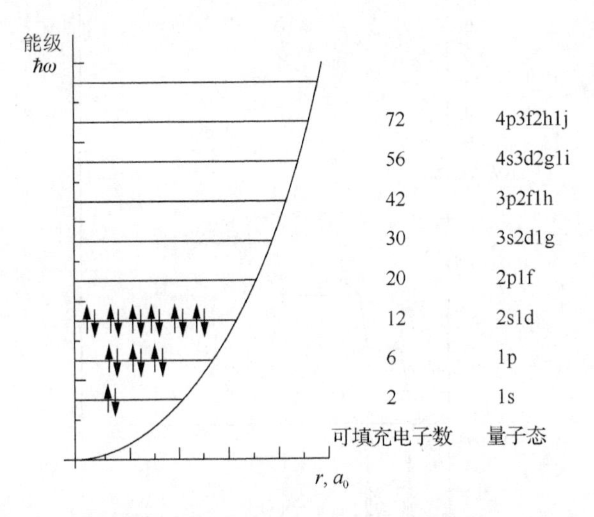

图 2.10　三维谐振子势的能级分布、各能级的简并度及量子组态。用小箭头表示前 20 个电子对于能级的占据情况

考虑到图 2.10 所给出的能态占据特征，各能态的单粒子能量是依次增大的，当 N 的变化出现在能态转换处，即当某一个能级被电子填满时，将出现上述情形。因此往往形象地说，各量子态分别形成一个壳层，电子依次在各壳层填充，当一个壳层被填满时，该壳层为闭合壳层。具有闭合壳层的系统是最稳定的，将在团簇质谱中以幻数的形式表示出来。在数学上，这种情形对应于总能量的一阶差分出现不连续和二阶差分

$$\Delta^2(N)=\Delta(N+1)-\Delta(N)=E(N+1)-2E(N)-E(N-1) \tag{2.13}$$

出现极值，如图 2.11 所示。

对于碱金属等简单金属系统，可采用自由电子气的凝胶球(jellium ball)模型。金属原子的 s 价电子在具有一定空间尺度的团簇范围内是准自由的，为团簇内所有原子共有，而离子实的贡献可被看作一个均匀背景赝势，这个势将价电子约束在团簇球形空间内。对于 s 电子在球形势阱中的运动，该球形势可采用凝胶势，图 2.12 显示出对 21 个钠原子组成的团簇通过自洽计算所得到的电子势函数，以及在此势中的单电子能级分布和电子占据状况(箭头表示电子自旋取向，实心圆点

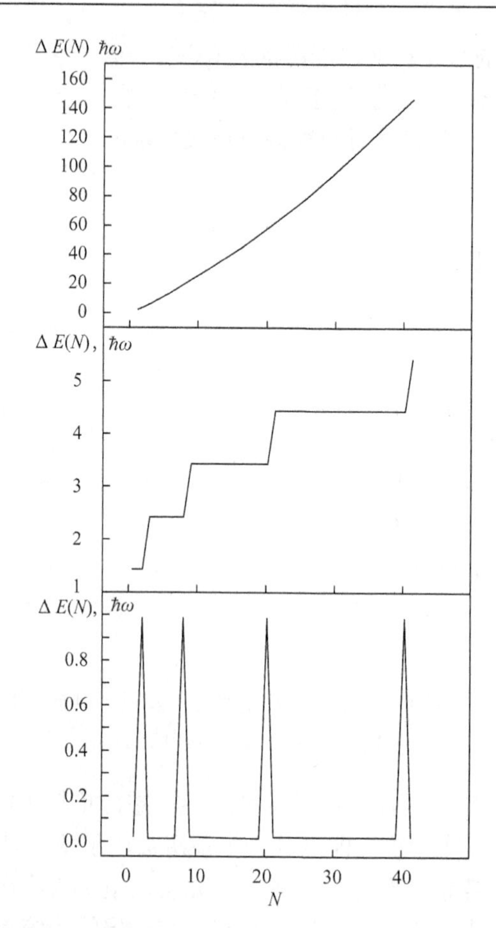

图 2.11　球形谐振子势系统中总能量、总能量的一级差分和二级差分随团簇尺寸的分布

表示电子所在壳层已充满，空心圆圈表示电子所在壳层未充满）。图 2.12 还表明，凝胶势非常类似于 Woods-Saxon 势：

$$U(r)=\frac{-U_0}{\exp[(r-r_0)/a]+1} \tag{2.14}$$

式中，U_0 为费米能与功函数的和；r_0 为团簇的有效半径；a 为可调参数。

Woods-Saxon 势的薛定谔方程不像谐振子势那样能精确求解，但可以通过数值解法获得各本征能态，得到角动量量子数 l 表征的电子分立能级序列 1s、1p、1d、2s、1f、2p、1g、…。团簇中的 s 电子对能级依次填充，采用与前面谐振子势的系统相同的处理方法可以求得团簇的幻数。对钠团簇，得到的幻数为 8、18、20、34、40、58、68、70、92、…，与质谱和电离势等的测量结果已能基本符合。

这表明这类团簇的稳定结构由价电子的壳层结构决定。

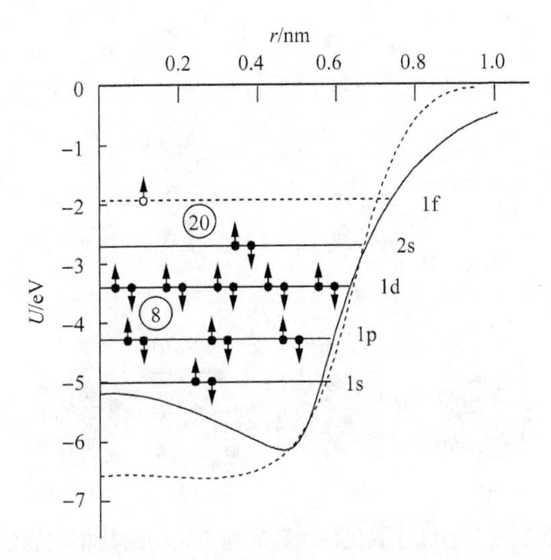

图 2.12 通过自洽计算所得到的 Na_{21} 团簇的电子势函数及能级分布，用小箭头表示 21 个 s 电子对能级的占据情况。虚线为对应的 Woods-Saxon 势函数

碱金属卤化物是二分量的离子键化合物，如 LiF、NaCl 和 CsI 等，其内聚力来自单极库仑力，比范德华力要强，这些化合物构成的团簇具有粒子序的特征。例如，氯化钠离子簇有两类：微晶型的 $[Li(LiF)_n]^+$ 和络合物分子型 $[(LiF)_n]^+$。在刚性球近似下，忽略偶极矩的作用，碱金属卤化物团簇离子间的相互作用可表示为

$$V_{ij}=\frac{Z_iZ_j}{r_{ij}}+A\exp\left(-\frac{r_{ij}}{\rho}\right) \tag{2.15}$$

其中第一项表示相距 r_{ij} 两点电荷 Z_i 和 Z_j 之间的库仑作用，第二项是短程 Born-Mayer 排斥作用，分别表示经典静电相互吸引作用和量子力学短程排斥作用。选取合适的参数，对全能量求极小值，可以获得碱金属卤化物离子簇的稳定构型。图 2.13 和图 2.14 给出一些氯化钠离子簇 $[Na(NaCl)_n]^+$ 具有能量极小的结构和相应的能量。可以看出 n 为 13 时的 $[Na(NaCl)_{13}]^+$ 结构接近于氯化钠晶格排列（有变形），是最稳定的。对于 $[(NaCl)_n]^+$ 团簇，在 n 小时，六角形堆积有利；当 $n>20$ 时，则呈较稳定的氯化钠晶体的原子排列。

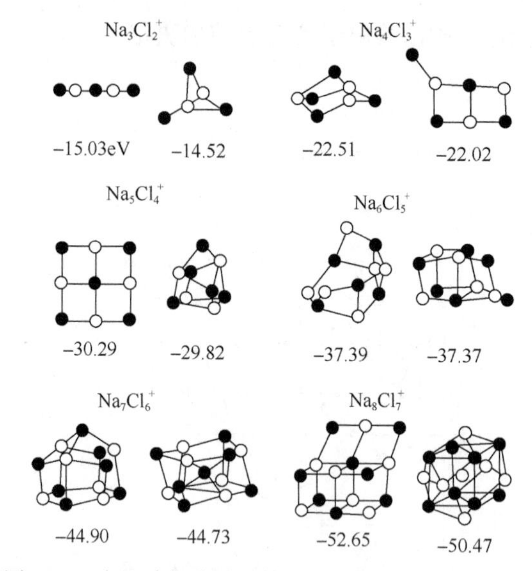

图 2.13　小尺寸氯化钠团簇的稳定结构及其相应能量

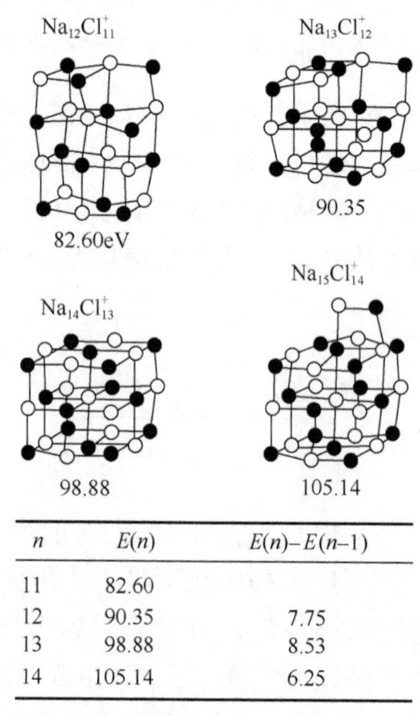

n	$E(n)$	$E(n)-E(n-1)$
11	82.60	
12	90.35	7.75
13	98.88	8.53
14	105.14	6.25

图 2.14　几种$[Na(NaCl)_n]^+$团簇的结构、能量 $E(n)$ 及$[E(n)-E(n-1)]$

2.4　团簇的光吸收和光电子谱

图 2.15 显示了光作用于团簇的主要物理效应。用特定波长的光束照射团簇，

团簇吸收光子后处于激发状态，可通过发射电子、光子或碎片将激发能释放出来，通过对这些发射产物和反应后团簇的状态的探测，可以获得团簇的电子结构和原子结构等重要信息。团簇的光电离、光裂解、光吸收和光电子谱是团簇研究中的典型谱学方法，特别是团簇的光吸收谱和光电子谱是获得团簇电子结构的重要手段。

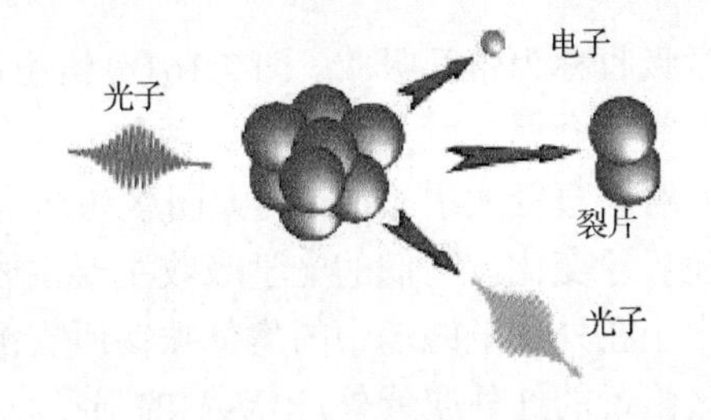

图 2.15 光与团簇作用的主要物理效应

图 2.16 比较了原子、大块金属和金属团簇光吸收的基本特征。在连续光谱辐射下，原子呈现线状吸收谱线，称为原子吸收线，这些吸收线具有很窄的波长分布范围，其半宽度约为 10^{-3}nm。原子光谱主要是原子中处于基态的外层价电子跃迁到较低激发态产生的，其波长范围从真空紫外到红外区。因此，原子的光吸收反映了其电子能级结构。

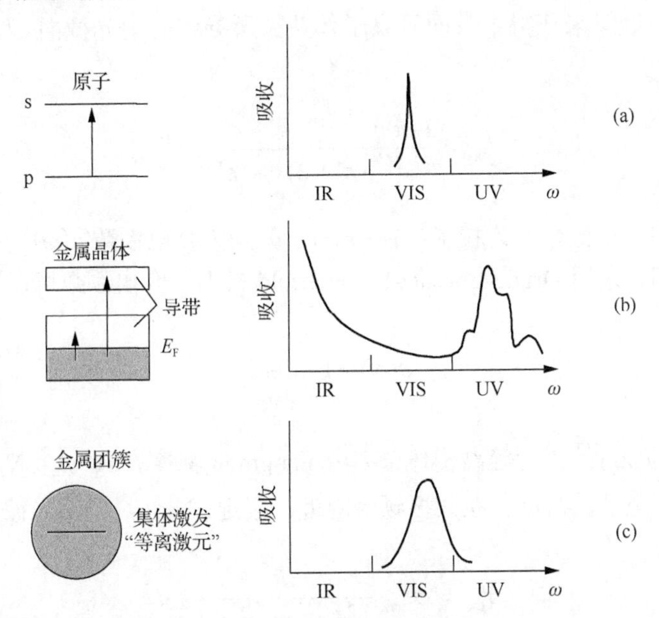

图 2.16 原子(a)、金属晶体(b)、金属团簇(c)的光吸收特征的比较。左边的图示出三者的电子能态结构特征

对于大块固体，碱金属这类“自由电子金属”的光学性质完全由传导电子所决定。介电系数主要由导带内部的跃迁所贡献，这就是图 2.16(b)中的金属性吸收部分，又称自由电子光学响应。对于其他金属，从费米面下的低能占据态到导带或者由导带到更高未占据能态的跃迁同样对介电系数有贡献，这部分跃迁引起的

光学吸收称为带间吸收。图 2.16(b)给出的光吸收谱包含这两部分的贡献。典型的如金等贵金属，就是同时包含两种光吸收机制的单价金属。

对于直径大于 10nm 的大团簇和纳米小粒子，其介电函数与大块材料的相同，不随尺寸变化。它们的光学吸收主要由表面等离子体共振(或称 Mie 共振)这类传导电子在外加电磁场中的集体振荡所支配。光吸收谱在可见光区(有时延伸到可见光区附近的红外或紫外)出现宽的强吸收带。根据 Bohm-Pines 理论，金属中的价电子在带正电荷的离子实的背景中运动，类似于由浓度相等的正负电荷构成的等离子体，假定正离子实是不动的(因为离子实比电子重得多)，则电子间的库仑相互作用可通过电子的集体振荡体现出来，称为等离子体振荡。这种振荡具有特定的频率，用一个与该频率相应的量子来表征等离子振荡，称为等离激元(plasmon)。在金属的表面，也同样存在表面电子密度的类似振荡，用表面等离激元(surface plasmon)来表征。当入射光的频率与表面等离子振荡的频率匹配时，将出现表面等离子体共振吸收。对于球形金属粒子，当粒子直径远小于光波长($\leqslant 0.1\lambda$)时，可以采用偶极近似来获得由表面等离子体共振所导致的消光截面(为吸收截面和散射截面之和)：

$$\sigma_{\text{ext}} = \frac{12\pi\omega}{c}\frac{\varepsilon''}{(\varepsilon'+2)^2+(\varepsilon'')^2}r^3 \tag{2.16}$$

式中，ω 为入射光频率；r 为粒子半径；ε'和 ε''分别为介电系数 $\varepsilon(\omega)=\varepsilon'(\omega)+\mathrm{i}\varepsilon''(\omega)$ 的实部和虚部。采用 Drude-Lorentz-Sommerfeld 模型，介电系数可以写作：

$$\varepsilon(\omega) = 1 - \frac{\omega^2}{\omega_{\text{P}}^2} \tag{2.17}$$

$\omega_{\text{P}} = (4\pi N_{\text{e}}e^2 / m_{\text{e}})^{1/2}$，为等离子体频率或 Langmuir 频率，$e$、$m_{\text{e}}$、$N_{\text{e}}$分别为电子电荷、质量和电子数密度。在共振频率附近，假定 $\varepsilon'' \ll 1$，则消光截面可表示为

$$\sigma_{\text{ext}} = \sigma_{\max}\frac{\Gamma^2}{\hbar^2(\omega-\omega_0)^2+\Gamma^2} \tag{2.18}$$

式中，$\omega_0 = \omega_{\text{P}} / \sqrt{3}$ 为共振频率；$\Gamma = \hbar\omega_0\varepsilon'' / 6$，为共振宽度；$\sigma_{\max} = \dfrac{2\pi\hbar\omega_0^2 r^3}{\Gamma c}$，为最大吸收截面。如果对金属粒子采用液滴模型，有 $r = r_{\text{W}}^3 N$，r_{W} 为 Wigner-Seitz 半径，则由式(2.18)可知吸收截面与粒子所含的原子数成正比。而共振峰的位置和宽度与尺寸并没有直接的相关性。

但实际上，随着粒子尺寸的增大，穿过粒子的电磁场所受到的相位迟滞效应(phase retardation effect)也变得显著，相应地会引起共振的位置和宽度也发生显著的变化。因此对于大团簇，吸收光谱是尺寸相关的，而这种尺寸相关性是一种“外在”的尺寸效应，是由团簇和光波长的相对尺寸决定的。

对于小金属团簇，当团簇的直径小于金属的电子平均自由程时，电子将受到表面的散射，在很大程度上影响它们对于入射电磁场的响应。因此，介电系数与尺寸相关，即 $\varepsilon=\varepsilon(\omega,r)$，由此造成等离子体共振的宽度具有 $1/r$ 的尺寸相关性。这种尺寸效应是由团簇自身的性质造成的，称为“内在的”尺寸效应，它是决定小团簇光吸收性质的主要因素。

对于微簇，其光吸收过程需要采用量子力学方法来处理，经典的 Mie 理论就不再适用了。在一定的尺寸以下，其光吸收谱与分子的光谱具有类似性，具有单电子激发的特征。而在此尺寸与金属性吸收发生的尺寸之间，有时可同时观察到集体振荡和单电子激发的效应。

实验上对于金属团簇光吸收截面的测量主要是利用光致蒸发的原理。当团簇吸收光子后被激发，会通过裂解而释放能量(图 2.15)。因此通过测量团簇的尺寸分布(质谱)随入射光强度的变化就可以获得光吸收截面。

图 2.17 为实验测得的 Na_4 团簇的光吸收谱以及通过自洽场(SCF)理论计算得到的能态结构以及与光学过程对应的能态间的跃迁强度。图 2.17(a)中给出了对于菱形结构(单重态)的计算结果；图 2.17(b)中给出了对于四面体形结构(三重态)的计算结果。通过实验和理论的比较，可以确定 Na_4 菱形结构。上述结果表明，Na_4 团簇的光吸收谱具有与分子光谱类似的单电子跃迁的特征，而光谱的结构取决于团簇的特定原子结构所对应的电子能态分布。

当 $N\geqslant 8$ 时，一定温度下 Na 团簇的光吸收谱开始呈现集体振荡的特征。图 2.18 给出了 N=8,10,12 的 Na 团簇光吸收截面的实验结果以及通过表面等离子体共振理论的计算结果。Na_8 是幻数团簇，具有闭合壳层，团簇为球形，因此光吸收谱上只有单个表面等离子体共振峰。凝胶理论计算表明，Na_{10} 为扁球体，Na_{12} 为椭球体，分别具有两个和三个对称轴，因此吸收光谱上出现由多个偶极共振集体响应形成的双峰和三峰结构。可以看到，表面等离子体共振的模型在此尺寸范围内与实验结果是相当一致的。

Hg 原子具有 $5d^{10}6s^2$ 的闭合壳层电子结构，对于 Hg 微簇，原子间主要是范德华键。图 2.19 绘出了 Hg 原子、团簇和大块固体的电子能态构型。在微簇中，Hg 原子被占据的 6s 能级和空的 6p 能级展宽成为能带，能带的宽度大体上与最近邻

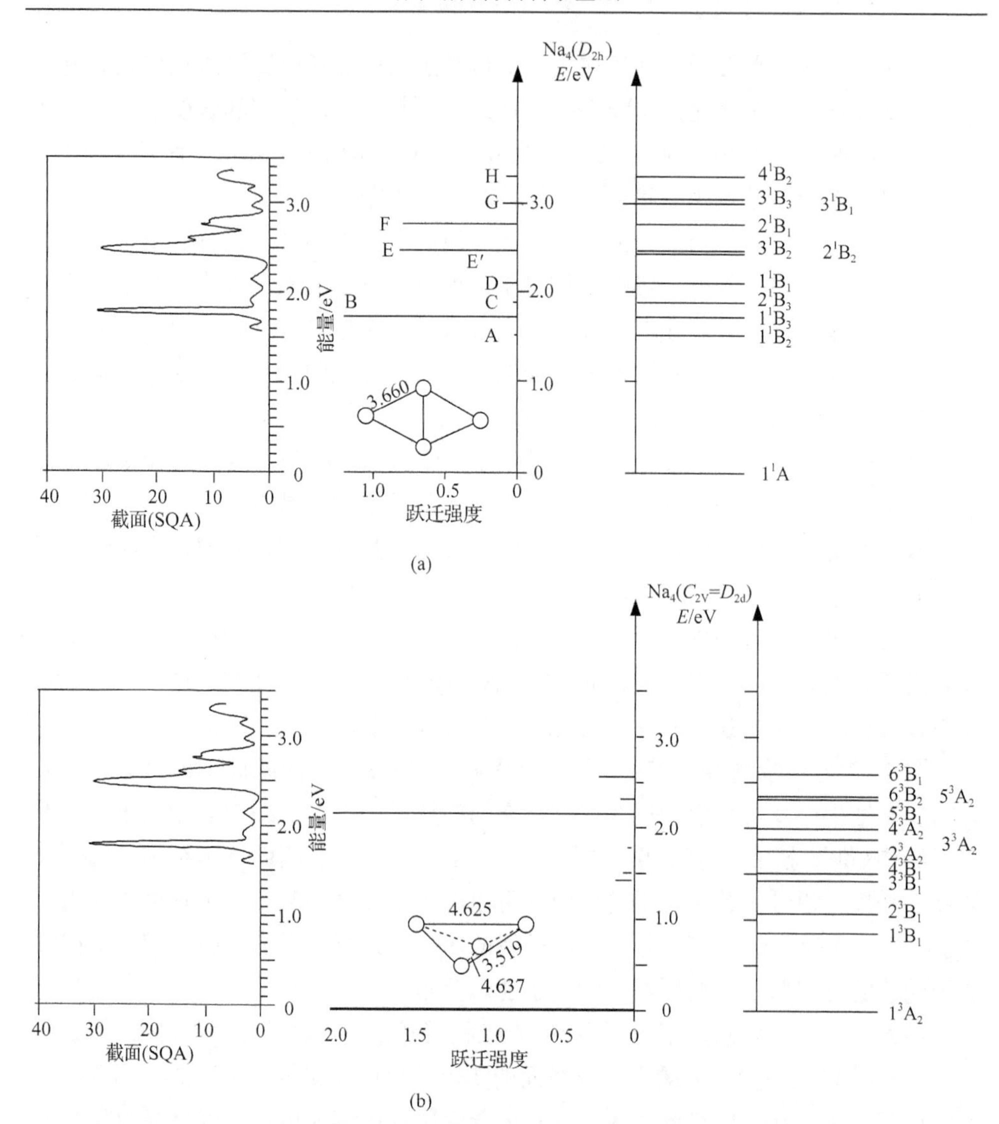

图2.17　实验测得的Na_4团簇的光吸收谱(左)，通过自洽场(SCF)理论计算得到的能态结构(右)以及与光学过程对应的能态间的跃迁强度(中)。(a)菱形结构(单重态)；(b)四面体结构(三重态)

原子的数目成正比。因此，随着团簇尺寸的增加，6s 和 6p 能带同时增宽，能带间隙 Δ 则相应减小。当团簇增大到一定尺度，6s 能带和 6p 能带将发生重叠，团簇就呈现金属性。所以 Hg 团簇将随尺寸而发生由范德华键键合到共价键键合再到金属键键合的过渡。图 2.20 为 Hg 团簇光吸收谱的测量结果。$N<6$ 时，光谱中是与 Hg 原子的 6s→6p 跃迁的谱线对应的展宽了的谱带。谱带的宽度随团簇尺

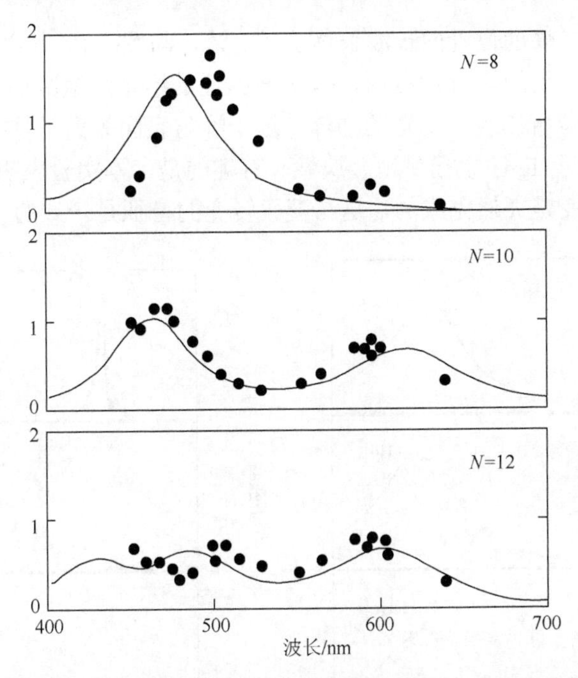

图 2.18　N=8,10,12 的 Na 团簇的光吸收截面的实验结果(黑点)以及表面等离子体共振理论(Mie 理论)的计算结果(实线)。计算中团簇的形状是通过凝胶模型得到的

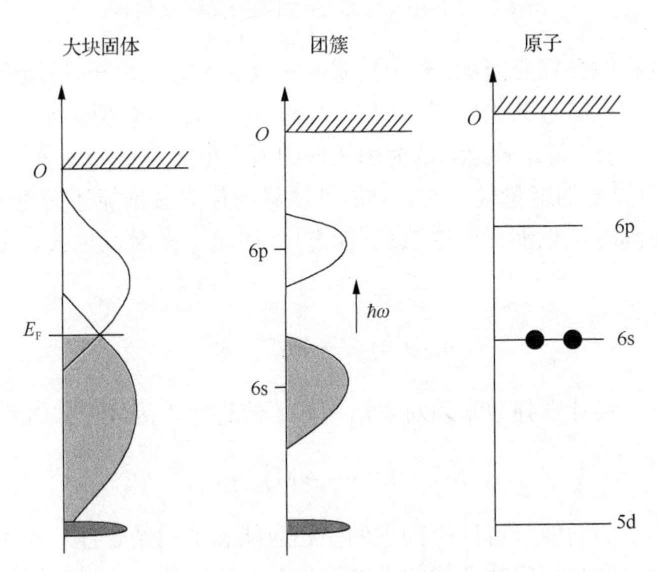

图 2.19　Hg 原子、团簇和大块固体的电子能态构型

寸的增大而变宽，峰的位置向长波长移动(红移)，与图 2.19 中给出的 Hg 团簇能态结构的规律是一致的。当 N>6 时，6s→6p 跃迁的谱带迅速减弱，而在光子能量大约为 5.0eV 的位置出现一个宽的强峰，这个峰与表面等离子体共振引起的光吸收是一致的，表明 Hg 团簇已呈现金属性。有趣的是，本实验表明，Hg 由非金属性到金属性的转变是突然完成的，这与莫脱转变的特征是一致的。

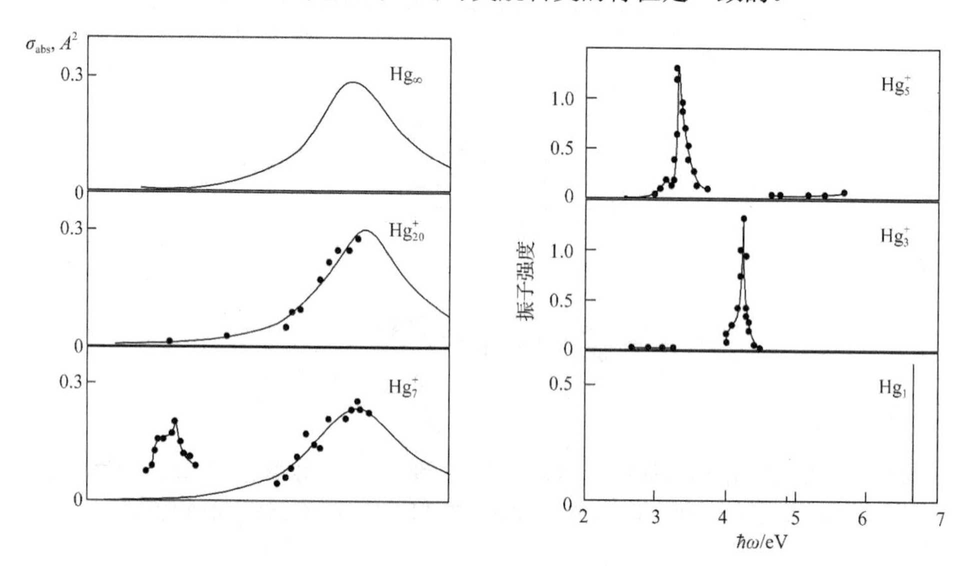

图 2.20　不同尺寸的 Hg 团簇的光吸收截面

用一定波长的光辐照团簇，光子被团簇吸收后可导致电子从团簇中发射出来，这种发射出来的电子称为光电子。团簇失去光电子后，成为阳离子，即发生了电离。如果采用分子轨道的概念，认为团簇内的所有电子都分布在各个占据轨道(能态)上。当辐照光子的能量较小时，只能使团簇的最高占据能态的电子电离；但当光子能量足够高时，也能使内层轨道(能态)上的电子被激发出去。上述过程可以表示为

$$\mathrm{M}_N + \hbar\gamma \longrightarrow \mathrm{M}_N^+ + \mathrm{e}^- \tag{2.19}$$

在实验中，尺寸选择通常须对电离后的团簇进行，因而电离过程成为

$$\mathrm{M}_N^+ + \hbar\gamma \longrightarrow \mathrm{M}_N^{++} + \mathrm{e}^- \tag{2.20}$$

通过测量光电子的动能，可以得到它们在相应能态上的结合能。而不同动能的光电子数的强度，则与相应结合能的态密度相对应。因此，通过对团簇光电子谱的测量，可以直接获得团簇的电子能态密度。

对于小尺寸的微簇，光电子谱的测量是获得原子结构的有力手段。图 2.21 为 Si_n^- 团簇的紫外光电子能谱(UPS)，给出了最高占据分子轨道(HOMO)和最低未占据分子轨道(LUMO)之间的能隙的量度。可与实验测得的光电子谱进行比较的是理论计算的团簇特定原子结构下的电子能态密度(DOS)，由此可以验证理论计算的团簇结构。小尺寸的 Si 团簇仍然具有显著的分子特征：其光电子谱的结构随团簇所含原子数发生剧烈的变化，反映了团簇原子结构的演变过程。

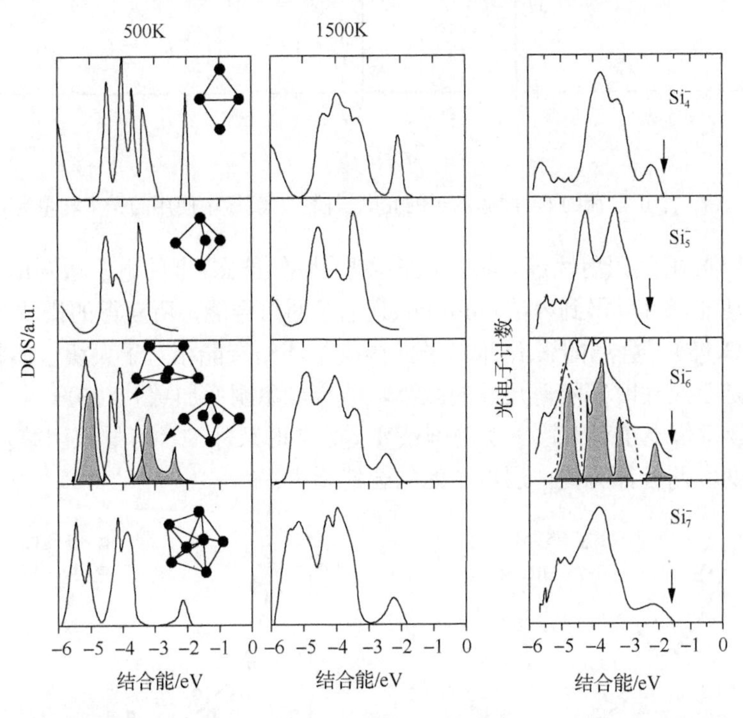

图 2.21　理论计算得到的两种温度下的 Si_n^- 团簇的能态密度。右边的图是实验测量的光电子能谱。可以看到，在一定的温度下，理论结果与实验值吻合

碱金属团簇的电子壳层结构，可以从光电子谱中直接反映出来。图 2.22 为带一个正电荷的 Na 团簇的光电子谱。Na 为一价金属，因此这种团簇离子中参与壳层填充的离域电子数是 N–1（N 为团簇所含原子数）。这些电子对壳层的填充顺序为 $1s^21p^61d^{10}2s^21f^{14}2p^61g^{18}2d^{10}$。因此，当 N=35 时，1f 轨道闭合，N=36 开始，2p 轨道被填充，从谱上可以看到相应的光电子峰的出现。同样，当 N=41 时，2p 轨道闭合，N=42 开始，1g 轨道被填充，谱上在 2p 光电子峰的右边出现 1g 光电子峰。在 N=59 时，1g 壳层闭合，谱上清晰地显示出 1f、2p、1g 三个光电子峰，而在 N=60 时，第 59 个离域电子开始占据 2d 轨道，因而在 1g 光电子峰的右侧又出现新的 2d 峰。

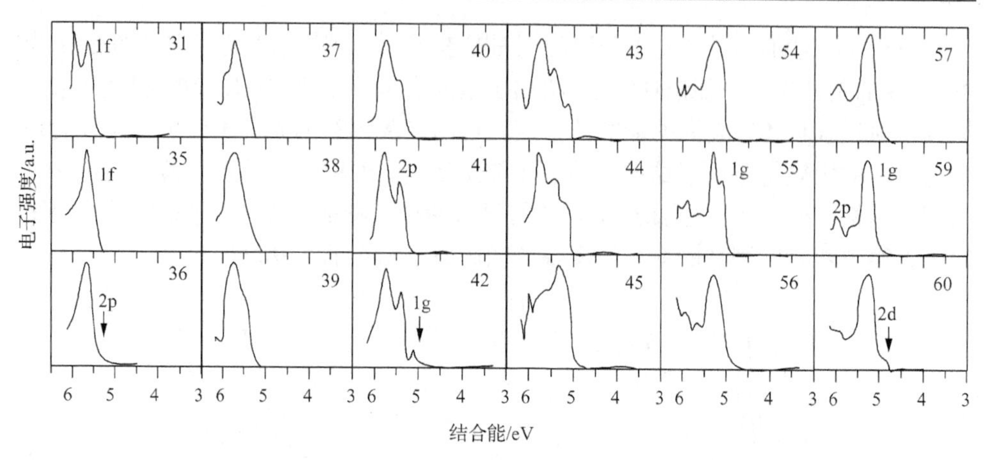

图 2.22　带一个正电荷的 Na 团簇离子的光电子谱[7]。测量中使用的光子能量为 6.42eV

如果用 X 射线照射团簇，则可以将内层轨道(能态)上的电子激发出来。测量光电子的动能，可以得到内层(core-level)电子的结合能，所获得的谱即 X 射线光电子能谱(XPS)。金属团簇/纳米粒子的内层电子结合能相对于大块金属将显著增大，特别是小尺寸时，随着尺寸的减小，结合能急剧增加(图 2.23)。其主要原因在于，团簇中价电子对对原子实的屏蔽变弱，同时尺寸减小可导致团簇发生金属-绝缘体转变，两者都可使内层电子的结合能增大。

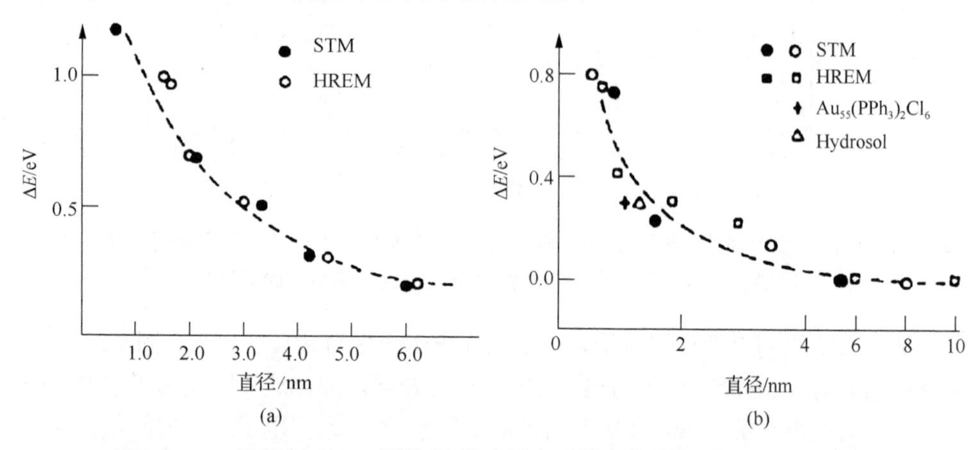

图 2.23　Pd 团簇(a)与 Au 团簇(b)的内层电子结合能移动ΔE随尺寸的变化

2.5　团簇的热力学与“相变”

统计力学通常研究的是在无限大的体积内包含无限多粒子的系统。一般认为相变(phase transition)只在粒子数趋于无限的热力学极限下发生。热力学极限

(TTL)是指体积和粒子数趋于无限，而两者的比值则趋向或达到一有限的恒定值，并且每个粒子的能量也为常数的极限。磁光阱约束下的玻色-爱因斯坦凝聚，重离子反应多重分裂中观察到的核液-气转变以及团簇的固-液相转变等，都是属于小系统(small system)的热力学。这些系统已远离热力学极限，在宏观系统中，描述相变的标准工具在小系统中往往会失效，因而需要引入新的概念。例如，团簇的热力学函数在相转变点并不存在奇点，而相变仅反映为热力学曲线上模糊的斜坡和突起，这使得对相变的理论描述变得复杂化。宏观系统的相变通常根据自由能和热力学函数的各阶导数在相变点是否连续而归类为一级相变、二级相变和其他更高级的相变，这种埃伦菲斯特(Ehrenfest)相变分类方法在小系统中就失效了。此外，小系统中“相”和“组分”之间的区分也变得很模糊，因此吉布斯相律也失去了意义。

但是“相”和“相变”在团簇系统的实验和理论模拟研究中还是普遍存在的。例如，即使原子和双原子分子显然不存在熔化的过程，含有 7 个以上原子的团簇就可以在理论模拟中观察到类似于熔化的行为。固态和液态间转变正是迄今在理论和实验上研究得最多的团簇的热力学过程。团簇的固相和液相也是有确切的定义的。在足够低的温度下，除了 He(可能还包括氢)团簇，所有团簇都会处于固态：组成团簇的原子或分子将在它们被束缚的平衡位置附近做小幅度的近简谐振动；林德曼(Lindermann)判别参数——最近邻距离的相对均方根偏差小于 0.1；基本上没有扩散发生；粒子位移的均方值在各时间都接近零；速度自相关函数中没有非常低频的成分，表明在团簇中不存在非常软的扩散运动模；团簇的对分布函数和角分布函数具有与大块固态结构相同的尖锐特征。在较高温度下，许多团簇则呈现液态：粒子位移的均方值随时间线性增加，并且与确定的扩散系数相对应；对于足够热的团簇，Lindermann 判别参数总是大于 0.1；速度自相关函数中，含有来自很低频模——液体的软模的显著贡献；团簇的对分布函数和角分布函数具有液态的宽分布的特征。这些在理论模拟中都是可以清晰获得的。

在团簇的固-液转变的研究中涉及两种系综。一种是正则系综，为具有确定的温度但能量具有热分布的粒子的集合，可以通过粒子与巨大的热库接触而实现。在气体聚集法团簇源中，缓冲气体与冷凝腔壁达到热平衡，并且通过与团簇的大量碰撞(典型地，10^5～10^6 次)，使团簇被完全“热化”(冷却)，这时团簇可被看作处于正则系综。另一种是微正则系综，粒子的能量是固定的，可由处于真空中的不吸收或发射光子及原子的孤立粒子组成，当团簇由冷凝室通过喷嘴进入高真空系统，就可被作为处于微正则系综的自由团簇。对于无限大的系统，两种系综给出相同的结果，但对于有限大小的系统，两种系综可给出不同的结果，这在接近相变发生时变得特别重要。

处于正则系综的团簇的内能具有正则分布 $P_T(E)$，可由团簇的能态密度

$$\Omega(E) = \exp\{S(E) / k_B\} \tag{2.21}$$

乘以玻尔兹曼因子给出：

$$P_T(E) \propto \Omega(E) \exp\{-E / k_B T\} = \exp\{S(E) / k_B - E / k_B T\} \tag{2.22}$$

式中，$S(E) = k_B \ln \Omega(E)$，为熵；$P_T(E)$包含全部的热力学信息。

处于微正则系综的每个团簇的内能是上述分布的一个取样，而对大量团簇平均后，则可重回到式(2.22)的分布。

正则系综的热曲线[caloric curve，给出温度与能量之间的关系 $U=U(T)$]可由平均内能

$$\langle E \rangle = \int E P_T(E) \mathrm{d}E \tag{2.23}$$

对热库能量 T 作图给出，是严格地随温度单调增加的。微正则系综的热曲线也可以从 $P_T(E)$ 导出，但相对要复杂一些，在一定条件下，可以由最可几能量 $E_{ext}(T)$ 对热库温度 T 作图得到。热曲线的导数 $c(T) = \partial U / \partial T$ 给出热容。

当远离相变时，$P_T(E)$接近高斯分布，平均能量 $\langle E \rangle$ 与最可几能量 $E_{ext}(T)$ 几乎是相同的，因此正则系综与微正则系综的热曲线基本是一致的。通过对团簇热曲线的测量，可以获得团簇相变的许多性质。

目前对于团簇的热曲线的实验测量主要是对于 Na 团簇的固-液相变过程进行的，可以得到与大块物质相变的四个显著区别：①熔点的普遍降低；②潜热变小；③相转变不是发生在一个确定的温度，而是扩展在一个温度范围内；④在相变温度附近微正则热容(由微正则系综的热曲线获得)为负值，即向系统馈入能量反而使系统温度下降。

图 2.24 为实验测得的 Na_{192} 团簇的热曲线和热容。作为比较，图中的实线为大块固体的热曲线。团簇与大块固体的固-液转变特性的区别是很明显的。对大块固体，熔点处的热曲线出现一个阶跃，阶跃的高度正对应于潜热。在熔点处，加到系统的能量并未使温度升高，而是用于摧毁固体的规则结构从而使熵增加。只有当系统完全成为液态，温度才继续随能量的加入而升高。在熔点处存在相分离，即固液共存。由能量对温度的导数得到热容，显然大块系统的热容在熔点为δ函数。对于团簇，热曲线在低温时是线性增加的，温度升高到一定程度，熔化过程使热曲线的斜率出现连续的变化直到更高的温度，热曲线重新线性变化，熔化过程结束。熔化前后两段线性变化的热曲线之间出现一个落差，其值为潜热。大块系统的热曲线的突然阶跃在团簇系统被平滑化为一定的宽度范围内的渐变。同样，热容曲线也由大块固体时的δ函数形式变为团簇体系的宽矮峰。团簇热曲线的最

大斜率所对应的温度为熔点，该温度也对应于热容曲线的峰位置。对 50～340 个原子的 Na 团簇测得的熔点比大块固体的相应值降低约 1/3。

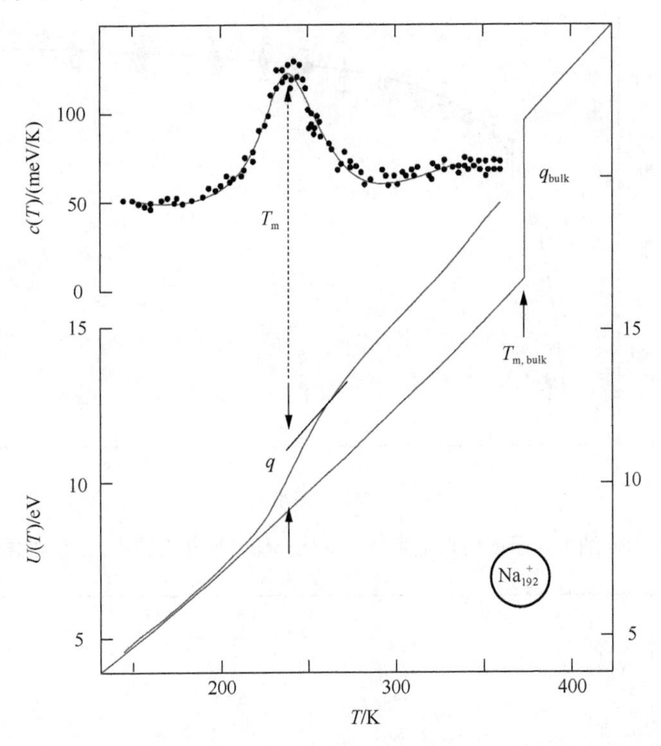

图 2.24 Na_{192}^{+}的热容 $c(T)$及热曲线 $U(T)$[8]。黑点为实验结果。由 $c(T)$的最大值得到熔点 T_m，由热曲线的两段平滑部分的竖直落差获得熔合潜热 q。实线为归一到 192 个原子的大块固体的热曲线。$T_{m,bulk}$ 和 q_{bulk} 为大块材料的熔点和潜热

团簇的熔点的降低可用 Lindermann 判据定性解释：当原子的核间距的热涨落超过 10%～15%时，大块物质将开始熔化。如果对于团簇同样判据也成立，则由于团簇中表面原子占很大的比例，表面原子的最近邻原子数较少，束缚较弱，在热运动中受到较弱的约束，因而较体内可产生较大的涨落，导致团簇的熔点降低。

对于团簇与纳米粒子的熔点的测量都是对有表面支撑的样品进行的，通常给出熔点正比于团簇半径倒数的关系(图 2.25)。小尺寸系统熔点随尺寸减小而降低的现象，不仅在金属团簇体系普遍存在，在半导体纳米粒子乃至高分子薄膜中同样可观察到。对于后者，玻璃化转变温度随薄膜厚度的减小而降低。

支撑团簇的实验中不可避免衬底的作用。对于 Na_{50}～Na_{340} 自由团簇束的进行熔点的系统测量发现熔点随团簇尺寸存在奇异的涨落振荡，振荡幅度达到±50K，甚至改变一个原子数就可使团簇的熔点变化达到 10K，如图 2.26 所示，而且也未发现这种涨落与团簇的电子壳层或原子壳层结构有对应关系。涨落的起源目

前还未能阐明。

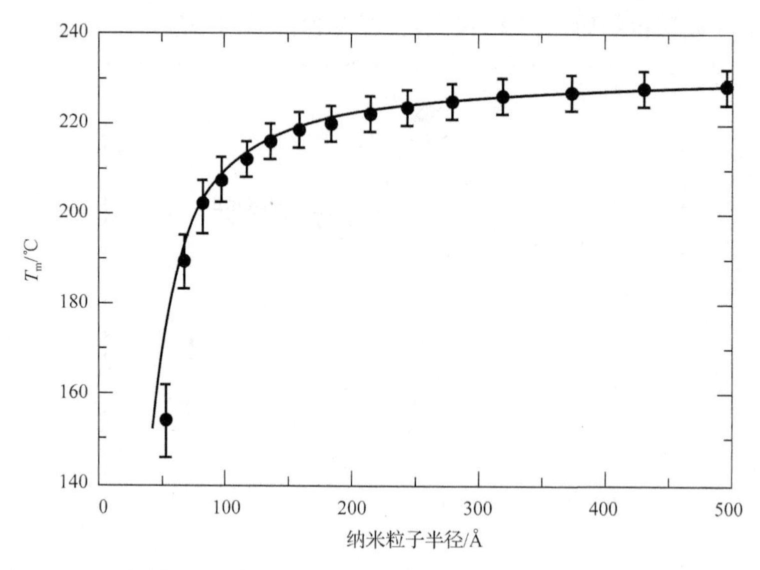

图 2.25　Sn 纳米粒子的熔点随半径的变化。随着尺寸的减小，熔点急剧降低

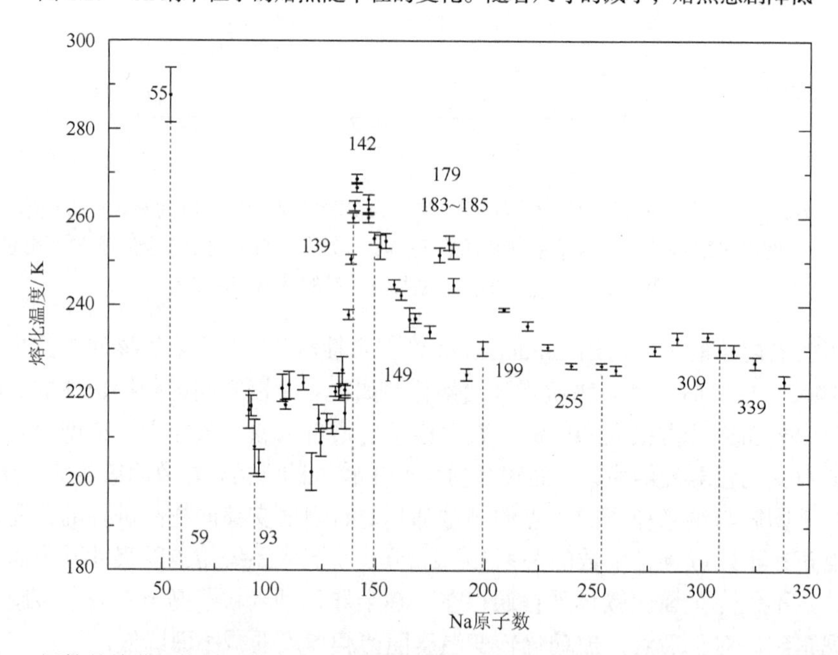

图 2.26　团簇的熔化温度随团簇所含原子数的变化。点线示出 Na 团簇的闭合电子壳层的位置，虚线则是 Na 团簇的闭合原子壳层的位置。大块 Na 的熔点为 371K。图中 Na 团簇的熔化温度出现了大幅度的涨落变化，其涨落结构与闭合电子壳层或闭合原子壳层都没有明显的对应性

团簇负热容的测得是近年来团簇热力学性质研究的重要发现。正则系综的热

曲线总是随温度单调增加的，因此总是给出正值的热容。但对于微正则系综，小尺寸系统的熵 $S(E)$ 随内能变化的曲线会在相变点附近出现奇异结构：如图 2.27 所示，出现反方向的曲率下凹，并导致两个结果：

(1) 微正则热曲线产生负斜率(称为回弯，backbending)，表明相应的热容为负值。

(2) 正则能量分布 $P_T(E)$ 出现双峰结构，双峰结构的出现也成为负热容的直接证据。

这种情形在 Na^+_{147} 团簇中确实测到了：在熔点，团簇的内能增加 1eV，可导致温度随之降低约 10K。

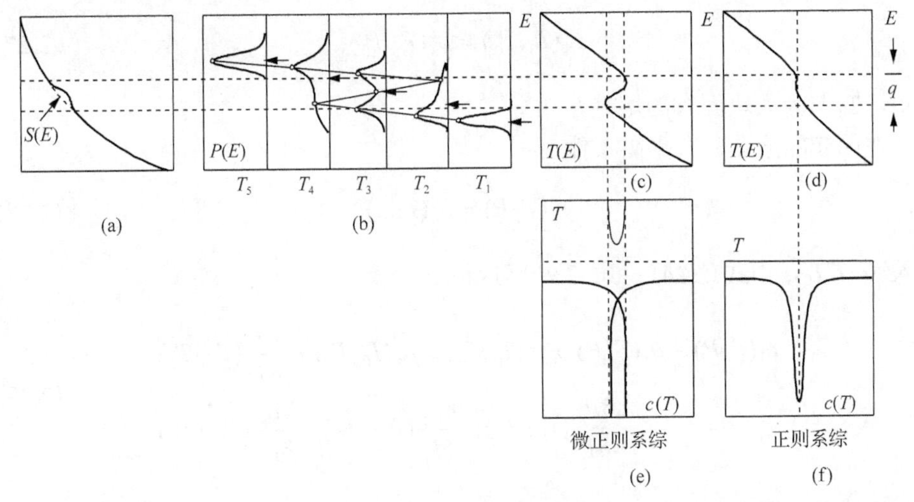

图 2.27 (a)在接近相变时，小系统的熵曲线上出现负曲率的下凹，图中箭头所指的这一奇异结构虽然并不很大，却可以带来惊异的后果。(b)在相变位置 T_a 附近，能量分布 $P(E)$ 出现双峰。(c)在微正则系综中，由 $P(E)$ 的极值所对应的能量(最可几能量)对温度作曲线，得到热曲线。$P(E)$ 的双峰导致热曲线的回弯。(d)正则系综热曲线[平均能量(b)中的竖直箭头所指]是对温度作曲线，总是给出单调曲线。(e)微正则系综的热曲线的导数(热容)出现负值。(f)正则系综的热曲线的导数总是正的

团簇熔点随尺寸的变化可以采用液滴模型来推算。考虑包含 N 个原子的团簇，假设团簇为均匀球体，单一元素各向同性，半径为 R。设 T_0、P_0 为大块固体的熔点和三相点压强，在 T_0、P_0 对团簇的化学势 $\mu(T,P)$ 作一级展开：

$$\mu(T,P)=\mu(T_0,P_0)+\frac{\delta\mu}{\delta T}(T-T_0)+\frac{\delta\mu}{\delta P}(P-P_0)+\cdots \tag{2.24}$$

由热力学关系式

$$-VdP + SdT + md\mu = 0 \tag{2.25}$$

可导出

$$\begin{aligned} \frac{\delta\mu}{\delta T} &= -\frac{S}{m} \\ \frac{\delta\mu}{\delta P} &= \frac{V}{m} = \frac{1}{\rho} \end{aligned} \tag{2.26}$$

式(2.26)对液相(P_l, T_l, ρ_l, S_l)和固相(P_s, T_s, ρ_s, S_s)同样适用。

对于大块固体，在三相点有

$$\mu_l(T_0, P_0) = \mu_s(T_0, P_0) \tag{2.27}$$

其中，T_0取为大块固体的熔点。

在团簇的熔点，有平衡条件：

$$\mu_l(T, P) = \mu_s(T, P) \tag{2.28}$$

引入 Θ=T/T_0，由式(2.24)～式(2.28)可得

$$\begin{aligned} \mu_l(T,P) - \mu_s(T,P) = \mu_l(T_0,P_0) - \mu_s(T_0,P_0) + \frac{\delta\mu_l}{\delta T}(T - T_0) \\ -\frac{\delta\mu_s}{\delta T}(T - T_0) + \frac{\delta\mu_l}{\delta P_l}(P_l - P_0) - \frac{\delta\mu_s}{\delta P_s}(P_s - P_0) \end{aligned} \tag{2.29}$$

引入恒压下的潜热公式

$$L = \frac{S_l - S_s}{m} T_0 \tag{2.30}$$

将式(2.26)代入，可得

$$0 = 0 + L(1 - \Theta) - \left(\frac{1}{\rho_l} - \frac{1}{\rho_s}\right)(P - P_0) \tag{2.31}$$

在团簇体系中，会出现一项吉布斯压力$\frac{2\gamma_l}{R}$，用于平衡在弯曲固体表面上出现的力，在熔点温度，计入吉布斯压力的液相表面平衡压力可写作

$$P_l = P_v + \frac{2\gamma_l}{R} \tag{2.32}$$

式中，P_v为饱和蒸气压；γ_1为液相的表面张力。对于大曲率(小 R)的团簇表面，相比于吉布斯压力，饱和蒸气压的贡献可以忽略。于是可以得

$$T = T_m = T_0\left(1 - \frac{\alpha}{R_s}\right) \tag{2.33}$$

其中

$$\alpha = \frac{2}{L\rho_s}\left[\gamma_s - \gamma_1\left(\frac{\rho_s}{\rho_1}\right)^{2/3}\right] \tag{2.34}$$

由式(2.34)可以看到，团簇的熔点与其半径呈倒数关系，这与图 2.25 的实验结果是一致的。具体计算可得：对于 8nm 直径的金纳米粒子，熔点由大块的 1336K 降低到约 1244K，这与实验值 1200K 是相当接近的；对于 8nm 直径的 CdS 纳米粒子，熔点由大块的 1678K 大幅度降低到约 1200K。

2.6 纳米粒子

含有 1000 个以上原子的团簇，大块固体的某些性质已开始在该尺度区域体现。当团簇的尺寸小于某种性质所对应的特征长度时，往往体现出异于大块固体的特性。这种团簇往往称为纳米粒子。蒸气凝结和沉积在基底上的金属纳米粒子中，往往出现五角形、六角形和二十面体的外形。对于这些纳米粒子进行电子衍射的研究，表明它们实质上是面心立方结构的多重孪晶组态(图 2.28)。它们与无长程序的原子团簇有相似之处，即它们与大块晶体的平衡态是不同的。有人曾经采用宏观参量(如表面能、孪晶界面能、结合能及与基底的黏合能等)来比较不同组态的纳米粒子的稳定性，结果见图 2.29。值得注意的是，表面能、孪晶界面能及黏结能都与纳米粒子半径 r 成正比，而涉及弹性能的项则与 r^2 成正比。计算结果表明，对于小尺寸的纳米粒子，二十面体能量最低，因而是稳定的，当半径超过了临界尺寸 r_{ij}，二十面体就变得不稳定了。由于纳米粒子生长过程是在非平衡状态进行的，二十面体不一定能够立即变为能量更低的乌耳夫多面体，而更可能的是沿着图 2.28 中 G、E、A、B、T 所示的纳米粒子生长序列演变。晶体尺寸的缩小便引起单位体积的平均自由能升高，并容易导致稳定性的丧失。晶体的熔点随其尺寸减小而降低，就是一个突出的例子。

金属纳米粒子的电子结构也与大块金属的迥然不同。突出的差异是由量子尺寸效应(quantum size effect)所引起的；在大块金属中的能级组成了几乎接近连续的能带，当纳米粒子尺寸很小时，连续的能带又转化为离散的能级。设纳米粒子

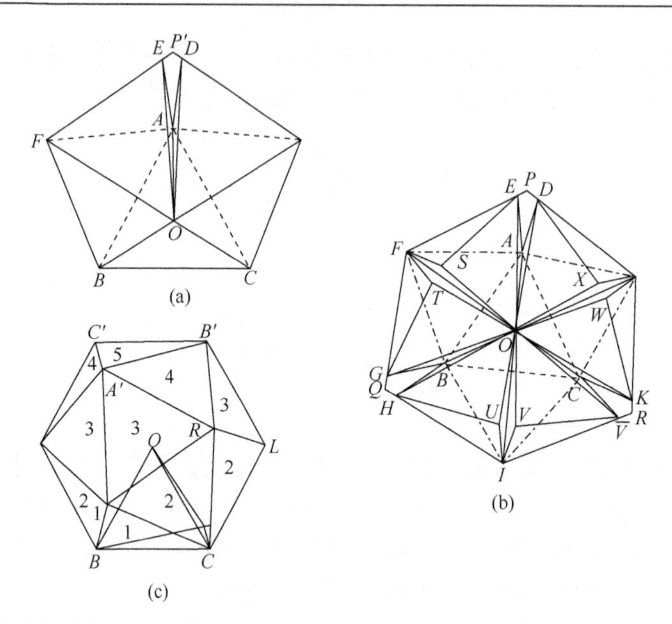

图 2.28　多重孪晶纳米粒子模型。(a) 5 个四面体所构成五角形纳米粒子；(b) 对 (a) 增加一些四面体构成六角形纳米粒子；(c) 由 (b) 发展成的二十面体

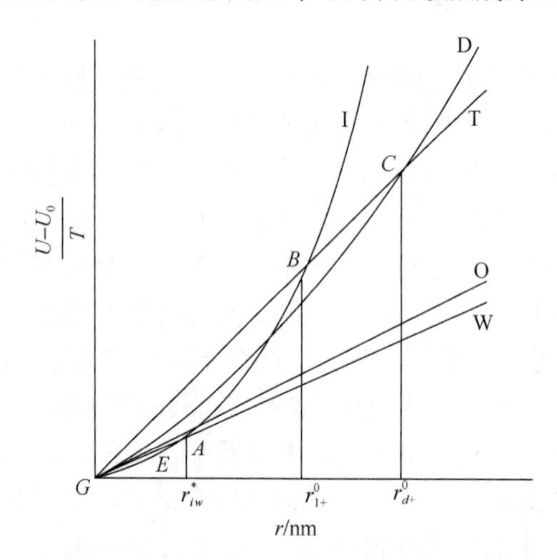

图 2.29　几种组态的纳米粒子的稳定性。(I) 二十面体多重孪晶；(D) 十面体多重孪晶；(T) 四面体；(O) 八面体；(W) 乌耳夫多面体

中的价电子数为 N，能级间距 δ 的数量级为

$$\delta=(E_F-E_0)/N \tag{2.35}$$

式中，E_F 为费米能；E_0 为能带底部的能量。当 $N=10^4\sim10^5$，δ 将为 10^{-4}eV 的量级，与 1K 时的热能 kT 约为同一量级。因而在低温下应能观测到半径小于 100Å 的纳

米粒子的离散能级的效应。

纳米粒子还有一个重要的性质，即它所具有的电子数是不容轻易改变的。道理也很简单，要增加或减去一个电子所需的功约为 e^2/a，(a 为纳米粒子半径)。当 $a \approx 100Å$，这就相当于 0.1eV 的量级，比室温的 kT 要大。因而在低温下，在上万个电子中增加或减少一个都是极其困难的。Kubo 发展了微粒体系的统计力学，当 $kT \ll \delta$ 时，电子在能级上的统计分布将和熟知的费米分布不同。微粒的有些物理性质将明显地依赖于其电子数是奇数还是偶数：电子数若为偶数，将具有抗磁性；若为奇数，则将具有遵循居里定律的顺磁性。

参 考 文 献

[1] Bardotti L, Jensen P, Hoareau A, et al. Experimental observation of fast diffusion of large antimony clusters on graphite surfaces. Phys Rev Lett, 1995, 74:4694-4697.

[2] Jortner J. Cluster size effects. Z Phys, 1992, D24: 247-275.

[3] Campbell E. Atomic Cluster, article in The McGraw-Hill Encyclopedia of Science & Technology. 9th ed. New York: McGraw-Hill Education, 2002.

[4] Abraham F F., Homogeneous Nucleation Theory. New York:Academic Press, 1974.

[5] Martin T P, Bergmann T, Göhlich H, et al. Evidence for icosahedral shell structure in large magnesium clusters. Chem Phys Lett, 1991, 176: 343-347.

[6] de Heer W A, Knight W D, Chou M Y, et al. Electronic Shell Structure and Metal Clusters//Seitz F, Turnbull D. New York: Academic, 1987.

[7] Wrigge G, Astruc Hoffmann M, Issendorff B V. Photoelectron spectroscopy of sodium clusters: direct observation of the electronic shell structure. Phys Rev A, 2002，65: 063201.

[8] Schmidt M, Kusche R, Issendorff B V, et al. Irregular variations in the melting point of size-selected atomic clusters. Nature, 1998, 393: 238-240.

第3章 纳米结构制备:“由底向上”的途径

3.1 获得纳米结构的两类途径

纳米结构的研究有两个基本的主题：第一，纳米结构单元(building blocks)的可控制备及由纳米结构单元组装成纳米结构；第二，赋予由纳米结构单元所形成的纳米结构以常规材料与器件所不具有的新的并且改良的特性和功能。其中，纳米结构的制备在研究与应用中具有第一位的重要性。

通常把纳米结构的获得划分为两类途径：将孤立原子和小尺寸团簇的一端称为底端(bottom)，而大块固体一端称为顶端(top)，由大块固体通过蚀刻等手段获得纳米结构的方法称为“由顶向下”(top-down approach)的方法；而将由原子和小团簇开始通过生长和组装获得纳米结构的方法称为“由底向上”(bottom-up approach)的方法。图3.1形象地说明了两类途径的特征。

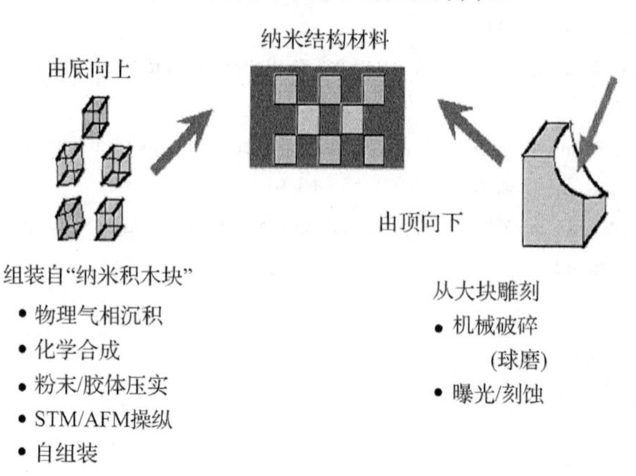

图3.1 “由顶向下”与“由底向上”获得纳米结构的两类途径

在纳米技术领域，发展与现代器件技术相兼容的纳米阵列和图案结构的制作技术具有重要的意义，是纳米科学从基础研究走向产业应用的关键之一。从工业应用而言，一种无机纳米粒子系统的制造方法能否被成功应用在很大程度上取决于现有的设备与用户基础以及应用成本，或者说，该种方法所能提供的性价比以及与现有生产技术(如半导体工业器件制造技术)的兼容性。按此标准，以光学或非光学的平版印刷术(lithography)为代表“由顶向下”制备方法，具有很好的工业应用基础，尤其是这类方法能够精确设计复杂结构，同时具有高度可控与可重复的优势。但传统的基于曝光刻蚀的平版印刷术，线宽受到光学极限的限制，新一代的光刻技术，如电子束、离子束曝光、聚焦离子束刻蚀等，费用昂贵、效率低下，随着线宽的减小，成本迅速增加，目前仅能用于制备少量的用于研究的原型器件单元，在大规模工业应用上尚难被接受。自组装是“由底向上”纳米结构制备方法的重要环节，通过自组装，有可能由单一的工艺过程在大范围内一步实现金属和半导体有序纳米结构。但这种方法存在与器件工艺较难兼容、难以排除杂质、可控性差、精确性不能保证等问题。另外，纳米粒子表面通常存在配位体包裹，易对所获得纳米结构的光学和电学过程产生干扰。尽管在特定的特殊应用中可能是有效的，还未能发展为一种通用的工业制造技术。

对于基于纳米结构器件的设计与生产,需要在结构、化学组分、封装等不同方面对纳米结构单元进行操纵。操纵至少包括以下含义：①将纳米结构单元按尺寸或几何形状进行选择；②控制纳米结构单元位置；③对纳米结构单元系统进行物理或化学修饰。也就是说，需要获得具有确定结构与化学状态的纳米结构单元并将它们高度精确可控地转移到特定衬底或基体的特定位置,而在转移(如在器件中进行沉积)时，纳米结构单元需要保持其原有的性质和个体特征。就此标准而言，通用的纳米结构大规模工业制造技术，仍在等待真正的技术突破。

“由底向上”获得纳米结构这一途径的核心是合成与组装，即从液相、固相或气相获得前驱物，采用化学或物理沉积的途径，依靠化学反应、分散或物理压实等过程将纳米结构单元集成为最终的材料。合成与组装中有两个决定性的控制要点：①不论是胶体颗粒、粉末、半导体量子点还是其他纳米组分，都需要控制纳米粒子单元的尺寸和成分；②控制纳米组元在最终形成的材料中的界面及分布。

此外，合成与组装纳米结构中还有两个重要的问题需要关注：①所形成纳米结构的化学稳定性、热稳定性、空间(结构)稳定性。由于纳米结构单元的小尺寸和高化学活性，纳米结构通常包含固有的不稳定性，因而在制备中往往需要引入特殊方法加以处理。②放大的可能性：许多实验室中采用的方法在技术上或成本上往往并不适合放大用于纳米结构的规模化制备。纳米结构的实际应用需要能够实现低成本、大规模地合成与组装纳米结构，同时保持对尺寸和界面品质的良好控制。纳米结构合成与组装过程/工艺的可复制和可放大性对于将纳米结构的研究开发推广到实际应用是至关重要的。

3.2　纳米粒子的气相制备

广义而言，纳米粒子的合成可归类为两个主要的领域：气相合成与溶液化学合成。这两类方法都属于“由底向上”制备途径，所获得的纳米粒子通常具有约

20%尺寸分布。为使特定尺寸的量子效应得以体现，要求纳米粒子的尺寸分布小于 5%。因此，当前纳米粒子合成中一个最具挑战性的问题仍然是尺寸分布足够小因而无需进行尺寸选择分离的单分散纳米粒子的可控制备。总体而言，对纳米粒子合成技术的要求是：能够低成本地大量合成具有特定直径、高纯度、确定成分的单分散纳米粒子，并且纳米粒子的尺寸足够小以使纳米效应得以凸显。

物理气相沉积(PVD)是被广泛采用的薄膜材料制备方法。气相沉积过程能够在纳米尺度上对薄膜的形成进行很好的控制与检测。PVD 过程中可以通过加热蒸发、脉冲激光烧融、弧光放电或磁控溅射、离子束轰击等手段获得高密度的原子气，为了在气相环境中高效获得纳米粒子，需要引入缓冲气体，使原子气在缓冲气体的冷却下形核、生长形成纳米粒子。

最早气相合成纳米粒子的 Granqvist 和 Buhrman 采用基于热蒸发的惰性气体冷凝法[1]。这种方法主要用于金属及其氧化物纳米粒子的制备。如图 3.2 所示，这种方法先在超高真空腔内充入氦或氩等惰性气体，并在其中使金属蒸发，蒸发物通过与冷的惰性气体分子碰撞而损失能量。这些碰撞使金属原子的平均自由程变得很短，从而在蒸发源的上方可以达到过饱和。在高的过饱和度下，金属蒸气迅速形核并进一步通过合并、团聚而生长成为纳米粒子。生成的纳米粒子在冷凝气流的传输下到达液氮冷却的衬底表面并实时从表面刮下并被收集起来。随后，在

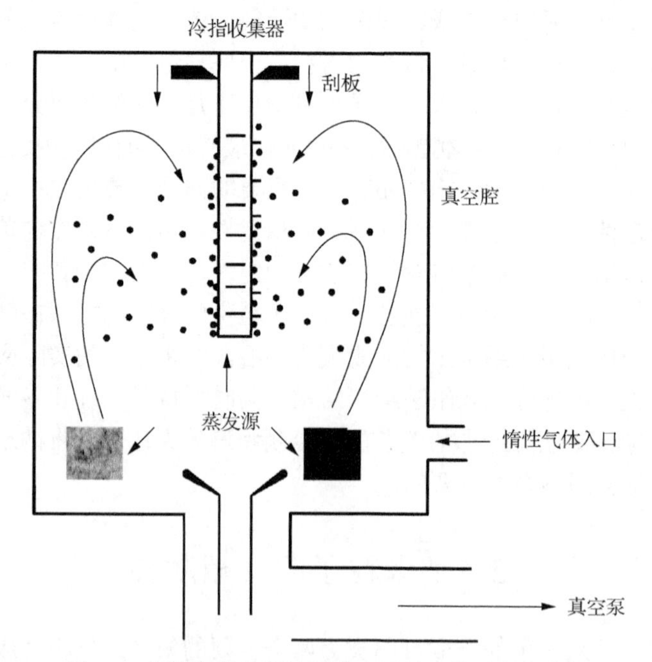

图 3.2　惰性气体冷凝法形成金属纳米粒子的示意图

1981 年，Gleiter 等[2]将用惰性气体冷凝法制备的纳米粒子在超高真空下实地压接，获得纳米晶固体。

1981 年前后，在惰性气体冷凝法的基础上，发展出气体聚集法团簇源[3,4]，把原子气成核生长约束于冷凝腔中，缓冲气携带团簇通过气体动力学喷嘴喷出直至真空，完成团簇的生长。团簇通过分离器(skimmer)而形成高度准直的高强度束流，既可通过质谱、光谱等的测量以研究团簇的基本性质，也可以沉积于衬底表面形成纳米粒子薄膜。

在团簇的气相形成中，原子气的温度随着膨胀冷却到一定的值，下列原子 A 依次在核 A_{n-1} 上的附着及蒸发的反应序列以较大的正向概率进行，导致形核(nucleation)与团簇的形成：

$$A + A \longleftrightarrow A_2,\ A_2 + A \longleftrightarrow A_3,\ A_{n-1} + A \longleftrightarrow A_n,\cdots \tag{3.1}$$

随着形核过程的进行，团簇变得足够大，碰撞能可被自身吸收，同时稳定的核的浓度也增加，下列核吸收单原子的生长(growth)和核与核之间合并的凝固(coagulation)过程逐渐成为团簇长大的两个主要通道：

$$A_{n-1} + A \longrightarrow A_n,\quad A_{n-m} + A_m \longrightarrow A_n \tag{3.2}$$

生长与凝固过程合起来称为凝聚(agglomeration)，而由成核发生与凝聚结束的完整的过程则被称为聚集(aggregation)。

先通过经典成核理论来分析形核过程。20 世纪 20 年代由 Volmer 提出，后经 Becker 和 Döring 等发展的经典成核理论指出：当外界条件(气压、温度)变化使气相处于亚稳态，便出现转变为一个或几个较为稳定的液相或固相的倾向。只要相变驱动力足够大，转变会从小范围内由程度大的涨落开始，而形成新相的胚芽。当热涨落使其继续长大超过临界核半径时，便可以形成稳定的新相核心或晶核。

在凝聚过程中，先形成新相核心，即称为形核。气相中组成液相或固相的原子(或分子)集团，称为核胚(embryos)。以 A_1 表示单个原子(monomer)，A_2 表示两个原子组成的核胚(dimmer)，……，A_n 表示含有 n 个原子的核胚。依靠原子碰撞迁移到核胚，使核胚所含的原子数增加并逐渐长大，如 $A_n + A_1 \longrightarrow A_{n+1}$ (由于出现三原子反应 $A_n + A_1 + A_1 \longrightarrow A_{n+2}$ 的概率很小，因此形核过程以双原子反应来考虑)。按吉布斯理论，成核的自由能(即由亚稳相形成团簇所需的最小功)包括体自由能 ΔG_v，核胚形成时核胚的表面能 ΔG_s，即

$$\Delta G = \Delta G_v + \Delta G_s = \frac{4}{3}\pi R^3\left(\frac{\mu_l - \mu_g}{V_c}\right) + 4\pi R^2 \gamma \tag{3.3}$$

其中，μ_1 和μ_g 分别为液相和气相的化学势；V_c 为单个原子的体积；γ为团簇比表面能；R 为团簇的半径。

设团簇为球体，采用表面张力近似(capillary approximation)，即假定团簇所有的物理参数都保持大块的值，则有

$$R=\left(\frac{3}{4\pi}V_c n\right)^{\frac{1}{3}} \tag{3.4}$$

n 为团簇包含的原子数，则式(3.4)为

$$G(n)=\sigma n^{2/3}-\delta n \tag{3.5}$$

其中

$$\begin{aligned}\sigma&=\left(36\pi V_c^2\right)^{1/3}\gamma\\ \delta&=\mu_g-\mu_l\end{aligned} \tag{3.6}$$

两者皆为正值。对于理想过饱和气体，有

$$\delta=kT\ln\xi \tag{3.7}$$

式中，ξ 为过饱和度，为实际气压 P 与平衡气压 P_e 之比：

$$\xi=\frac{P}{P_e} \tag{3.8}$$

在过饱和蒸气中形成团簇的自由能变化如图 3.3 所示。过饱和蒸气形成一定大小($R>R^*$，或 $n>n^*$)团簇后才使体系自由能下降。成核过程需要克服一个势垒核心形成所引起的体系自由能的变化，当温度低于临界温度(T_0)，但 $n<n^*$(或核胚半径 $R<R^*$)时，由 n 态变为$(n+1)$态的过程将使体系的自由能升高，只有当 $n>n^*$时，n 态变为$(n+1)$态才使体系的自由能下降。n^*或 R^*对应自由能极大值ΔG^*，称为成核的临界尺寸(critical size)或临界半径。在临界温度以下，ΔG_s 仍为正值，而ΔG_V 应为负值，才能形核。ΔG_s 与核胚半径 R^2 成反比，而ΔG_v 与 R^3 成正比。当 R 很小时，ΔG_s 的增加快于ΔG_v 的下降；当 R 较大时，情况正好相反。当ΔG_v 的贡献刚好能阻止 ΔG_s 进一步增加时，即

$$\frac{\partial\Delta G}{\partial R}=0 \tag{3.9}$$

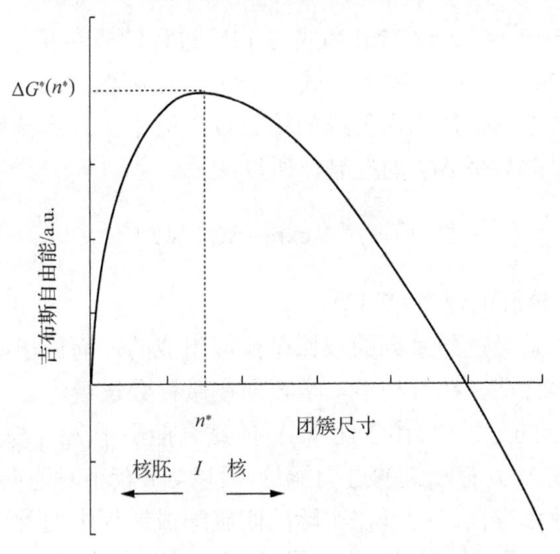

图 3.3　过饱和蒸气中形成团簇的自由能变化

得

$$R^* = \frac{2\gamma}{\delta} V_c$$

$$\Delta G^* = -\frac{32}{3}\frac{\pi\gamma^3}{\delta^2}V_e^2 + \frac{16\pi\gamma^3}{\delta^2}V_c^2 = \frac{1}{3}\left(\frac{16\pi\gamma^3}{\delta^2}V_c^2\right) \tag{3.10}$$

或由 $\frac{\partial \Delta G}{\partial n} = 0$ 得

$$n^* = \left(\frac{2\sigma}{3\delta}\right)^3$$

$$\Delta G^* = \left(\frac{2\sigma}{3\delta}\right)^2 \sigma - \delta\left(\frac{2\sigma}{3\delta}\right)^3 = \frac{4\sigma^3}{27\delta^2} \tag{3.11}$$

ΔG^*为形成临界大小核胚 n^*(或 R^*)所需要的能量(形核功)，需由形核时借助于热的能量涨落来供给。

当 $n<n^*$时，式(3.12a)过程(核胚原子数增加过程)的概率小于式(3.12b)过程(核胚原子数衰减过程)的概率：

$$Q_n + Q_1 \longrightarrow Q_{n+1} \tag{3.12a}$$

$$Q_{n+1} - Q_1 \longrightarrow Q_n \tag{3.12b}$$

在 $n=n^*$(或 $R=R^*$)，式(3.12a)和式(3.12b)过程的概率相等。只有在 $n>n^*$(或 $R>R^*$)时，式(3.12a)过程的概率大于式(3.12b)，核胚稳定长大。

形核率为蒸气中单位体积内形成的核心数，记作 J^*。形核率受原子或分子进入临界核胚须克服的势垒 ΔG^*的控制，所以

$$J^* = \beta^* N \exp[-\Delta G^* / kT] \tag{3.13}$$

β^*为单个原子加入核胚的速率(频率)。

由于临界核心是经过一系列的双原子反应组成的，而原子的扩散需要时间，于是就需成核的孕育期。在气相中，孕育期在微秒数量级。

在式(3.1)所示的过程中，由于团簇 A_n 的结合能小于 A_{n-1} 与原子 A 的能量和，因此所形成的团簇 A_n 具有较大的过剩能量，所以当 n 较小时逆向反应的概率较大，导致团簇形核的效率很低。所以在实际的团簇形成过程中通常引入氦、氩等惰性气体作为缓冲气体，通过团簇 A_{n-1}、原子 A 及缓冲气体原子 M 之间的三体过程而将团簇 A_n 上的过剩能量转移到缓冲气体原子 M 上而使团簇 A_n 的稳定形核概率大大提高。因此实际的形核序列可由式(3.14)给出：

$$\begin{aligned} &A + A \longrightarrow A_2^*, \quad A_2^* + M \longrightarrow A_2 + M^* \\ &A_2 + A \longrightarrow A_3^*, \quad A_3^* + M \longrightarrow A_3 + M^* \\ &\qquad \vdots \\ &A_{n-1} + A \longrightarrow A_n^*, \quad A_n^* + M \longrightarrow A_n + M^* \end{aligned} \tag{3.14}$$

实际的团簇束流源一般包括：高密度原子气的产生、喷嘴、由喷嘴和分离器所分割的差分真空系统。束流源工作中如果采用缓冲气体，则通常采用液氮来冷却气体。

早期的团簇束流与分子束的研究有密切的渊源，主要为分子和范德华团簇，这类团簇通常由气体通过喷嘴(nozzle)时［形成超声喷注(supersonic jet)］的绝热膨胀而获得。等熵过程导致膨胀的气体得到充分的冷却(气体的内能转化为粒子的平移能)。气体通过喷嘴由高压进入真空端，在数十毫米的长度上，快速冷却的速率可达 10^6～10^{11}K/s，引起气体高度过饱和，从而发生团簇的成核生长。这类方法中所用的喷嘴直径约为 0.1mm，图 3.4 给出了绝热膨胀团簇源及几种典型的喷嘴结构，达到绝热膨胀所需的气压为几百托①。所获得的团簇的尺寸分布取决于温度、气压和喷嘴的几何参数。

“籽”束法团簇源由超声喷注法发展而来。气压为 1～10kTorr 的惰性气体作

---

① 1Torr(托)=1.33322×10^2Pa

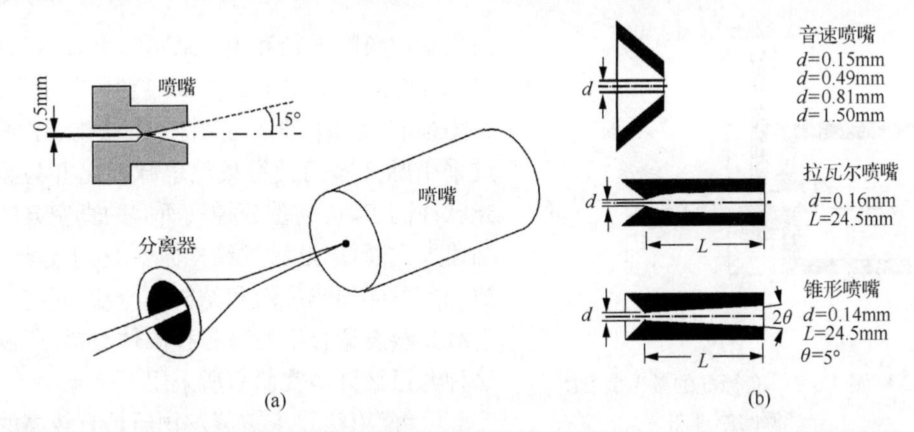

图 3.4 (a)用于产生分子团簇或范德华团簇的绝热膨胀团簇源；(b)常用的喷嘴结构与尺寸

为载气在由喷嘴膨胀之前与蒸发材料的蒸气混合，载气提供了移去团簇成核时释放的结合能的“热浴”，促进了团簇的成核和生长，并与蒸气一起通过喷嘴膨胀，载气通过喷嘴之后，束流的温度和密度迅速下降，“籽”与蒸气原子间及“籽”与载气间的碰撞相继终止，从而形成团簇束流，在团簇进入高真空端进行分析前，须通过由分离器隔开的各级差分抽气排出载气。由于在此方法中惰性载气的流量非常高，因此差分抽气需要非常高抽速的真空泵。图 3.5 为“籽”束法团簇源的结构框图[5]。

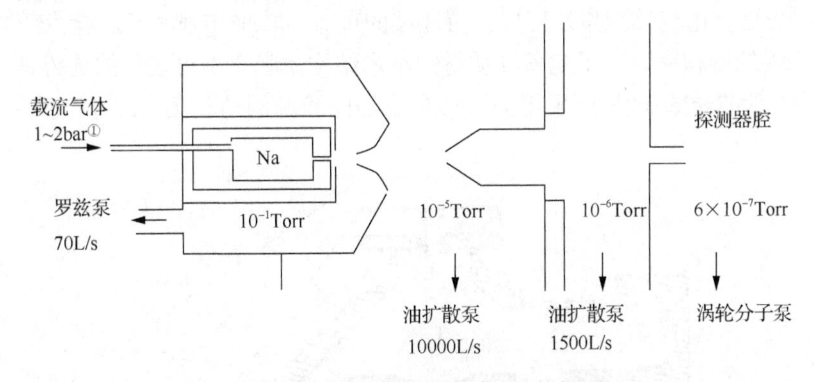

图 3.5 “籽”束法团簇源的结构框图

图 3.6 为一标准的激光蒸发源的原理图，是由 Smalley 等所设计的[4]。高强度脉冲激光(通常由 Nd:YAG 或准分子激光器产生)被聚焦到待蒸发的材料棒上，使得棒上被照射的一小部分蒸发到惰性载气流中，惰性气体使蒸气冷却并凝聚形成团簇。随后团簇与载气一起通过喷嘴膨胀并进入高真空端。获得的团簇质谱分布

① $1bar=10^5Pa$

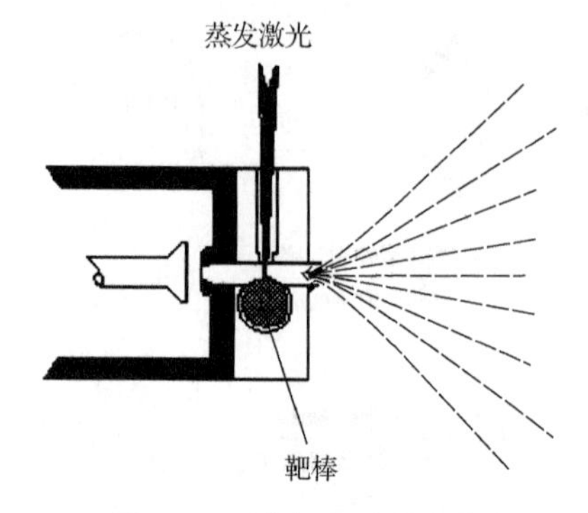

图 3.6 一套标准的激光蒸发团簇源的原理图

由气压、喷嘴直径和出口通道长度(即靶材料棒与膨胀开始处间的距离)控制。这种源在团簇的形成机理上与“籽”束法相近，通过采用脉冲阀门使得载气也脉冲化并与激光脉冲同步，可使差分抽气所需的真空泵的抽速大大降低，这种源结构简单、易于建造，激光蒸发无须热屏蔽和结构件冷却。同时由于激光蒸发适合于几乎各种固体材料，所以这种源已被许多实验室所采用。

“籽”束法要求被蒸发物质具有较高的蒸气压，对差分抽气的泵的抽速也要求较高，通常用于碱金属和某些高蒸气压物质如 Ag 等团簇的产生。激光蒸发法原则上适合几乎各种固体材料，结构也简单，易于实现。但是，由于所使用的脉冲激光器及脉冲喷嘴典型的频率为 10～20Hz，激光脉宽为 10ns 量级，每个脉冲所产生的团簇虽然相当可观，但由于占空比太大，如用于团簇束流淀积制备薄膜，效率显然太低。因此，在团簇束流沉积中主要采用基于蒸发或溅射的气体聚集法团簇源。一方面，这种团簇源具有较为均一的团簇尺寸分布，并且易于通过工作参数的调节获得对团簇尺寸的控制，达到宽广的团簇尺寸范围，从小团簇到数万原子数的纳米粒子；另一方面，由气体聚集法可以获得连续的束流，其平均强度高，能够轻易达到每秒数十埃的淀积率，对于制备高质量的纳米结构薄膜有不可取代的优势。

图 3.7 为 Sattler 最早所采用的气体聚集法团簇源的结构图[3]。将材料在较低

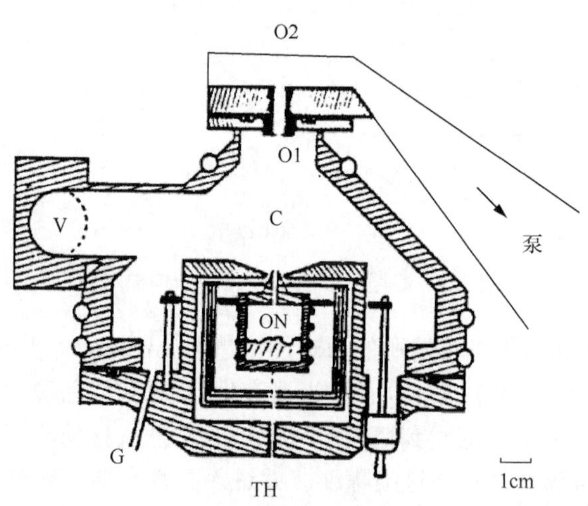

图 3.7 Sattler 最早所采用的气体聚集法团簇源的结构图。ON: 蒸发炉；C: 冷凝室；O1、O2:准直孔；V: 真空阀；G: 惰性气体通管；TH: 热电偶

的蒸发率下(典型的蒸气压约为 1Torr)蒸发到冷的惰性气体气氛中，通过在约 100mm 长度的路径上与大量惰性气体分子的碰撞，达到冷却并有效地凝聚成核生长形成团簇。为提高冷凝效率，缓冲气体通常采用液氮来冷却。

气体聚集法团簇束流源中团簇在冷凝区的滞留时间(residence time)对于所获得团簇的尺寸及其分布起着关键的作用。通过选择合适的喷嘴孔径、冷凝区长度、缓冲气压等工作参数，可控制滞留时间的长短，从而对团簇的尺寸大小有所选择。研究表明[6]，团簇完成生长的时间大约在 10ms 的量级，因此，为获得对团簇尺寸的选择与控制，并保持团簇束流的品质，需将滞留时间控制在该时间以内。

图 3.8 给出了一套磁控等离子体气体聚集型团簇源的示意图[7]。团簇源采用射频或直流辉光放电将入射到冷凝室的氩气电离生成等离子体，放电气体中的电子和离子在正交的电场和磁场作用下，轰击靶材(磁控溅射)，将原子/离子等从靶材中打出，形成高密度等离子体，进入充满惰性气体的冷凝室，冷凝室的壁用液氮冷却，并使惰性气体在与壁的碰撞中冷却，在冷凝室，靶材原子间的碰撞及其与惰性气体分子的碰撞导致有效的聚集生长，形成团簇。实验中通过质量流量计实时控制氩气和氦气的流量，冷凝室的气压在溅射时通常保持在几百帕，气压由一皮拉尼真空计实时测量。团簇束流的强度则可根据石英晶体微天平监测。通常，在 40W 的溅射功率下可获得 10Å/s 以上的等效沉积率。实验时可以动态地调节溅

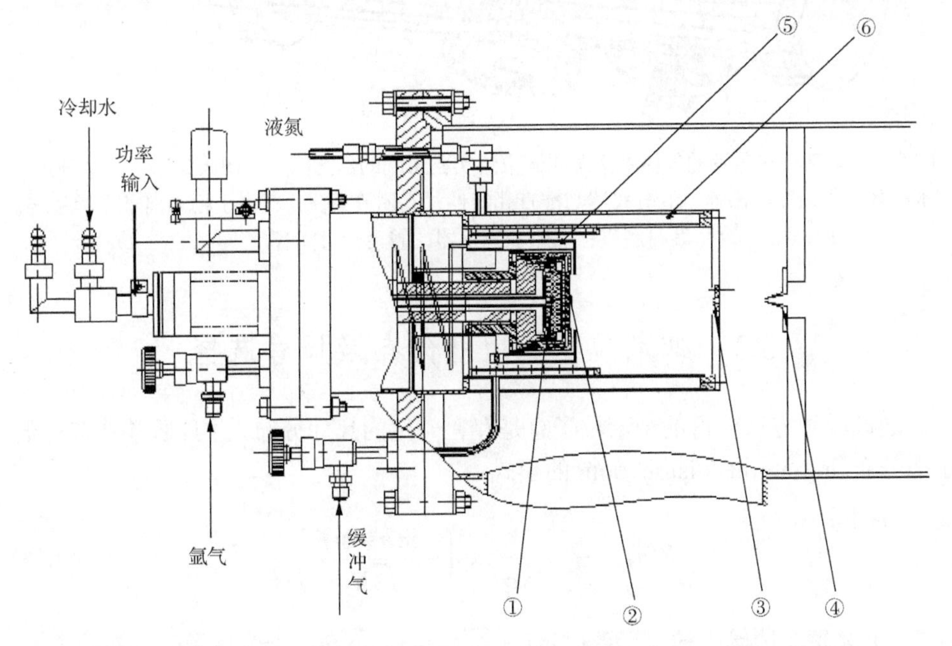

图 3.8　磁控等离子体聚集型团簇源的示意图。①永磁体；②溅射靶；③喷嘴；④第一分离器；⑤溅射气体冲入罩及屏蔽环；⑥冷凝腔体

射靶与喷嘴的距离，改变团簇在冷凝区的滞留时间，控制团簇的尺寸与尺寸分布。以上述磁控等离子体气体聚集型团簇源为核心，构成超高真空团簇束流和多层膜沉积系统，可获得难熔金属、半导体、氧化物、合金等多种材料的团簇束流，并进行自由团簇的原位分析、定向团簇束流沉积、团簇/介质膜嵌埋结构、多层超薄膜等纳米结构的制备和研究。

图 3.9 为一套基于热蒸发的气体聚集源团簇束流实验系统的示意图。系统由团簇产生、团簇束流引出、团簇探测及团簇沉积等部分构成。

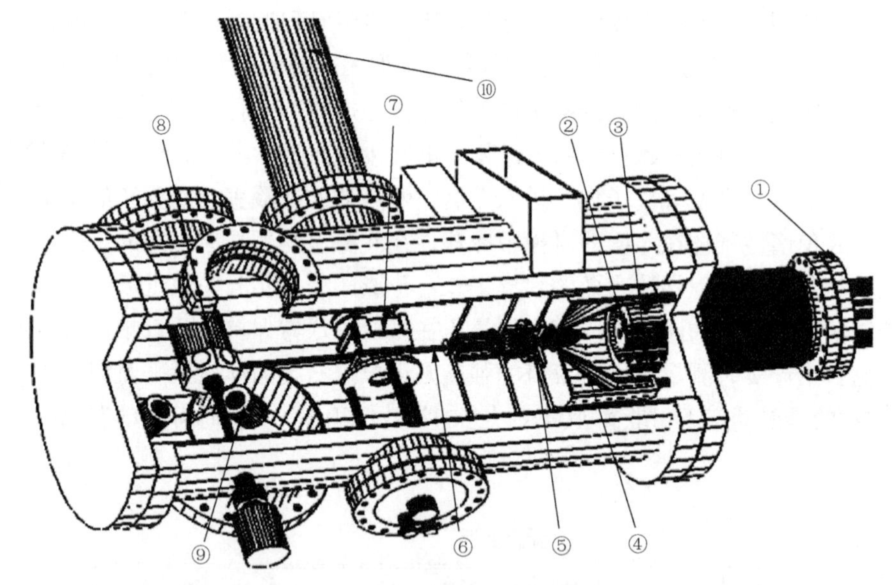

图 3.9　一套基于热蒸发的气体聚集源团簇束流实验系统的示意图。①团簇源法兰；②源炉；③水冷套；④液氮冷却器；⑤分离器与准直孔组件；⑥团簇束流；⑦电子枪和离子光学系统；⑧衬底座；⑨原子蒸发器；⑩飞行时间管

3.3　纳米粒子的尺寸分布及尺寸选择

通过各种方法获得的纳米粒子总是存在一定的尺寸分布，并且通常具有对数-正态分布(log-normal distribution)的形式：

$$F(n)=\frac{1}{\sqrt{2\pi}\ln\sigma}\exp\left(-\frac{\ln n-\ln\overline{n}}{\sqrt{2}\ln\sigma}\right)^2 \tag{3.15}$$

式中，n 为每个团簇中的原子数；$\ln\overline{n}=\sum_i n_i\ln x_i\Big/\sum_i n_i$；$\sigma$为原子数分布的方差，

$$\ln\sigma = \left(\sum_i (\ln x_i - \ln\bar{x})^2 \Big/ \sum_i n_i\right)^{1/2}$$

或

$$F(\mathrm{d}) = \frac{1}{\sqrt{2\pi}\ln\sigma}\exp\left(-\left(\frac{\ln d - \ln\bar{d}}{\sqrt{2}\ln\sigma}\right)^2\right) \tag{3.16}$$

式中，d 为纳米粒子的直径；σ为尺寸分布的方差。

纳米粒子的尺寸分布通常可以通过透射电子显微镜(TEM)测得。纳米粒子首先沉积到由铜网支撑的无定形碳膜上，并进行 TEM 显微成像，然后从 TEM 照片上对纳米粒子尺寸分布进行量测统计。图 3.10 显示了沉积于无定形碳膜上的金属纳米粒子薄膜的 TEM 显微照片及纳米粒子的尺寸分布。

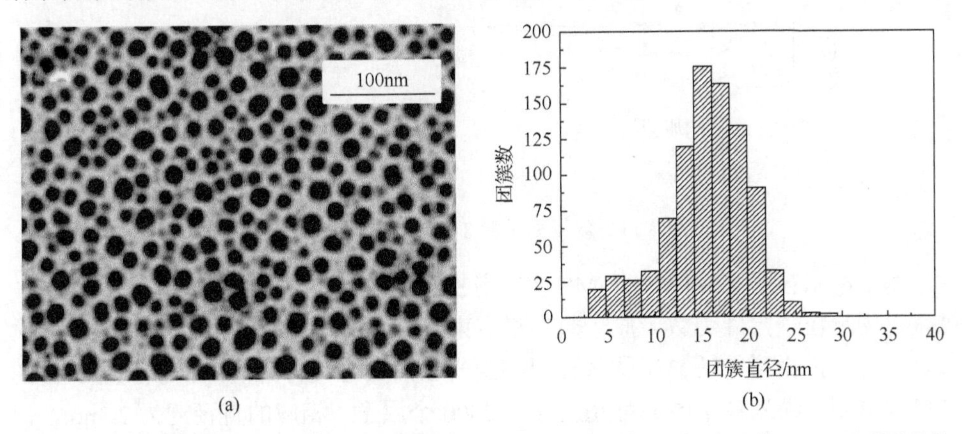

图 3.10　通过气体聚集法制备的 Sn 纳米粒子薄膜的 TEM 显微照片(a)及从 TEM 照片测得的纳米粒子尺寸分布(b)

通过 TEM 对纳米粒子尺寸分布进行离线分析需要花费较长的时间，这对于纳米粒子制备的过程控制与监测是不现实的。因此，对于气体制备的纳米粒子，可采用质谱方法对其尺寸分布进行在线测量，通常采用飞行时间质谱仪(TOF-MS)。TOF-MS 的分析质量范围很宽，原则上没有上限，只要通过改变工作频率就可改变其范围，这对于分析大质量数的纳米粒子是必要的。

TOF-MS 由离子源、无场漂移管和探测器三部分组成，离子源包括离化和加速两个功能。离子在离化区产生，经加速离开源区，进入无场漂移管。离子在无场漂移空间的速度是荷质比 Q/M 的函数，因此当它们经过漂移管到达探测区时，按 Q/M 实现时间分离。假设产生的离子都是单电荷，则根据离子飞行谱即可得到质谱。在实际应用中，TOF-MS 的分辨本领 $R=M/\Delta M=T/(2\Delta T)$ 取决于它减少时间分散的能力。时间分散是由于初始位置和初始动能的分布造成的。为此采用 Wiley

和 Mclaren 设计的双场离子源[8]系统。如图 3.11 所示，在双场离子源中包括离化和加速两个场区。离子在离化区生成，在离子形成过程中，源底板的电压与第一栅 G1 的电压是相同的，而在加速区(G1、G2 两栅之间)始终有电场 E_d，区域 D 为无场漂移管。当源底板上加一正的脉冲时，第一个场区内产生加速电场 E_s，使离子加速离开离化区进入加速区，这个脉冲延续到所有的离子离开离化区。双场离子源中引入了第二加速栅与第一加速栅间的距离 d，以及第二加速场与第一加速场间电场强度比 E_d/E_s 两个参数，这两个参数使得双场源易于调整以获得高分辨。双场离子源通过空间聚焦初始电离位置的离散获得补偿：初始位置靠近探测器(即 s 较小)的离子加速得到的能量也较少，最终被有较大初始速度的离子赶上并一同到达探测器。此外，通过把离子加速到最大能量的时间减少到约占飞行时间的 5%，从而减少了纳米粒子初始动能分布的影响。

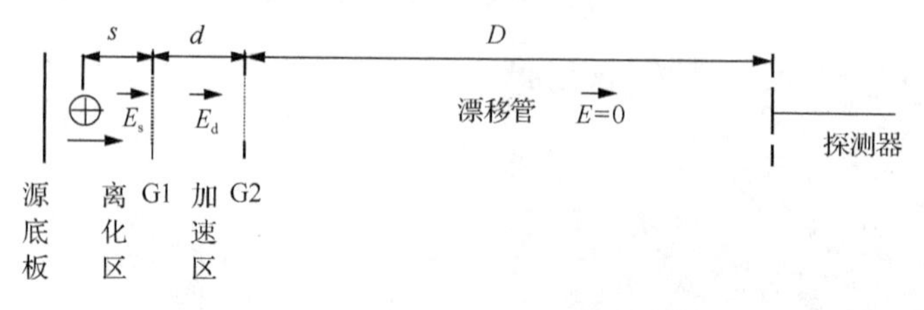

图 3.11　双场离子源 TOF 质谱仪示意图

基于纳米粒子尺寸的 TOF-MS 实时监控，通过调节纳米粒子源的工作参数，可获得纳米粒子尺寸为数千原子数的稳定束流。图 3.12 给出了一个典型的纳米粒子尺寸分布，由磁控等离子体气体聚集源产生，通过飞行时间质谱仪测量。由图中可以看到，纳米粒子的最可几尺寸在 2300 个原子，相应的直径约为 2.3nm，但最大尺寸可达约 5000 个原子，相应的直径为 3nm。这种纳米粒子尺寸分布具有典型的对数-正态分布的形式。

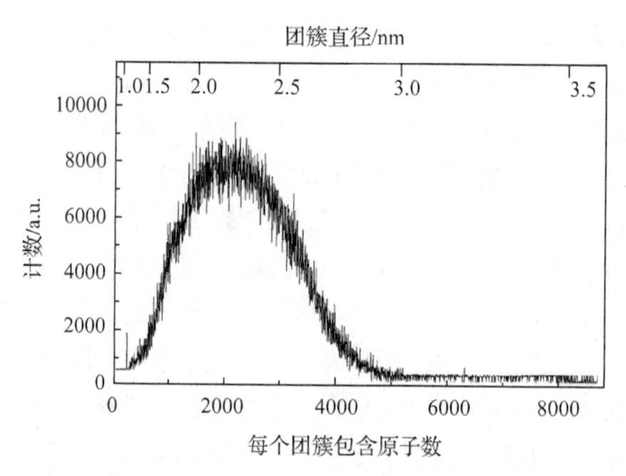

图 3.12　Sn 纳米粒子束流中的纳米粒子尺寸分布，给出了典型的对数-正态分布的形式

另一种常用的纳米粒子尺寸分布在线测量是通过差分迁移率分析器[9]（differential mobility analyzer，DMA）进行的。差分迁移率分析器基于带电粒子或离子低场迁移率来将纳米粒子按大小分类并对分类的粒子进行计数。DMA 技术可实现 1nm 到微米量级的纳米粒子尺寸分析，可达到 5%的气体动力学直径精度。

悬浮于气体中的带电粒子在外电场中所受的力与其所带电荷及电场强度相关。电场力使粒子沿电场方向运动，该运动导致粒子在流体中受到反向的黏滞力的作用，黏滞力与粒子尺寸及流体黏滞系数相关，并随粒子速度的增加而增加。当所受黏滞力与电场作用力平衡时，粒子处于匀速运动状态，运动速度与外电场强度的比例系数与粒子直径成反比，根据 Stokes 定律，可以得到式(3.17)所示的电迁移率：

$$Z_{\mathrm{p}}=neC_{\mathrm{c}}/3\pi\eta D_{\mathrm{p}} \tag{3.17}$$

式中，Z_{p} 为电迁移率；n 为粒子所带电荷；e 为电子电荷；C_{c} 为 Cunningham 滑动修正；η 为空气的动力学黏滞系数；D_{p} 为粒子直径。

Cunningham 滑动修正是考虑到粒子被孤立分子碰撞而出现的动力学黏滞度的离散特性而引入的，随着粒子直径的减小，该项修正变得重要。Cunningham 滑动修正可由下式给出：

$$C_{\mathrm{c}}=1+\frac{2\lambda}{D_{\mathrm{p}}}\left(A+B\mathrm{e}^{\frac{-CD_{\mathrm{p}}}{\lambda}}\right) \tag{3.18}$$

式中，λ为气体分子的平均自由程；A、B、C 为经验常数。对于空气，A=1.257，B=0.400，C=0.55。

电迁移率主要依赖于粒子的尺寸与电荷，而对影响空气黏滞性的温度和气压相关性较小。对于确定的电荷，小粒子具有更高的迁移率。

差分迁移率分析器根据粒子的电迁移率进行归类。如图 3.13 所示，DMA 包含一个壁接地的圆筒和一个加电的中心圆柱，所加的直流高压在圆柱与外筒壁之间的空间建立电场。在圆柱与外筒间的夹层输入恒定流量为 Q_{sh} 的纯粹气体(气鞘)，从外筒上的一个缝隙则输入携带纳米粒子的气流，流量为 Q_{se}。纳米粒子向中心圆柱运动，其速度由其电迁移率决定。在中心圆柱的远端有一狭缝，具有给定迁移率的纳米粒子可以通过狭缝，而其他纳米粒子则随废气流导出或沉积在中心柱上。能够通过狭缝的粒子的迁移率由 DMA 的几何尺寸(侧壁与中心圆柱间的有效距离)、气鞘流量以及电场强度决定。为使 DMA 正确工作，所有的气流必须是层流。实际使用时通过连续或逐步改变加在中心圆柱上的电压实现对纳米粒子尺寸分布的扫描。一个 DMA 可扫描的尺寸范围受到中心圆柱上可加的电压大小所限。从 DMA 引出的纳米粒子事实上并不是完全单一尺寸的而是包含一个窄的分布。

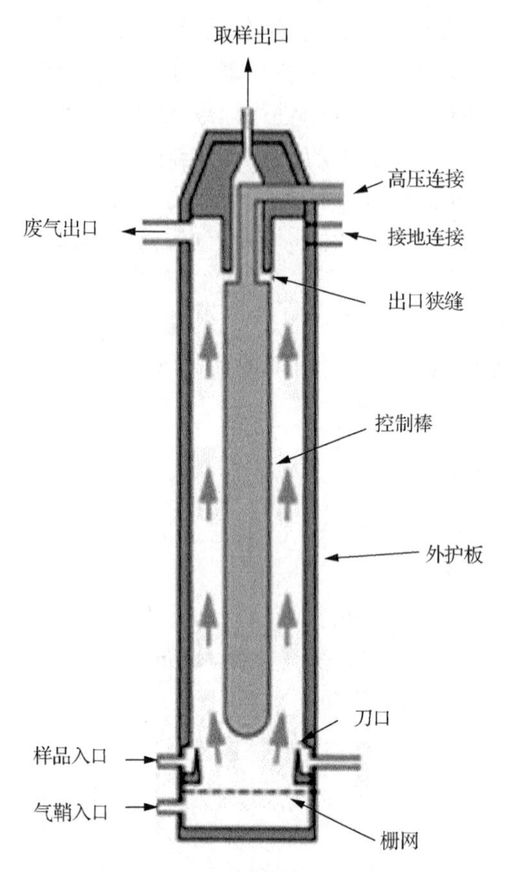

图 3.13　差分迁移率分析器的原理图

3.4　纳米粒子的化学合成

材料的化学合成是基于对原子、分子的操纵以组装材料，这正是“由底向上”的制备方案。从这个角度讲，对如胶体、负载型催化剂等纳米结构材料的制备与研究已有很长的历史。纳米科学与技术兴起之后，纳米结构材料为人们所熟知，但它其实可用以描述许多化学合成材料的特征。在从纳米尺度组装物质以获得优异的材料性能方面，化学合成对纳米结构材料科学与技术而言，具有一系列独特的优势。化学合成是从分子层次对物质进行操作，由于材料是在分子层次进行混合，因而可以得到好的化学均匀性。基于对通过在原子或分子层次组装调控材料宏观性质的规律的认识，分子合成化学可以进行裁减设计制备出具有优化性能的组分。 在纳米粒子的合成中，化学合成往往可获得对粒子尺寸、形状和尺寸分布的更好的控制。随着对结晶化学、热力学、相平衡和反应动力学的了解的深入，人们可以更好地利用化学过程来合成纳米结构。事实上，当前纳米结构材料的化学合成与处理是一个快速成长的领域。一方面，许多传统的方法被采用或改进用于纳米结构材料的合成；另一方面，许多新的方法被持续研发，这些都为各种无机、有机和杂化材料的合成提供了强有力的支撑。但化学合成也同样存在一些问题。在某些合成中，化学过程是复杂而危险的。为获得预定的性质，必须避免或减小最终产物中杂质的存在，为此常需要附加一些特殊的步骤来去除合成中夹杂的杂质及避免合成后的污染。尽管许多化学合成的实验室方法适合于被直接放大到纳米结构材料的大规模经济化生产，但有时实验室方法的放大很复杂。在实验室规模采用的合成参数并不一定可线性放大用于工业规模的制备。诸如温度、pH、反应物浓度、反应时间等需要考虑过饱和、成核率、生长率、表面能和扩散系数等因素而加以修正，以保证反应的可重复性。在化学合成的各个阶段中，都有可能出现纳米粒子的团聚结块而改变其合成的进程及产物的性质，避免纳米粒子的团聚通常成为纳米结构材料制备中的关键问题。

纳米粒子的化学合成大体上可分为基于沉淀的溶液反应法和基于溶剂蒸发的喷雾法两大类。

3.4.1　溶液反应法制备纳米粒子

溶液反应法的主要优点是：反应中能精确控制化学组成，易于添加微量有效成分实现掺杂、合金、包裹等，所获得的粒子形状和尺寸较易控制，反应过程中可以利用各种精制手段以从溶液中获得沉淀等。常用的溶液反应法有沉淀法、溶胶-凝胶法、微乳液法和水热法等。

1. 沉淀法

沉淀法是获得纳米粒子的一种常用方法。将盐、有机金属化合物等固态或液态前驱物溶解或混合到适当的溶剂中，使其发生特定的反应。当溶液中反应产物的浓度达到过饱和，将发生凝聚成核，形成晶粒。由于晶粒生长和在重力作用下发生沉降，形成沉淀物。在纳米粒子生长过程中，反应率、传输率以及物质的存留、去除与再分布等动力学因素与热力学因素之间相互竞争。反应与传输率受到反应物浓度、反应温度、pH 及反应物加入与混合的方式等因素的影响。纳米粒子的形貌由过饱和度、成核与生长率、胶体稳定性、再结晶与成熟过程以及由溶剂中的杂质或溶剂本身引起的不同的晶习改性的办法等因素所决定。其中，过饱和度对沉淀物的形貌具有决定作用。过饱和度低则纳米粒子小、致密并良好成形，具体的形状则取决于晶体结构与表面能。在高的过饱和度下，则形成的纳米粒子具有较大尺寸和枝状结构。在更高的过饱和度下，将形成较小尺寸而致密的纳米粒子团聚体。当纳米粒子较小时，溶液中的生长由界面控制，当达到一定的临界尺寸后，则成为扩散控制的生长。单分散纳米粒子，亦即具有非常窄尺寸分布且无团聚的纳米粒子的形成，需要所有的核几乎同时形成，并且在随后的生长中无二次成核及粒子团聚发生。

对于金属纳米粒子，所有的化学合成过程都是从对带正电荷的原子(正离子或溶液中的络合物中心)的还原开始的。根据所用的盐或络合物的不同，可以采用水这样的极性溶剂，也可以采用碳氢化合物这样的非极性溶剂。金属复合物的特性也决定了所需采用的还原剂的种类。一般而言，在形成纳米粒子时必须有适当的配体分子覆盖粒子表面。这是产生纳米粒子基本的同时也是最重要而复杂的一步。如果在还原开始时配体分子即已存在，粒子生长被阻碍因而可避免大粒子的形成。

图 3.14 给出了制备胶体金的常用方法——柠檬酸三钠还原法的反应方程式。

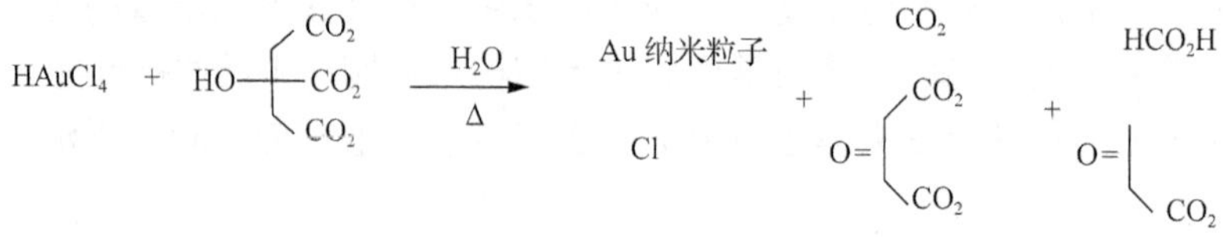

$$HAuCl_4 + HO\text{—}C(CO_2)_3 \xrightarrow[\Delta]{H_2O} \text{Au 纳米粒子} + \text{Cl} + CO_2 + O{=}C(CH_2CO_2)_2 + HCO_2H + O{=}CH\text{—}CH_2CO_2$$

图 3.14　柠檬酸三钠还原法方程式

图 3.15 描绘了金纳米粒子的具体生长过程。纵坐标表示溶液中金原子的浓度。在加入还原剂前，金在溶液中全部以离子的形式存在。随着还原剂的加入，金离子向金原子转变，金原子的浓度迅速升高从而达到过饱和。为了降低溶液中金原子的过饱和状态，便会凝聚形成核。在最初的诱导期，成核较少，一段时间后核的数目陡增，然后便是线性增加，最后增加趋势减弱，核的数目趋于最大值。核形成之后，还原的金原子便附着在核上，从而核长大形成纳米粒子。

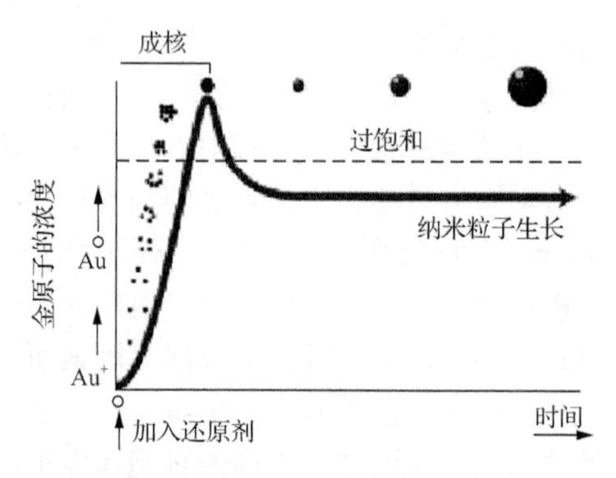

图 3.15　金离子的还原与金纳米粒子的生长。虚线标出了金原子在溶液中的平衡浓度

盐类水解反应是在溶液中盐电离出的离子与水电离出的氢离子和氢氧根结合生成弱电解质的反应。许多化合物可通过盐类水解生成沉淀。这一过程也常用于纳米粒子的合成。由于原料仅包含金属盐和水，如果采用高纯度的金属盐，就很容易得到高纯度的纳米粒子。例如，$NaAlO_2$ 可水解生成 $Al(OH)_3$ 沉淀，经加热分解后可得到氧化铝纳米粉。

光化学合成方法是通过对金属源（金属盐或混合物）光照引发还原反应。光还原法的过程一般需要有机物的参与，在光照条件下由有机物产生的自由基使金属阳离子还原来制备纳米粒子。光化学合成方法可以在一个可选择的微观区域对贵金属纳米粒子进行合成，同时反应具有可控性。可以通过不同的光照条件影响纳米粒子的尺寸以及形状。Jin 等[8]采用化学还原法制备出 Ag 纳米小颗粒，然后将其置于 40W 的紫外灯下光照 70h，发现这些 Ag 纳米小颗粒会发生融合、生长，形成三角纳米结构。光化学反应还可以构建贵金属纳米基的双金属结构、核壳结构及贵金属纳米颗粒与其他纳米组分的复合结构[9]。如通过光照先产生 Au 晶种，然后加入一定量的 $AgNO_3$ 溶液并光照，可得到 Au 核-Ag 壳纳米粒子[10]。

电化学还原法是基于溶液中金属离子在一定的电化学窗口下，能够发生还原反应而制备纳米粒子的一种特殊方法。通常，在给定的还原电势下，通过选择恰当的反应条件，在阳极表面溶解的贵金属离子能被直接还原成零价的金属态并吸附到阴极表面且成核生长形成纳米粒子。在电解还原时，电解液中往往还需要加入某种稳定剂，用以将还原出来的金属粒子保护起来，以获得单分散的金属纳米粒子。式(3.19)给出了电化学还原法制备 Ag 纳米粒子过程的电极反应式：

阳极：$$\mathrm{Ag}(\text{块状}) \longrightarrow \mathrm{Ag}^{+} + \mathrm{e}^{-} \tag{3.19}$$

阴极：$$\mathrm{Ag}^{+} + \mathrm{e}^{-} + \text{稳定剂} \longrightarrow \text{纳米 Ag/稳定剂} \tag{3.20}$$

电化学还原方法与传统的化学方法相比，其优点是易于控制、设备简单、条件温和、环保等，不足之处是该方法不能用来大量制备纳米材料，得到的产物表面通常包裹着表面活性剂分子，往往需要依赖于导电基底，所获得的纳米结构材料不易被转移至其他衬底上。事实上，基于沉淀过程的纳米粒子制备存在一些共性的不足，如生成的沉淀物往往发生团聚，难以水洗、过滤，水洗时一部分沉淀物则被溶解，沉淀剂易作为杂质混入，沉淀过程中各成分可能分离等。

2. *溶胶-凝胶法*

固体粒子分散在液体介质中，称为胶体(colloid)或溶胶。胶体粒子相互连接，搭起架子形成空间网状结构，空隙中充满液体或气体，这种结构称为凝胶。溶胶-凝胶法就是以金属有机或化合物作前驱体，经过溶液、溶胶、凝胶而固化，再经热处理而获得固体材料的方法。溶胶-凝胶方法可被用于制备玻璃、粉末、薄膜、纤维等各种材料。传统的溶胶-凝胶过程一般包含金属醇盐的水解和缩合过程。金属醇盐可表示为 $M(OR)_x$，其烷氧离子为醇的共轭碱。金属醇盐易于水解，因此对于溶胶-凝胶方法而言是良好的前驱物。在水解过程中，水中的羟基取代醇盐生成自由乙醇，即

$$\mathrm{M(OR)}_x + \mathrm{H_2O} \longrightarrow \mathrm{M(OR)}_{x-1}\mathrm{(OH)} + \mathrm{ROH} \tag{3.21}$$

一旦水解过程发生，溶胶可进一步反应，并发生聚合：

$$2\mathrm{M(OR)}_{x-1}\mathrm{(OH)} \longrightarrow \mathrm{(RO)}_{x-1}\mathrm{M{-}O{-}M(OR)}_{x-2}\mathrm{OH} + \mathrm{ROH} \tag{3.22}$$

$$2\mathrm{M(OR)}_{x-1}\mathrm{(OH)} \longrightarrow \mathrm{(RO)}_{x-1}\mathrm{M{-}O{-}M(OR)}_{x-1} + \mathrm{H_2O} \tag{3.23}$$

正是这种缩合反应导致凝胶的形成。在缩合中，两个水解的片段连接在一起，并释放出一个乙醇分子或水分子，如式(3.22)和式(3.23)所示。缩合既可通过亲核取代进行，也可通过亲核加成进行。

在溶胶-凝胶过程中需要考虑的因素包括溶剂、温度、前驱物、催化剂、pH、添加剂及机械搅拌等。这些因素可以对生长反应、水解、缩合反应及前驱物的动力学产生影响。具体而言，溶剂影响前驱物的构象及动力学，pH 影响水解与缩合反应，酸性有利于水解，意味着在缩合开始前水解已完全发生。在酸性条件下交联密度低，使得凝胶塌缩时形成更为稠密的最终产物；在碱性条件有利于缩合反应，在水解完成前缩合就已开始。pH 也对等电点和凝胶的稳定性产生影响。这些反过来又会影响粒子的尺寸及聚集状态。通过改变影响水解和缩合反应率的相关因素，可以实现对凝胶的结构与性质的剪裁。

如图 3.16 所示，溶胶-凝胶法可用于一系列纳米结构材料的制备。凝胶经快速干燥可形成气凝胶，通过表面活性剂处理可获得干凝胶，再经焙烧后可获得稠密纳米结构陶瓷。溶胶经焙烧后可制备出高纯度的化学配比的稠密单分散纳米粒子。将溶胶旋涂或浸渍于衬底表面，焙烧后可获得纳米结构薄膜。例如，Barringer 等由四异丙氧基钛可控水制备出平均尺寸为 7～300nm 的非晶 TiO_2 纳米粒子[11]。根据反应动力学以及合成后陈化条件的不同，纳米尺寸的氧化物粒子可能是结晶或非晶的。由于纳米粒子有大量的高活性表面，氧化物纳米粒子还可以在更低的温度和更短的反应时间进一步碳化或氮化，形成非氧化物纳米粒子。

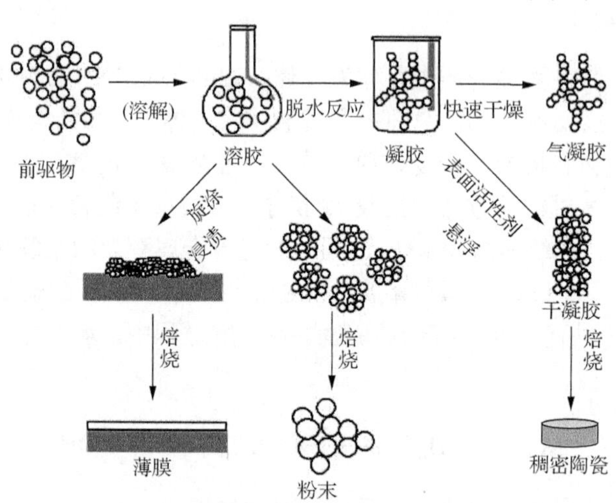

图 3.16 溶胶-凝胶法制备纳米结构的典型过程

除包含水解过程的传统溶胶-凝胶方法，还发展了非水解的溶胶-凝胶方法。在这类方法中，水解和缩合反应被直接缩合反应或酯交换反应所取代。例如，金属卤化物与醇盐直接缩合或金属醇盐与金属羧酸盐直接缩合。酯交换反应则包含三烷基甲硅烷基酯与金属醇盐的反应。非水解反应中不含水或其他极性溶剂。因此，不必像传统的溶胶-凝胶方法那样因缩合反应可逆而需采取特殊的步骤完全除去水或极性溶剂。

3. 微乳液法

微乳液是由两种互不相溶的液体在表面活性剂的作用下形成的热力学稳定的、各向同性、外观透明或半透明的液体分散体系，分散相直径为 1～100nm。表面活性剂(surfactant)是一类具有表面活性的化合物，如合成洗涤剂、乳化剂、发泡剂等。如图 3.17(a)所示，表面活性剂分子中同时存在亲水基和亲油基(疏水基)。亲水基是溶于水后容易电离的原子团，如羧酸基、磺酸基、磷酸基、氨基、季铵基等，以及在水中不电离但具有极性大的基团，如由含氧基团组成的醚基和羟基或聚氧乙烯基等。疏水基是对水无亲和力，不溶于水或在水中溶解度极小，但能与油类互相吸引、溶解的基团，通常是由石油或油脂组成的长碳链的烃基。表面活性剂溶于水后，当其浓度超过胶束临界浓度(CMC)时，水溶液内部许多表面活性剂分子相互聚集，避免与水直接接触，疏水基和疏水基靠拢，亲水基处于外围，起屏蔽水的作用，该结构称为胶束或胶团(micelle)。由这种胶团构成的微乳液称为水包油(O/W)型微乳液，如图 3.17(b)所示。表面活性剂溶解于有机溶剂中，当其浓度超过胶束临界浓度后，形成亲水基极性头朝内、疏水链朝外的液体颗粒结构，液体颗粒直径通常小于 10nm，称为反胶团。反胶团内核可以增溶水分子，形成水核。由反胶团构成的微乳液称为油包水(W/O)型微乳液,如图 3.17(c)所示。依条件不同，胶束可以有球状、棒状、柱状、层状等不同结构，如图 3.18 所示。

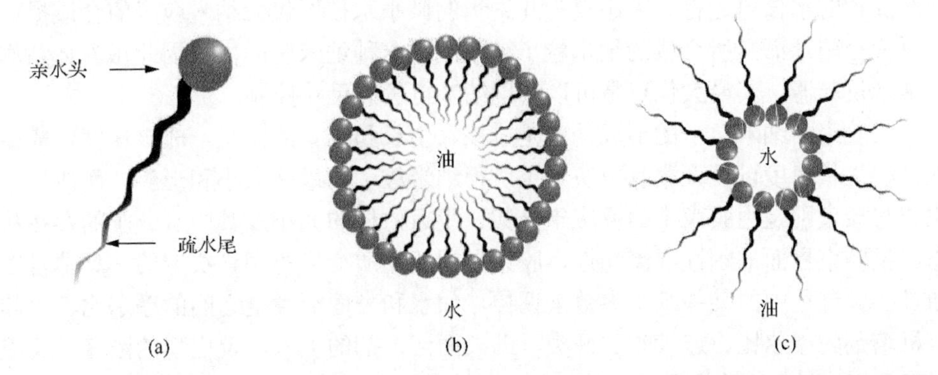

图 3.17　(a)表面活性剂分子由亲水的头部与疏水的长尾构成；(b)表面活性剂在水中形成疏水基在内部，亲水基在外围的胶团(O/W)；(c)表面活性剂在有机溶剂中形成亲水基在内部，疏水基在外围的反胶团(W/O)

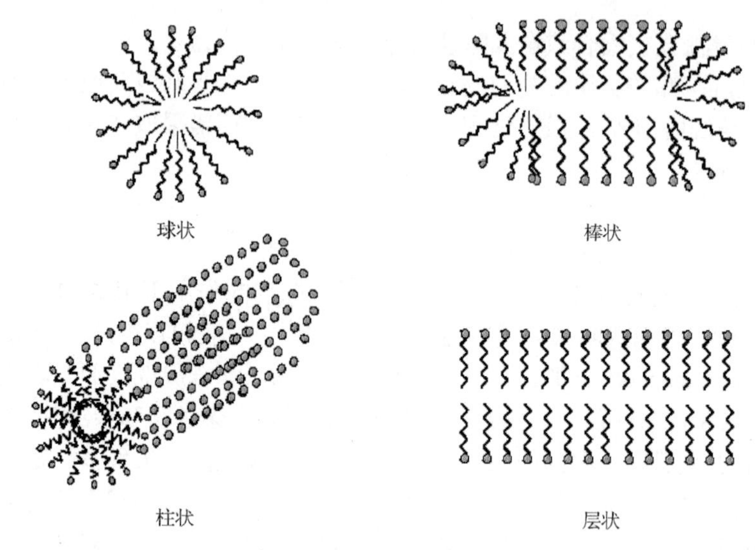

图 3.18 胶束的结构示意图

微乳体系中单分散的水或油的液滴在连续相中不断扩散并互相碰撞，这些碰撞是非弹性碰撞，有可能使得液滴间互相合并形成一些较大液滴。但由于表面活性剂的存在，液滴间的这种结合并不稳定，所形成的大液滴还会相互分离，重新变成小液滴。这种性质致使微乳体系中液滴的平均直径和数目不随时间而改变。微乳液的这种动力学结构使其成为良好的纳米反应器，可用于纳米粒子的合成。由于金属和化合物纳米粒子的亲水特性，一般而言，纳米粒子在水相中形成。W/O微乳液中的水内相通常形象地被称为“水池”(water pool)。“水池”尺度小且彼此分离，因而构不成水相，通常称之为“准相”。纳米粒子的成核与成长在表面活性剂保护的水核内进行。大小仅为几纳米的微小水核不仅为纳米粒子的合成提供了反应空间，而且所合成的纳米粒子被限制在这种纳米空间内，因此微乳体系作为纳米反应器，其最大优点是可以实现纳米粒子的尺寸控制。

反胶束中纳米粒子的形成同样是成核、生长和聚集的结果。成核速度、成核数目、生长速度以及聚集状况决定了所得纳米粒子的最终大小和形貌。而成核、生长与聚集则是由胶束中的反应组分数、胶束内核的大小及其中水分子的存在状态、反胶束界面的刚性或流动性、胶束之间的物质交换等因素决定的。具体可以通过实验过程中的某些基本参数来调控，如水和表面活性剂之间的摩尔比、水和有机溶剂的摩尔比、连续相的种类、助表面活性剂的加入、反应物的浓度、反应时间和温度等。这使得生成的纳米粒子的大小、粒度分布以及存在形态得到调控。

通过微乳液法获得的纳米粒子粒径分布窄且易控制；纳米粒子表面包覆表面活性剂分子不易聚结，稳定性好；通过选择不同的表面活性剂分子对纳米粒子表面进行修饰，可改善纳米材料的界面性质，改变其光学、催化及电子输运等特性，从而实现特殊的物理、化学特性。

微乳液中形成的纳米粒子可以通过真空干燥脱除水分和有机溶剂，通过离心沉淀法或在微乳液中加入丙酮、丙酮/甲醇混合液等致使凝絮而被收集，收集到的含有表面活性剂及有机溶剂的纳米粒子，可经过灼烧、加水和有机溶剂洗涤等方法除去表面活性剂，从而得到纳米粒子终端产物。上述处理过程中，需注意由于去除表面活性剂及加热造成的纳米粒子的团聚。

4. 水热法

水热过程是高温、高压下，在水溶液或蒸汽流中所进行的有关化学反应的总称。水热法通过在特制的密闭反应器中，对水溶液这一反应体系加热、加压(也可以通过自生蒸汽压)，形成一个相对高温、高压的反应环境，加速离子反应，促进水解反应，使在常规温和条件下难溶或不溶的物质溶解并重新成核生长而合成与处理材料。

水热法被广泛用于无机纳米结构材料的制备。其一般流程为：选择反应物料、配料、混料；装釜、封釜；加压到指定压力后升温，保持压力到规定时间；取釜，冷却；开釜取样。由于水热反应是在流体参与的高压容器中进行的，密封容器中的溶媒在高温时膨胀产生很高的压力。为加快反应速率并使反应充分，通常还在高压釜中加入矿化剂。高温高压的水热条件使水处于超临界状态，溶液中的物性及化学反应性能较常态发生很大的变化，如使复杂粒子间的反应加速，使水解反应加剧，使氧化还原势发生变化等，这导致难溶或溶解度小的反应前驱物在水热条件下随温度的升高而充分溶解，形成过饱和溶液，反应形成原子或分子生长基元，从而成核生长形成纳米粒子。

水热法合成纳米结构材料设备和过程简单，反应条件容易控制，可以在相对低的反应温度下可直接获得晶态产物，不需要高温灼烧处理，可直接得到晶粒发展完整、粒度分布窄的粉体，无须研磨，有利于减少颗粒的团聚，获得分散性良好的纳米粒子。在纳米粒子制备中通常采用的水热过程包括水热氧化、水热合成、水热沉淀、水热还原、水热分解、水热结晶等。

通过水热法制备的纳米粒子的晶形、颗粒尺寸和形貌受水热过程中的反应温度、压强、处理时间以及溶媒的成分、pH、所用前驱物的种类及浓度等影响，可以通过控制上述实验参数达到对所制备的纳米粒子结构与性能的“剪裁”。

3.4.2　喷雾法制备纳米粒子

纳米粒子的喷雾法制备是指对溶液通过各种物理手段进行雾化以获得纳米粒子的方法。这是一种化学与物理相结合的方法，基本过程是溶液的制备、喷雾、干燥、收集和热处理。其中纳米粒子的形成是通过小液滴中的溶剂蒸发实现的。通过喷雾将溶液制成微小液滴，使溶剂蒸发过程中组分偏析的体积最小，并保持溶液的稳定性。在形成小液滴后，采用各种手段使溶剂蒸发过程迅速进行，保持液滴内组分偏析最小。随着溶剂的蒸发，溶质析出获得纳米粒子。喷雾法常被用于氧化物纳米粒子的制备，所获得的纳米粒子一般为球形，并具有较好的单分散性和流动性，便于后续加工。

根据雾化及溶剂蒸发的方式的不同，用于制备纳米粒子的喷雾法有喷雾干燥法、冷冻干燥法、喷雾热分解法、喷雾反应法及静电喷雾等。喷雾干燥法是将前驱体溶液送入雾化器，由喷嘴高速喷射，形成分散的小液滴喷入热风中，或喷到高温不相溶的液体(如煤油)中，使溶剂迅速蒸发，从而干燥获得纳米粒子。冷冻干燥法是将前驱体水溶液喷到有机液体上，使液滴进行瞬时冷冻，然后在低温降压条件下升华、脱水，再通过分解制得纳米粒子。若前驱体为金属盐，进一步经焙烧后可获得氧化物纳米粒子。用于氧化物纳米粒子制备的喷雾热分解法(spray pyrolysis)是将前驱体金属盐溶液喷到高温气氛中，立即引起溶剂的蒸发和金属盐的分解，直接合成氧化物纳米粉。在上述过程中，随着水分的蒸发，液滴收缩，使溶液达到过饱和，溶质从过饱和溶液中沉淀析出，并在液滴中扩散凝聚，形成晶核，随着晶核进一步扩散、生长和液滴因溶剂蒸发而进一步缩小，液滴表面的晶核互相接触合并，以致完全覆盖液滴表面形成液滴外壳，此后随着液体内溶剂的继续蒸发，溶质在液滴外壳内壁或液滴中心的晶核表面析出，使外壳或晶核进一步生长，根据液滴外壳形成时液滴中心是否有晶核存在，完全干燥后可分别生成空心或实心的粒子。在高温的气氛中，固态沉淀被加热分解，并使粒子进一步收缩增稠，最终获得氧化物纳米粒子。在上述各过程中，液滴收缩和溶质扩散两个过程的速率最慢，经历的时间最长，为纳米粒子制备的主要过程控制步骤。类似地，喷雾反应法通常是将金属盐溶液雾化后喷入反应器，并在反应器内通入各种反应气体，借助于反应气体与液滴之间的化学反应，生成各种不同的无机物纳米粒子。以喷雾反应法制备 $NiFe_2O_4$ 纳米粒子为例。首先，采用超声波将包含 $Fe(NO_3)_3$ 和 $Ni(NO_3)_2$ 的前驱体溶液雾化，并通入氩气作为载体气。雾化产生的液滴被载体气引入高温炉，与同时通入高温炉的氨气在 373K 发生如下反应：

$$NH_3 \xrightarrow{\text{溶解于液滴}} NH_4OH$$

$$Ni(NO_3)_2 + 2NH_4OH + mH_2O \longrightarrow NiO \cdot (m+1)H_2O + 2NH_4NO_3$$

$$Fe(NO_3)_3 + 3NH_4OH + nH_2O \longrightarrow \frac{1}{2}Fe_2O_3 \cdot (2n+3)H_2O + 3NH_4NO_3$$

$$NiO \cdot (m+1)H_2O + Fe_2O_3 \cdot (2n+3)H_2O \longrightarrow NiO + Fe_2O_3 + (m+2n+4)H_2O$$

$$NiO + Fe_2O_3 \longrightarrow NiFe_2O_4$$

随着溶剂蒸发，液滴干燥生成液滴外壳，液滴中心未含晶核，故生成空心颗粒，经后继的高温煅烧，颗粒破裂获得晶粒和组分均匀的 $NiFe_2O_4$ 实心纳米粒子。

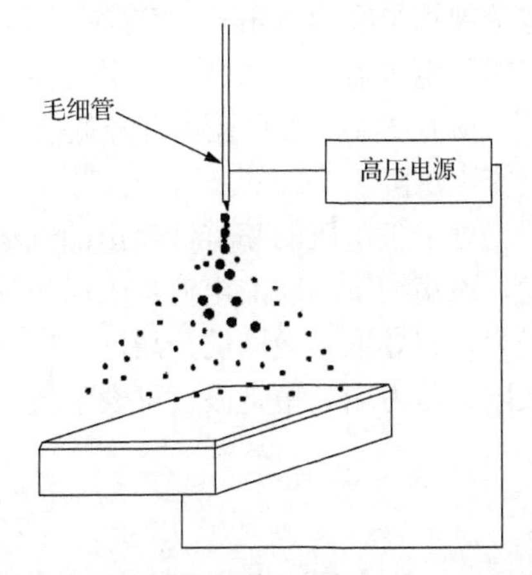

图 3.19　静电喷雾法制备纳米粒子示意图

静电喷雾是制备纳米粒子及纳米纤维的重要方法。如图 3.19 所示，在管内含有极性溶剂的毛细管(电喷雾针)末端加上高电压，当电压超过某个临界值时，就会从其末端产生微小带电液滴的气溶胶喷雾。这一过程称为静电喷雾。静电在喷雾过程中还常辅以雾化气或超声雾化装置。静电喷雾可形成分散的纳米级气溶胶或沉积为纳米粒子。图 3.20 显示了静电喷雾中的电荷分离以及小液滴分裂过程。电喷雾过程实质上是电泳过程，也就是说通过高压电场分离溶液中的正离子和负离子。以正离子模式为例，电喷雾针相对于衬底所在的相对电极保持很高的正电位，负离子被吸引到针的另一端，在半月形的液体表面聚集了大量的正离子。液体表面的正离子之间互相排斥，并从针尖的液体表面扩展出去，形成一个锥体。当静电力与液体的表面张力平衡时，液体表面锥体的半顶角为 49.3°，这个锥体被称为泰勒锥。随着液滴变小，电场强度逐渐加强，过剩的正电荷产生的静电斥力克服表面张力，喷头末端的液滴就会分裂成多个小液滴，形成静电喷雾现象。

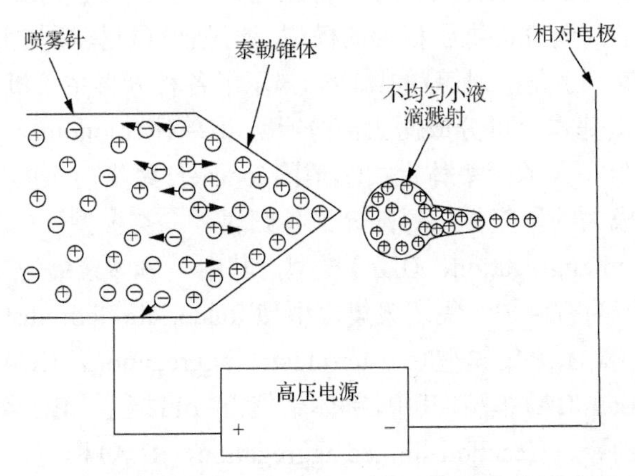

图 3.20　静电喷雾中的电荷分离、泰勒锥以及小液滴分裂过程

尽管水是一种强极性的溶剂，但水的表面张力很大，为了使纯水产生电喷雾就需要一个很高的喷雾电压，在喷雾针带负高压时易产生电晕放电。例如，当喷

雾毛细管半径为 50μm，喷雾针尖与相对电极之间的距离为 5mm，则纯水发生电喷雾的电压需要 2.29kV，但若使用甲醇作为溶剂，则该电压可降低到 1.27kV。另外，减小喷雾针的直径也可降低喷雾电压。当喷雾针的直径减小到 10μm，纯水的喷雾电压降至 1.3kV。

处于正电压的喷雾针喷出的气溶胶小液滴携带过量的正电荷，随着溶剂的挥发，液滴缩小，表面电荷与表面积的比值就会变大，当静电排斥力足以克服表面张力，将导致小液滴的分裂。静电排斥力与表面张力相等时，小液滴保持稳定的极限，称为瑞利稳定限，可表示为

$$q = 8\pi\left(\varepsilon_0 \gamma R^3\right)^{1/2} \tag{3.24}$$

式中，q 为小液滴所带总电荷；R 为小液滴的半径；ε_0为真空介电常数；γ为表面张力。

分裂出来的小液滴随着溶剂的不断挥发，又会重新达到瑞利极限，并进一步分裂成更小的液滴。这种溶剂挥发与液滴分裂不断进行下去，最终可以获得纳米尺寸的液滴，并在全部溶剂挥发后形成纳米尺寸的固态粒子。

3.5　纳米粒子的团聚与分散

20 世纪 70 年代以来，粒子聚集(aggregate)体系的研究受到很大的重视。分形的概念由 Mandelbrot 提出以后[12]，已成为处理粒子聚集问题的基本数学工具。而自从发现金属烟雾的沉积体具有分形特征之后，各种粒子的聚集体系为分形生长的结构和动力学的研究提供了标准的模型。通过计算机模拟与实验观察(电子显微镜与光学显微镜、小角散射等)的比较，揭示了各种分形生长机制。现有的分形生长的动力学模型基本上可分成两大部分[13]：①单体(monomer)聚集，单个粒子运动(扩散)并黏附在大的聚集体上；②集团(cluster)聚集，小的聚集运动(扩散)并碰撞黏附而形成大的聚集体。每部分又各归属于三类模型，即：①有限扩散聚集(diffusion-limited aggregation，DLA)模型，其中，单体聚集为 Witten-Sander 模型，集团聚集模型为有限扩散集团聚集模型(diffusion-limited cluster aggregation，DLCA)或称集团-集团聚集模型(cluster-cluster aggregation，CCA)。②弹射聚集(ballistic aggregation，BA)模型，其中，单体聚集为 Vold 模型，集团聚集为 Sutherland 模型。③反应控制聚集(reaction-limited aggregation，RLA)模型，其中，单体聚集为 Eden 模型，集团聚集为反应控制集团聚集模型(reaction-limited cluster aggregation，RLCA)。

纳米粒子具有巨大的比表面积，造成纳米粒子间往往由于范德华力的吸引作

用以及系统中表面能或界面能最小化的趋势而产生聚集或团聚。如图 3.21(a)为用惰性气体冷凝法制备的 Ge 纳米粒子沉积薄膜的透射电子显微镜照片，Ge 纳米粒子稠密地聚集成三维结构。而在图 3.21(b)中可以看到，由团簇束流沉积制备的 Sn 纳米粒子薄膜中纳米粒子保持很好的分散性，各纳米粒子之间互相隔离，基本上没有聚集发生。

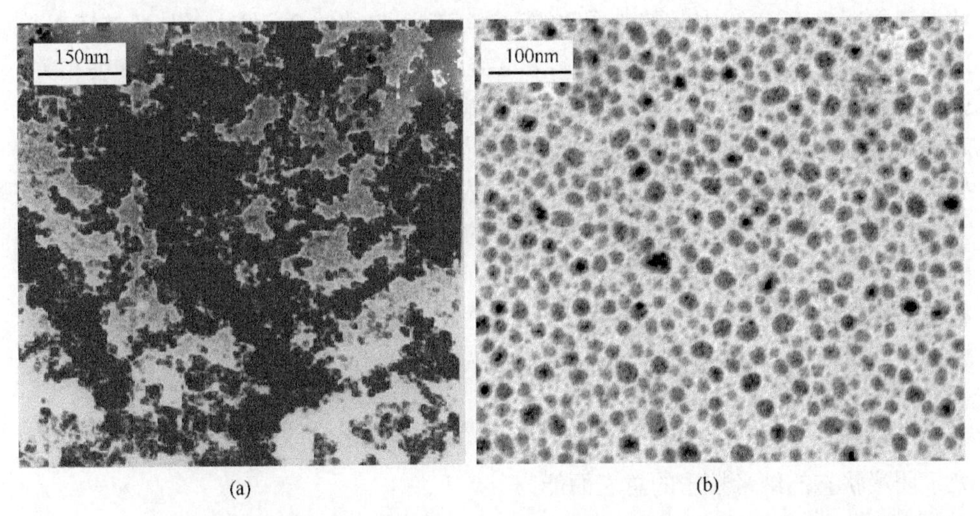

图 3.21　(a)用惰性气体冷凝法沉积的 Ge 纳米粒子，具有弹射聚集模型及其重构体所描述的结构和分形维数；(b)团簇束流沉积制备的分散的 Sn 纳米粒子

尽管纳米粒子的聚集体在某些方面具有较强的应用背景，如气凝胶是优异的轻质、隔热、隔声材料，介电纳米粒子作为强的光散射体在光学器件方面有重要应用。一般而言，在由纳米粒子组成的薄膜或体材料中，纳米粒子的聚集和团聚常导致材料的性能变差，甚至使纳米效应不能体现出来。例如，团聚是造成纳米薄膜不均匀的原因；对于铁磁性纳米粒子，如果粒子不能相互隔离，由单磁畴特性所导致的特殊磁性就不能体现出来；在纳米陶瓷材料的热加工过程中，纳米粉体的团聚导致大孔洞的存在，压结并不能排除这些孔洞，导致所制备的陶瓷结构疏松。为获得有效的应用，颗粒必须是不团聚的，即分散的，否则，许多纳米颗粒的本征特性就不能体现。因此，单分散(monodispersed)成为纳米粒子制备的基本要求。单分散的纳米粒子需同时满足两个要求，即具有窄的尺寸分布并且粒子间无团聚。纳米粒子的团聚可分为两类，当团聚体由以面相接的原级粒子组成，其表面积比各个原级粒子的表面积之和小得多，团聚体非常稳固，再分散十分困难，这类团聚体又称聚集体(aggregate)；当团聚体由以点、角相接的原级粒子或小颗粒在大颗粒上的附着所组成，其总表面积比聚集体大，但小于各个原级粒子的表面积之和，再分散比较容易，这类团聚体又称附聚体(agglomerate)。聚集体

和附聚体统称二次粒子。

引起纳米粒子的团聚的结合力包括：①由纳米粒子间的黏合力引起的结合。黏结力主要有：范德华力的引力部分(纳米粒子互相接近时，范德华力变得可观)、异种电荷间的静电力(正电荷或负电荷易集中于纳米粒子表面的拐角或突起处)、吸附层的复杂效应等。黏结力的大小和作用形式取决于接触面的几何结构(粒子形状和表面粗糙度)。②由低黏滞系数的浸润液体引起的结合，如由液体桥接所引起的毛细力，在三相连接点的边界力等，这类结合与团聚体所在的液体饱和度相关，强于黏合力，但受纳米粒子表面粗糙度影响较小。③由高黏滞系数的浸润液体引起的结合，来自液体与纳米粒子间强的黏附作用。④由固态桥连产生的结合，典型的如烧结过程造成纳米粒子间颈接的形成。

从热力学上考虑，纳米粒子具有很大的表面能，使粒子体系处于不稳定状态，因此粒子趋于互相靠拢聚集使系统的表面能减小，达到稳定。设团聚前处于分散状态的纳米粒子的总表面积为 A_0，团聚后总表面积为 A_c，单位面积的表面能为 g_0，则团聚前分散状态的纳米粒子的总表面能为

$$G_0 = g_0 A_0 \tag{3.25}$$

处于团聚状态的纳米粒子的总表面能为

$$G_c = \gamma_0 A_c \tag{3.26}$$

纳米粒子由分散状态变为团聚状态系统总表面能的变化为

$$\Delta G = G_c - G_0 = \gamma_0 (A_c - A_0) \tag{3.27}$$

由于团聚总是造成体系的总表面积减小，即 $A_c < A_0$，因此

$$\Delta G < 0 \tag{3.28}$$

所以，分散的粒子总是趋向于聚集以使表面能减小，达到稳定状态。

从动力学角度考虑，两个分子间的范德华吸引位能为

$$\phi_A = -\lambda / X^6 \tag{3.29}$$

式中，λ为涉及分子极化率、特征频率的引力常数；X 为分子间距。对于两个直径为 D 的同种物质球形颗粒，对所有分子间的范德华吸引位能积分，得到两个粒子间总的吸引位能，当粒子表面间距 $a \ll D$，D 为 10～100nm 时，可导出两个粒子间的吸引位能

$$\psi_A = -AD/(24a) \tag{3.30}$$

式中，$A=\pi^2n^2\lambda$，为 Hamakar 常数，其中 n 为颗粒中单位体积原子数。两个粒子间的范德华引力可由 ψ_A 对面间距 a 求导得到：

$$F = \mathrm{d}\psi_A/\mathrm{d}a = -AD/(24a^2)\sim D \tag{3.31}$$

由式(3.31)可知，粒子间的范德华引力 F 随粒子的直径线性减小，但粒子的质量随其直径的三次方减小，因此尽管小粒子间的范德华引力的绝对值是趋于减小的，但其造成的动力学效果是粒子间更易于被吸引靠近，产生团聚。

纳米粒子的团聚可发生于其合成、干燥、处理的各个阶段。大多数情况下，对纳米粒子的处理与应用要求单分散且稳定的体系，因此在纳米粒子的合成与处理的各个环节都需要防止团聚的发生。其实现途径无非是通过物理化学或机械的方法提供对导致团聚的结合力的反作用，使纳米粒子能够避免团聚。对于存在团聚的纳米粒子体系，消除团聚并获得无团聚的稳定纳米粒子的基本步骤是：选择适当的液体(悬浮液)浸润固态纳米粒子，改变粒子间的黏结力以及部分的毛细力，由此解除粒子团聚体的团聚，并进一步对悬浮液做稳定处理，防止团聚重新开始。除了选择适当的液体(悬浮剂)外，还可以通过选择适当的分散助剂(如表面活性剂)的种类和浓度，或采用适当的机械(如超声等)分散方法并控制适当的处理时间，来消除纳米粒子体系的团聚。

获得无团聚的纳米粒子体系的两个常用的方法是对其引入静电稳定处理和空间稳定处理。

静电稳定处理是在纳米粒子合成中通过使粒子间出现静电排斥力而阻止粒子团聚的发生，通常这种静电排斥力来自包围纳米粒子表面的双电层之间的相互作用。

与水或水溶液接触的绝大多数固体表面会产生某种或多或少的电荷。在宏观体系中，这种微弱的表面电荷通常可以忽略。在纳米粒子这类微观体系，表面电荷的存在对其稳定性、敏感性、电动力学性质等会产生重要的影响。固体颗粒在液体介质中表面电荷的来源包括表面基团的直接电离、表面离子的优先溶解、表面离子的晶格取代、特殊离子的吸附、从特殊晶体结构(如各向异性晶体)中产生电荷等。

溶液中粒子表面借表面电荷的静电库仑引力和范德华引力吸附一些反号的离子，在粒子表面附近形成正负离子的排列分布，称为双电层。被离子表面电荷吸附的离子紧贴在粒子表面，该吸附层的厚度δ取决于离子水化半径和被吸附离子本身的大小，该吸附层被称为 Stern 层，如图 3.22(a)所示。在 Stern 层以外的范围内，溶液中的正负离子由于其与粒子间的静电斥力与热运动两种相反作用抗衡的结果，呈现一定的空间分布，称为扩散层。Stern 层和扩散层之间的界面称为

Stern 面。由于 Stern 层的存在，粒子表面附近的电位分布，将从固体表面电位 ψ_0 衰减到 Stern 层的净电位 ψ_s 而在扩散层中，扩散离子电位由 ψ_s 逐渐衰减到 0，如图 3.22(b)所示。

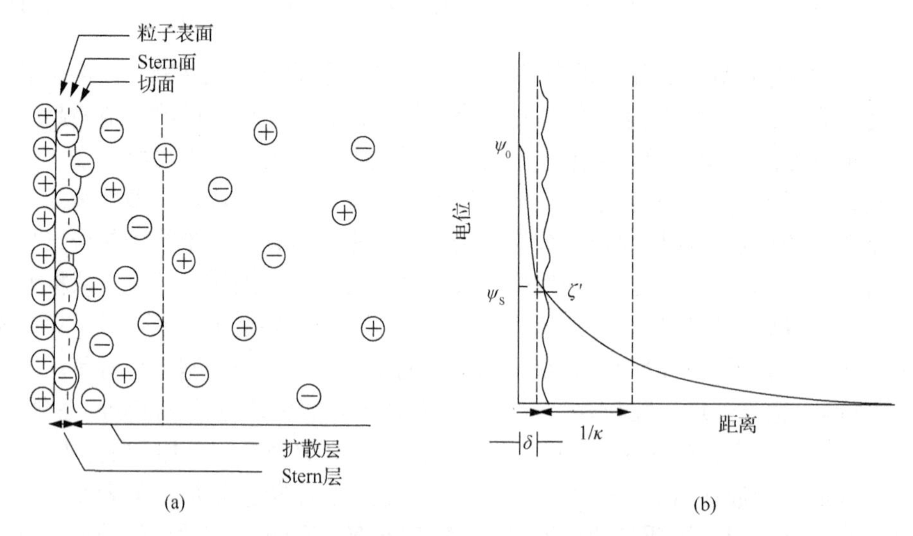

图 3.22 基于 Stern 理论的双电层结构示意图

在溶液中粒子的运动将产生电场，电场的作用也会引起粒子的运动，这种现象称为电动现象。其本质是液-固相界面内的双电层，沿着移动界面分离开，粒子与液体向相反方向做相对移动而产生电位差，这种界面称为切面，如图 3.22(a)所示。通常用 Zeta 电位ζ 表示电动电位，其数值取决于切面的位置。如果粒子所固定的液相较薄，或扩散层的厚度较大，Zeta 电位就较高，可认为 Zeta 电位近似等同于 Stern 层的净电位 ψ_s。溶液中各粒子都带同号的 Zeta 电位，即带同号的净电荷，相互排斥。当 Zeta 电位最大时，颗粒的双电层表现为最大斥力，使颗粒分散；当 Zeta 电位等于零时，颗粒间的吸引力大于双电层之间的排斥力，使颗粒团聚。

纳米粒子双电层的交叠是引起排斥的原因。当双电层出现轻微交叠，两个球形颗粒之间的静电排斥能为

$$V_{\text{rep}}(kT)=4\pi\varepsilon_{\text{r}}\varepsilon_0\zeta^2\frac{a^2}{r}\exp\left(-\kappa a\left(\frac{r}{a}-2\right)\right) \tag{3.32}$$

式中，ζ为 Zeta 电位；r 为粒子中心距；a 为粒子半径，$r>2a$；κ^{-1} 为德拜长度，即扩散层厚度。

粒子间的范德华相互吸引作用能为

$$V_{\text{att}}(kT) = -\frac{A}{6}\left[\frac{2a^2}{r^2-4a^2}+\frac{2a^2}{r^2}+\ln(1-\frac{2a^2}{r^2})\right] \tag{3.33}$$

当纳米粒子间的静电斥力超过范德华引力，就得到静电稳定分散。

将式(3.32)与式(3.33)合并后可得到图 3.23。曲线显示了一个极大值与两个极小值。极大值给出一个能垒高度。对于两个因扩散而相互接近的纳米粒子，如果不存在能垒，或能垒高度相对于热能可以忽略，则净吸引力会把纳米粒子拉到一起而落入主极小值位置，从而出现团聚。如果能垒高度比热能大得多，则足以阻止纳米粒子在主极小处团聚。如果次极小的深度比热能小得多，则纳米粒子只是扩散而分开，这样的体系相对于团聚是稳定的。如果纳米粒子在次极小处发生团聚，要拆散这种团聚相对于主极小处的团聚显然要容易得多。一般而言，能垒高度决定了纳米粒子体系是趋于分散，还是发生团聚。

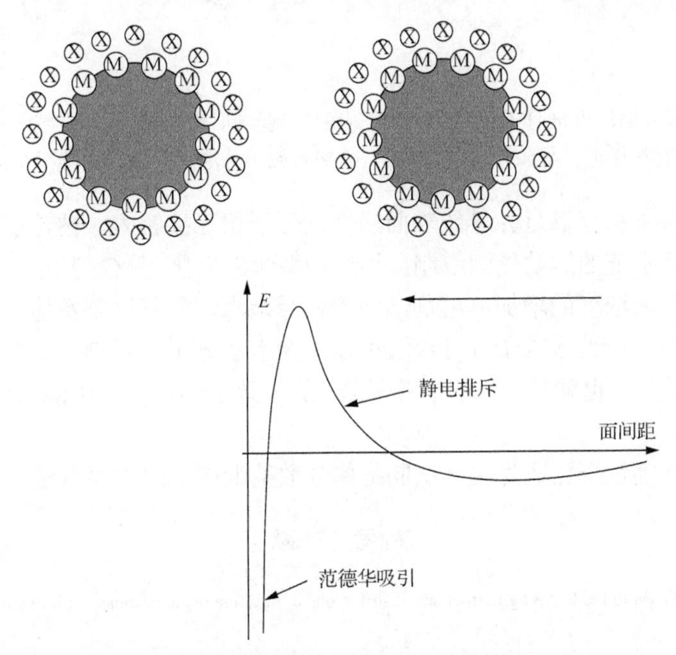

图 3.23　纳米粒子间势能与粒子间面间距的关系示意图

基于表面双电层的静电稳定分散通常在含水或极性有机介质的稀释系统中比较有效，并且对溶液的 pH 及其他电解质浓度非常敏感，电解质浓度的改变会破坏双电层，导致纳米粒子没有净表面电荷，从而产生团聚。

另一种抑制纳米粒子团聚以获得单分散纳米粒子体系的常用方法是在纳米粒子表面吸附表面活性剂分子，通过空间力的作用而抑制纳米粒子相互接近。如图 3.24 所示，表面活性剂分子的亲水的非极性链伸展到溶剂中并产生相互作用，这些非极性链之间的相互作用比范德华吸引要小得多，为纳米粒子互相接近提供了空间障碍。从热力学上说，非极性链与溶剂的相互作用使系统自由能增加，可产生一个阻止粒子相互接近的势垒。表面活性剂分子的包裹对自由能ΔG_s产生两个贡献，即体积限制项ΔG_{el}和渗透项ΔG_m，系统总的自由能变化为

$$\Delta G_s=\Delta H-T\Delta S=\Delta G_{el}+\Delta G_m \tag{3.34}$$

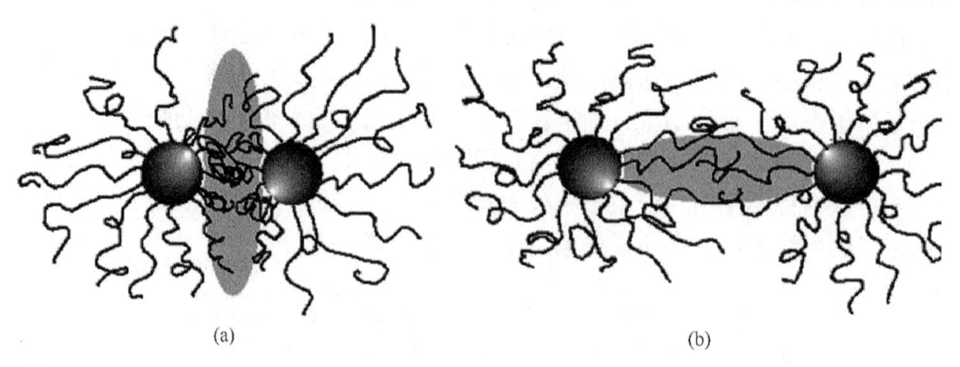

图 3.24　通过表面活性剂分子包裹纳米粒子表面实现空间稳定分散的示意图。(a)纳米粒子互相接近，导致自由能增加；(b)纳米粒子分离，导致自由能减小

当纳米粒子相互靠近并导致表面活性剂分子相互接触时，被粒子吸附并伸展到溶剂中的亲水链的运动受到限制，导致构型熵的变化，ΔG_{el}减小。同时，由于亲水链分子局域浓度的增加，溶剂倾向于稀释亲水链分子以重新建立平衡，导致渗透排斥作用，使纳米粒子分开，这可以用亲水链分子与溶剂分子自由混合的能量变化ΔG_m给出。也就是说，纳米粒子分散，导致上述两项自由能的变化为负值，体系更加稳定。

表面活性剂包裹已成为化学法制备单分散纳米粒子的重要方法。

参 考 文 献

[1] Granqvist C G, Buhrman R A.Log-normal size distributions of ultrafine metal particles. Solid State Commun, 1976, 18: 123-126.

[2] Gleiter H. Materials with ultra-fine grain size//Hansen N, et al. Deformation of Polycrystals. Proc. 2nd. Riso International Symposium on Metallurgy and Materials Science, Roskilde: Riso National Laboratory, 1981: 15-21.

[3] Sattler K, Mühlbach J, Recknagel, E.Generation of metal clusters containing from 2 to 500 atoms.Phys Rev Lett, 1980, 45: 821.

[4] Dietz T G, Duncan M A, Powers D E, et al.Laser production of supersonic metal cluster beams.J Chem Phys, 1981, 74:6511.

[5] Kappes M M, Kunz R W, Schumacher E. Production of large sodium clusters（Na_x, $x\leqslant65$）by seeded beam expansions. Chem Phys Lett, 1982, 91: 413-418.

[6] Binns C. Nanoclusters deposited on surfaces. Surf Sci Rep, 2001, 44: 1-49.

[7] 罗浩俊, 陈征, 许长辉. 基于团簇束流沉积的纳米结构制备：设备与机理. 中国材料科技与设备, 2005, 2: 25-33.

[8] Jin R, Cao Y W, Mirkin C A, et al. Photoinduced conversion of silver nanospheres to nanoprisms. Science, 2001, 294(5548): 1901-1903.

[9] Mallik K, Mandal M, Pradhan N, et al. Seed mediated formation of bimetallic nanoparticles by UV irradiation: A photochemical approach for the preparation of "core-shell" type structures. Nano Letters, 2001, 1(6): 319-322.

[10] Gonzalez C M, Liu Y, Scaiano J C. Photochemical strategies for the facile synthesis of gold-silver alloy and core-shell bimetallic nanoparticles. The Journal of Physical Chemistry C, 2009, 113(27): 11861-11867.

[11] Barringer E A, Bowen H K. Formation, packing, and sintering of monodisperse TiO_2 powders. Communications of the American Ceramic Society, 1982: C199-C201.

[12] Mandelbrot B. Les Objets Fractals, Forme, Hasard et Dimension. Paris: Flammarion, 1975.

[13] Botet R, Jullien R. Fractal aggregates of particles. Phase Transitions, 1990, 24/26: 691-736.

第4章　低维纳米结构及其制备与组装

4.1　低维纳米结构

纳米结构材料是通过将其尺寸控制在纳米尺度而实现的。尺寸的纳米化可以在不同的维度上体现出来。Siegel 是纳米相材料的开拓者之一，他将纳米材料根据其组成单元的形状分成如图 4.1 所示的四类[1]：零维(MD=0)，包括原子团簇、纳米粉等；一维(MD=1)，如多层膜；二维(MD=2)，为由纳米尺寸的颗粒所组成的覆盖层或嵌入层，层厚度或棒直径小于 50nm；三维(MD=3)，由等轴的纳米颗粒组成的体材料。

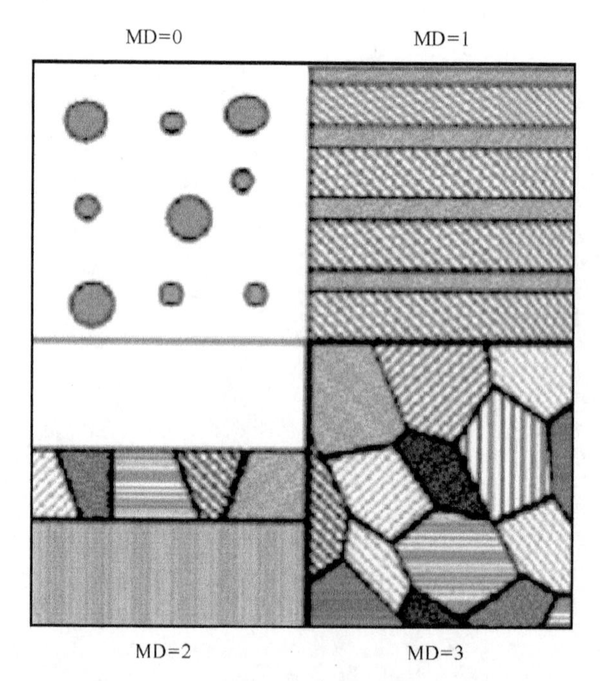

图 4.1　Siegel 等对不同维数纳米材料的定义

上述对于纳米材料维数的定义并不直观，在一定程度上缺乏普遍性。一般地，按材料在各空间维度的尺寸来划分纳米材料的维度。纳米粒子在三个空间维度上尺寸都是纳米级的，因此称为零维纳米材料；相应地，当在两个维度上尺寸是纳米级的，而在另一尺度上是宏观量级的，这样的材料称为一维纳米材料，典型的如纳米棒、纳米线等；如果在两个维度上的尺寸是宏观量级的，在另一个维度即厚度是纳米尺寸的，则这类材料称为二维纳米材料，如纳米薄膜等。由零维、一维、二维结构在三维上进行堆砌，则可以获得由纳米结构单元组成的体材料，这种材料可被称为三维纳米材料。根据纳米结构单元的成分和形状的不同，三维纳米材料的类型非常丰富。图 4.2 显示了 12 种类型的三维纳米材料，其中第一列中包含层状(二维)、棒状(一维)、等轴颗粒三种形状的纳米结构单元，但结构单元的成分是相同的；第二列中的纳米材料则由多种不同成分的结构单元组成；第三列中的纳米材料不仅包含多层成分的结构单元，而且结构单元间的界面成分也是不同的；第四列的纳米材料则是由不同形状的纳米结构单元分散于不同成分的基质中而构成的。

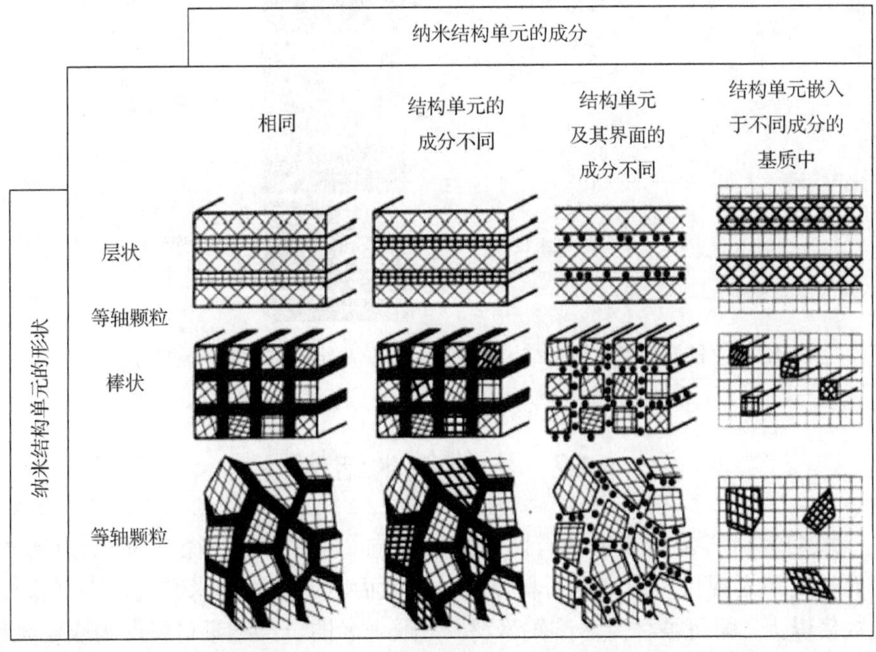

图 4.2　根据构成纳米结构的单元的形状与化学成分对三维纳米结构进行的归类。第二行和第三行的前两列中界面部分用黑色绘出以强调晶粒与界面的不同原子排列。在第一列黑色的界面与晶粒具有相同的成分，而在第二列，不同成分界面处化学成分具有陡峭的梯度变化

三维纳米材料由更低维度的纳米结构构成，二维和一维纳米结构同样可以由更低维度的纳米结构组成，如图 4.3 所示，零维的纳米颗粒可组成一维的纳米粒子链、二维的纳米粒子点阵和三维的纳米相材料，一维的纳米线可组成二维的纳米线列阵和三维的纳米线面阵，而二维的纳米薄膜则可交替堆积构成超晶格结构。

由低维度的纳米结构单元组成更高维度的纳米结构的过程通常称为“组装”。

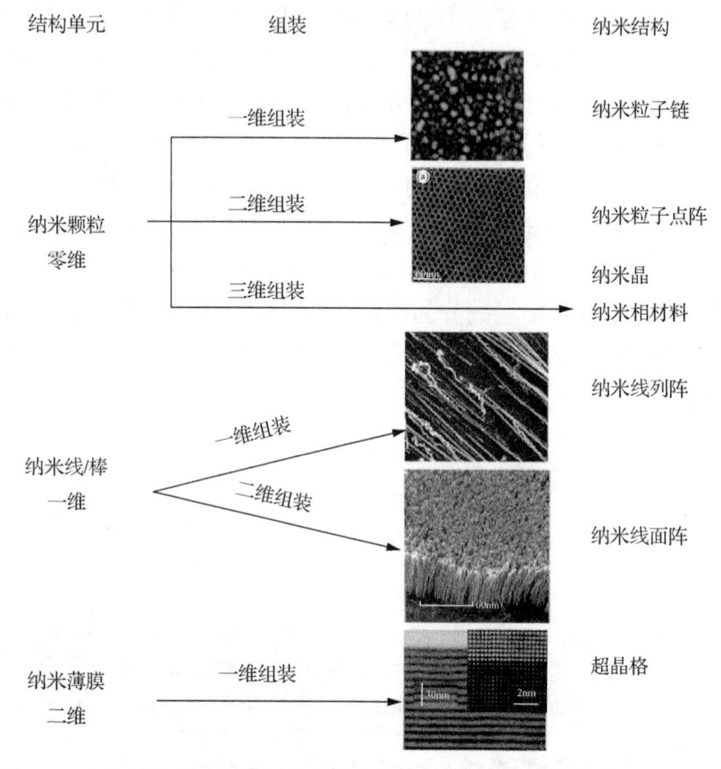

图 4.3　由较低维度的纳米结构单元组装成更高维度的纳米结构的示意图

4.2　一维纳米结构

一维纳米材料是指在空间有两个维度方向(典型的如直径方向)上为纳米尺度，而长度为宏观尺度的纳米材料体系。一般而言，某种纳米结构，当其长径比达到数倍以上，即可被称为一维纳米材料。最著名的一维纳米材料即为碳纳米管，碳纳米管的发现极大促进了一维纳米结构的研究与应用，各种人工合成的新颖一维纳米结构材料，如纳米管、纳米棒、纳米线、纳米丝、纳米带、同轴纳米电缆等层出不穷。图 4.4 中罗列了一些有代表性的一维纳米结构。

图 4.4(a)为管内注入水滴的碳纳米管的电子显微照片，显示了堵在碳纳米管开口端附近水滴的纳米尺度动力学行为。由于管左边开口而右边闭口而造成的蒸汽压差，液体的弯月表面随不同温度下腔内水的蒸汽压的改变而改变，并形成不对称的复杂形状。除碳纳米管外，其他材料的纳米管结构的合成也有报道。如图 4.4(b)给出了硫化钨纳米管的高分辨电子显微镜照片，照片显示了纳米管的多

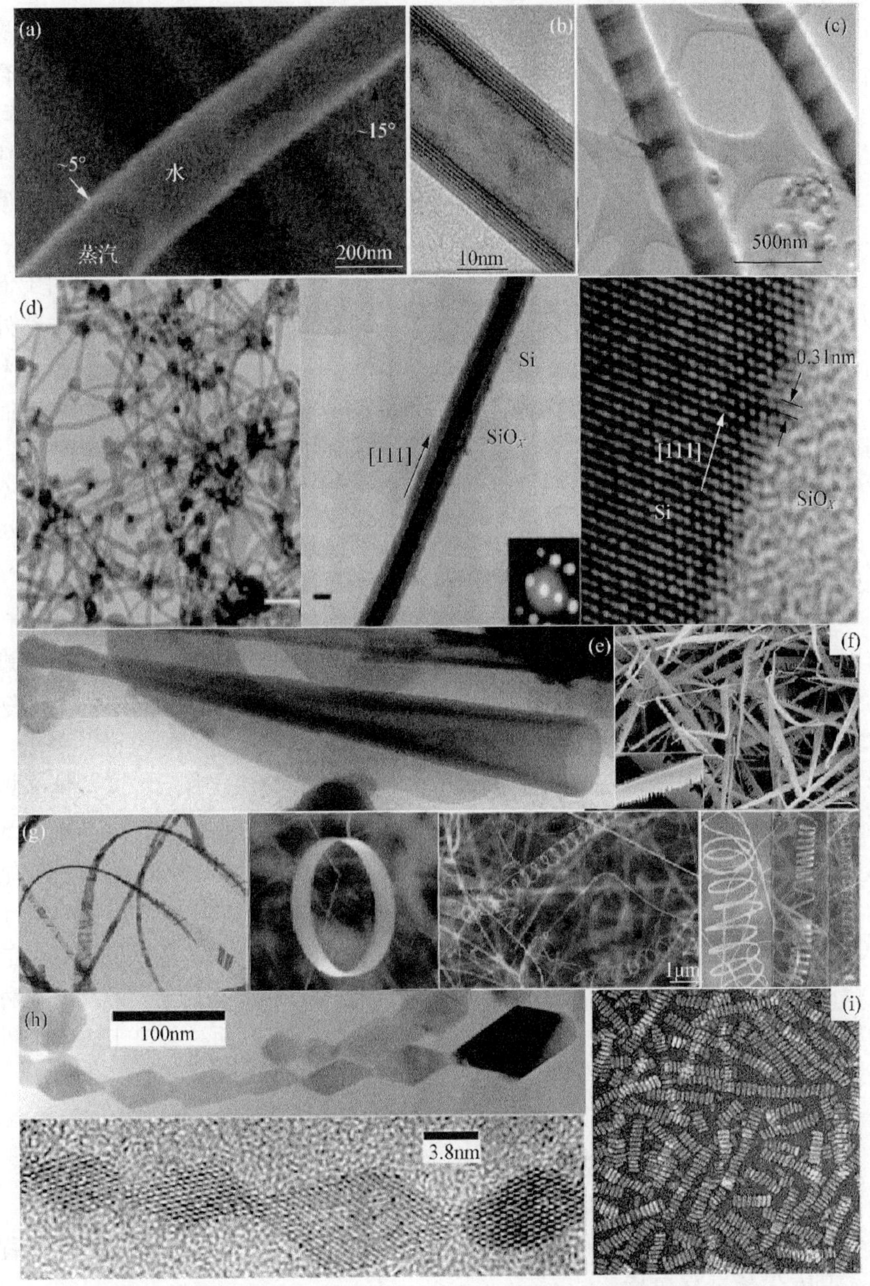

图 4.4　若干典型的一维纳米结构。(a) 电子显微镜显示堵在碳纳米管开口端附近的水滴的动力学行为；(b) 硫化钨纳米管的电子显微镜照片；(c) Si/SiGe 超晶格结构半导体纳米线；(d) 不同分辨率的硅纳米线的透射电子显微镜照片；(e) WS_2 涂覆碳纳米管形成纳米锥体；(f) ZnO 纳米带的两个相对边沿的不对称生长；(g) ZnO 单晶纳米带及由纳米带形成的各种复杂结构；(h) 菱形 TiO_2 纳米粒子聚集形成的一维链状结构；(i) 棱柱形 $BaCrO_4$ 纳米粒子自组装形成的有序链结构

壁结构，可清楚地看到七层同轴的管壁[2]。异质结或超晶格是由不同半导体材料交替生长形成的夹层结构。脉冲激光蒸发(PLA)与化学气相沉积(CVD)的组合可用于合成在长度方向上具有有序异质结的半导体纳米线。PLA 过程可以造成可程控的脉冲蒸气源，使纳米线可以按逐段的方式沿线轴进行可完好控制的剖面成分分布生长，图 4.4(c)给出了通过此方法获得的具有轴向 Si/SiGe 超晶格结构的单晶纳米线结构。图 4.4(d)显示了由激光蒸发 $Si_{0.9}Fe_{0.1}$ 靶制备的硅纳米线的 TEM 照片，在左边的照片中，可以清楚地看到 Fe 纳米粒子的存在，这些纳米粒子用于催化 Si 的一维生长。更高分辨率下可以看到，硅纳米线是由中心的单晶硅纳米线外包裹非晶硅氧化物纳米管构成的。硅纳米线沿着[111]方向一维定向生长。图 4.4(e)显示了一段 WS_2 覆盖的多壁碳纳米管[3]，WS_2 的包覆层数可由制备过程中控制氧化钨前驱物的沉积量来控制，WS_2 的涂覆使所形成的复合纳米管形成了纳米锥体。氧化锌为压电半导体材料，通过在氧化锌中引入氧空位，可使其电导变化数个量级，呈半导体性或金属性。由于氧化锌晶体独特的各向异性结构以及沿 C 轴生长最快的特性，可在氧化锌体系中生长出丰富的纳米结构，其形貌由生长动力学条件和表面能共同决定。图 4.4(f)显示了表面极性导致的氧化锌纳米带的两个相对边沿的不对称生长。该氧化锌纳米带是通过热蒸发氧化物粉末而获得，制备过程中未使用催化剂，生长温度成为控制最终产物的重要条件[4]。在氧化锌单晶纳米带中，表面极性很大，为减小静电能而产生越过纳米带厚度方向的自发极化，从而形成纳米螺线管和纳米圈等各种复杂结构[5]，如图 4.4(g)所示。这些纳米螺线管和纳米圈的形状由静电相互作用能和弹性能极小之间的竞争决定。一维纳米结构也可以由零维的纳米粒子通过聚集和自组装而形成。图 4.4(h)为菱形 TiO_2 纳米粒子聚集形成的一维链状结构[6]，在水热条件下，锐钛矿结构的 TiO_2 纳米粒子沿其[001]方向快速生长，抑制了沿<101>方向的生长速率，导致菱形纳米粒子的形成。在图 4.4(i)中则显示 $BaCrO_4$ 纳米粒子有序排列组成的一维链结构[7]，这种结构是在包含反胶束的微乳液中形成的，纳米粒子的特定晶面被包裹上表面活性剂分子，反胶束的界面活性导致纳米粒子形成了这种复杂自组装结构。

4.3 一维纳米结构制备

一维纳米结构的制备，可以通过从气相、液相或者固相向固相转化的过程来实现。基本生长过程包括：

(1)从气相、液相、固相中成核、生长。当原子、分子、离子的浓度达到过饱和，通过匀相成核过程形成团簇。这些团簇成为进一步生长的种子。

(2)在不同层次上控制生长参数，在空间维度上实现某种约束，促进固态结构沿着一维方向的凝固生长，从而获得一维纳米结构，这些定向生长控制包括：①利用固体的各向异性结晶学结构促进一维纳米结构生长；②引入一个液-固界面来减少籽晶的对称性；③采用具有一维形态的模板引导纳米线的形成；④通过对过饱和的控制以调制籽晶的生长习性；⑤采用顶上催化剂控制籽晶在不同面上的生长速度；⑥通过零维纳米结构的自组装。

一维纳米结构通常可以分成在气相的生长和基于溶液的生长两种制备方法。

4.3.1　一维纳米结构的气相制备

以硅纳米线的制备为例，气相制备一维纳米结构首先需要形成气相前驱物，这可以通过简单热蒸发、脉冲光激光蒸发、化学气相沉积(如热分解硅烷)、电弧法等方法进行。装载前驱物粉末的石英或氧化铝舟，或者前驱物的致密靶材放置于石英管内，并插入高温炉管内加热到高温，而衬底置于炉管温度较低的一端。炉管内充入惰性气体(氩或氮等)，并形成吹向衬底端的气流。对于一些饱和蒸气压比较高的材料，如SiO粉末等，可以采用直接热蒸发，富硅团簇在生成的气体中首先出现，进一步生长获得硅纳米线。脉冲激光蒸发是一种制备薄膜和纳米粒子的常用方法，改进后被用于制备纳米线。典型的装置如图4.5(a)所示[8]，前驱物的气化与沉积被安置在一个石英管内，靶材可由纯的硅粉或者硅粉和金属粉的混合物[9](如硅和铁粉、硅和锆粉)等压制而成。采用脉冲激光照射使原材料气化。由于被激光照射的局部区域的温度可以达到很高，所以这种方法几乎可以适用于一切材料。经过脉冲激光的烧蚀后，产生许多硅团簇，而后被载流气体携带到处于较低温度冷头的衬底上生长成纳米线。实验中炉体的温度一般维持在1200℃左右，以提供硅纳米线生长的高温环境。化学气相沉积采用气相的前驱物，如SiH_4、$SiCl_4$等，通入高温炉体内发生分解反应，析出的硅原子在有催化剂颗粒存在的情况下形成硅纳米线[10]。化学气相沉积方法可以在一个相对比较低的温度下制备纳米线(如对于SiH_4：500℃，对于$SiCl_4$：700℃)，而且可以比较精确地实现对硅纳米线的掺杂。图4.5(b)是利用$SiCl_4$作为反应物的化学气相沉积方法的装置示意图。

4.3.2　一维纳米结构的液相制备

基于溶液生长的一维纳米结构生长主要有各向异性结晶学结构的定向生长、基于模板的合成、溶液-液相-固相(SLS)生长机制等多种方法。气相法适合制备各种无机非金属纳米线，但难以合成金属纳米线。液相法可合成包括金属纳米线在内的各种无机、有机纳米线，是另一种重要的一维纳米结构的制备方法。液相法制得金属纳米线，需要在金属晶体形核、生长阶段破坏其晶体结构的对称性，通过限制某些晶面的生长来诱导晶体的各向异性生长。模板法是制备一维纳米结构的常用方法，可用于制备金属、半导体、聚合物等多种材质的纳米管和纳米线，

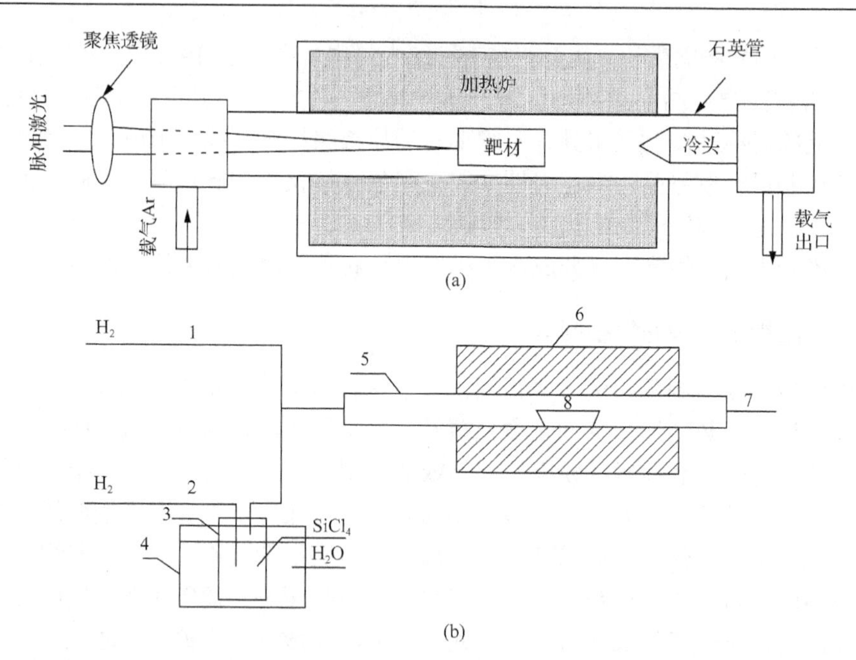

图 4.5 (a)脉冲激光蒸发方法制备硅纳米线装置，氩气用作载流气体。(b)化学气相沉积法制备硅纳米线示意图：1.氢气管道；2.通道；3.反应物供应源；4.水浴；5.石英管；6.炉体；7.载气出口；8.一个涂有 Ni 薄膜催化剂的多晶 Al_2O_3(用作衬底)。反应物通过载流气体 H_2 携带，从通道 2 中引入。反应温度由炉体 6 控制

除了单组分材料，也可用于复合材料的制备。模板法通过模板引导材料生长，形成具有与模板互补形貌的纳米结构。根据模板自身特点和限域能力的不同，模板法可区分为硬模板法和软模板法两类。

硬模板法采用具有相对刚性结构的模板，常见的有阳极氧化铝膜、介孔硅、介孔碳等无机介孔材料、聚碳酸酯膜等高分子介孔材料、碳纳米管等。阳极氧化铝介孔膜是用于无机纳米线制备的一种典型模板。在酸性溶液中对铝膜作阳极化处理，即可获得阳极氧化铝膜(AAM)，如图 4.6(a)所示。通常 AAM 由均匀尺寸的圆柱形孔洞按六角形密排构成纳米孔规则阵列。孔轴与表面垂直，孔径可在 5～420nm 内调控，孔密度可达 $10^{9\sim12}$ 个/cm^2，膜厚度可控制在 1～100μm。孔的底部与铝片之间有一阻挡层。用可溶性惰性金属盐溶液与铝反应，可去除 AAM 背面的剩余铝片，进一步用稀磷酸溶液除去阻挡层，得到氧化铝有序通道阵列模板。

以 AAM 作为模板，通过电化学沉积、化学聚合法、溶胶-凝胶法、化学气相沉积等方法将材料填充入纳米孔道中，最后将模板材料基体除去，即获得一维纳米结构阵列。所得产物的形貌取决于填充的程度：若完全填充，则得到纳米线；若部分填充，则可得到纳米管。如图 4.6(b)所示是电化学沉积 Si 填充 AAM 介孔并除去 AAM 基质后获得的 Si 纳米线阵列的 SEM 图像。类似地，可以制备出 Au、

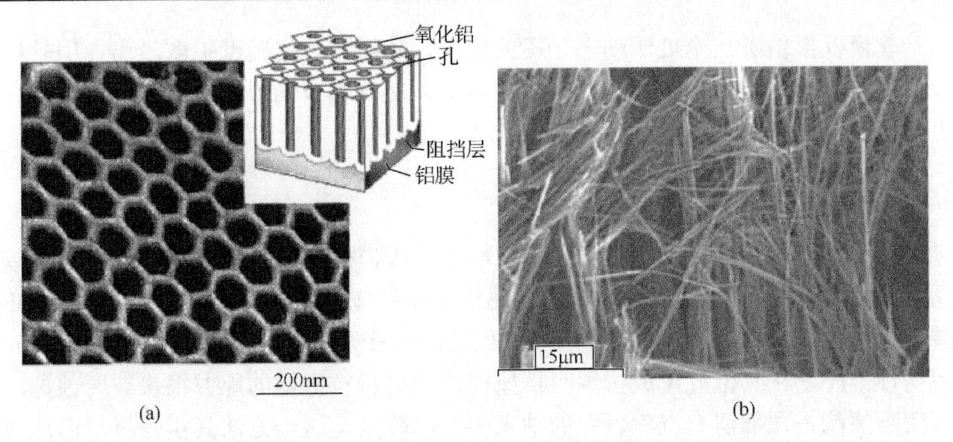

图 4.6　(a)氧化铝模板的结构；(b)用电化学方法沉积制备的 Si 纳米线阵列的 SEM 图像，纳米线沿着垂直衬底的方向排列

Ag、Pt、TiO_2、MnO_2、ZnO、SnO_2、In_2O_3、CdS、CdSe、CdTe、导电聚合物、碳纳米管等各种一维纳米结构。

硬模板具有较高的稳定性和良好的空间限域作用，可严格控制纳米材料的尺寸和形貌。但其结构较为单一，形貌变化较少，此外，采用硬模板难以获得单晶结构。

软模板法是采用没有固定组织结构而在一定空间范围内具有限域能力的分子体系，主要包括表面活性剂分子形成的胶束模板、自组装单分子层模板、液晶模板、生物大分子等。由表面活性剂自组装形成的介观相结构，提供了大量制备一维纳米结构的一类有效办法。在临界浓度，琥珀酸二异辛基磺酸钠(AOT)等表面活性剂分子自发组织成棒形胶束等空腔结构，这种各向异性的结构就可以立即用作软模板，结合适当的化学或电化学反应来促进纳米棒的形成。如图 4.7 所示，表面活性剂形成柱状反相胶束，通过化学反应在胶束空腔内合成目标材料纳米线，为最终获得纳米棒/纳米线，还需要将包裹的表面活性剂清除。也可以采用正胶束作为软模板，所不同的是反相胶束的内表面是模板，而正胶束的外表面是模板，因此形成的是纳米管结构。

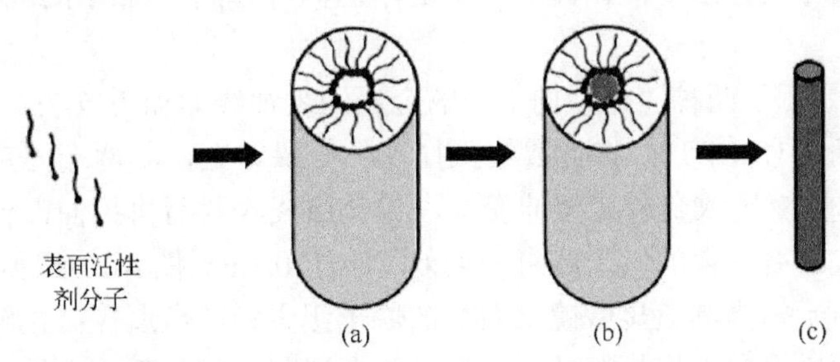

图 4.7　表面活性剂模板法合成一维纳米结构的示意图。(a)表面活性剂分子形成柱状反相胶束；(b)被反相胶束包裹的目标材料纳米线；(c)去除表面活性剂分子后得到纳米线

软模板提供了一个处于动态平衡的空腔，物质可透过腔壁扩散进出。用软模板法制备一维纳米结构，方法简单、成本低，且软模板的形态具有多样性，具有更广泛的自由度。

4.3.3 其他一维纳米结构的制备方法

图 4.8 显示了一种基于自组装纳米粒子点阵模板的纳米柱制备方法[11]。在单晶 Si 片的表面上沉积一层防腐蚀的金属纳米颗粒掩模，而后将 Si 片在稀释的 HF 酸中进行电化学腐蚀，或进行等离子体刻蚀。纳米颗粒成为蚀刻产物的成核中心，使得蚀刻产物在其位置形成抗蚀阻挡掩模，没有颗粒掩模的地方很快被腐蚀掉，而留下的就是顶部留有沉积颗粒的纳米棒有序阵列。这一方法其实是将“由顶向下”与“由底向上”两种方法结合。

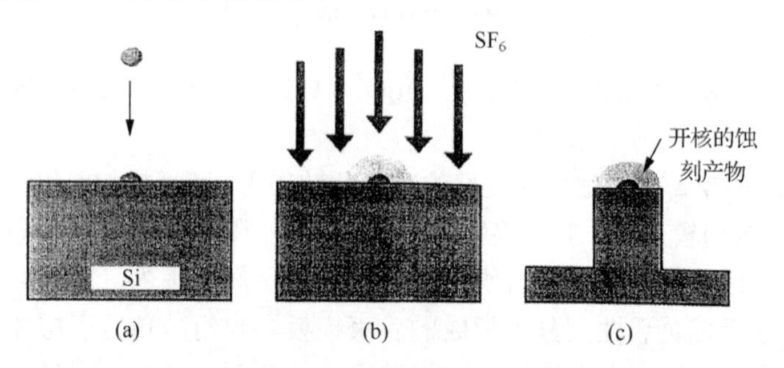

图 4.8 以纳米粒子点阵作为掩模制备通过刻蚀制备 Si 纳米柱的示意图。(a) 团簇沉积；(b) 刻蚀；(c) 纳米柱形成

事实上，纳米线本身也可用来作为获得其他材料的纳米线的模板。目的材料可以包到纳米线上形成同轴纳米电缆，或与纳米线反应获得新的材料。

如图 4.9 所示，通过各向异性腐蚀制备的锯齿形 NaCl 单晶(111)表面被作为金属纳米粒子组装的掩模，Fe 原子以掠角入射沉积到 NaCl 衬底表面，由于表面锯齿的遮挡作用，Fe 原子只能沉积在锯齿的顶端，最终生长形成 Fe 纳米粒子一维链状结构。在此方法中，锯齿形 NaCl 单晶同样起到一维纳米结构形成的模板的作用。

图 4.10 显示了两种“由顶向下”的金属纳米细线的加工方法。图 4.10(a) 为机械式接点断裂(MCBJ)：将金属线张挂在一个踩口上，其两端固定在一块弹性板上，弯折弹性板导致金属线拉伸变细，将金属线收紧后再拉伸，使其进一步变细，如此反复，最终获得的纳米线直径误差可小于 0.1nm。图 4.10(b) 则显示了 STM 探针法：将用于扫描隧道显微镜(STM)的原子级尖锐的金属探针接触到金属基片的表面，然后慢慢向上提拉探针，在探针与金属基片间将形成金属纳米导线。用这种方法甚至可以获得由单列原子构成的一维原子线。

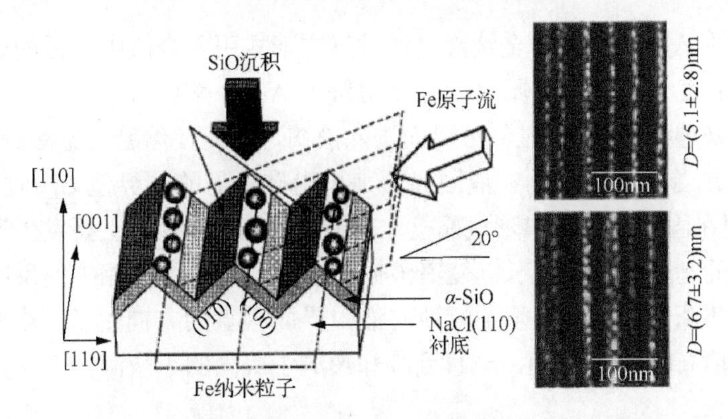

图 4.9　以锯齿形 NaCl 单晶(111)表面作为掩模，掠角沉积 Fe 原子，获得 Fe 纳米粒子一维链

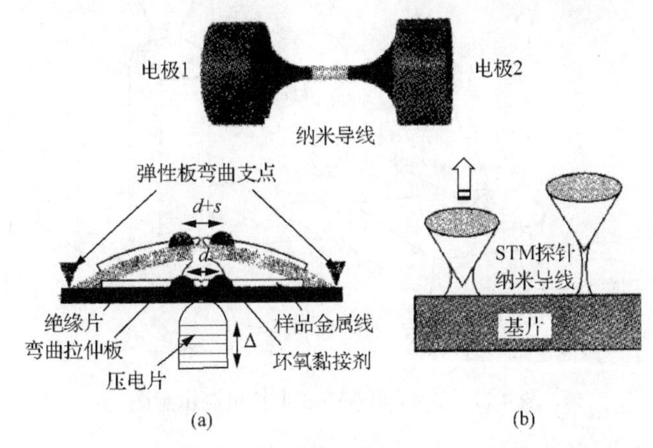

图 4.10　(a)机械式接点断裂法制备金属纳米线示意图；(b)STM 探针法制备金属纳米线示意图

4.4　一维纳米结构生长机制

气相沉积法制备一维纳米结构的生长机理可分为有催化剂参与的生长和无催化剂参与的生长两种情形。

基于有催化剂(Au、Co、Sn、Cu 等)参与的气-液-固(VLS)机理的生长是制备一维纳米结构最为常用的一种方法。所谓 VLS：V 是提供纳米线生长所需的、将构成纳米线本体的元素的气相物，L 是包含纳米线本体元素和金属催化剂在内的合金液滴，S 是生长出来的固态纳米线。VLS 机制是 Wagner 和 Ellis 在研究有金纳米粒子作催化剂时气相合成硅晶须时所提出的[12]。如图 4.11 所示，VLS 生长机理可概括为：合金化、成核、沿轴向生长。以硅纳米线的生长为例，在硅基体上沉积金纳米粒子，将该体系加热到高于 Au-Si 体系共熔点的温度 T_L，生成具有平

衡组分 C_{L2} 的 Au-Si 熔融合金液滴，通过气态形式引入合成中所需的硅元素，如通入 H_2-$SiCl_4$ 混合气体，还原生成 Si，溶解于 Au-Si 熔融合金中，随着反应的不断进行，越来越多的 Si 通过气液界面进入液滴，从而使熔融合金液滴成为 Si 的过饱和状态。当过饱和达到在液固界面上析出硅所需的临界值 C_{LS} 时(图 4.12)，过多的 Si 便在固液界面析出形成晶核。在析出的初期阶段，主要发生消耗在熔融合金生成上的基体硅的再生长。随着液固界面层不断吸纳气相中的反应分子和在晶核上进一步析出晶体，晶须不断地向液固界面垂直的方向生长，并将圆形的合金液滴向上抬高[图 4.11(b)]，一直到冷却形成了凝固的小液滴。

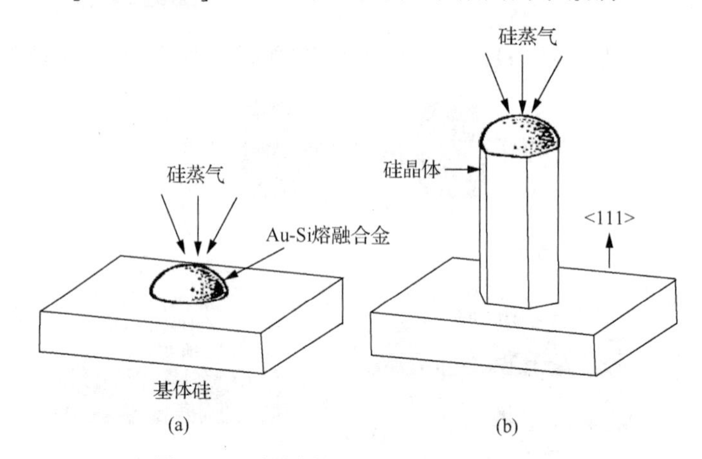

图 4.11　硅晶须的 VLS 生长机制示意图

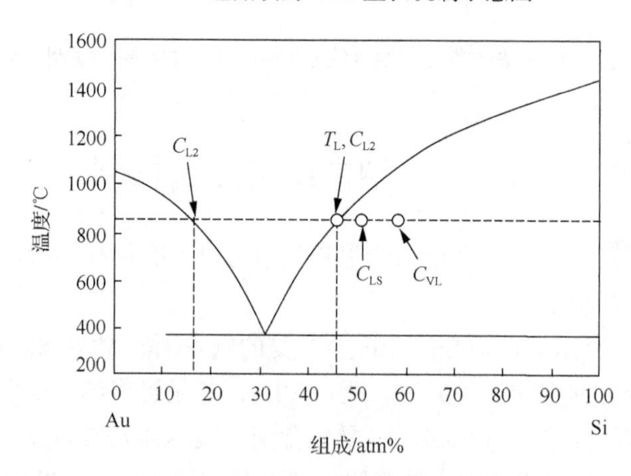

图 4.12　Au-Si 合金体系相图

图 4.13(a)显示了以 SiH_4 为气相前驱物，以 Ti 纳米粒子为催化剂，通过 VLS 生长制备的 Si 纳米线的电子显微照片，在纳米线的顶端可以明显看到金属纳米粒子的存在。对纳米线进行 X 射线能谱(EDS)测量[图 4.13(b)]，可以看到，在纳米

线的顶端除了 Si 成分外，测得的 EDS 谱还包含很强的 Ti 元素的成分，而在距顶端一段距离处，EDS 谱中则分辨不到 Ti 元素的成分。这个测量结果恰好验证了 VLS 的生长机理。

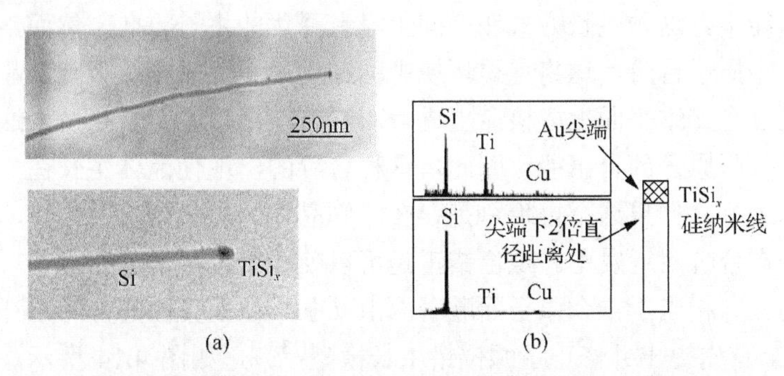

图 4.13　(a)以 Ti 纳米粒子为催化剂通过 VLS 生长的 Si 纳米线的电子显微照片；(b)在硅纳米线不同位置测量的 EDS 谱，表明在纳米线的顶端有 TiSi 合金纳米粒子的存在

VLS 生长过程中，纳米线的直径受到液滴的限制，若能够较好地控制金属催化剂颗粒的大小，则可以得到尺寸可控的纳米线。此外，在 VLS 生长中需要考虑以下几个因素：①合金液滴与衬底的浸润特性。这决定了液滴是团聚还是铺展，直接影响纳米线的尺寸。②反应温度。反应温度不能过高，过高则不容易出现固相，也不能过低，过低则不能形成合金液滴，应该控制在共晶温度和硅熔点之间。③催化剂的选择。要考虑催化剂和固态生成物之间的互溶特性，需要利用相图进行合理的选择。

一维纳米结构也可以在不引入金属催化剂的气相体系中制备生长。高温下形成的气态源、气相原子或分子直接传输并凝聚到低温衬底上，在没有催化剂和原材料形成的液滴参与下，达到临界尺寸时，成核生长形成纳米线，即为气-固(VS)生长。反应中气态原子或分子本身发挥催化剂的作用，及通过对成核及随之的生长过程的控制，如以界面上微观缺陷(位错、孪晶等)为成核中心，生长出一维材料。在 VS 生长中，气相的过饱和度决定着晶体生长的主要形貌，低的过饱和度导致一维生长，中等的过饱和度下趋于生成块状晶体，很高的过饱和度则导致粉末的产生。运用 VS 法合成一维纳米结构，其直径主要是通过控制蒸发区和收集区的温度以及蒸气压力来调节。

尽管在 VS 生长中并没有直接加入催化剂，但近年来的研究发现，在一些外在条件(如加热)作用下，源材料自身可产生内在反应(如热分解等)，形成具有催化作用的低熔点金属(合金)液滴，并以此引导 VLS 生长形成纳米线。这种现象又被称为“自催化 VLS 生长”。

一维纳米结构的气相形成，也可能由螺位错生长机制导致。根据晶体生长理论，在原子尺度平整的表面上要生长一个原子层，首先要在表面上成核，这是一个匀相成核的过程，要求原体系中吉布斯能量过高，从而新相的出现可以降低系统的吉布斯能量。这种生长方式在空间上没有择优的生长方向。然而，如果在表面上存在一个原子台阶，这将使得环境中的迁徙原子优先在此吸附，晶体生长不再需要先经过在二维平面上成核。更进一步，若在台阶上存在扭折，这些扭折将更利于降低吸附原子的自由能。因此，这种台阶的出现使晶体生长在一个更低的过饱和状态进行。如果这个台阶总是存在，则晶体的生长将永不停止，晶体的生长也将优先在台阶附近发生。螺位错正是可以使这个台阶永远存在的一种晶体缺陷，在结构上它相当于一个原子面顺着面上某条线在垂直面的方向扭开一个原子间距。Frank 首先提出并修正了螺位错生长模型[13,14]，如图 4.14 所示，在驱动力的作用下，原子沿着表面台阶淀积，台阶就以一定的速率向前推进，速度垂直于台阶本身[图 4.14(a)]。但台阶的一端固定于位错露头点，台阶运动后，在露头点附近必然弯曲[图 4.14(b)和(c)]。这样随着台阶运动，很快就形成螺蜷线[图 4.14(d)和(e)]。据此认为纳米线的形成是因为顶部存有螺位错，从而整个生长沿着顶部表面的法向生长。

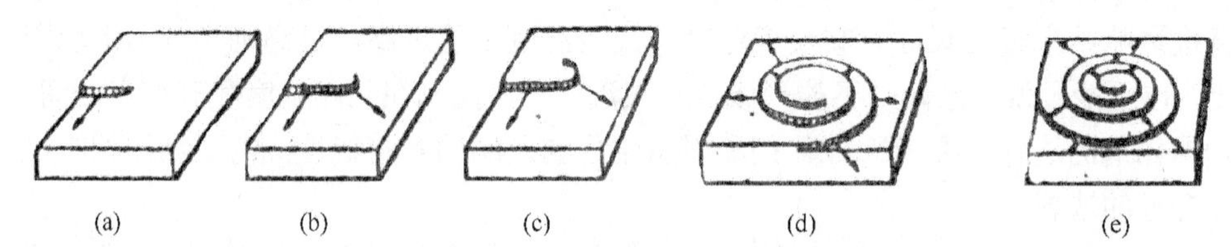

图 4.14 螺位错生长过程示意图。图中的画线部分为螺位错线

采用液相法，以低熔点金属(如 In、Sn 或 Bi 等)作为助溶剂，可在低温有机溶剂中生长出一维纳米结构。美国华盛顿大学 Buhro 等首次用这种方法制备了 InP、InAs、GaAs、InN 等Ⅲ-Ⅴ族纳米纤维，并提出了溶液-液体-固体(SLS)生长机理。SLS 生长的机理有点类似于 VLS 机制，其区别仅在于：在 VLS 机制生长过程中，所需的原材料由气相提供；而在 SLS 机制生长过程中，所需的原料是从溶液中提供的。SLS 生长中常用低熔点金属助溶剂，其作用相当于 VLS 机制中的金属纳米粒子催化剂。沉积分子前驱体可在有机相中得到生长单体，单体扩散至籽晶表面形成合金，并引发定向生长，随着扩散至籽晶上的单体增多，突破饱和的纯固相纳米线即会由晶种处向外生长。SLS 方法可在低温下获得结晶度较好的纳米线。

4.5　二维纳米结构

二维纳米材料是只有在厚度方向一个维度是纳米尺度的材料，包括层厚在纳米量级甚至原子量级的单层或多层薄膜以及由纳米粒子或纳米线组装构成的薄膜。

纳米多层膜是由一种或几种半导体材料、金属及其合金交替堆积而成，组成多层膜的组分或结构在纳米尺度交替变化，而各层厚度均为纳米级，小于电子自由程和德拜长度，从而体现出显著的量子特性。1970 年，美国 IBM 实验室的江崎和朱兆祥提出了超晶格(super lattices)的概念。超晶格材料是两种不同组元以几纳米到几十纳米的薄层交替生长并保持严格周期性的多层膜，其各层界面平直清晰，看不到明显的界面非晶层，也没有明显的成分混合区存在。例如，图 4.15 给出了一种由厚度为 L_Z 的 GaAs 和厚度为 L_B 的 AlGaAs 所构成的超晶格结构，其中 L_B 仅为数纳米厚。GaAs 的禁带宽度 E_g(GaAs) 远小于 AlGaAs 的禁带宽度 E_g(AlGaAs)，因此夹在禁带宽度较大的两个 AlGaAs 中间的 GaAs 生长层的能量状态就相当于一维矩形势阱，其电子态包含一系列的定态量子能级。因此这一结构被称为量子阱(quantum well, QW)：由 2 种不同的半导体材料相间排列形成，具有明显量子限制效应的电子或空穴的势阱。量子阱的最基本特征是，由于其宽度小于费米波长，阱壁产生很强的量子限制作用，导致载流子只在与阱壁平行的

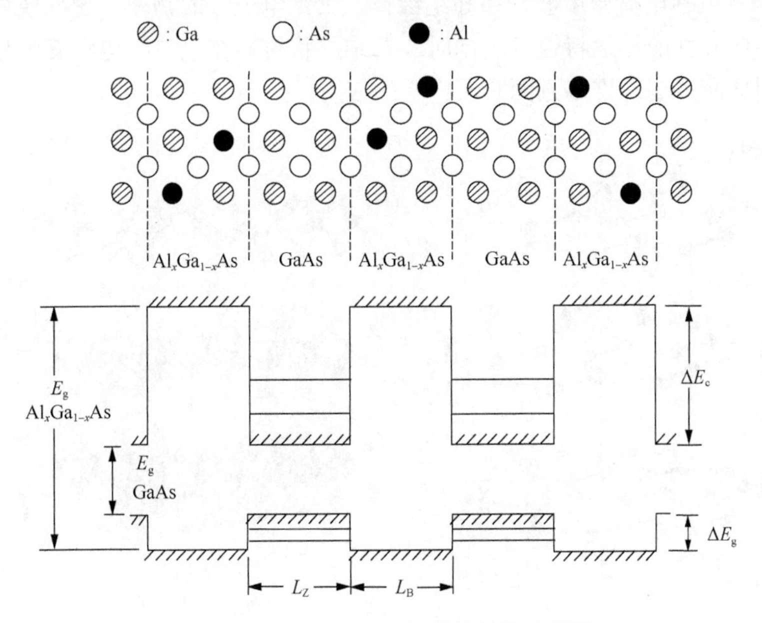

图 4.15　AlGaAs/GaAs 超晶格结构示意图

平面内具有二维自由度，而在垂直方向，导带和价带分裂成子带。

对于由两种不同半导体材料薄层交替生长形成的多层结构，如果势垒层 L_B 很薄，相邻量子阱之间的耦合很强，原来在各量子阱中分立能级上局域电子波能够穿越势垒层，与邻近量子阱形成周期性结合，产生微能带。微能带的宽度和位置由量子阱的深度、宽度及势垒的厚度所调制，这样的多层结构即称为超晶格，有时又称耦合的多量子阱。量子阱中的电子态、声子态和其他元激发过程以及它们之间的相互作用，与三维体材料中的情况有很大差别。因此，超晶格通过物质在纳米层次的组合，实现对能带，尤其是能带隙和有效质量等的控制，制造出人工能带结构。如果势垒层 L_B 足够厚，以致相邻量子阱之间载流子波函数之间耦合很小，则多层结构将形成许多分离的量子阱，称为多量子阱(MQW)。GaAl 基和 GaN 基单量子阱和多量子阱构成发光二极管(LED)的活性层，是 LED 发光的核心。

2004 年石墨烯的发现[15]，极大地促进了二维纳米材料领域的发展。石墨烯由于其独特的性能如极高的电导率和热传导性、高机械强度等，引起人们极大的兴趣。这促使人们进一步搜寻各种石墨烯变种碳基材料和其他二维层状材料。如图 4.16 所示，石墨、二硫化物这些固体由以共价键结合的一层或多层的原子层通过范德华相互作用构成，因此可以通过机械剥离等方法获得一个或多个原子层的二维材料。例如，分层的氮化物，硅烯、锗烯和接近单原子层厚度的大量过渡金属硫族化物(如 MoS_2、WS_2、$TiSe_2$、Bi_2Se_3)等。这些二维材料展示了独特的物理性质[16]，包括电荷密度波、拓扑绝缘体、二维电子气的物理、超导现象、自发磁化和各向异性的输运特性等。同时，二维层状材料在电池、电致变色显示、催化剂、固体润滑剂等许多方面有着广泛的应用。

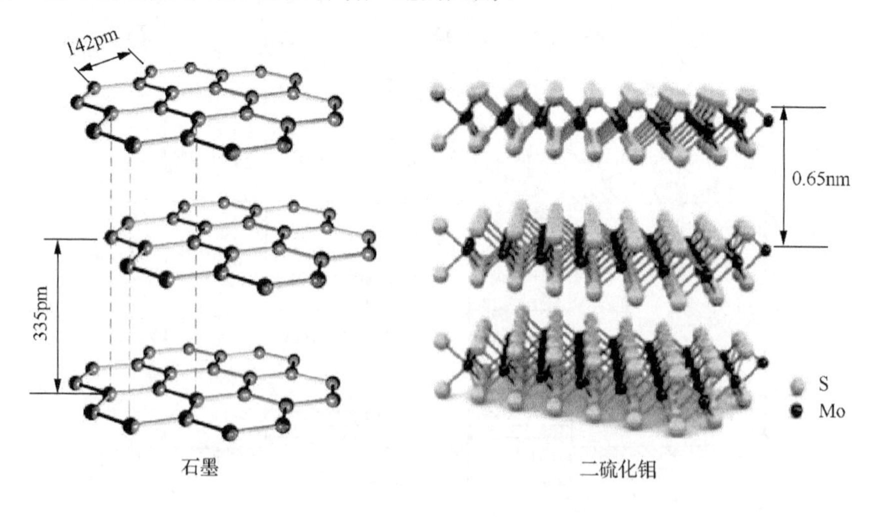

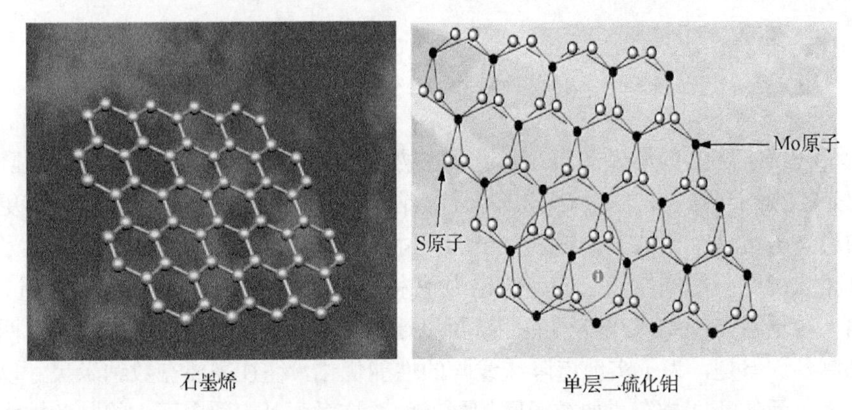

图 4.16　石墨、石墨烯、二硫化钼、单层二硫化钼的结构图

二维薄膜材料通常可采用各种物理气相沉积和化学气相沉积方法制备。其中分子束外延(MBE)是一种可实现原子级精度控制重要的外延膜的生长技术。MBE 是在超高真空条件下，由装有各种所需组分的炉子加热而产生蒸气，经小孔准直后形成分子束或原子束，直接喷射到适当温度的单晶基片上。通过控制分子束对衬底扫描，可使分子或原子按晶体排列一层层地长在基片上形成外延薄膜。MBE 使用的衬底温度低，降低了界面上热膨胀引入的晶格失配效应和衬底杂质对外延层的自掺杂扩散影响； 膜层生长速率极慢，大约每秒生长一个单原子层，且束流强度易于精确控制，因此能够实现精确控制厚度、结构与成分和形成陡峭的异质结构等；MBE 生长在超高真空中进行，衬底表面经过处理可成为完全清洁，在外延过程中可避免沾污，因而能生长出质量极好的外延层；MBE 利用快门对生长进行瞬时控制，膜的组分和掺杂浓度可随源的变化而迅速调整。采用 MBE 能制备薄到几十个原子层，甚至单个原子层的单晶薄膜，通过交替生长可获得不同组分、不同掺杂的薄膜并形成超薄层量子阱微结构材料。图 4.17 给出了一套 MBE 装置的原理图。

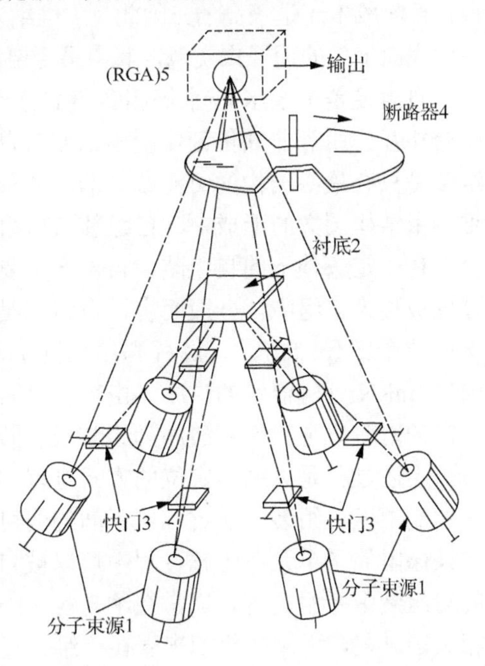

图 4.17　分子束外延生长装置原理图

此外，金属有机化学气相沉积(MOCVD)、原子层沉积(ALD)、脉冲激光沉积(PLD)也是当前二维薄膜材料制备中广泛使用的重要方法。

4.6　二维纳米结构的自组装

除了在二维连续的纳米薄膜，由零维的纳米粒子或一维的纳米线构成的点阵或线列也是二维纳米结构的主要部分。与连续纳米薄膜相比，纳米粒子点阵具有更加丰富的形态与可调控形式，如纳米粒子的尺寸、形状、粒子间的面间距以及粒子的空间分布状况等。空间结构上的调控也为纳米粒子点阵带来了更多的特殊性质。

纳米粒子点阵或纳米线阵列的制备可以通过“由顶向下”与“由底向上”两种途径来制备。但是，为了实现点阵或线阵的性能优化，往往需要在数纳米尺寸以内控制点阵单元的空间排布，如粒子间的面间距，这对于“由顶向下”的制备技术来说，目前成本还是极高的，因此，二维纳米粒子点阵或纳米线阵的制备，往往采用“由底向上”的途径来实现，其中最主要的技术是自组装(self assembling)。

自组装是由亲水-疏水等相竞争的分子间相互作用，重力、范德华相互作用和库仑相互作用等非共价键作用驱动而自发地缔结成稳定结构的聚集体的过程。自组装是只有最终结构的组元参与的，并最终组合成该最终结构的组装过程。在二维纳米结构图案的形成中，自组装与自组织(self- organization)有时并不被严格区分。在一定条件下的自组装，自发产生复杂有序且具有特定功能的聚集体组织的过程被称为自组织。一般而言，自组织是指通过组元在低层次的相互作用在高层次构造图案(patterns)、过程和结构的机制。例如，蛋白质的形成是按照由信使RNA(mRNA)所给定的次序，由转移 RNA(tRNA)依次将氨基酸转运到核糖体上特定的附着位上。氨基酸序列组装成多肽链，其长度连续地增长并最终成为蛋白质。上述过程是以精确定位的方式进行的。这种自组织过程的共同特点是：不存在控制中枢，组装是通过各单元间的弱可逆相互作用进行的，过程可自动纠错，错误添附的子单元在生长过程中可以被自动替换。这一特点在很多二维纳米结构的自组装中并不具备。通常在纳米粒子组装体的形成中，用自组装来表述与生长相关的过程，而用自组织来表述二维、三维图案形成过程。

传统的大分子的有机合成，是通过打破和重建强的共价键的完成的，合成过程通过动力学控制进行，而基于自组装的纳米结构合成则不同，自组装中不包含打破和重建共价键的过程，合成过程只涉及氢键、范德华键等弱的相互作用，反应过程在热力学控制下进行，最后的产物在热力学平衡态下获得。

由分立组元的自组织自发形成空间域、时间域或空时域的图形是自然界常见的现象，这种现象可以发生在大到宇宙空间，小到原子尺度的系统内。例如，沙层表面或水面被风吹形成的波纹、冰川的形貌都是宏观尺度自组织图案形成的典型例子。纳米尺度的自组装，也可以表现为复杂系统自发地组织，使组分单元形成特定的微相分离或表面分凝，如嵌段聚合物微相分离图案的形成。

二维纳米结构自组装的驱动力，主要来自分子或纳米粒子间的相互作用竞争，可以通过各种外部提供作用所引导，如采用化学图案化的衬底、电场辅助的自组装、模板辅助的自组装、生物辅助的自组装、光学辅助的自组装乃至溶剂蒸发所引起的自组装。本节仅介绍几类典型的二维纳米结构的自组装机制。

4.6.1　自组装单层膜

20 世纪 20～30 年代，美国科学家 Langmuir 对单分子膜进行了系统的研究，建立了完整的单分子膜理论。Langmuir 及其学生 Blodgett 一起发明了一种单分子膜的制备技术[17]，以将单分子层膜转移沉积到固体衬底上，这种单分子膜被称为 LB 膜(Langmuir-Blodgett film)。如图 4.18 所示，LB 膜的获得包括三个步骤：①将带有亲水头基与疏水长链的表面活性剂分子在亚相(水)表面铺展形成单分子膜(Langmuir 膜)；②利用成膜分子间范德华力作用，通过推挤所施加的作用力使分子的排列更有序紧密；③将气液界面上的单分子膜在恒定的压力下转移到固态基片上，形成 LB 膜。LB 膜法最早被用来制备双亲性的有序单分子膜。例如，用包裹有表面活性剂等功能基团的纳米粒子代替表面活性剂分子，也可以组装纳米粒子形成单层、多层有序的纳米结构薄膜。但是，LB 膜中的分子与基片表面、层内分子间以作用较弱的范德华力相结合。因此，LB 膜是一种亚稳态结构，对热、化学环境、时间以及外部压力的稳定性较差；膜的性质强烈依赖于转移过程。膜缺陷较多，成膜分子一般要求为双亲性分子，成膜过程与操作的复杂性等严重地制约了 LB 膜的应用。

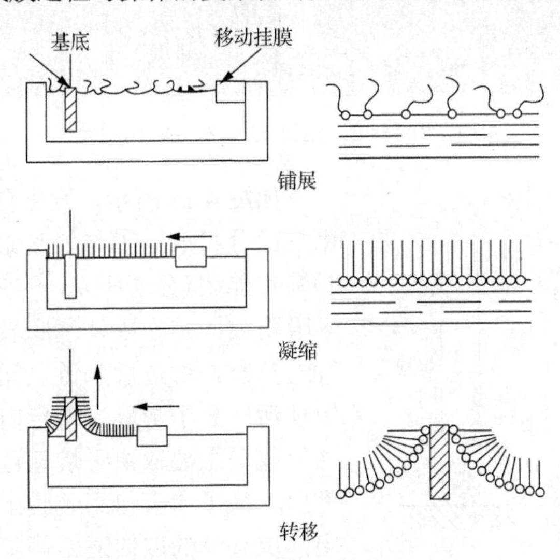

图 4.18　LB 膜制备步骤示意图

1980 年，Sagiv 报道了十八烷基三氯硅烷在硅表面的自组装膜[18]；1983 年 Nuzzo 和 Allara 通过从稀溶液中吸附二正烷基二硫化物到金表面，制备出有机硫化物分子经化学吸附作用形成的有序自组装膜[19]。此后，自组装单层膜(self-assembled monolayers, SAMs)受到人们的重视，自组装的研究体系被大大拓宽，提供了在分子水平上灵活设计二维组装结构的可能性。

如图 4.19 所示，自组装单层膜的成膜机理是通过固液界面间的化学吸附，在基体上形成化学键连接的、取向排列的、紧密的二维有序单分子层。一个简单的自组装单层膜的组装，只需要一种含有表面活性物质的溶液和一个基片。将预先清洗或预处理活化过的基片，如 Ag、Au、Cu、Ge、Pt、Si、GaAs、SiO_2、TiO_2、Al_2O_3等，浸入含有硫醇(SH)基或三甲氧基甲硅烷基[$Si(OCH_3)_3$]之类的亲和性高的官能基团的长链烷基分子的原料分子溶液中，经过一段时间，表面活性物质分子就可以通过化学键相互作用自发吸附在基片表面，形成一个排列致密有序且热力学稳定的自组装膜。

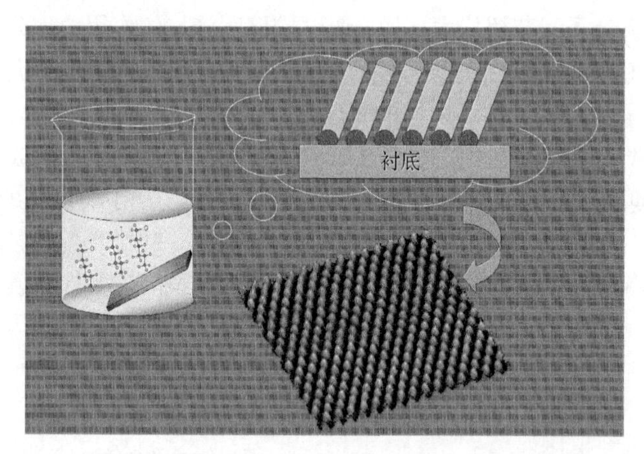

图 4.19　SAMs 的自组装过程及其结构示意图

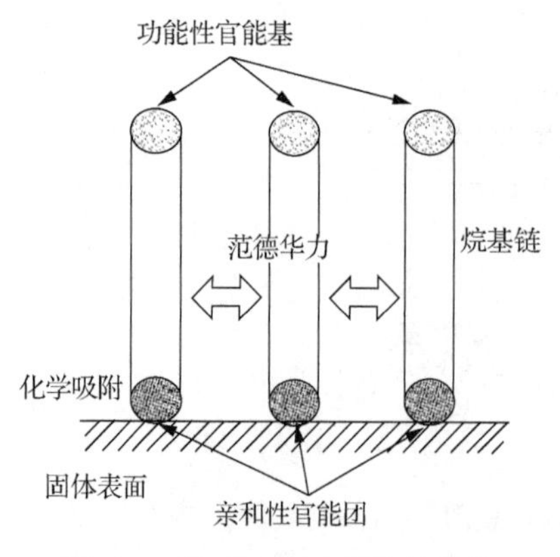

图 4.20　构成 SAMs 结构单元的活性分子的结构

如图 4.20 所示，发生自组装的活性分子由三部分组成：①与表面原子发生反应的亲和性官能团(分子头基)，使活性分子通过化学吸附被固定在固体基底表面的特定位置。②烷基链，通过烷基链之间的范德华相互作用使活性分子形成紧密定向排列，因此分子如何取向主要取决于烷基链间的范德华相互作用。为了增大自组装膜中的范德华相互作用，烷基链的取向通常倾斜于基底。③功能型官能基，活性分子的尾基为具有某种反应活性的基团，可继续与其他物质反应，形成多层膜，或连接某种具有特定功能的纳米单元，得到功能性自组装二维纳米结构。

下面以烷基硫醇稀溶液在金表面的吸附成膜为例，说明自组装成膜的动力学过程。硫醇在 Au 表面的吸附生长过程可分为两步：①硫醇在金表面的吸附过程，形成共价键。其吸附速度与表面空位的数量成正比。这一步可认为是扩散控制的 Langmuir 吸附，速率非常快，只需几秒至几分钟。该步结束后，SAMs 膜的接触角已接近其极限值，膜厚达到完全成膜后的 80%～90%。这一步的完成时间与硫醇的浓度密切相关，1mmol/L 的硫醇在表面的吸附只需 1min，而 1μmol/L 的硫醇则需 100min。该吸附过程是由组装分子的活性头基与基底的反应控制的，通过界面反应形成金的一价硫醇盐。②硫醇的表面结晶过程，通过烷基分子链之间的范德华相互作用，利用自发组织过程使组装分子的长碳链从无序排列到有序化，形成高度定向的分子层排列在基底表面的二维的晶体结构。这一过程比较慢，一般要持续几小时至几十小时。结晶过程与分子链本身的有序性及分子链间的相互作用(包括范德华力偶极作用等)有关，随着分子长碳链的增加，分子间的范德华力增大，硫醇的结晶过程也随之加快。

图 4.21(a)给出了硫醇在 Au(111)表面形成的 SAMs 的高分辨 STM 显微像[20]，实验中采用了端接碱基的短链长硫醇。在金单晶的表面，硫以 sp^2 杂化轨道与金原子成键，Au—S—C 键角约为 120°；硫-硫原子最近邻距离为 0.5nm，次近邻距离为 0.87nm。在图 4.21(b)中，用细实线的圆球表示金原子，虚线及粗实线的圆球表示硫醇分子。可以看到，在 Au(111)面上，硫醇分子呈六方堆积，键合于 fcc 的 Au(111)表面的原子间空穴中，单个晶格的边长是 Au 原子间距的 $\sqrt{3}$ 倍。由于采用端接碱基的短链长硫醇，硫醇分子点阵还显示了$(3\times2\sqrt{3})$的超结构，如粗实线圆球所标示的。此外，在自组装膜中，硫醇分子的长链以倾斜角(链主轴与基底表面法线的夹角)约 30°、扭转角(C—C—C 平面与基底表面法线和链主轴组成的平面之间的交角)约为 50°的方向反式密集排列。因此 Au(111)表面的硫醇分子 SAMs 被称为$(\sqrt{3}\times\sqrt{3})$R30 结构。

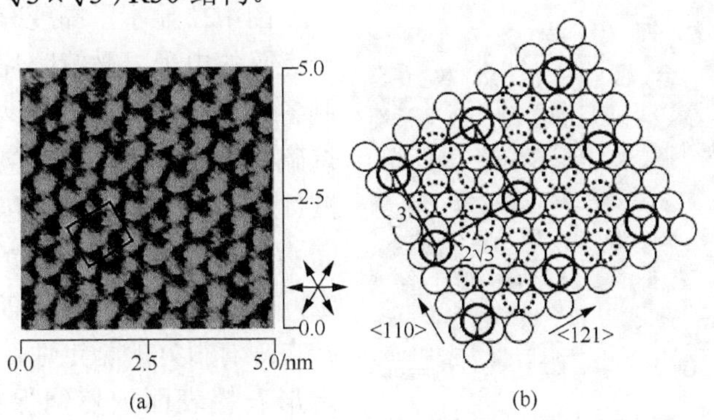

图 4.21　(a)端接碱基的短链长硫醇在金(111)表面形成的 SAMs 的高分辨 STM 显微像；(b)SAMs 结构的硬球模型示意图

SAMs 结构与稳定性的影响因素包括活性分子头基与基底的结合能力，长碳链之间的范德华相互作用，以及末端基团间的作用力。SAMs 的结构是由组装分子在表面的定位和取向决定的。定位是分子的头基与基底表面原子通过共价键结合而固定，活性头基与基底的结合力强弱决定了组装分子能否在表面成膜，是成膜的先决条件。而且要形成稳定的 SAMs，头基与基底需在外界环境作用下不发生分解反应，即能稳定存在。例如，Au/硫醇体系中 Au 和 S 的结合能约为 160kJ/ mol，比长碳链间的范德华力要大得多，因此 S 与 Au 的结合非常稳定。而硅烷类化合物容易生成低聚物，难以形成成分单一的分子自组装膜。通常，如果活性分子包含三甲氧基甲硅烷基[$Si(OCH_3)_3$]，就选用金属氧化物或氧化物半导体为基底，这时基底表面存在 OH 基，而如果活性分子包含 SH 基，则选用贵金属(Pt、Au 等)或 ITO 氧化物基底。但是 SAMs 的结构同时还取决于活性分子的取向，即活性分子在表面的排列有序度。分子的头基与基底结合得好，并不意味着分子长链取向性好，长碳链可以在固体表面形成非常紧密有序的结晶状态，也可以是无序的。长碳链之间的范德华力作用与碳链的长短有关，一般来说，碳链越长，范德华作用力越大，碳链分子中碳原子个数的奇偶性对 SAMs 的结构也有很大的影响。末端基团间的作用力主要包括偶极作用和氢键等，这些作用力有时会增强 SAMs 的有序性，在分子末端引入 SO_2 和 NH_2 等基团，可使分子间的作用力增强，形成的 SAMs 更紧密有序。

SAMs 制备简单，取向有序，稳定可靠，甚至可在真空中长时间暴露而不损坏，组装分子中官能团的选择范围很广，并且官能团的改换一般不会破坏自组装过程。可以通过人为设计分子结构和表面结构，特别是对尾基官能团的修饰，来获得预期物理和化学性质的界面。

4.6.2　纳米粒子自发有序

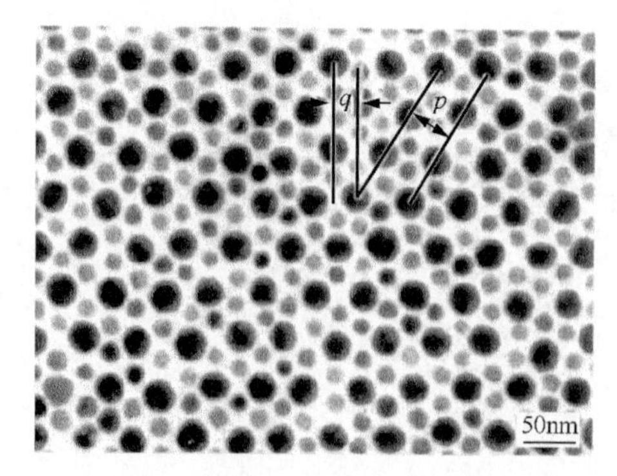

图 4.22　表面包裹十二烷硫醇的金纳米粒子自发有序化形成二维点阵

图 4.22 显示了高度有序的金纳米粒子点阵的电子显微镜照片[21]。通过气相制备并经尺寸选择的金纳米粒子被十二烷硫醇表面活性剂分子包裹后，悬浮于液体表面。表面活性剂包裹不仅通过空间力的作用抑制纳米粒子间聚集的发生，也使纳米粒子形成有序的点阵。这一点阵有很好的稳定性，在被转移到无定形石墨表面依然能保持很好的有序度。在图 4.22 中可以看到，两种不同尺

寸的纳米粒子直径分别为 4.5nm 和 7.8nm，各自形成了一套有序的点阵。这种获得纳米粒子二维有序点阵的方法称为自发有序。

4.6.3　嵌段共聚物自组装[22]

嵌段共聚物(block copolymer)是由两个或两个以上化学组成不同的高分子通过化学键相连组成的大分子，其组分为两嵌段、三嵌段和多嵌段。嵌段共聚物的一个重要的性质是“微相分离”，即由于嵌段共聚物分子链中不同嵌段通常是热力学不相容的，导致体系发生相分离，但又由于不同嵌段间由化学键相连，故相分离受到了限制，其相分离的尺寸基本与大分子链的尺度在同一量级，所以称为微相分离。嵌段共聚物微相分离的特性可使其自组装形成形态丰富、特征尺寸在几纳米到几百纳米尺度的近似晶格堆积的有序微结构。这些微结构不仅具有多种不同的几何形态，而且具有良好的可调控性、宽泛的尺寸选择性及相对容易的制备方法。

旋涂法是在衬底上制备嵌段共聚物薄膜的最常用方法。旋涂法制备一般包括如下过程：将一定浓度的嵌段共聚物溶液滴在衬底上，衬底在旋涂机上以 1000～5000r/min 的速率旋转，使液滴在衬底表面形成薄膜，旋涂中大部分溶剂从薄膜上挥发掉。薄膜的厚度由溶液的浓度、聚合物的相对分子质量以及旋涂的转速来决定。

旋涂之后通常采用退火的方法来制备有序的薄膜结构。退火可以加速聚合物分子的运动，使得薄膜快速达到最终的有序结构。通常采用热退火和溶剂退火两种方式。热退火是指在真空下或惰性气氛下将嵌段共聚物薄膜置于某一温度下一段时间以达到其平衡态结构，而退火温度必须是高于嵌段共聚物的玻璃化转变温度，低于其分解温度。溶剂退火是指将薄膜置于选择性溶剂的气氛中一段时间以达到有序结构。蒸气的吸附会加快聚合物分子的运动。这种方法的效率取决于嵌段共聚物的嵌段组分对于溶剂的选择性。

在嵌段共聚物薄膜的自组装体系中，由于引入了表/界面场，即嵌段共聚物的自组装被限制在几十纳米到几百纳米厚的薄膜中，其微相分离行为除了受聚合度、体积分数、各嵌段间的 Flory-Huggins 相互作用参数的影响外，还会受膜体的厚度和表/界面场的影响，只要稍微改变其中的某一条件，嵌段共聚物就会形成具有不同自组装图案的薄膜。对于能形成层状结构的对称 AB 两嵌段共聚物，假定膜体被限制在宽度为 L 的两个平行板之间，平行板与聚合物的相互作用会改变层状结构的厚度和取向。当平行板对嵌段共聚物两种组分都是中性的，平衡时的结构为垂直于平板取向的多层结构，此时能量最低，共聚物的内禀周期可以在任何平板间距离 L 下实现。当平行板偏爱某一类聚合物时，为了最大限度释放系统存在的失措，层状结构的取向和周期相对于平板将发生改变。如果平行板与某一类聚合物的亲和力较强，则层状结构的取向与平板平行，层状结构的周期随着平板之间宽度 L 的改变而改变；如果平行板与某一类聚合物的亲和力较弱，当平板之间的宽度 L 是层状结构的内禀周期 L_0 的整数倍时，层状结构的取向将与平板平行。当平板之间的宽度 L 不是层状结构的内禀周期 L_0 的整数倍时，由平板表面与嵌段共聚物的相互作用和嵌段共聚物各嵌段之间相互作用的竞争产生的失措会使层状结构的取向有可能垂直于平板[23]。

图 4.23 显示[24]，当聚苯乙烯-聚丁二烯-聚苯乙烯(PS-b-PB-b-PS)三嵌段共聚物薄膜的厚度是嵌段共聚物周期 L_0 的整数倍时，形成稳定相结构，当薄膜的厚度是嵌段共聚物周期 L_0 的半整数倍时，形成亚稳定相。在这两种厚度之间，随着厚度的逐渐变大，嵌段共聚物薄膜的形貌会发生如下相转变：无序态—垂直柱状—平行柱状—多孔层状—颈接的平行柱状—垂直柱状—平行柱状(有两层柱排列)…。如此随厚度的变化循环下去。

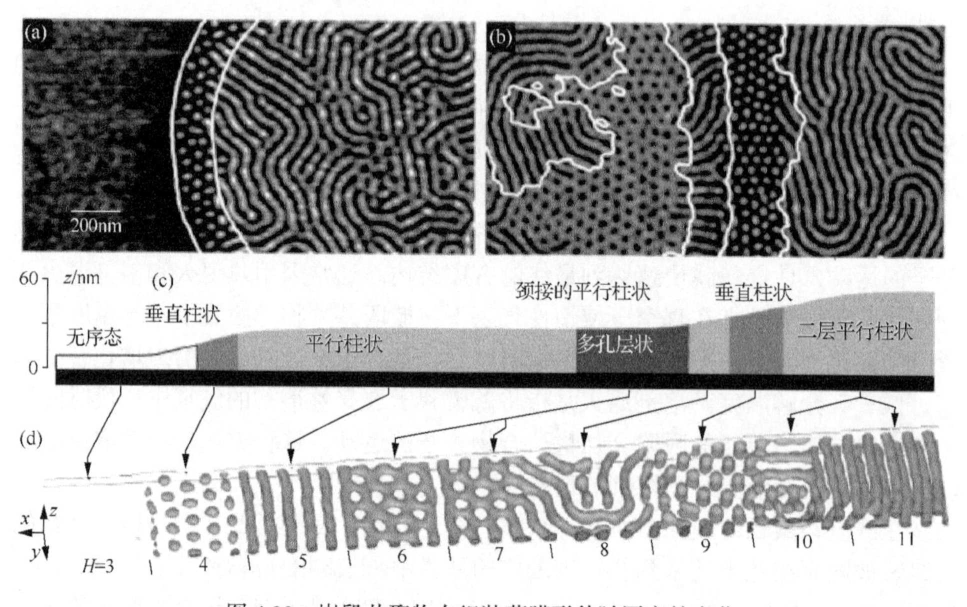

图 4.23　嵌段共聚物自组装薄膜形貌随厚度的变化

此外，嵌段共聚物薄膜的微相分离行为还会受聚合物与空气以及衬底表面界面能的影响。不同的嵌段组分与衬底的表面能不同，润湿效果也不同。例如，对称的聚苯乙烯-聚甲基丙烯酸甲酯(PS-b-PMMA)两嵌段共聚物旋涂在二氧化硅衬底上，会形成平行于衬底的层状结构，其中 PMMA 部分是与衬底亲和的，在下层，而 PS 部分位于空气的界面上，在薄膜的上层。这是由于极性的 PMMA 部分与亲水性的氧化物衬底表面有更强的亲和力，而同时非极性的 PS 部分表面能低，处于上层[25]。

在溶剂退火法制备嵌段共聚物自组装薄膜时，通过控制蒸发速率或控制退火时间，嵌段共聚物薄膜会形成不同的形貌。一般情况下，随着溶剂蒸发速率逐渐变快，微区结构由平行柱状相向垂直柱状相转变。通过改变不同的溶剂，可以调节有序结构的周期。例如，PS-b-P2VP 两嵌段共聚物溶解在不同的溶剂中如甲苯、对二甲苯、间二甲苯、邻二甲苯中会得到不同周期结构的图案。此外，调节 PS-b-P2VP 的浓度，也会得到不同周期的结构。

4.6.4 Stranski-Krastanov 生长法

在单晶衬底上生长一层有一定要求的、与衬底晶向相同的单晶层，犹如原来的晶体向外延伸了一段，故称为外延生长。如果外延材料与衬底材料不同，称为异质外延。异质外延与衬底之间通常具有晶格匹配不一致的问题，也就是说，在异质外延与衬底的界面，会存在小的晶格失配。

如果界面处两相具有相同的晶体结构，晶格常数也比较接近，相界面的原子通过一定变形，使两侧的原子排列保持一定相位关系：两相结构相同，晶格常数大的相在相界处稍作收缩，晶格常数小的稍作扩张，其结果在相界处基本上仍能保持原晶体结构，但相界处产生弹性附加形变能，成为相界能的主要部分。这种相界称为共格相界，如图 4.24(a) 所示。当两相的晶格常数或晶向小于存在 10%的偏差，靠交界处的原子变形来形成相界，会产生过大的弹性畸变，使相界不稳定，因此在界面上形成一定有规则的位错，以降低界面能，这种界面称为准共格相界，如图 4.24(b) 所示。

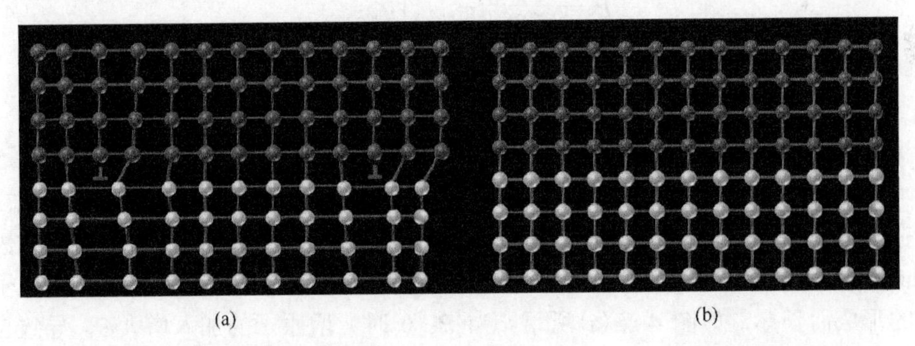

(a)　　(b)

图 4.24　(a) 有轻微失配的共格相界；(b) 准共格相界，准共格相参与失配位错

当一种材料的晶格常数大于另一种材料，如 $a_\beta > a_\alpha$时，两相界面上位错会平行排列，称为失配位错。在二维界面上，将会形成周期性的位错网格。位错间距 D 为

$$D = a_\alpha a_\beta / (a_\beta - a_\alpha) \tag{4.1}$$

定义点阵失配度 f 为

$$f=\left|\frac{a_{\beta}-a_{\alpha}}{a_{\alpha}}\right| \tag{4.2}$$

当 $f<0.05$ 时，形成共格相界；当 $0.05<f<0.25$ 时，形成半共格相界；当 $f>0.25$ 时，形成非共格相界。

在超晶格材料中和异质外延生长时容易出现这种失配位错。

在气相沉积制备薄膜时，到达衬底表面的，其中一部分脱附蒸发，一部分被已有的岛吸收，另一部分被吸附在表面，称为增原子(adatom)。增原子在自身所带能量及衬底温度所对应的能量作用下，发生表面扩散及迁移，直到与另一增原子成核，形成岛，或被已有的岛吸收。

对上述过程进行自由能分析，设 $g_{\text{sur-vac}}$ 为空的衬底表面与真空之间的吉布斯自由能密度，$g_{\text{sur-lay}}$ 为衬底表面与增原子层之间的吉布斯自由能密度，$g_{\text{lay-vac}}$ 为增原子层与真空之间的吉布斯自由能密度，则总的吉布斯自由能密度 g 为

$$g=g_{\text{sur-vac}}(1-\Theta)+(g_{\text{sur-lay}}+g_{\text{lay-vac}})\Theta \tag{4.3}$$

Θ为表面被覆盖的分数，即覆盖率。

随着岛的形成和生长，上述三项的相对贡献发生变化。

定义铺展压(spreading pressure)表示增原子在表面展布的趋势：

$$P_{\text{S}}=g_{\text{sur-vac}}-(g_{\text{sur-lay}}+g_{\text{lay-vac}}) \tag{4.4}$$

则

$$g=g_{\text{sur-vac}}-P_{\text{S}}\Theta \tag{4.5}$$

当 $P_{\text{S}}>0$ 时，增原子的加入增大Θ，导致自由能减小，增原子趋于在表面独立存在，形成横向生长形成，$\Theta=1$时形成连续的单原子层。这种薄膜生长方式称为 Franck-van der Merwe 生长模式，又称逐层生长模式，即薄膜通过逐个连续单原子层的形成而长厚，如图 4.25(a)所示。当 $P_{\text{S}}<0$ 时，增原子的加入增大Θ，导致自由能增加，增原子趋于与已有的岛聚合以保持自由能最小，导致纵向生长形成岛。这种薄膜生长方式称为 Volmer-Weber 生长模式，又称岛状生长模式，如图 4.25(b)所示。金属在非金属衬底上生长大多采取这种模式。在薄膜形成的最初阶段，一些气态的原子凝聚到衬底上，开始进入形核阶段，在衬底上形成均匀细小且可以运动的原子团(岛或核)。当这些岛或核小于临界成核尺寸时，岛或核可能消失也可能长大；而当其大于临界成核尺寸时，就可能接受新的原子而逐渐长大。一旦

大于临界核心尺寸的小岛形成，将接受新的原子而逐渐长大，而岛的数目则很快达到饱和。随后岛互相合并而扩大，而空出的衬底表面上又形成新的岛。岛形成与合并的过程不断进行，直到孤立的小岛之间相互连接成片，一些孤立的孔洞也逐渐被后沉积的原子所填充，最后形成薄膜。对很多薄膜与衬底的组合来说，只要沉积温度足够高，沉积的原子具有一定的扩散能力，薄膜的生长就表现为岛状生长模式。

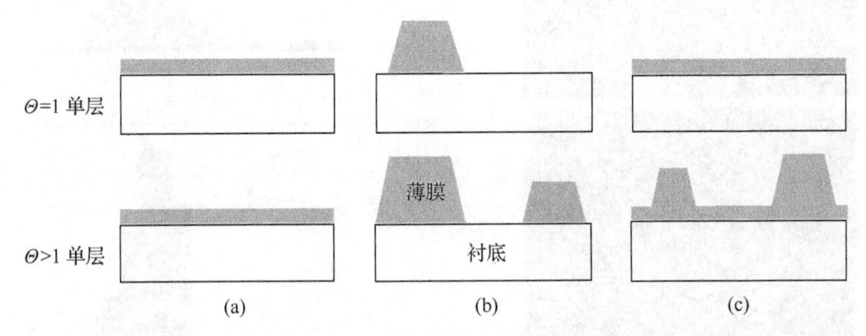

图 4.25　通过衬底的一个垂直于衬底表面的一个横截面上薄膜生长随原子沉积量的变化显示三种薄膜生长模式：(a) Franck-van der Merwe 生长模式；(b) Volmer-Weber 生长模式；(c) Stranski-Krastanov 生长模式

在 Franck-van der Merwe 生长模式中，如果薄膜与衬底之间存在一定的晶格失配，当失配度 $f<2\%$，逐层生长的薄膜中只产生非常小的应变。但当 $f>3\%$，第一个连续单原子层中将产生显著的应变，应变并扩展到相继的数层。在这种失配的情形下，进一步的生长将趋向于进行三维岛状生长以补偿应变，达到自由能极小。这种生长模式称为 Stranski-Krastanov 生长模式，又称层加岛生长模式，如图 4.25(c) 所示。通常，先生长一个连续单层以容纳应变，随后在二维单层上生长三维岛。

Stranski-Krastanov 生长模式可被用于纳米粒子点阵的自组装生长。由于完成生长的连续单原子层中形成了位错网格，将对随后岛状生长产生作用，使原子被限制于每一个位错网格内完成岛状生长，因此可获得均匀尺寸和均匀空间分布的纳米粒子单层，且纳米粒子的大小可由晶格失配因子所调制。

图 4.26 为通过 Stranski-Krastanov 生长模式在 GaAs 单晶表面制备的 InAs 纳米晶的 AFM 照片及粒子尺寸分布直方图[26]。由 (a) 到 (d)，InAs 的覆盖率依次为～1.6、1.65、1.75 和 1.9 单原子层。可以看到，随着覆盖率的增加，InAs 纳米粒子的密度连续增加，而纳米粒子的直径基本未变，而且纳米粒子的尺寸分布也相当窄。

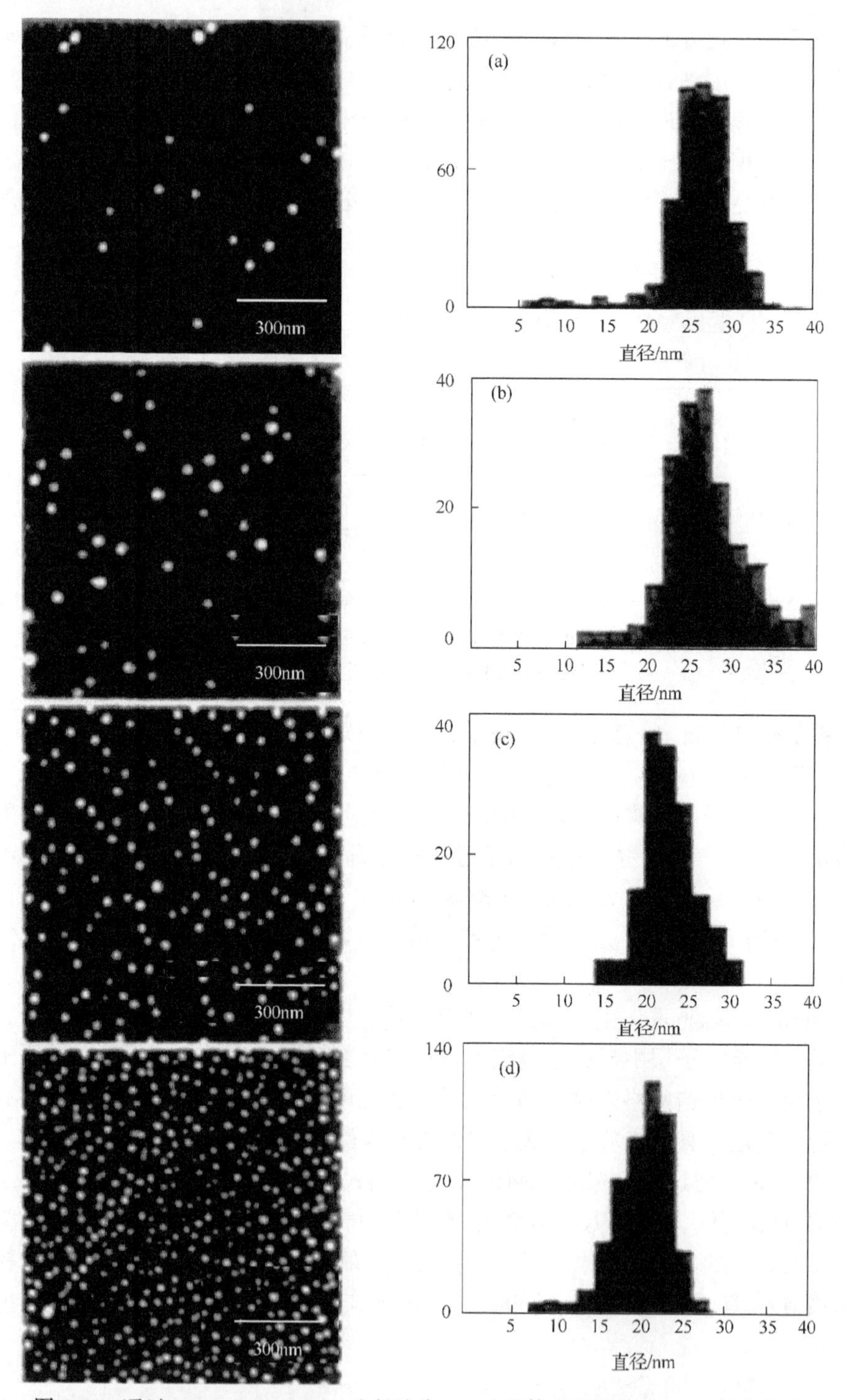

图 4.26　通过 Stranski-Krastanov 生长法在 GaAs 晶体表面制备的 InAs 纳米粒子

在图 4.27 中，显示了通过 Stranski－Krastanov 生长法自组装制备的 Fe 纳米粒子周期性有序点阵的 STM 照片[27]。通过在 Pt(111)上生长双原子层 Cu 外延膜，由晶格失配形成周期性位错网络，再在 Cu 外延膜上沉积 Fe，由于三角形位错网格的约束，岛状生长的 Fe 纳米粒子点阵不仅具有均一的尺寸，而且具有三角形的形状和周期性的空间分布，复制了 Cu 外延膜位错网格的空间结构。

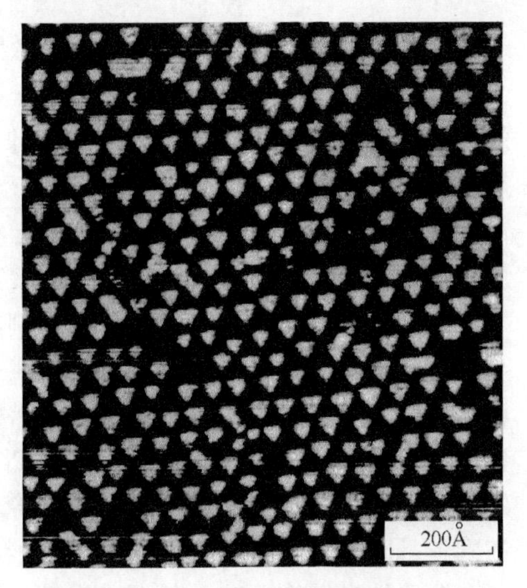

图 4.27　在 Cu 外延膜位错网格上生长的周期性 Fe 纳米粒子点阵的 STM 照片

4.6.5　模板引导的自组装

纳米粒子的自组装也可以通过模板来引导。图 4.28 给出的扫描电子显微镜(SEM)照片显示了沉积于石墨单晶表面的单一尺寸 Ag 团簇(Ag_{400})被吸附于台阶边缘[28]。由于台阶边缘存在比台面上更多的悬挂键，Ag 团簇倾向于停留于该边缘处，从而形成均匀的团簇直链。在石墨表面，Ag 团簇具有很高的迁徙能力，这使得它们能够在台面上自由运动，并在到达台阶边缘后进一步沿台阶边缘进行有限的迁移，从而完成一维链状自组装。

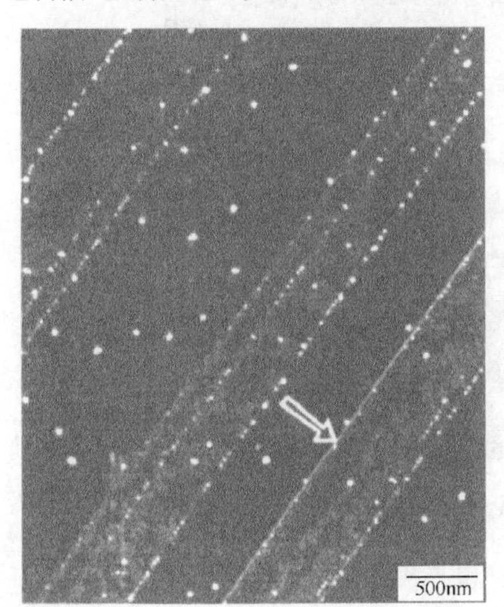

图 4.28　SEM 照片显示沉积与石墨单晶表面的 Ag_{400} 团簇在台阶边缘自组装成直链

利用材料与嵌段共聚物不同组分具有不同作用力也可以将嵌段共聚物自组装图案衬底作为模板引导纳米粒子实现组装。以嵌段共聚物为模板制备与组装纳米粒子通常有两种途径，一种是通过某一嵌段部分对纳米粒子的空间限制作用或引力作用进行组装；另一种是通过金属盐同某一嵌段部分之间的静电作用或配位作用进行选择性吸附，然后自组装形成有序图案并将金属盐类进行还原或氧化。

Sita 等发现表面被钝化的 Au 纳米粒子易于吸附到 PS-b-PMMA 中的 PS 部分[29]。Lopes 和 Jaeger 采用热蒸发的方法在 PS-b-PMMA 上组装 Au、Ag、In、Pb、Sn、Bi 等材料[30]，如图 4.29 所示。热蒸发的原子沉积到聚合物表面，会选择性地扩散到某一相形成纳米粒子，例如，Ag 和 Au 会选择性吸附在 PS 相上，In、Pb、Sn 和 Bi 会选择性吸附在 PMMA 相上。后续的热退火过程会使其选择性达到 100%。连续的沉积会使纳米粒子长大、粗化，最后形成纳米线结构。而对于 PS-b-P4VP 却相反[31]，Au 会吸附在 P4VP 相上。Shi 等则发展了一套以嵌段共聚物模板引导在一定动能下真空沉积到其表面的金属团簇构成纳米粒子有序阵列结构的自组装方法，在团簇束流中易于实现纳米粒子尺寸、组分、动能、沉积率的选择和控制，获得高度定向的准直束流，可对纳米粒子在衬底表面的徙动进行调制，因而在上述制备过程中不仅不需要退火，而且能够获得比真空蒸发更均匀、有序的纳米粒子点阵[32]。Liu 等[33]采用溶剂退火法制备出 PS-b-P4VP 孔状结构模板，利用 P4VP 上吡啶环的配位性能，将 Ag^+吸附到 PS-b-P4VP 孔状结构模板的 P4VP 微畴，并采用紫外光照还原的方法将 Ag^+还原，在固体基底表面成功制备出 Ag 纳米颗粒点阵。点阵具有二维密堆积的有序结构，包含两级纳米结构：5nm 的细小银纳米粒子高密度分布于 P4VP 微畴区内，形成直径约 50nm 的簇状结构。而纳米粒子簇则以 PS-b-P4VP 自组装图案为模板，构成周期约为 90nm 的点阵。Ag 纳米粒子受到 P4VP 相强的约束，使所获得的 Ag 纳米粒子密集点阵具有很高的稳定性。

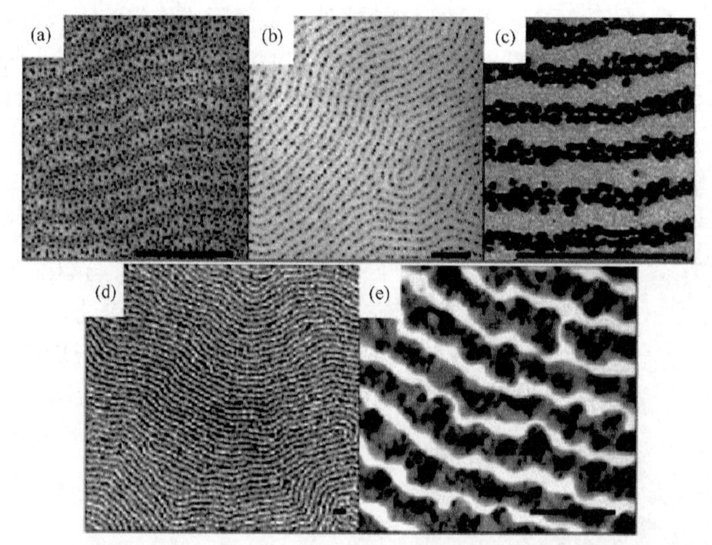

图 4.29　热蒸发法在 PS-b-PMMA 表面沉积金属获得纳米粒子点阵和纳米线阵

以 DNA 作为构件，利用分子相互识别(相互作用)的能力来构建纳米结构是另一种纳米结构自组装的重要方法。DNA 不仅具有严格的化学组成，而且具有特殊的空间结构。如图 4.30 所示，DNA 主要以规则的双螺旋形式存在，其基本特点是：①DNA 分子是由两条互相平行的脱氧核苷酸长链(ssDNA)盘绕而成；②DNA

分子中的脱氧核糖和磷酸交替连接，排在外侧，构成基本骨架，碱基排列在内侧；③两条链上的碱基通过氢键结合，形成碱基对，DNA 中共有四种含氮碱基：腺嘌呤(A)、鸟嘌呤(G)、胞嘧啶(C)、胸腺嘧啶(T)，并按嘌呤与嘧啶配对的规则进行配对：腺嘌呤(A)=胸腺嘧啶(T)，鸟嘌呤(G)=胞嘧啶(C)。DNA 以其有选择性的核酸碱基的配对而携带分子信息，以 DNA 代替合成分子作为结构物质，就能够提供更多的可能性。将金属或半导体纳米微粒通过寡核苷酸或 DNA 交联起来，形成金微粒点阵或使金微粒矩阵化，得到纳米晶体。

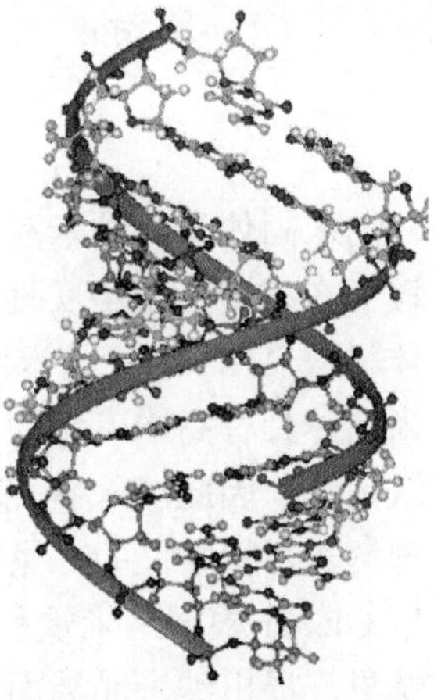

图 4.30　DNA 双螺旋结构

Markin 等[34]用图 4.31(a)所示的方法用寡核苷酸把纳米粒子 A/B(可以是化学成分不同或者大小不同)组装成宏观结构。在组装的过程中共用到 3 种寡核苷酸，其中有两种是不互补的且在 3′ 端加了功能团和 A/B 纳米颗粒以共价键的形式结合起来，另外一种寡核苷酸具有与前两种寡核苷酸互补的序列，它作为连接体把 A/B 最终组装成周期性的二维[图 4.31(b)]或三维[图 4.31(c)]结构。如果粒子 A/B 的大小不同，那么就会形成如图 4.31(d)所示的卫星状图案。

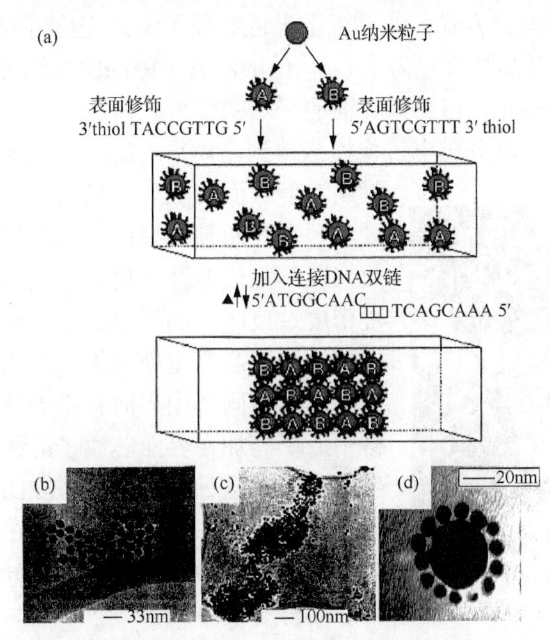

图 4.31　(a)以 DNA 为模板组装纳米粒子有序点阵结构原理图；(b)以 DNA 为模板组装的由相同大小纳米粒子构成的二维点阵；(c)以 DNA 为模板组装的由相同大小纳米粒子构成的三维点阵；(d)以 DNA 为模板组装的由两种不同大小纳米粒子构成的卫星状图案

4.7 纳米固体

纳米固体又称纳米晶材料或纳米相材料[35-37]。这是一种将具有清洁表面的纳米粒子在超高真空中实地施加超高压(约 5GPa)而获得的由等轴的纳米颗粒组成的体材料(MD=3)。纳米固体的性质与组分相同的晶态和非晶态的差异主要来自纳米固体具有高浓度界面，以及可能存在的空隙和空隙的自由表面、晶界连接处和缺陷等。因此深入研究纳米固体的结构及其稳定性，尤其是界面结构不仅对深入理解其奇特物性的产生机制，而且对开发纳米材料的实际应用都是十分必要的；早期 Gleiter 根据纳米铁晶 X 射线衍射、穆斯堡尔和正电子湮没等实验及计算机模拟结果，提出纳米晶界面因原子弛豫而出现类气态结构。高分辨电镜、扫描隧道显微镜和原子力显微镜等的直接观察，以及 X 射线衍射、EXAFS、穆斯堡尔谱、正电子湮没寿命谱等的实验研究，均表明纳米固体主要由两部分组成：一是具有不同取向的纳米晶粒构成的“晶相成分”；二是结构各不相同的晶界构成的“界面网络”。图 4.32 是纳米固体二维原子排布的示意图。其中黑圆圈代表“晶体”中心的原子，白圆圈代表处在晶界芯区域的原子。晶界网络的结构随晶粒取向不同而变化，其特征是：①晶界区域比相应晶体内部的平均原子密度下降 10%～30%，并依赖于原子间的键合方式；②晶界上最近邻原子组态变化范围大，导致原子间距分布宽。例如，对晶粒尺寸为 11nm、内部没有空隙的纳米固体钯，进行密度测量和热膨胀系数的测定，得到其界面的平均密度为晶体钯的 80%～85%。对纳米 NiO 的实验观察和对高分辨电镜像模拟得到晶界平均密度为 75%。由实验得到 X 射线散射截面和散射矢量的关系，认为晶界密度过渡区存在两种类型：一种是锐密度过渡区，在此情况下，过渡区仅局限于晶体表面。另一种为漫密度过渡区，晶界中的原子相对于点阵位置有位移，使得晶界宽度增大。按照目前对于晶界的理解，纳米固体中界面分量的结构起源于相邻晶格中原子施加在界面芯原子的约束，并使晶格发生应变，而这种约束不在孤立团簇中不存在，处于晶态和玻璃态的物质也不存在，因此，纳米固体的界面分量的结构与化学成分相同的晶态和非晶态均有所不同。

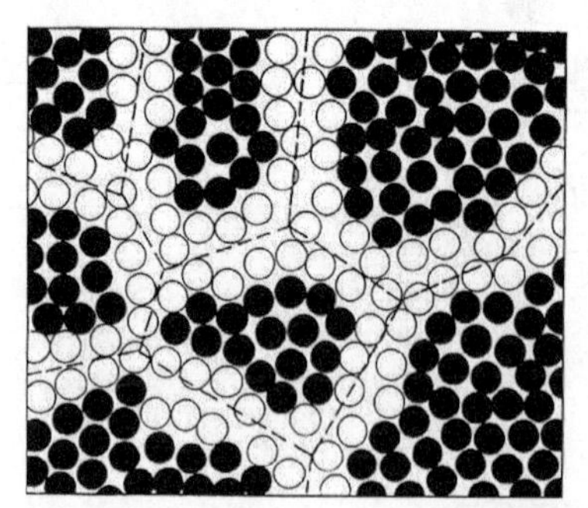

图 4.32 纳米固体二维原子排布示意图。黑圆圈代表纳米晶粒内原子，白圆圈代表界面原子

参考文献

[1] Siegel R W. Nanophase materials. Tigg GL. In Encyclopedia of Applied Physics. Vol. 11. Weinheim: VCH, 1994: 1-27.

[2] Rosentsveig R，Margolin A，Feldman Y，et al. WS_2 nanotube bundles and foils. Chemistry of Materials, 2002, 14(2): 471-473.

[3] Whitby R, Hsu W, Boothroyd C， et al. Tungsten disulphide sheathed carbon nanotubes. ChemPhysChem, 2001, 2: 1439-7641.

[4] Wang Z L, Kong X Y, Zuo J M. Induced growth of asymmetric nanocantilever arrays on polar surfaces. Physical Review Letters, 2003, 91:11173-11186.

[5] Kong X Y, Wang Z L. Spontaneous polarization-induced nanohelixes, nanosprings, and nanorings of piezoelectric nanobelts. Nano Letters, 2003, 3:1625-1631.

[6] Penn R L, Banfield J F. Morphology development and crystal growth in nanocrystalline aggregates under hydrothermal conditions: insights from titania. Geochim Cosmochim Acta, 1999, 63: 1549-1557.

[7] Li M, Schnablegger H, Mann S. Coupled synthesis and self-assembly of nanoparticles to give structures with controlled organization, Nature, 1999, 402(6760): 393-395.

[8] Morales A M, Lieber C M. A laser ablation method for the synthesis of crystalline semiconductor nanowires. Science, 1998, 279(5348): 208-2011.

[9] Chen Y Q, Zhang K, Miao B, et al. Temperature dependence of morphology and diameter of silicon nanowires synthesized by laser ablation. Chemical Physics Letters, 2002, 358: 396-400.

[10] Ozaki N, Ohno Y, Takeda S. Silicon nanowhiskers grown on a hydrogen-terminated silicon {111} surface. Applied Physics Letters, 1998, 73:3700-3702.

[11] Sugawara A, Scheinfein M R. Room-temperature dipole ferromagnetism in linear-self-assembling mesoscopic Fe particle arrays. Appl Phys Lett, 1997, 70: 1043-1045.

[12] Wagner R S, Ellis W C. The vapor-liquid-solid mechanism of crystal growth and its application to silicon. Trans Metall Soc AIME, 1965, 233: 1053-1055.

[13] Frank F C. Influence of dislocations on crystal growth the influence of dislocations on crystal growth. Discussions Faraday Soc, 1949, 5: 48-54.

[14] Burton W K, Cabrera N, Frank F C. The growth of crystals and the equilibrium structure of their surfaces. Phil Trans A, 1950, 243: 299-358.

[15] Novoselov K S, Geim A K, Morozov S V, et al. Electric field effect in atomically thin carbon films. Science, 2004,306: 666-669.

[16] Butler S Z, Hollen S M, Cao L, et al. Progress, challenges, and opportunities in two-dimensional materials beyond graphene. ACS Nano, 2013, 7: 2898-2926.

[17] Blodgett D B. Films built by depositing successive monomolecular layers on a solid surface. J Am Chem Soc, 1935, 57:1007-1022.

[18] Sagiv J. Organized monolayers by adsorption. 1. Formation and structure of oleophobic mixed monolayers on solid surfaces. J Am Chem Soc, 1980, 102: 92-98.

[19] Nuzzo R G, Allara D L. Adsorption of biofunctional organic disulfides on gold surfaces. J Am Chem Soc, 1983, 105: 4481-4483.

[20] Chi C F, Lee Y L, Weng H S. Assembly behavior and monolayer characteristics of OH-terminated alkanethiol on Au(111): *in situ* STM and electrochemical studies. Nanotechnology, 2008, 19: 065609.

[21] Kiely C J, Fink J, Brust M, et al. Spontaneous ordering of bimodal ensembles of nanoscopic gold clusters. Nature, 1998, 396: 444-446.

[22] Krishnamoorthy S, Hinderling C, Heinzelmann H. Nanoscale patterning with block copolymers. Materials Today, 2006, 9: 40-47.

[23] 马余强. 软物质的自组织.物理学进展, 2002, 22(1): 73-98.

[24] Knoll A, Horvat A, Lyakhova K S, et al. Phase behavior in thin films of cylinder-forming block copolymers. Phys Rev Lett, 2002, 89: 035501.

[25] Leibler L. Theory of microphase separation in block copolymers. Macromolecules, 1980, 13(6): 1602-1617.

[26] Leonard D, Pond K, Petroff P M. Critical layer thickness for self-assembled InAs islands on GaAs. Phys Rev B, 1994 50: 11687.

[27] Li D Q, Freitag M, Pearson J, et al. Magnetic phases of ultrathin Fe grown on Cu(100) as epitaxial wedges. Phys Rev Lett, 1994, 72: 3112-3115.

[28] Carroll S J, Seeger K, Palmer R E. Trapping of size-selected Ag clusters at surface steps . Appl Phys Lett, 1998, 72: 305-307.

[29] Zehner R W, Lopes W A, Morkved T L, et al. Selective decoration of a phase-separated diblock copolymer with thiol-passivated gold nanocrystals. Langmuir, 1998, 14: 241-244.

[30] Lopes W A, Jaeger H M. Hierarchical self-assembly of metal nanostructures on diblock copolymer scaffolds. Nature, 2001, 414: 735-738.

[31] Park S, Wang J Y, Kim B, et al. From nanorings to nanodots by patterning with block copolymers. Nano Lett, 2008, 8: 1667-1672.

[32] Shi Z T, Han M, Song F Q, et al. Hierarchical self-assembly of silver nanocluster arrays on triblock copolymer templates. J Phys Chem B, 2006, 110: 18154-18157.

[33] Liu Y J, He L B, Xu C H, et al. Photochemical fabrication of hierarchical Ag nanoparticle array from domain-selective Ag^+-loading on block copolymer template. Chem Commun, 2009, 43:6566-6568.

[34] Storhoff J J, Mucic R C, Markin C A. Strategies for organizating nanoparticles into aggregate structures and funcationals. J Cluster Sci, 1997, 8(2):179-216.

[35] Siegel R W. Cluster-assembled nanophase materials, annual review of materials science. Annu Rev Mater Sci , 1991, 21: 559-578.

[36] Gleiter H. Nanocrystalline materials. Progr Mater Sci, 1990, 33:224-315.

[37] Gleiter H. Our thoughts are ours, their ends none of our own: Are there ways to synthesize materials beyond the limitations of today. Acta Materialia, 2008, 56: 5875-5893.

第5章 微纳米加工

5.1 半导体器件特征尺寸的缩小

自 1958 年世界上出现第一块平面集成电路以来，微电子技术突飞猛进地发展，电子器件的特征尺寸不断缩小，制作工艺的加工精度不断提高。1958 年，德国克萨斯仪器公司(TI)的基尔比等研制发明了世界第一块集成电路，晶体管尺寸为 15mm；1971 年，Intel 发布了第一个处理器 4004，采用 10μm 工艺生产；1988 年，16M DRAM 问世，$1cm^2$ 硅片上集成 3500 万个晶体管；1997 年，300MHz 奔腾Ⅱ问世，采用 0.25μm 工艺；2009 年，Intel 酷睿 i 系列推出，采用 32nm 工艺，2016 年，Intel 代号 Knights Landing 的新一代 Xeon Phi 处理器，采用 14nm 工艺制造，核心面积超过 $700mm^2$，具有 72 亿个晶体管。

1965 年，仙童半导体公司的工程师戈登·摩尔指出半导体电路集成的晶体管数量将每年增加一倍，性能提升一倍，之后又修正为每两年增加一倍，这就是著名的摩尔定律。半个世纪以来，半导体工业的发展一直遵循摩尔定律。半导体工业的发展离不开微电子技术，而微电子技术工艺基础是微光刻技术。按照摩尔定律的发展趋势，晶体管的栅极间距每两年会缩小 0.7 倍，在 1971 年推出的 10μm 处理器后，经历了 6μm、3μm、1μm、0.5μm、0.35μm、0.25μm、0.18μm、0.13μm、90nm、65nm、45nm、32nm、22nm，还有当前最新的 14nm，半导体工艺制程正在变得越来越小，但制作集成电路的工艺没有本质的变化，其工艺基础是微光刻技术。

尽管微光刻技术一次又一次突破分辨率极限，然而半导体工艺不可能一直无下限地缩小制程。事实上半导体器件的缩小并不是随意的，需要遵循 Dennard 提出的等比例缩小(scaling-down)定律：在 CMOS 器件内部电场不变的条件下，通过等比例缩小器件的纵向、横向尺寸，增加跨导和减小负载电容，由此提高集成电路的性能。按等比例缩小规则缩小到纳米尺寸的 CMOS 器件面临着一系列的挑战：器件尺寸缩小对半导体工艺技术的挑战；栅氧化层减薄的限制；量子效应的影响；迁移率退化和速度饱和；杂质随机分布的影响；阈值电压减小的限制；源、漏区串联电阻的影响；等等。例如，在 CMOS 器件的门与通道之间有一层绝缘的二氧化硅，作用就是防止漏电流，这个绝缘层越厚，绝缘作用越好，然而随着工艺的发展，这个绝缘层的厚度被慢慢削减，原本仅数个原子层厚的二氧化硅绝缘层会变得更薄进而导致泄漏更多电流，泄漏的电流又增加了芯片额外的功耗。要解决漏电流这个问题，就不能继续沿用以往的工艺。上述 CMOS 器件缩小所面临的挑战中，目前最直接而关键的是对半导体工艺技术的挑战。

5.2 光学曝光的基本工艺流程

光学曝光(optical lithography)是最早用于半导体集成电路的微加工技术，并沿用至今，是当前超大规模集成电路生产的主要方法。目前的光学曝光技术已经能够制作出接近 10nm 的最小电路图形。

图 5.1 是光学平面微加工基本过程的简单示意图。首先，通过旋涂和烘烤，在基片上制备阻挡层(resist layer)，通常是光敏有机高聚物膜[图 5.1(a)]。然后通过掩模板对阻挡层进行曝光，在阻挡层形成图形(pattern)，使阻挡层被曝照部分产生化学反应，改变其对特定溶剂的溶解性[图 5.1(b)]。此后通过显影，移去被曝照部分阻挡层(正阻挡层)或未曝光部分阻挡层(负阻挡层)，在阻挡层上形成三维图案[图 5.1(c)]。基片在经过显影之后，通过高温处理坚膜，除去阻挡层中的剩余溶剂，增强阻挡层对基片表面的附着力，提高对刻蚀和离子注入的抗蚀性和保护能力。经过上述这些工艺步骤之后，再通过刻蚀或离子注入，使图案被转移到基片上［图 5.1(d)］。

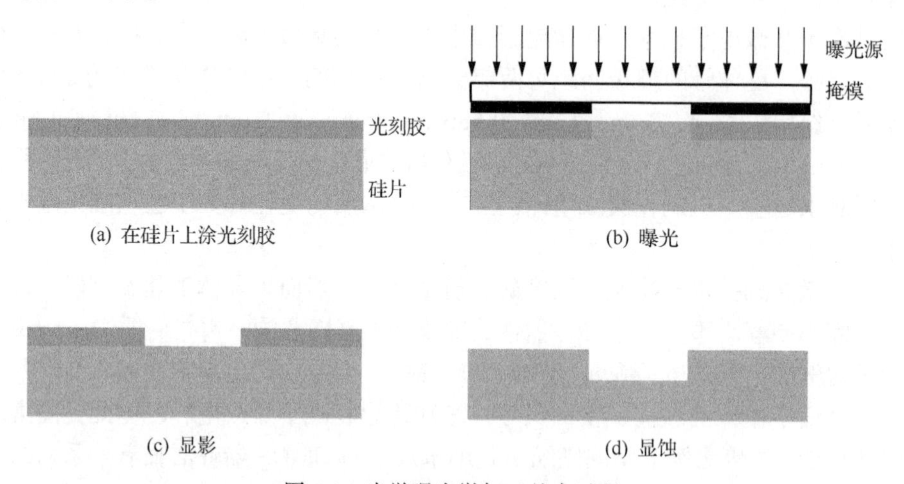

图 5.1 光学曝光微加工基本过程

用于制备阻挡层的光敏材料称为光刻胶，光刻胶可分为正胶和负胶两类，分别用于制备正阻挡层和负阻挡层。正胶的感光区域在显影时可被溶解掉，而负胶与正胶正好相反，两者经过曝光和显影后所得到的图案是完全相反的。一般正胶的分辨率比负胶高。

评价光学曝光的主要指标包括以下几方面。

(1) 对于照射的灵敏度：决定了曝光的速率。光刻胶的灵敏度越高，所需的曝光剂量就越小。

(2) 对比度：描述了阻挡层响应与曝射剂量的相关性。从理论上讲，光刻胶的对比度会直接影响曝光后阻挡层的倾角和线宽。光刻胶的对比度越高，阻挡层的侧面越陡，线宽描述掩模的准确度就越高。陡峭的阻挡层可以减小刻蚀过程中的钻蚀效应，从而提高分辨率。

(3) 分辨率：给出工艺过程所能实现的最小特征尺寸。影响曝光过程分辨率的因素包括：曝光系统的分辨率，光刻胶的相对分子质量、分子平均分布、对比度和胶厚，以及显影条件和前后烘烤温度。此外，刻蚀过程也对分辨率有影响。

(4) 阻挡层对于图案转移的适用性。

其中，(1)、(2) 决定速度和加工工艺的宽容度，而 (3)、(4) 决定可能获得的最小尺寸的纳米结构。

光学曝光本质上是图形成像系统的物方在曝光过程中被复印到基片上，形成电路图案，这种图案成像的物方称为掩模板，简称掩模。掩模在光学曝光中起着关键作用。传统光学曝光的掩模是在石英片上沉积薄的金属铬层，并在铬层上形成图案。

根据掩模和基片的相对配置，光学曝光可基本划分为掩模对准式曝光和投影式曝光。掩模对准式曝光又包括接触式曝光和接近式曝光。投影式曝光则包括 1∶1 投影和缩小投影。

早年的光刻技术都采用掩模对准式曝光机。如图 5.2 (a) 所示，接触式曝光将掩模板与旋涂有光刻胶的硅片通过一定的压力完全贴合在一起然后进行曝光处理。这种方式的优点是曝光的像差小，分辨率高。缺点是掩模与硅片紧密接触，易损坏掩模与基片，并产生间距误差。掩模的损伤可能是接触摩擦对掩模板上铬层的破坏，也可能是由于接触导致光刻胶黏附到掩模板上。这些损伤导致光学掩模板的使用寿命极低。

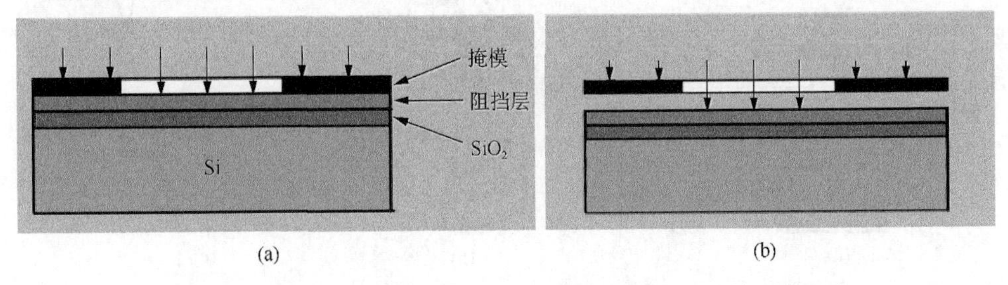

(a)　(b)

图 5.2　掩模对准式曝光示意图。(a) 接触式曝光；(b) 接近式曝光

接触式曝光的缺点可以通过接近式曝光得以克服。如图 5.2 (b) 所示，接近式

曝光使掩模与光刻胶表面保持一定间隙，由于掩模与硅片没有直接接触，掩模寿命大大延长。但由于掩模与胶表面存在间隙，该间隙会造成光强分布的失真，从而影响光学成像的质量，近场衍射效应也使成像分辨率降低。当然可以把这一间隙尽量减小，以获得小的线宽，但这又带来另一个问题，硅片或掩模本身的不平整会使硅片整体曝光均匀性产生偏差，另外尘埃粒子、光刻滴胶、非故意倾斜等也都会导致偏差。所以接近式曝光虽然延长了掩模寿命，但影响了曝光的分辨率与均匀性。

掩模对准式曝光虽然有上述这些缺点，但是这种曝光技术具有成本低廉、技术简单等优点，在小批量、科研性质的以及分辨率要求不高的微细加工中仍具有广泛应用价值。

大规模集成电路的生产要求大批量高效率生产。掩模对准式曝光不能适应这一需求，因而在生产上很快被投影式曝光取代。投影式曝光分为 1∶1 投影与缩小投影。如图 5.3(a)所示，缩小投影技术是采用高分辨的缩小透镜，把中间掩模图形加以缩小投影到基片上进行曝光。由于缩小投影可以将图形缩小，就有可能在一个大面积的硅片上重复曝光多个相同的图形场，因而产生了重复步进式投影曝光机。分步重复缩小投影将大视场分成很多小视场，精密定位的机械系统将中间掩模与基片同步移到某个小视场内，光学系统对这个小视场进行缩小投影曝光。缩小投影可以在衬底有形变和不十分平整的情况下，以较大的分辨率复印图形。这种方法也简化了中间掩模的制造工艺，可以获得较好的掩模反差和掩模尺寸精度。但是，缩小投影方式设备昂贵，曝光效率低。随着集成电路最小图形尺寸的减小，缩小投影技术更加受到青睐，成为集成电路生产的主要曝光手段。

图 5.3(b)和(c)分别给出了 1∶1 全反射投影曝光工艺的结构图和光路图。成像系统由一组凹凸球面反射镜构成。光源发出的光线透过掩模经多次反射在基片上成像。对于大尺寸硅片，采用动态扫描形式进行曝光以提高效率，掩模和基片

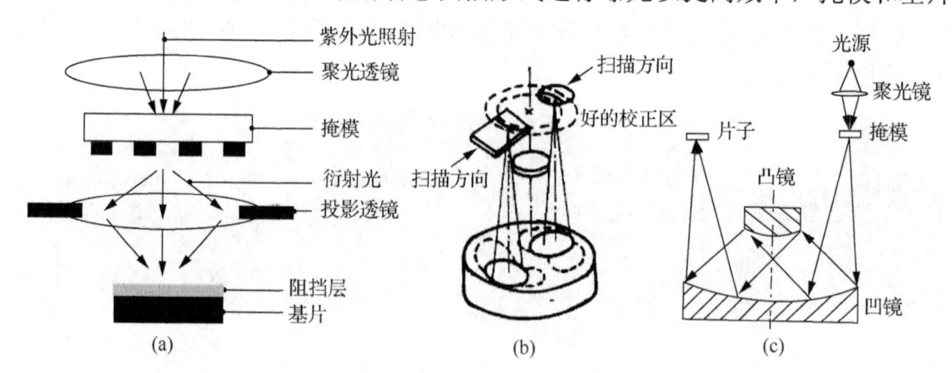

图 5.3 (a)缩小投影式曝光示意图；(b)1∶1 全反射投影曝光工艺结构图；(c)1∶1 全反射投影曝光工艺光路图

同步快速做匀速的连续扫描运动，使从反射镜反射出来的掩模图形(光束)呈弧形狭缝形在基片上扫描。这种曝光工艺的优点是由于采用全反射系统，物、像均位于垂直于光轴的平面内，相互位置完全对称，因而没有色散、彗差及畸变。仅使用表面反射系统，还可以不受在折射系统中存在的在透镜界面上的弥散、反射的影响，可形成清晰的图像。其次，曝光及观察中可以使用连续波长，可以不受驻波干扰。

5.3　光学曝光的分辨率极限

分辨率是光刻工艺中可以达到的最小图案尺寸相对应的一个指标，通常指每毫米内包含多少个可分辨的线条数，可分辨意味着线条和间隔清晰可辨。也往往直接用可分辨的线条宽度-线宽来表示光刻的分辨能力。

光刻的分辨率受到光刻系统、光刻胶和工艺等多方面的限制。物理上对分辨率的限制来自衍射效应。如图 5.4 所示，一个点光源用于暗场掩膜上一个孔(宽 W，长 L)的曝光，当光源或基片与掩模之间的距离相对于光波长为有限值，光在小孔发生近场衍射或菲涅尔衍射，菲涅尔衍射的条件为

$$W^2 \gg \lambda\sqrt{g^2+R^2} \tag{5.1}$$

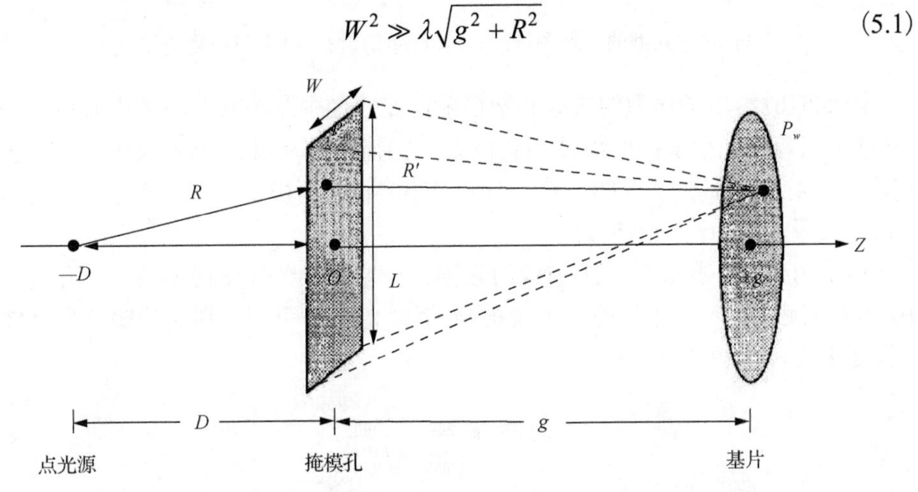

图 5.4　光学曝光中光源、掩模与基片相对位置决定衍射的类型

当光源和基片与掩模之间的距离均远大于光波长时，光在小孔发生远场衍射或夫琅和费衍射，夫琅和费衍射的条件为

$$W^2 \ll \lambda\sqrt{g^2+R^2} \tag{5.2}$$

图 5.5(a)给出了典型的菲涅尔衍射图案。图中两条虚线之间的区域与小孔宽

度对应。可以看到，衍射图形的边缘由 0 逐渐上升，图形强度在预期强度附近振荡，到达图形中心时振荡消失。振荡的幅度和周期由孔的大小决定，当孔宽度 W 足够小时，振荡很大，W 很大时，振荡很快消失。由于衍射，基片表面曝光图案的宽度增加ΔW：

$$\Delta W = W\frac{g}{D} \tag{5.3}$$

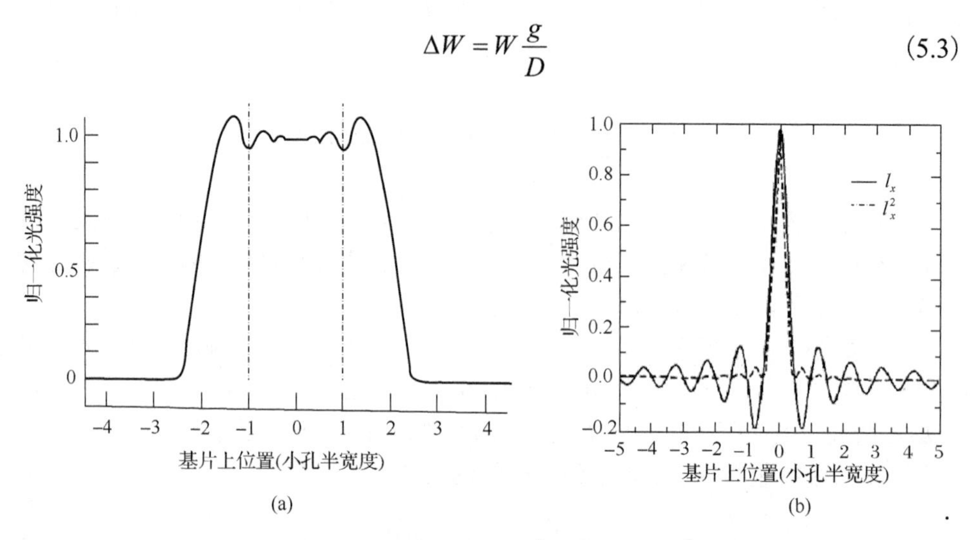

图 5.5　典型的衍射图样。(a)菲涅尔衍射；(b)夫琅和费衍射

图 5.5(b)给出了典型的夫琅和费衍射图案。图中与小孔对应的中心点的光强 I_0 达极大值，称为衍射主极大(或中央极大)。当衍射角 θ 满足 $\sin\theta=k\lambda / W$($k=\pm1$，±2，…，λ 为波长)时，$I=0$，称为衍射极小。相邻两极小间有一次极大，其强度远比中央极大要小，中央极大。

由于衍射，小孔在基片上成像的光强分布展宽，图像变得模糊。小孔尺寸越小，展宽就越大。对于相邻的多个线条(如衍射光栅)，可引入调制传输函数(MTF)来描述曝光图形的质量：

$$\mathrm{MTF} = \frac{I_{\max} - I_{\min}}{I_{\max} + I_{\min}} \tag{5.4}$$

式中，$I_{\max}$ 为辐照图形的最大强度；$I_{\min}$ 为辐照图形的最小强度。对于一系列条纹在基片上所成的衍射像，条纹宽度减小使图像变宽，条纹变密使各条纹对应的衍射图像相互靠拢乃至发生一定的交叠(干涉)，从而导致各条纹衍射图形的最小强度 $I_{\min}$ 变大。因此，光栅条纹变密(条纹宽度和间距同时变小)将导致 MTF 值变小。MTF 越低，光学反差越差。当 MTF 小于 0.5 左右时，图形不再能够通过曝光而被复制。

接近式曝光的最小可分辨线宽为

$$W_{\min} = 15\sqrt{\frac{\lambda g}{200}} \tag{5.5}$$

例如，当掩模与基片表面间距为 1μm，采用 436nm 波长光进行曝光，通过接近式曝光可制作的最小特征尺寸为 700nm。

通过减小掩模与基片之间的距离 g，可以获得小的线宽。图 5.6 显示了接近式曝光中狭缝衍射图案随基片表面与掩模间距 g 的变化。随着间距变小，衍射图形展宽变小，中心光强变大，可分辨的最小线宽相应变小。但是，减小间隙 g，基片或掩膜的不平整、尘埃粒子、光刻滴胶、非故意倾斜等造成的影响变大，因此，通过减小曝光波长，如采用深紫外光，成为提高曝光分辨率的另一个重要途径。

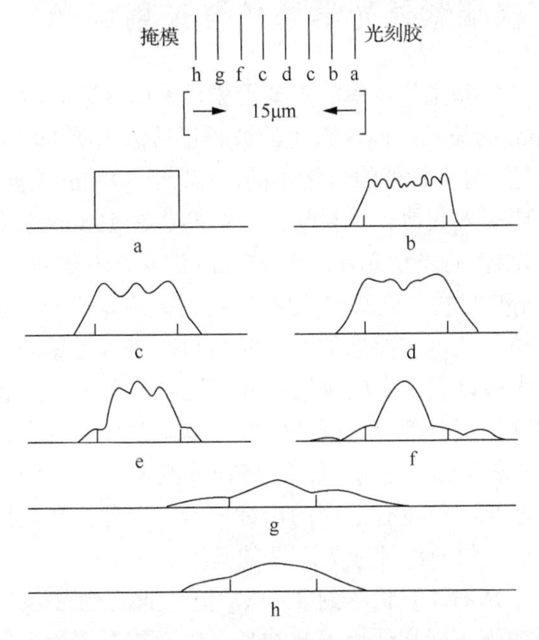

图 5.6　接近式曝光中狭缝衍射图案随掩模与基片表面间距的变化

对于投影式曝光，远场衍射效应决定的最小线宽可由衍射峰重叠的瑞利判据给出，近似为

$$W_{\min} = \frac{K\lambda}{N} \approx \frac{\lambda}{1.28N} \tag{5.6}$$

式中，N 为镜头的数值孔径，一般 N 为 0.16～0.8；K 为工艺参数，通常 K 为 0.8～0.9，目前可降至 0.3。采用 365nm 波长紫外光和数值孔径 N=0.6 的镜头，可实现

的特征尺寸为 400nmm。如采用准分子激光器，KrF 激光器的波长为 248nm，ArF 激光器的波长为 193nm，则可实现的最小线宽分辨率分别为 260nm 和 210nm。

投影式曝光中，采用短波长的照射光和大数值孔径的镜头，能提高图形的分辨率，但由于焦深 Z 同样依赖于数值孔径与波长，根据焦深公式

$$Z = \pm \frac{\lambda}{2N^2} \tag{5.7}$$

随着波长的减小和数值孔径的增大，焦深也明显减小，这就对基片的不平度(须小于焦深)提出了更高的要求，需要开发出更高精度的基片抛光技术，如采用化学机械抛光技术。

5.4　极端紫外光学曝光与 X 射线光学曝光

光波长是影响光学曝光分辨率的主要因素，采用深紫外激光，如 F_2 准分子激光器，可获得 157nm 的波长，但这么短的波长已接近石英的吸收边，用作透镜和掩模的材料将成问题。由于石英的带边不陡，在低于 248nm 的波长就开始吸收光，深紫外激光曝光需要引入其他光学材料，如 CaF_2。在 193nm 波长，可采用熔融石英与 CaF_2 的混合物制作的光学元件；在 157nm 波长，石英对光已有太强的吸收，需要采用 CaF_2 或 MgF 材料。但 CaF_2 等有双折射效应，给光学设计带来了很大的复杂度。此外，在短波长，需要新的光刻胶材料。进入深紫外曝光，光刻胶无一例外地采用光学放大胶以获得高的灵敏度和对比度。在 157nm 波长，所有的碳氢材料用作单层光学阻挡层时都有太强的吸收，碳氟基化合物在该波长具有一定的透明度，已有研究在该波长下使用。低于 157nm 波长，尽管还有一些可能的光源，但都不够强。在此波长，已没有适用的透镜材料，因此需要采用反射镜构造光学系统，而掩模和光刻胶材料继续成为严重的问题。

极端紫外(EUV)光刻，波长达到 13nm，更专业化地应称为软 X 射线。由于衍射问题，X 射线掩模不能被使用于此波长，因而需要采用反射光学。更进一步的困难来自这一波长的光被设备中大部分的部件强吸收。因此必须在真空中工作以减小光强的衰减。反射光学元件和掩模采用多层膜制备，如单层厚度为 $\lambda/2$ 的 40 组 Mo/Si 薄膜对 13nm 波长光可达到 70%的反射。光学元件的表面粗糙度需要控制在 0.2 nm/RMS(RMS 表示表面粗糙度的均方根值)的水平。尽管有许多技术问题需要克服，极端紫外光刻目前仍然是下一代光刻最好的候选技术。

在极短波长可采用 X 射线。X 射线有一些很有价值的优势，如衍射较弱、对灰尘和其他有机污染不敏感、具有高的工艺宽容度等。但掩模和光源上存在的一些问题，限制了 X 射线光刻在微电子技术领域的使用。

X射线光刻只能采用接近式曝光，短的波长(约 1nm)允许大的掩模-衬底距离。如果采用微米量级的距离(>10μm)，衍射效应几乎可以忽略不计。在 X 射线曝光中，最关键的问题是形成具有高对比度的耐久而稳定的掩模。因为所有材料都吸收 X 射线，故在透明区域，掩模层必须非常薄甚至不存在。掩模的吸收区通过沉积一定厚度的高质量数材料而形成。

在 X 射线曝光中，高分子阻挡层在 X 射线照射下的主要过程是光电子发射，这些光电子就会像电子束那样对阻挡层进行曝光。光电子的能量可以超过 X 射线的能量，对于短波长 X 射线，光电子的行程可以大于 100nm，因此，在曝光分辨率上，衍射和光电子的行程是一对竞争的因素。

5.5 电子束曝光

用电子束代替光束进行曝光可以获得更高的分辨率。电子束曝光(electron beam lithography)是利用一系列电磁透镜控制电子束对微细图案进行直接描画或投影复印的图形加工技术。电子束曝光在电子抗蚀剂(有机聚合物薄膜)上进行。电子束照射有机抗蚀剂，造成化学键的断裂或形成新的附加化学键，从而获得不同的溶解性。电子束曝光具有多种方式，如图 5.7 所示。

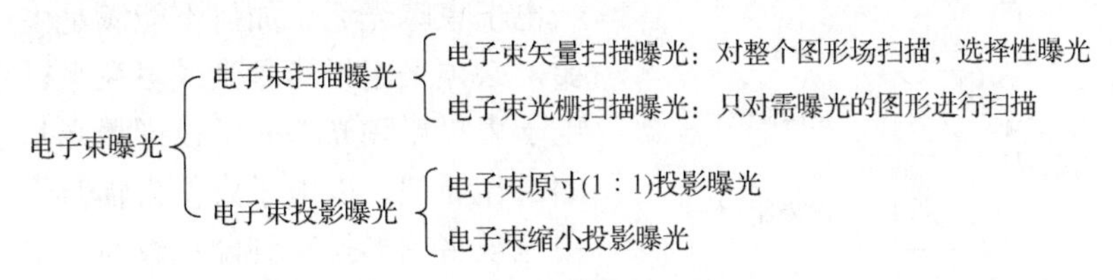

图 5.7 电子束曝光的主要形式

如图 5.8 所示，电子束曝光系统包括电子枪、电子透镜和电子偏转器三个基本部分。电子束曝光的技术有两个关键点：①获得高分辨的图形加工质量；②获得高的曝光生产能力。为此，需要束流大、束斑小、偏转扫描速度快的电子光学系统，精密的软、硬件计算机控制系统和控制电路系统。这些都造成电子束曝光成本高。目前主要被广泛应用于光学曝光掩模的制作。直写式电子束曝光(DWEB)可直接在扫描电子显微镜(SEM)中进行，通过 SEM 产生的 10nm 量级直径的微细电子束对电子束抗蚀剂进行曝光。由于 SEM 的工作台移动较小，一般只应用于研究工作。

按电子束的形状，商用电子束曝光系统通常分为高斯扫描系统和变形束扫描系统两类。高斯扫描系统通常有光栅扫描和矢量扫描两种电子束扫描方式。矢量扫描曝光的电子束只在曝光图形部分扫描，没有图形部分快速移动，而光栅扫描

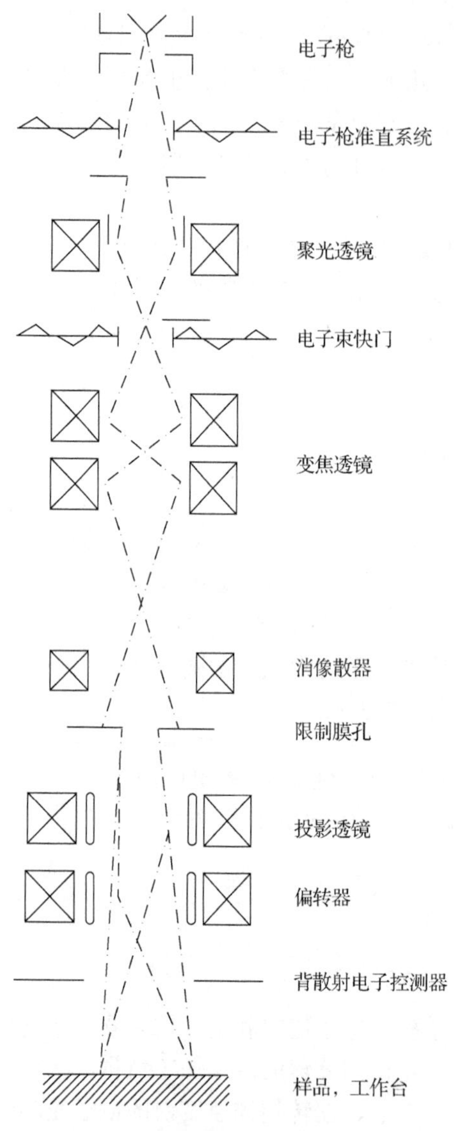

图 5.8　电子束曝光机的电子光学系统示意图[1]

则是对整个曝光场扫描，但电子束曝光快门只在曝光图形部分打开。为获得大的曝光面积，可将图形分割成场，台面在场间移动，采用高精度激光控制台面，分辨率可达几纳米。高斯束曝光需要数小时甚至数十小时才能曝光一片 200mm 直径的基片，产出率很低。为提高曝光产出量，可增加束斑面积或电子束数目，如采用变形束(shaped beam)曝光。在变形束系统中，在曝光前将图形分割成矩形和三角形，通过上下两直角光阑的约束形成矩形电子束，上光阑像通过束偏转投射到下光阑来改变矩形束的长和宽。变形束的分辨率较低，一般大于 100nm，但曝光效率高。

高分辨直写曝光本身要求很小的束斑，串行扫描方式决定了它的产出率非常低，而且分辨率越高，效率越低。因此单一电子束曝光无论如何不能满足生产的需要，必须采用投影曝光或多束平行曝光。电子束投影曝光与光学投影曝光基于相同的工作原理，以电子束作为辐照光源，采用掩模将图形投影到硅片表面。电子束曝光中，掩模通过对电子小角度散射或大角度散射的方式决定曝光图案的明暗反差。来自掩模的小角度散射电子代表曝光的亮区，来自掩模的大角度散射电子代表曝光的暗区。电子束曝光采用薄膜掩模，不仅制作困难，使用起来也困难。此外，为提高产出率，电子束流必须很大，大束流会产生严重的空间电荷效应，使聚焦质量变差。随着光学曝光技术的不断进步，电子束投影曝光进入大规模集成电路生产的门槛越来越高。目前，电子束投影转印掩模图形的曝光方式应用较少，在研究和生产中主要使用的是电子束直接描画微细图形。

电子束的波长可根据加速电压 V_a 由下式估算：

$$\lambda = \frac{h}{\sqrt{2emV_a}} = \frac{12.25}{\sqrt{V_a}} \tag{5.8}$$

考虑相对论修正后，电子束波长为

$$\lambda = \frac{12.25}{\sqrt{V_a}\sqrt{1+0.978\times10^{-6}V_a}} \tag{5.9}$$

典型的电子束加速电压 V_a 为 15～30kV，因而电子的波长λ为 0.1～0.07Å，而目前可以达到的电子束束斑约 2nm，可见衍射效应对电子束束斑的隐形可以忽略不计。因为电子束的波长短，能够获得高的分辨率，高质量的电子源和电子光学系统可使电子束聚焦到纳米量级并进行精确的扫描。然而，电子束曝光技术进一步提高分辨率依然受到多方面的限制：

(1) 电子抗蚀剂的限制。电子束曝光对抗蚀剂的灵敏度、反差、分辨率、抗蚀性都提出了高的要求。聚甲基丙烯酸甲酯（PMMA）是传统的正性电子束抗蚀剂，其极限分辨率为 10nm，反差可达 2.0，但是不耐等离子体刻蚀。SAL601 作为化学放大抗蚀剂，具有高灵敏度、良好的抗干法刻蚀性，分辨率可达 0.1mm，但是其化学稳定性差，对工艺条件要求苛刻。当电子束的直径减小到 10nm 以下，具有与阻挡层分子的尺寸相当的尺度，需要考虑分子尺寸的效应。多晶阻挡层的晶粒大小也需要加以考虑。

(2) 电子在抗蚀剂中的散射，导致邻近效应的产生，严重影响图形的分辨率。电子与原子碰撞，可发生前散射（散射电子与入射方向角度<90°）和背散射（散射电子与入射方向角度>90°）。电子束曝光本质上是高能电子束与抗蚀剂分子碰撞发生散射，并导致抗蚀剂分子性质变化，如裂解等。电子束与抗蚀剂分子（由小质量数原子组成）通常发生前散射碰撞，与衬底材料（由大质量数原子组成）的碰撞通常发生背散射。散射后的电子会超出原有的束斑尺寸范围，导致对邻近束斑的非曝光区域的曝光，使得曝光图形被放大一定尺寸、抗蚀剂层轮廓侧壁垂直度下降，这就是“邻近效应”。如果相邻两个曝光图案靠得非常近，则由于邻近效应，曝光图形发生畸变，导致分辨率下降。在亚微米以下尺寸范围内邻近效应将产生严重的影响，需要采用邻近效应校正技术。

(3) 制作亚微米图形，对准精度要求达到<100nm。为获得大的曝光面积，须将图形按场划分：同一场内通过偏转电子束进行写图形，场与场间由工件台移动实现转换，不同场间图形会出现拼接误差，在图形边缘出现错位。

(4) 效率。电子束曝光产出率很低，而且扫描时间与扫描像素的大小成反比。电子束尺寸越小，强度就越弱，曝光时间就越长。高分辨的阻挡层也需要长的曝光时间。因此电子束曝光虽然具有高空间分辨的优势，目前仍未能成为规模化制备纳米器件的主流技术。电子束曝光适用于小批量的制作，如为光刻等制作掩模。

5.6　聚焦离子束加工

聚焦离子束与聚焦电子束本质上是相同的，都是带电粒子经过电磁场聚焦形成细束。但是在材料加工上，离子束在下述特性上优于电子束：

(1) 同一加速电压，离子束的波长更短，因此散射小，加工精度高。

(2) 离子的质量远高于电子(3 个数量级以上)，转换给物质的能量多，穿透深度较电子束小，反向散射能量比电子束小。因此完成同样的加工，所需离子束能量比电子束小。

(3) 对物质的压力比电子束小，且热效应较电子束小，可用于微量加工。

聚焦离子束加工［focused ion beam(FIB) lithography］，通常有掩模和聚焦两种。聚焦方式无需掩模，但生产效率低；掩模方式存在掩模制造困难和加工兼容性问题。目前，聚焦离子束更广泛地作为一种直接加工的工具。

聚焦离子束系统由离子发射源、离子光柱、工作台、真空与控制系统组成，如图 5.9(a)所示。由离子源产生粒子，经过一系列聚焦、束流限制、偏转装置、保护和校准部件，获得精细聚焦的离子束，将离子束聚焦在样品上扫描，对样品表面进行加工，样品室除了对样品大的精确定位机构，还配置离子或电子探测器，可对离子束轰击样品后产生的二次电子或二次离子收集成像。此外，还可在样品室配置气体注入系统，在聚焦离子束加工时向样品表面注射气体，用于聚焦离子束沉积或快速增强刻蚀和选择性刻蚀。

离子源是聚焦离子束系统的核心部件。聚焦离子束系统中广泛采用液态金属离子源(liquid metal ion source, LMIS)，利用液态金属在强电场作用下产生场致发射而形成离子束，其结构如图 5.9(b)所示[1]：将熔融状态的液态金属黏附在尖端直径为 5～10μm 的钨针尖上，外加抽取电压(典型的电压为 7000V)，产生电场是液态金属在电场力作用下形成一个极小的尖端(～5nm)，尖端的电场强度可达 10^{10}V/m，强电场导致液体尖端表面的金属离子以场蒸发的形式逸出表面，产生离子束流。由于 LMIS 的发射面积极小，在几微安的离子电流下可获得电流密度高达 10^6A/cm^2 高亮度离子束。

典型的聚焦离子束系统为两级透镜系统。离子聚焦采用静电单透镜设计，离子偏转采用静电八极偏转器，系统工作电压一般在 20～50kV，对应于离子最终打在衬底上的能量。在最小工作电流时(小的发射电流可减小离子束色差)，空间分辨率可达 5nm。

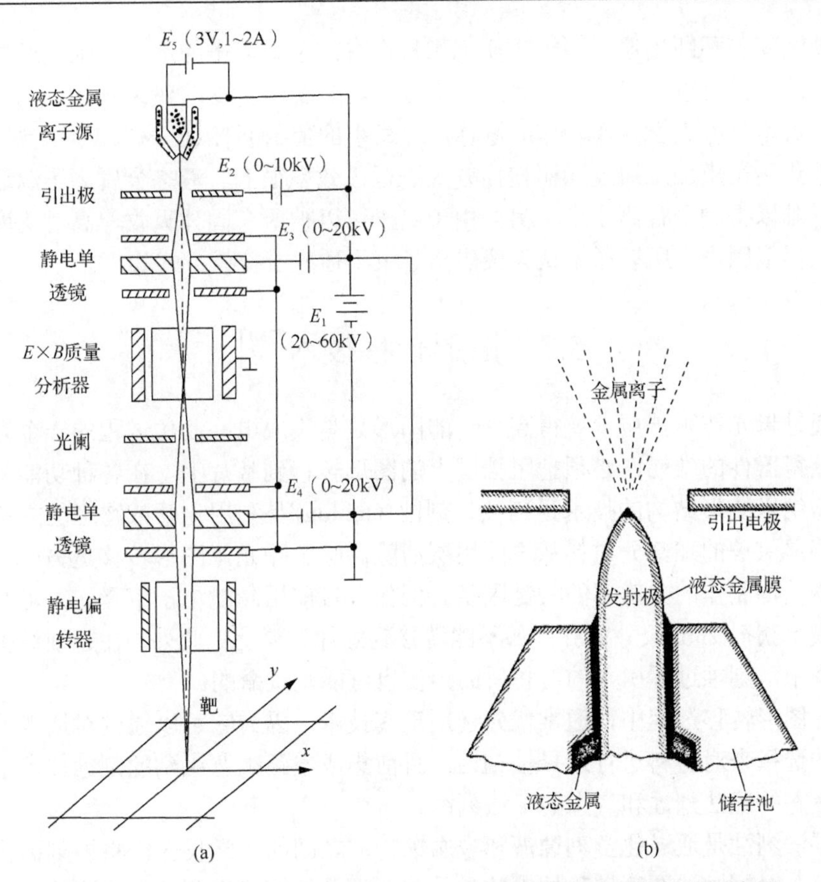

图 5.9　(a)聚焦离子束系统结构示意图；(b)液态金属离子源结构示意图

离子溅射是 FIB 加工的最主要功能，采用高电流离子流，通过物理溅射，可实现样品表面材料去除，使离子束在基底上扫描可刻蚀出任意形状的图案。在离子束轰击的同时喷射化学活性气体可以大大提高溅射效率，这实际上是离子溅射与化学气体刻蚀相结合。如果在衬底表面喷射的不是活性气体而是非活性气体，在离子束的轰击下，气体分子分解后可留在材料表面形成分子沉积，这就是离子束辅助沉积的原理。通过精细控制工作参数，使沉积速率大于离子溅射束流，

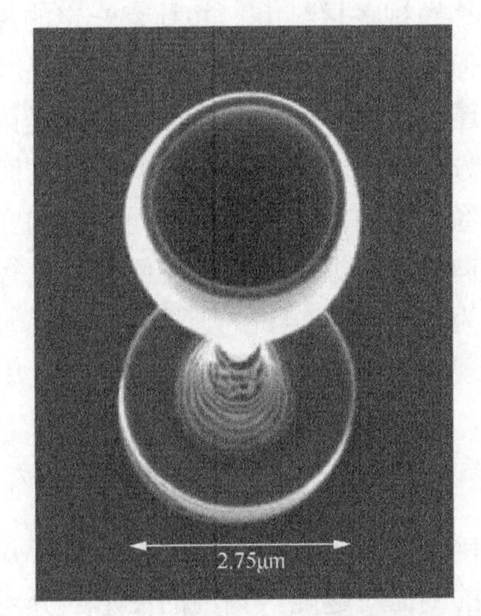

图 5.10　聚焦离子束辅助沉积制备的碳制葡萄酒杯。酒杯直径仅为头发丝直径的 1/20

就可使沉积膜不断增厚。由于物质沉积只在有离子束轰击的地方发生，通过控制离子束的扫描可以形成任意形状的三维结构。图 5.10 为 SII 纳米技术公司、NEC 公司与日本兵库大学合作制作的堪称世界最小的葡萄酒杯(已载入吉尼斯纪录)。

聚焦离子束加工通过光栅扫描方式进行，效率很低。液态金属离子源近似点发射，难以得到平行离子束，另外由于离子可以被所有固体吸收，高对比度的掩模的获得很困难，所以通常认为聚焦离子束不适应于掩模方式加工。

5.7　图形转移技术[2-4]

通过曝光在阻挡层上获得高分辨的图形只是集成电路制备过程的一个方面，为了获得器件的结构，必须把阻挡层上的图形转移到基片上。在各种功能材料上形成微纳米图形结构的技术是刻蚀。刻蚀(etching)是利用化学或物理的方法把未受阻挡层保护的那部分材料从表面逐层清除。除了曝光，图形转移是另一个常限制微纳结构制作的分辨率的关键因素。例如，目前用高能电子束曝光，可在光刻胶薄膜上获得 2nm 尺寸的孔，却不能转移到固体材料上。此外，在超细结构的制作过程中，刻蚀过程引入的对材料的损伤也可能是致命的。

在图形转移过程中，通常优先选用反应技术，因为它可以通过对适当的化学过程的选择来对材料进行选择性刻蚀。目前集成电路工艺用到的刻蚀技术主要包括：液态的湿法刻蚀和气态的干法刻蚀。

湿法刻蚀是通过化学刻蚀液和被腐蚀物质之间的化学反应，将被刻蚀物质剥离下来。对刻蚀法图形转移技术的最基本要求是能够将光刻胶上形成的图形如实地转移到衬底材料上，并具有一定的深度和剖面形状。湿法刻蚀的优点是工艺简单，但其最大缺点是刻蚀图形时容易在纵向刻蚀的同时，也出现侧向钻蚀，以致刻蚀图形的最小线宽受到限制。这是因为湿法刻蚀中所进行的化学反应是没有特定的方向的，因此会形成各向同性的腐蚀效果。

经过刻蚀之后在基片表面形成的立体图形，通常呈现如图 5.11 所示的形状。在纵向进行腐蚀的同时，在侧向也进行了腐蚀。设纵向腐蚀速率为 V_v，侧向腐蚀速率为 V_l，若 $V_v=V_l$，则不同方向腐蚀特性相同，为各向同性腐蚀。若 $V_v>V_l\geqslant 0$，则表现出不同程度的各向异性腐蚀。引入刻蚀系数 E_f 表示各向异性腐蚀的程度：

$$E_f = \frac{2D}{W_2 - W_1} = D / R \tag{5.10}$$

W_1、W_2、R、D 的含义如图 5.11 所示。侧向钻蚀越小，刻蚀系数越大，刻蚀部分的侧面就越陡，刻蚀的图形的分辨率也就越高。

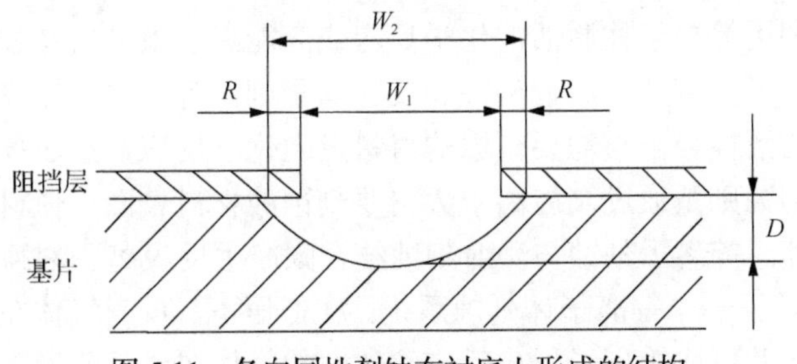

图 5.11　各向同性刻蚀在衬底上形成的结构

目前，通常使用湿法刻蚀处理的材料包括 Si、SiO_2、Si_3N_4 等。在湿法刻蚀硅时，最常用的腐蚀溶剂是硝酸与氢氟酸和水(或乙酸)的混合液，首先对硅进行氧化，然后利用氢氟酸与 SiO_2 反应去掉 SiO_2，其反应方程式为

$$Si+HNO_3+6HF \longrightarrow H_2SiF_6+HNO_2+H_2O+H_2$$

对硅还可以使用 KOH 水溶液与异丙醇相混合来进行湿法腐蚀。硅的(111)面的原子比(100)面排得更密，因而(111)面的腐蚀速率比(100)面的小，采用 SiO_2 层作掩模对(100)晶向的单晶硅表面进行腐蚀，可以得到 V 形沟槽结构，如图 5.12 所示。如果 SiO_2 上的图形窗口足够大，或腐蚀时间足够长，则还可以形成 U 形沟槽。如果被腐蚀的是(100)晶向，则在单晶硅上会形成侧壁为(111)面的陡直沟槽。

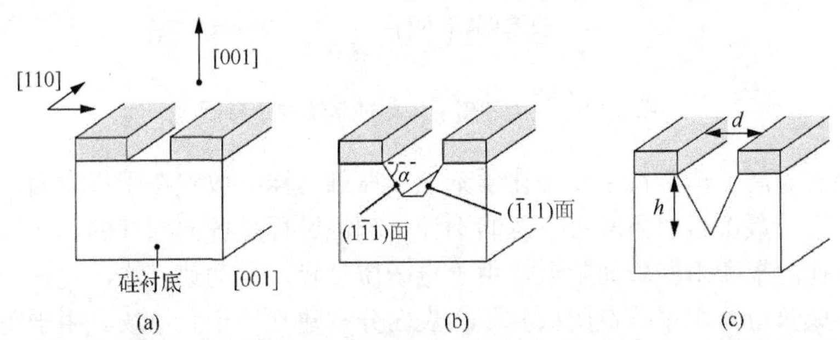

图 5.12　单晶硅[001]晶向在 KOH+水的腐蚀液中的各向异性腐蚀。沿{111}面的腐蚀速率可以忽略。腐蚀形成 V 形槽，侧向钻蚀效应达到最小。α 角约为 54°，V 形槽的深度 h 与宽度 d 之间有关系：$2h = d\sqrt{2}$ 。(a)正光刻胶上在[110]方向的沟槽窗口；(b)在侧壁出现[111]面；(c)随着腐蚀进行，出现完美的 V 形槽

由于湿法刻蚀的化学反应是各向同性的，腐蚀图形不可能有很高的分辨率，因此早期的湿法刻蚀工艺很快被具有各向异性特点的干法刻蚀所取代，干法刻蚀成为集成电路制造中主要的图形转移技术。微机械与微流体器件由于其尺寸比集成电路结构尺寸大得多，湿法刻蚀能够满足精度要求，且工艺成本低，因而在制备湿法刻蚀工艺被大量使用。

干法刻蚀利用等离子体激活的化学反应或高能离子束轰击完成去除物质。干法刻蚀包括等离子体刻蚀、溅射刻蚀和反应离子刻蚀等方法。等离子体刻蚀利用辉光放电产生的活性粒子与需要刻蚀的材料发生化学反应，形成挥发性产物，实现刻蚀。溅射刻蚀则是通过高能离子轰击要刻蚀的材料表面，使材料表面要去除的部分被溅射掉。等离子刻蚀与溅射刻蚀结合则产生反应离子刻蚀（RIE）。

图 5.13 显示了一个等离子体刻蚀系统。在低压下，反应气体在射频功率的激发下，产生电离并形成等离子体，反应腔体中的气体在电子的撞击下，除了转变成离子外，还能吸收能量并形成大量的活性基团，活性反应基团和被刻蚀物质表面发生化学反应并形成挥发性的反应生成物，反应生成物脱离被刻蚀物质表面，并被真空系统抽出腔体。

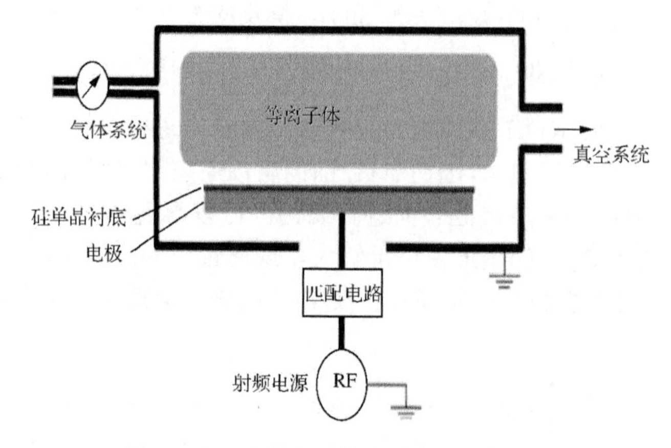

图 5.13　一个等离子体刻蚀系统的示意图

纯粹的等离子体刻蚀主要是化学刻蚀，被刻蚀样品放置在阳极表面，表面电场很弱，离子轰击溅射效应可以忽略不计，刻蚀过程是各向同性的。在等离子体放电中，在阴极和阳极表面附近，由于电子质量轻，运动速度快，先期到达电极表面后形成负电荷积累，在阴极和阳极表面分别建立一个负电场。由于阴极未接地，电子电荷形成的负电场较高。在反应离子刻蚀中，将欲刻蚀基片放在阴极表面，电极表面的负电场能够对离子加速，对基片进行轰击。反应离子刻蚀可简单地归纳为离子轰击辅助的化学刻蚀。

反应离子刻蚀中，等离子体与被刻蚀的基片表面之间存在一个离子层，其厚度为 d。在高的反应气体气压（如 13.3Pa）下，气体分子的平均自由程 $\lambda<d$，在离子层内离子与气体分子间发生碰撞而改变方向，因此向被刻蚀基片入射的游离基没有方向性，抗蚀剂掩模下面也被刻蚀，即有侧向刻蚀，刻蚀趋于各向同性。在低气压下，$\lambda>d$，在离子层内离子与气体分子间几乎没有碰撞，离子被加速并向基片表面垂直入射，刻蚀剖面形状规则，没有钻蚀发生。但如果气压太低，辉光放电将无法维持，空间离子数目也降低，导致刻蚀速率降低。因此反应粒子刻蚀存在一个最佳工作气压，在该气压可以获得最高刻蚀速率。

随着大规模集成电路的发展，越来越多的器件要求高深宽比的超细线条结构，在横向尺寸不变的条件下，要求刻蚀深度越来越深，这就要求高度各向异性刻蚀。对硅进行高度各向异性刻蚀的主要途径有：采用以氟基气体为主的混合气体(SF_6-CHF_3-He)刻蚀系统，CHF_3产生自由基CF_3^*和CF_2^*，自由基形成聚合物C_xF_y，与硅原子相连构成侧壁钝化层，从而抑制侧向钻蚀。而SF_6在反应中产生大量的 F^+，定向运动实现各向异性刻蚀；采用以氯基气体为主的混合气体刻蚀系统及以溴基气体为主的混合气体刻蚀系统，Cl、Br 与 Si 发生反应时的反应热比 F 与 Si 反应时的反应热低得多，能够获得高的刻蚀速率，获得好的各向异性效果。

20 世纪 90 年代末，电感耦合等离子源(ICP)、电子回旋共振等离子体源(ECR)等新技术的发展，使得高深宽比的硅刻蚀成为可能。提高刻蚀速率要求提高等离子密度，传统的二极平板系统随着射频功率的提高，样品电极的自偏压也提高，离子轰击样品的能量也增加，使刻蚀的选择比下降。ICP 源把等离子的产生区与刻蚀区分开。电感耦合产生的电磁场可以长时间维持等离子体区内电子的回旋运动，大大增加了电离概率，提高了等离子体密度。另外，样品基板是独立输入射频功率，所产生的自偏压可以独立控制。因此，ICP 既可以产生很高的等离子体密度，又可以维持较低的离子轰击能量，同时实现了高刻蚀速率和高选择比。

5.8　分辨率增强技术

根据式(5.6)，提高投影式光学曝光的分辨率，除了减小光波长，还可以从减小工艺参数 K 入手。K 因子包括所有透镜光学之外对成像分辨率产生影响的因素，其理论极限值为 0.25。

图 5.14 比较了集成电路最小特征尺寸的减小的历程与光学曝光波长减小的历程。可以看到，已实现的集成电路特征尺寸减小的趋势要比所采用的光学曝光波长的减小趋势更为陡峭，这可归因于高数值孔径系统和分辨率增强技术的发展。分辨率增强技术的采用使得曝光波长的下降缓于线宽的减小。光学曝光技术的发展进步使 K 因子不断下降，这些技术可以统称分辨率增强技术。

光学分辨率增强技术(resolution-enhancement technology, RET)通过对设计图形、掩模制备和曝光过程进行一系列修正，保证在芯片上获得的图形与设计图形的一致性。如图 5.15 所示，光刻系统可分成若干个子系统，在各子系统都可施行特定的分辨率增强。如通过改变入射方向的离轴照明技术(off-axis illumination, OAI)，通过调制光强分布的光学邻近效应校正技术(optical proximity effect correction, OPC)，通过调整相位分布的移相掩模技术(phase-shifting mask, PSM)，以及光的波前重建工程的应用、浸没透镜等光刻技术的应用等，都使光学曝光技术的分辨能力不断地超越光学理论分辨率极限，达到亚波长以致达到半波长的加工分辨能力。

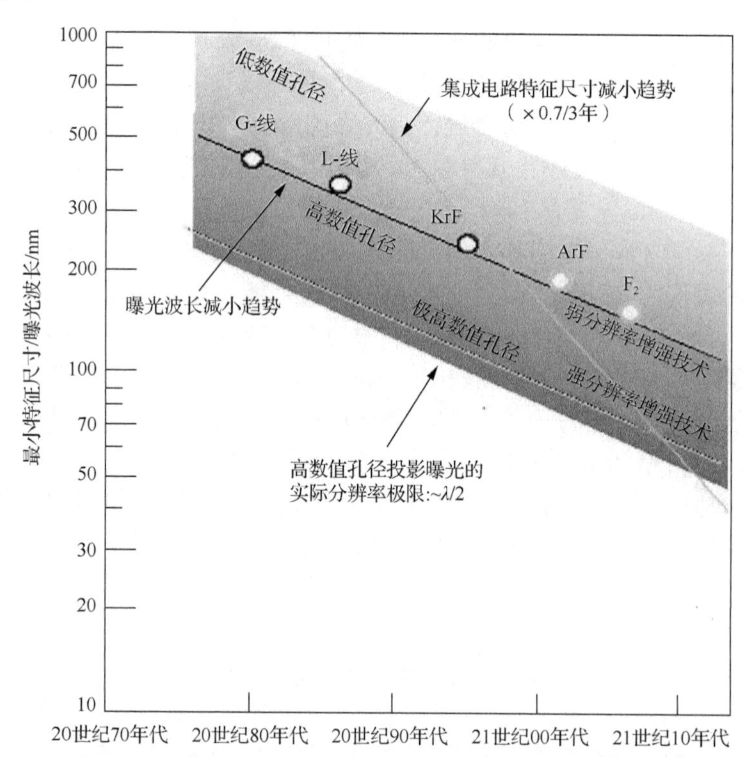

图 5.14　集成电路最小特征尺寸的减小的趋势与光学曝光波长减小的趋势对比

光学邻近效应校正是在硅片加工过程中校正图形畸变的技术。衍射成像会在光波传输过程中丢失部分高频分量，使成像清晰度降低。反映在掩模成像上就是原来是方角的掩模变成圆角，或线端变短，曝光的线宽也会受到邻近图形的影响。这些就是光学邻近效应。随着线宽减小，光学邻近效应变得显著。特征线宽为 1.0μm 时，孤立线条与密集线条所成像的光强分布基本相同，对于 0.35μm，孤立线条与密集线条所成像的光强分布差别很大。光学邻近效应校正技术通过有意改变掩模设计的形状和尺寸来补偿曝光图像的畸变，在实际制版系统中，通过软件对原始的图形数据进行处理，进行细微的图形改变，然后将改变的数据传至制版机制作掩模板。通过光学邻近效应校正技术制作处理的掩模板与设计的原始图形有一定的差别。

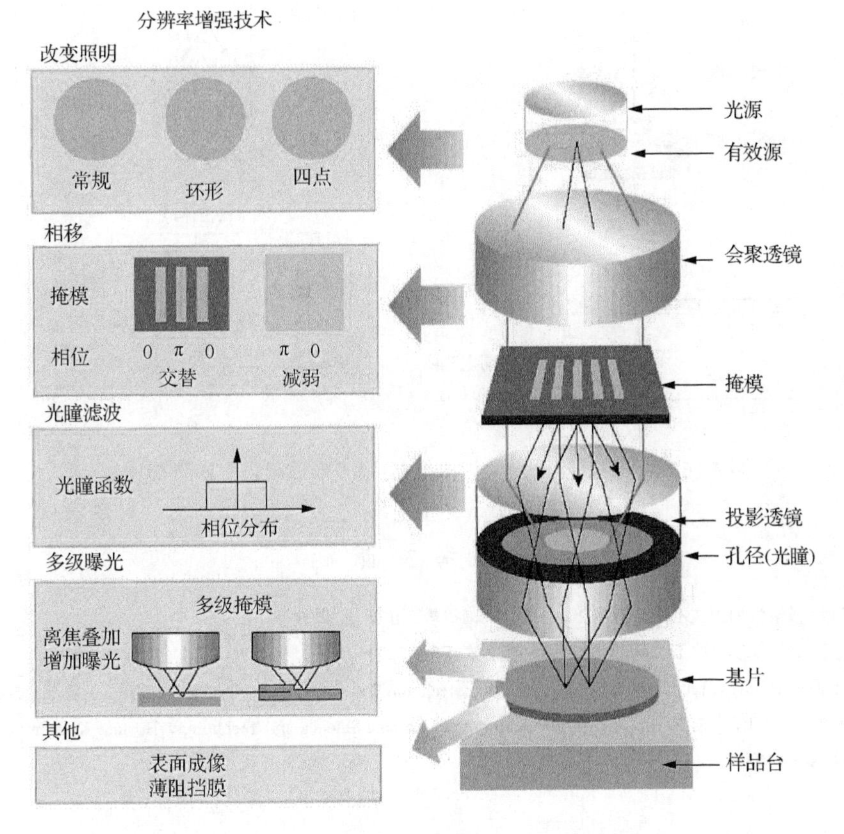

图 5.15　典型的光学曝光系统的示意图。在光路的各个部分都可以引入分辨率增强技术，如左边的图所示

PSM 则通过对掩模板的结构进行改造，达到缩小可加工特征尺寸的目的。具体而言，PSM 在光掩模的某些透明图形上增加或减少一个透明的介质层，构成移相器，使光通过这个介质层后产生 180º 的相位差，与邻近透明区域透过的光波产生干涉，抵消图形边缘的光衍射效应，提高图形曝光分辨率。如图 5.16(a)所示常规掩模，当掩模板中不透光区域的尺寸小于或接近曝光光线波长，从两相邻透光区域衍射来的光线在不透光区域发生干涉，由于两光线的相位相同，干涉后光强增加，不透光处光刻胶也被曝光，导致相邻的两根线条不能被分辨。当采用相移掩模[图 5.16(b)]，加入 180º 移相器后，在不透光区域发生干涉的两光线之间相位相反，干涉后使光强减弱，不透光处光刻胶就不会被曝光。因此，曝光图案的分辨率可提高一倍。相移掩模技术与准分子激光源相结合，使光学曝光技术的分辨率超过了光学瑞利极限。

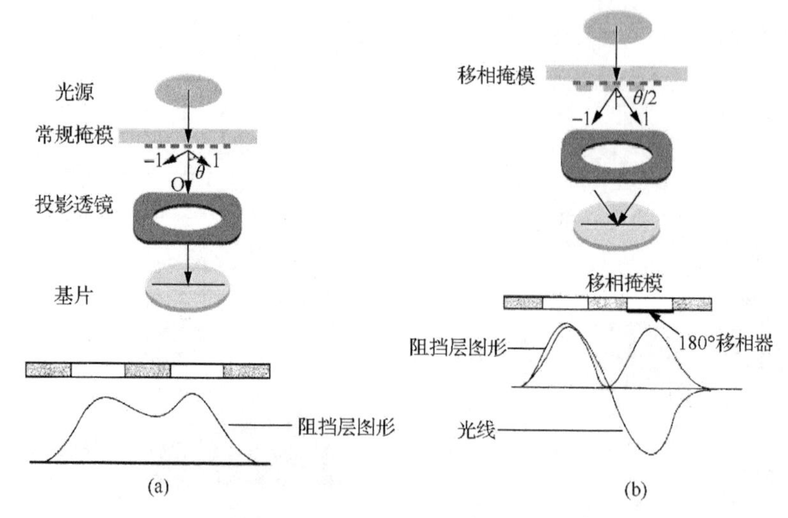

图 5.16　移相掩模(b)与常规掩模(a)曝光形成阻挡层图形的比较

参考文献

[1] 崔铮. 微纳米加工技术及其应用.2 版. 北京：高等教育出版社, 2009.

[2] 关旭东. 硅集成电路工艺基础. 北京: 北京大学出版社, 2003.

[3] Dupas C, Houdy P, Lahmani M. Nanoscience, Nanotechnologies and Nanophysics. Belin: Springer-Verlag, 2007.

[4] Ventra M D, Evoy S, Heflin Jr J R. Introduction to Nanoscale Science and Technology. Boston: Kluwer Academic Publishers, 2004.

第6章　扫描探针显微术

6.1　材料显微分析技术及其分辨率极限

对物质的结构观测和成像是人类一直追求的目标之一，显然空间分辨率决定了能够观测的细微程度。人的眼睛的空间分辨为0.06～0.12mm，因此不能直接观察到比10^{-4}m更小的物体或物质的结构细节。为了观察微观世界，人类发明了各种显微工具——显微镜。现有的显微镜大致可以分为三大类，即光学显微镜(optical microscopy，OM)、电子显微镜(electron microscopy，EM)及扫描探针显微镜(scanning probe microscopy,SPM)。

显微镜有三个重要指标：①放大倍数，指透过显微镜后物体所呈现的影像与实物大小的比值。当两个物体相距0.06mm以上，肉眼才可以区分。②对比度，指主体与背景明暗差别的程度，高对比度的影像更为清晰。③分辨率，指光学系统中所能区分两点间最小距离的能力。

光学显微镜是1600年前后荷兰人Janssen、意大利人Galileo、德国人Kepler等所发明，它使人类能够观察到细菌、微生物、金相及其他微米级结构，对科学技术的发展起了巨大的作用，光学显微至今仍是重要的显微分析技术。一般光学显微镜的分辨率为数百纳米，共聚焦光学显微技术可以实现约250nm的极限分辨率。

20世纪30年代早期Ruska发明了电子显微镜，使人类能观察到亚微米到纳米尺寸的物体结构，开创了物质微观结构研究的新纪元。目前，扫描电子显微镜(SEM)的分辨率为10^{-9}m，而高分辨透射电子显微镜(HRTEM)和扫描透射电子显微镜(STEM)可以达到10^{-10}m的原子级的分辨率。

光学显微镜和电子显微镜都是基于光子或电子的波动特性，其空间分辨率受到衍射极限的限制。下面以光学显微镜为例来说明。如图6.1(a)所示，对于理想光学系统，点光源经透镜成像后实际是一个夫琅和费衍射斑，称为艾里(Airy)斑，艾里斑的中央是一个明亮的圆斑，集中了衍射光能的83.5%，周围为明暗相间的同心圆环。因此两物点S_1和S_2在透镜焦平面的屏上将产生两个艾里斑S_1'和S_2'，由于两个物点光源是不相干的，屏上的总光强是两个艾里斑的光强直接相加。S_1和S_2对透镜中心所张的角ϕ，等于它们对应的艾里斑中心S_1'和S_2'对透镜中心所张的角，如图6.1(b)所示。在理想光学系统中，两相邻物点所形成的像能否分辨的判据是瑞利判据。当点光源S_1的艾里斑的中央最亮点刚好与一点光源S_2的艾里斑第一个暗环相重合，则这两个点光源恰能为这一光学仪器所分辨。处于极限间距的两个点光源在透镜处所张的角称为最小分辨角θ。假设照明光波长为 L，通光孔径(透镜直径)是 D，则瑞利判据给出的最小分辨角θ 的计算公式为

$$\theta = 1.22\lambda / D \tag{6.1}$$

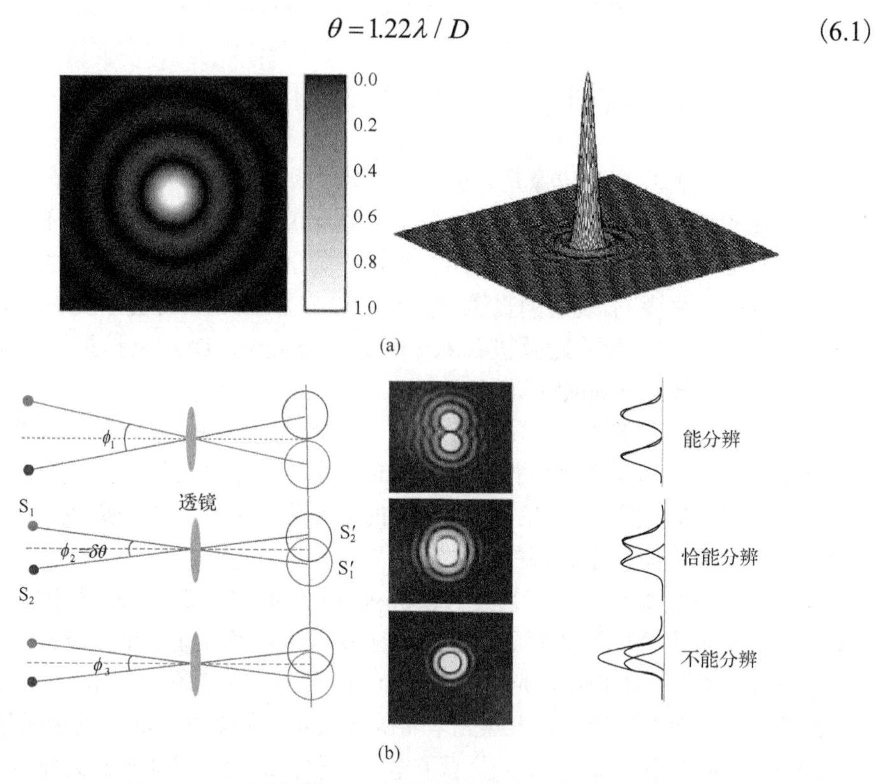

图 6.1　点光源的艾里斑及理想光学系统分辨率示意图

满足瑞利判据的两个物点间的距离，就是光学仪器所能分辨的最小距离，即其分辨率极限δ应等于艾里斑的半径：

$$\delta = \frac{0.612\lambda}{n\sin\alpha} \tag{6.2}$$

式中，n 为透镜折射率；α为孔径角(angular aperture)，透镜的最大孔径角可达 70°～75°。如采用油介质(n=1.5)，可获得大的数值孔径 $n\sin\alpha$ =1.25～1.35，因此可得分辨率极限：

$$\delta \approx \frac{\lambda}{2} \tag{6.3}$$

因此，在共聚焦显微镜中，采用短波长的单色光，其最高分辨率可达 0.2μm，

比肉眼高 1000 倍。可见，光学显微镜的最大有效放大倍数不超过 1000 倍，超过 1000 倍的放大倍数称为无效放大倍数，并不能对分辨能力的提高产生实际的贡献。

对于电子显微镜，成像分辨率同样受到衍射极限的限制，但是由于电子的德布罗意波长很短，衍射极限通常不是空间分辨率的主要限制因素。例如，10kV 动能的电子的德布罗意波长为 0.122Å，100kV 动能的电子的德布罗意波长为 0.0387Å，一般 SEM 的电子加速电压为数十千伏，TEM 的电子加速电压为数百千伏，两者可达到的横向分辨率分别为 1nm 和 0.1nm 量级，可见衍射极限对其分辨率的影响已不重要。

1982 年扫描隧道显微镜(STM)的发明，是显微技术的重大突破。STM 横向分辨率达到 0.1nm，高度起伏的测量精确度优于 0.001nm，可以直接检测原子周期阵列及原子尺度的很小位移。在扫描隧道显微镜的基础上，已发展出一系列的由微悬臂、探针、压电扫描器和计算机控制与数据采集系统构成的扫描探针显微镜(scanning probe microscopy, SPM)家族。图 6.2 显示了扫描探针显微镜的一般原理：探针与样品表面间距保持在 1nm 量级，针尖和样品之间进行相对移动(扫描)，由于探针尖端和样品表面具有特殊的作用或过程，并且该作用或过程随受针尖-样品距离的变化的影响非常显著，对这种作用或过程在针尖产生的效应进行检测，并利用反馈原理使针尖和样品之间的距离保持固定，亦即使探针在样品表面来回扫描的过程中，顺着样品表面的形状而上下移动，探针高度的偏移值就能记录下来，最终构建出三维的表面图 。改变针尖的性质以测量样品表面的不同性质，从而可形成不同的显微技术。这类显微镜利用尖细探针对样品表面进行扫描来获取图像，因此统称扫描探针显微镜。它们不需要专门的电子枪、电子光学系统以及高真空系统，专门用来研究表面结构，并且非常简单，为纳米科学技术的研究提供了一项极为重要的工具。与光学显微镜和电子显微镜不同，扫描探针显微镜不再受到光或电子波长的限制。

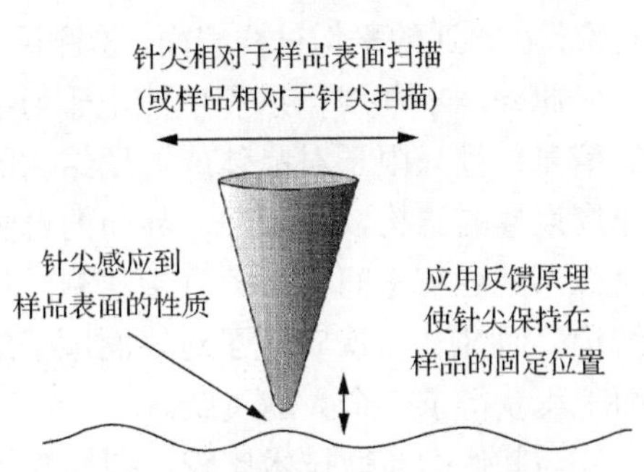

图 6.2　扫描探针显微镜的一般原理示意图

6.2　扫描探针显微镜的特点

借助于扫描探针显微镜，人类首次实现了表面原子的直接观察。

在扫描隧道显微镜发明之前，高分辨电子显微镜(HRTEM)和场离子显微镜

(FIM)已具有原子分辨。然而，它们并不能用原子分辨率检测每个原子的三维坐标(*x*,*y*,*z*)。HRTEM 只能在平面内用原子分辨率确定原子的位置(*x*,*y*),而在垂直方向由于电子透射能力强不能实现用原子分辨率确定原子的位置,也就是说HRTEM的原子分辨率只是在二维上实现的，给出的是薄层样品的体相信息。场离子显微镜(FIM)通过把尖锐探针尖端突起表面放大投影，能够直接观察表面的原子凹凸，但试样受探针形状的限制，只能探测半径小于 100nm 的针尖上的原子结构和二维几何性质，并只能在 10^6V/cm 左右的高电场下才能观察，而且样品制备复杂，可用作测量对象的样品材料也十分有限。因此，STM 可以说是第一种能够用原子分辨率，在普通的平坦试样表面，检测原子的三维坐标(*x*,*y*,*z*)的三维原子分辨显微镜。

此外，X 射线衍射和低能电子衍射等原子级分辨仪器，不能给出样品实空间的信息，且只限于对晶体或周期结构的样品进行研究，不能实现原子级分辨率对非周期性的结构，如表面、界面的台阶、原子空位等的三维检测。所有的衍射手段都不是对实空间样品的直接观测，只能从衍射信息反推间接地得到样品的原子结构。而 STM 首次实现了对表面原子结构的实空间直接观察，这使表面物理和表面工程获得了一个大的飞跃。

与其他的显微技术比较，扫描探针显微镜具有以下特点：

(1)可达到极高的分辨率：STM 在平行和垂直于样品表面方向的分辨率分别可达 0.1nm 和 0.01nm, 可轻易分辨原子。与之相比较，透射限制显微镜的点分辨为 0.3～0.5nm，晶格分辨为 0.1～0.2nm。扫描电子显微镜则为数纳米。

(2)得到的是实时、真实的样品表面的高分辨率三维图像。可观察表面的动态过程；与之相比较，SEM 观察的也是表面的三维图像，但不能达到原子分辨；透射电子显微镜能够获得原子分辨，但不是实空间的三维图像。

(3)扫描探针显微镜观察的是表面单个原子层，而非体相或整个表面的平均性质。

(4)扫描探针显微镜使用环境宽松，既可以在真空中工作，也可在大气、常温、高/低温、溶液中工作。无需特别的制样技术，避免了生物样品在真空中因脱水而产生的假象，以及固体材料因制成 TEM 超薄样品后与原来大块样品的性质间的差异，也不存在高能电子束对样品的辐照损伤。而 SEM、TEM、FIM 等都必须在高真空下工作，FIM 通过表面离子场发射成像，是一种破坏性的测量技术。

(5)扫描隧道谱(STS)可以得到表面不同层次的态密度、表面电子阱、电荷密度波、表面势垒的变化和能隙结构。扫描探针显微镜家族已非常庞大，而且扩展非常容易，可以测量众多的表面物理化学性质。而光学显微镜、电子显微镜和场离子显微镜的功能相对单一，扩展相对困难。

(6)与电子显微镜和场离子显微镜比较，扫描探针显微镜设备简单、体积小、操作简便、价格便宜、运行费用低廉。日常应用的主要消耗是探针。

(7) 扫描探针显微镜除了用于显微成像，还可以对表面的原子、分子或纳米粒子进行搬移和操纵，诱导表面的化学反应，实现表面纳米加工。电子显微镜可以附加电子束曝光功能，但无法实现原子级的加工精度。

(8) 扫描探针显微镜的成像质量高度依赖于探针的质量，容易产生假像。

6.3　扫描隧道显微镜的原理

1981 年 IBM 瑞士苏黎世实验室的 Binnig 和 Rohrer 发明了扫描隧道显微镜[1] (scanning tunneling microscopy，STM)，实现了原子级的分辨本领和实空间成像，并因此获得 1986 年诺贝尔物理学奖。

如图 6.3 所示，一个原子级锐利的金属针尖，相对于样品加一偏压，并位于距样品表面 10Å 处。针尖与样品表面之间存在一个足够薄的隔离层，相当于一个势垒，在针尖与表面之间加上一定的电压(偏置电压)，电子通过隧道效应穿透势垒，形成隧道电流。隧道电流对隧道距离的变化极其敏感，隧道距离减小 0.1nm,隧道电流增大一个量级。针尖在压电陶瓷的驱动下沿表面扫描，获得高分辨甚至原子分辨的表面图像。针尖与样品之间的隧道电流绝大部分集中在针尖的尖端附近一个很小的范围内，在针尖是单原子的情况下，该有效范围仅为一个原子的尺度，从而能够获得原子分辨的图像。

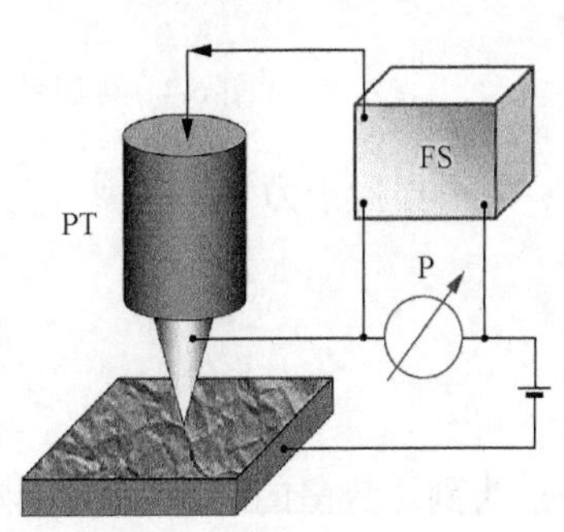

图 6.3　STM 的工作原理图

STM 的工作原理是量子力学的隧道效应。在金属表面存在一个对电子有束缚作用的势垒。从经典理论来看，金属 M_1、M_2 之间若存在一个足够薄的隔离层(真空、空气等)，相当于一个势垒。如果在两个金属之间加一定的偏置电压 V_b，当电子的能量低于势垒的高度时，它们并不能穿过势垒形成电流。但是根据量子力学理论，电子具有波动性，从而有可能穿透势垒从一种金属进入另一种金属，形成隧道电流，这就是隧道效应。隧道电流的大小与两种金属的电子态有关。如图 6.4 所示，金属 M_1 为针尖，金属 M_2 为样品，E_F(t)、E_F(s) 和 ϕ_t、ϕ_s 分别为 M_1、M_2 的费米能级和功函数，当两种金属相距足够近，则势垒宽度为针尖与样品之间的距离 ΔZ，势垒的高度主要由电子从探针发射的功函数 ϕ_t 和电子从样品发射的功函数 ϕ_t 决定。可近似认为势垒为长方形，有效势垒高度为平均功函数：

$$\phi^* = \frac{1}{2}(\phi_t + \phi_s) \tag{6.4}$$

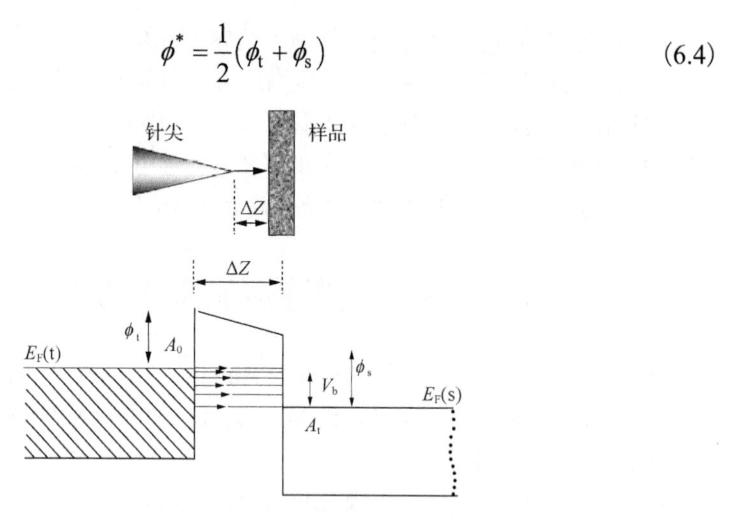

图 6.4　金属针尖与表面之间势垒及隧道电流形成示意图

根据量子力学理论[2]，电子通过一维方势垒的透射系数为

$$W = \frac{|A_t|^2}{|A_0|^2} \approx e^{-k\Delta Z} \tag{6.5}$$

A_0 为到达势垒的电子波函数幅度；A_t 为透射后的电子波函数幅度；k 为波函数在势垒中的衰减系数。当隧穿发生于两金属之间，衰减系数为

$$k = \frac{4\pi\sqrt{2m\phi^*}}{h} \tag{6.6}$$

式中，m 为电子质量；h 为普朗克常量。

当针尖与样品之间加偏置电压 V_b，就会产生隧道电流。如样品接正极，针尖接负极时，针尖的费米能级下占有态上的电子将穿过势垒向样品的空态运动，即电流的方向是从样品到针尖；若偏置电压极性相反，则电流方向也相反[3]。通常，能量在费米能 E_F 附近的电子参与隧穿过程，两金属间的隧道电流密度为[4]

$$j_t = j_0\left[\phi^* \exp(-A\sqrt{\phi^*}\Delta Z) - (\phi^* + eV_b)\exp(-A\sqrt{\phi^* + eV_b}\Delta Z)\right] \tag{6.7}$$

其中，$j_0 = \dfrac{e}{2\pi h(\Delta Z)^2}$；$A = \dfrac{4\pi}{h}\sqrt{2m}$。

在小偏压的情形，$eV < \phi^*$，隧道电流密度可取为按$\left[\exp(-A\sqrt{\phi^* + eV_b}\Delta Z)\right]$级

数展开的一级近似：

$$j_{\mathrm{t}} = j_0 \exp(-A\sqrt{\phi^*}\Delta Z)\cdot\left[\phi^* - (\phi^* + eV_{\mathrm{b}})\left(1 - \frac{AeV_{\mathrm{b}}\Delta Z}{2\sqrt{\phi^*}}\right)\right] \tag{6.8}$$

若 $eV << \phi^*$，则

$$j_{\mathrm{t}} = j_0 \frac{A\sqrt{\phi^*}eV_{\mathrm{b}}\Delta Z}{2}\exp(-A\sqrt{\phi^*}\Delta Z) = \frac{e^2\sqrt{2m\phi^*}}{h^2}\cdot\frac{V_{\mathrm{b}}}{\Delta Z}\exp(-\frac{4\pi}{h}\sqrt{2m\phi^*}\Delta Z) \tag{6.9}$$

由于 j_{t} 具有强烈的 e 指数相关，在定性估算时可以采用更简单的形式：

$$j_{\mathrm{t}} = j_0(V_{\mathrm{b}})\mathrm{e}^{-\frac{4\pi}{h}\sqrt{2m\phi^*}\Delta Z} \tag{6.10}$$

其中假定 $j_0(V_{\mathrm{b}})$ 与探针和表面的间距无关。

对于大的偏压，$eV > \phi^*$，则可得描述电子场发射到真空的著名的 Fowler-Nordheim 公式

$$J = \frac{e^3V^2}{8\pi h\phi^*(\Delta Z)^2}\exp\left[-\frac{8\pi\sqrt{m}(\phi^*)^{\frac{3}{2}}\Delta Z}{3ehV_{\mathrm{b}}}\right] \tag{6.11}$$

考虑到实验中测量的是隧道电流 I_{t}，式(6.10)可近似写成：

$$I_{\mathrm{t}} \propto \mathrm{e}^{-\frac{4\pi}{h}\sqrt{2m\phi^*}\Delta Z} \tag{6.12}$$

对一个典型的金属，功函数 Φ=4eV，k=0.2nm，所以当隧道距离 ΔZ 减少 0.1nm，隧道电流 I_{t} 将增大一个数量级，即 I_{t} 强烈地依赖于 ΔZ。在 STM 实际操作中，I_{t} 通常取 ln$A$ 左右，而 ΔZ 则略小于 1nm。

如果电流被限定在设定值附近2%的范围内变化，则 ΔZ 的变化将维持在0.001nm以内，这意味着原则上针尖可以在 0.001nm 的范围内很好地跟踪表面。对针尖与表面之间的隧道电流理论计算结果(图 6.5)表明针尖与样品之间的隧道电流绝大部分集中在针尖的尖端附近一个很小的区域内[5]。这样，当针尖与样品之间隧道距离增加 0.1nm 或减少 0.1nm，隧道电流横向分布的有效直径对针尖来说变化很小，在针尖是单原子的情况下，该有效直径的变化仅为一个原子的尺度。这是用 STM 获得原子分辨图像的关键。如图 6.6 所示，用 STM 在实空间清楚地直接观

察到 Si(111)表面 7×7 重构的原子空间位置[6]，解决了表面科学中长期争论不休的难题。

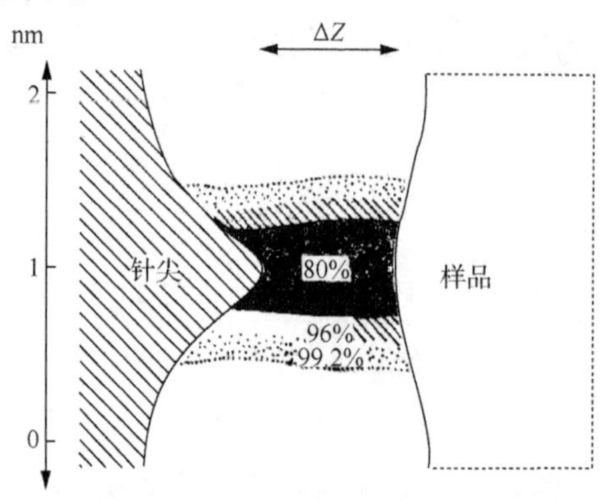

图 6.5　STM 针尖与样品之间的隧道电流的空间分布

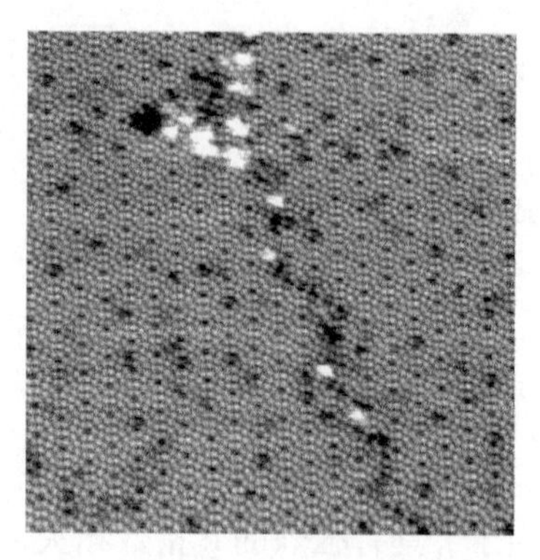

图 6.6　超高真空 STM 测量的 Si 单晶(111)表面的 7×7 重构原子图像

6.4　扫描隧道显微镜的构造

图 6.7 显示了扫描隧道显微镜的基本构造。一个扫描隧道显微镜系统由显微镜本体、控制电路、计算机控制系统三部分组成。其中显微镜本体包括 STM 探头、STM 底座、扫描器、探针架和探针等。衬底安装于底座上，扫描器可以驱动探针扫描，也可以驱动衬底扫描。图 6.7 中采用探针扫描的构造，探针被固定在扫描器上。实际的系统中，采用衬底扫描更为方便。

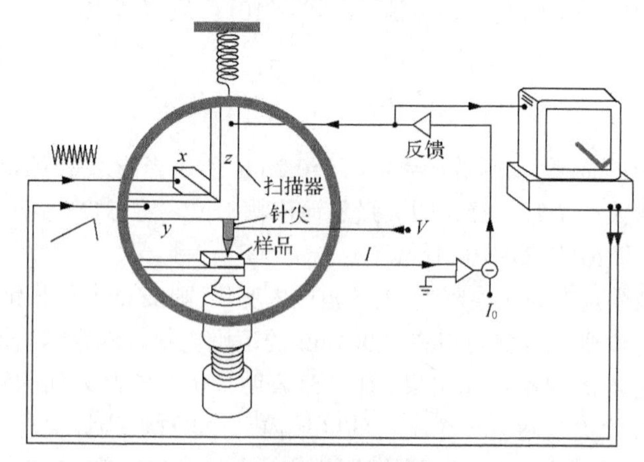

图 6.7　扫描隧道显微镜的构造示意图

STM 成像时，针尖与样品之间的距离ΔZ 通常小于 1nm，针尖在样品表面扫描时，要求以约 0.001nm 的精度维持稳定的隧道结，即在 z 方向控制精度需要达到 0.001nm，而为获得原子分辨在 x 和 y 方向扫描控制精度需要达到 0.01nm。这样高精度的扫描，用普通机械的控制是很难达到的，目前普遍使用压电陶瓷材料作为 x-y-z 扫描驱动器件。在压电晶体两端施加电压，晶体会产生伸长或收缩，压电晶体能够精确地将电压信号线性地转换成位移。通常其最大形变量不超过本身尺寸的千万分之一，典型地每 1V 电压的改变可使压电陶瓷发生约 1nm 的伸缩，因此可以很容易获得针尖的亚原子级的运动。图 6.8 示出了两类常用的压电陶瓷扫描驱动器：(a)三脚架型压电陶瓷驱动器，在 Lx、Ly 两臂上施加电压，驱动 x-y 二维表面扫描，通过反馈系统控制施加于 Lz 的电压，调节针尖高度；(b)管型压电陶瓷驱动器，陶瓷管外部四块电极均布，在其中一块电极上施加电压，管子的这一部分就会伸展或收缩，导致陶瓷管向垂直于管轴的方向弯曲。通过在相邻的两个电极上按一定顺序施加电压就可以实现在 x-y 方向的相互垂直移动。控制压电陶瓷管弯曲，陶瓷管内部为一整体电极，电极两端加上电压，使压电陶瓷伸缩。

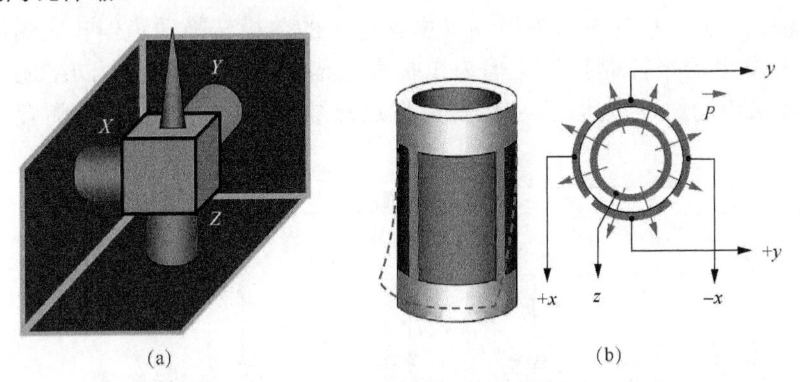

图 6.8　SPM 中常用的两类压电陶瓷扫描驱动器。(a)三脚架型；(b)管型

STM 工作时，需要使针尖到达表面足够近(<1nm)，以产生隧道电流。这可以通过 z 方向压电陶瓷实现。但通常压电陶瓷在控制电压的作用下沿 z 方向能伸缩数百纳米。因此在压电陶瓷动作前首先需要使探针接近表面达到数百纳米，这是通过粗逼近器实现的。

常用的粗逼近器可有三种工作方式。①爬行方式：利用静电力、机械力或磁力的夹紧，并配合压电陶瓷材料的膨胀或收缩，使样品架或针尖向前爬行，如压电陶瓷步进电机 (inchworm motor)[7]。②机械调节方式：利用一个或多个高精度的差分调节螺杆，配合机械减速器(如利用杠杆两臂长度的不同实现位移量的缩小)靠机械力调节样品的位置。差分调节螺杆的旋转可以手动，也可由步进电机等方式驱动。③螺杆与簧片结合方式：用一个高精度调节螺杆直接顶住一个差分弹簧或簧片系统来调节。其中第一种方式常在真空条件下使用，第二种方式在大气环境中用得较多，而在低温条件下，多采用第三种方式。

STM 工作时，当粗逼近器使针尖到达表面足够近，产生隧道电流后，停止前进。由 x、y、z 压电陶瓷在控制电压驱动下，带动针尖或样品进行表面扫描。STM 扫描的控制及隧道电流的采集是通过电子学控制系统来实现的。图 6.9 给出了一种常见的电子学控制系统设计框图。其中，针尖与样品间的偏压由计算机数模转换通道给出，这在采集隧道谱数据时是十分必要的。产生的隧道电流用高增益的前置放大器测量。有的系统采用二级前放，这样可使一级前放做得小巧，并尽可能缩短隧道电流到前放的引线长度，以减少噪声的干扰。由前置放大器输出的信号经过对数放大器使其线性化，以增加信号的动态变化范围。如果待测样品的表面比较平均，也可不采用对数放大，而将隧道电流与距离的指数依赖关系进行线性近似。将测量的隧道电流与设定电流进行比较，将差值输入可变积分时间常数的积分放大器和正比放大器组成的主反馈放大器。由反馈系统输出的反馈信号，经高压运算放大器放大后输入压电陶瓷扫描控制器的 z 轴，在 x-y 方向的扫描控制可由计算机的数模转换通道给出，或使用三角波信号发生器来控制扫描。但为了扩大扫描范围，不论是由 D/A 还是由信号发生器给出的扫描电压，都要经过高压运算放大器后再加到压电陶瓷扫描控制器上。

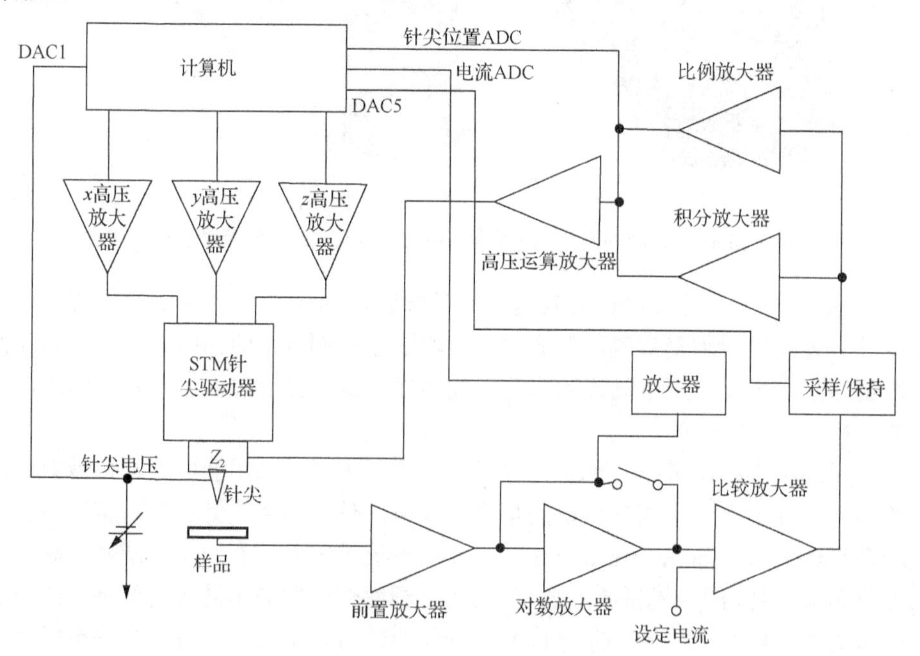

图 6.9　STM 电子学控制系统示意图

6.5　扫描隧道显微镜的工作模式

STM 主要有恒电流和恒高度两种工作模式。如图 6.10(a)所示，探针在 x-y 方向进行扫描，在 z 方向加上电子反馈系统，在扫描过程保持隧道电流不变，反馈系统使针尖随样品表面起伏而上下移动，记录控制针尖上下运动的 z 方向电压的大小，从而得到样品表面的形貌，这种模式称为恒电流模式。如图 6.10(b)所示，关闭 z 方向电子反馈系统，保持针尖的高度不变，隧道电流将随样品表面起伏而变化，记录下来的隧道电流的变化就得到样品表面的形貌，这种模式称为恒高度模式。恒电流模式是 STM 常用的工作模式，能够适应表面起伏大的样品，但因为需要通过比例积分运算(PI)来控制反馈系统等实现针尖高度随样品表面的起伏变化，因此扫描速率受限，但这种方式可以较高精度地测量不规则的表面。恒高度模式因为控制系统不必通过反馈上下移动扫描器，可实现较高的扫描速率，但这种模式仅适用于相对平滑的表面，当样品表面起伏较大时，由于针尖离表面非常近，采用恒高度模式扫描可能造成针尖与样品表面相撞，使针尖与样品表面被破坏。

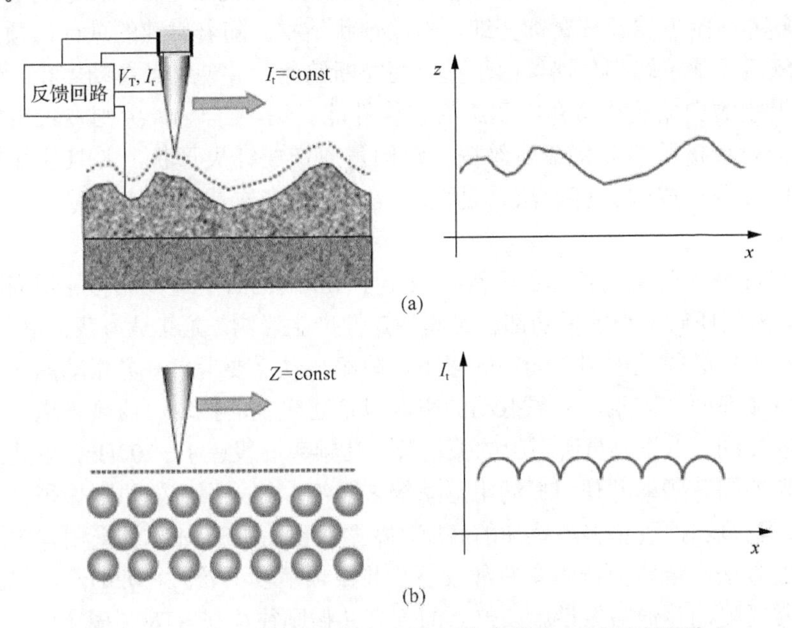

图 6.10　STM 的两种工作模式。(a)恒电流模式；(b)恒高度模式

6.6　扫描隧道显微镜达到原子分辨的途径

针尖的制作是STM使用的关键之一。针尖的大小、形状和化学同一性不仅影响着STM图像的分辨率和图像的形状，而且也影响着测定的电子态。针尖的宏观结构应使得针尖具有高的弯曲共振频率，从而可以减少相位滞后，提高采集速度。针尖的化学纯度高，就不会涉及系列势垒。例如，针尖表面若有氧化层，则其电阻可能会高于隧道间隙的阻值，从而导致针尖和样品间产生隧道电流之前，二者就发生碰撞。

STM 的横向分辨率取决于针尖的质量，原子级的分辨率不是由针尖的宏观曲率半径决定，而是由针尖的原子结构决定。制作得好的针尖，在尖端只有一个原子，或只有一个远小于曲率半径的原子簇。如果针尖的尖端只有一个稳定的原子而不是有多重针尖，那么隧道电流就会很稳定，而且能够获得原子级分辨的图像。

STM 常用的针尖材料是金属钨丝和铂-铱合金丝。钨针尖的制备常用电化学腐蚀法。将钨丝在2mol/L NaOH溶液中加直流电压或交流电压电化学腐蚀，在溶液和空气界面附近钨丝被腐蚀变细，形成颈状结构。随着腐蚀的进行，颈部越来越细，随后颈部下端部分钨丝由于重力而拉断钨丝，并使腐蚀自动停止，留下来的钨丝上段的尖端往往具有原子级的成像性能。铂-铱合金针尖则多采用机械成型法，一般直接用剪刀将金属丝按一定倾角剪切成针尖形状，并且往往能达到原子级的高分辨成像。剪切法重复性较差，可以多次重复剪切尝试筛选出高质量的针尖。

STM工作时针尖与样品的间距一般小于1nm，同时隧道电流与隧道间隙成指数关系，因此任何微小的振动都会对其稳定性产生影响。尤其是为获得原子分辨，外来振动干扰必须减小到0.001nm以下。隔绝振动需要考虑外界振动的频率与仪器的固有频率两个因素。外界振动的来源包括建筑物的振动、通风管道、变压器和马达的振动、工作人员所引起的振动等，其频率一般在1～100Hz，主要是通过提高仪器的固有频率并使用振动阻尼系统来隔绝。如采用空气垫隔振平台，金属板(或大理石)和橡胶垫多层叠加的底座，减振沙箱，对STM本体采用弹簧悬吊也是常用的方法。金属弹簧的弹性常数小，共振频率较小(约为 0.5Hz)，但其阻尼小，通常要附加其他减振措施。仪器的固有共振则往往在STM中采用刚性连接，使其获得高的共振频率，通过固有结构的阻尼产生的滞后损失有效散逸外界振动。

6.7　原子力显微镜的原理

STM 通过检测针尖和样品之间隧道电流的变化而工作，为产生隧道电流，针尖与样品都必须导电，因此 STM 只能直接观察导体和半导体的表面结构。为研究非导电材料，则必须在其表面覆盖一层导电膜，这往往掩盖了样品的表面结构的细节。

为了实现对非导电表面的直接测量，1986 年 Binnig、Quate 和 Gerber 发明了第一台原子力显微镜(AFM)[8]。AFM 是 SPM 中应用领域最广泛的表面观察与研究工具之一。其工作原理为针尖原子与样品原子之间的相互作用力。当一根十分尖锐的微探针在纵向充分逼近样品表面至数纳米甚至更小间距时，微探针尖端的原子和样品表面原子之间将产生相互作用的原子力。原子力的大小与间距之间存在一定的曲线关系。在间距较大的起始阶段，原子力表现为引力，随着间距的进一步减小，由于价电子云的相互重叠和两个原子核的电荷之间的相互作用，原子力又转而表现为排斥力，这种排斥力随着间距的缩短而急剧变大。AFM 正是利用针尖与样品间作用力与间距之间的这些关系，通过检测作用力而获得样品表面的微观形貌。由于 AFM 利用原子力工作而不是利用电流，所以它可以对导电性差的半导体、绝缘体的表面进行测量。

如图 6.11 所示，AFM 的核心部分是一个一端具有极尖锐针尖的对微弱力极敏感的弹性微悬臂。微悬臂一端固定，另一端的针尖与样品表面轻轻接触。通常有几种力作用于悬臂，其中最主要的是范德华力，它是针尖原子与样品表面原子间的作用力。一对原子间的范德华相互作用可用式(2.7)给出的 Lennard-Jones 作用势表示：

$$V(r)=4\varepsilon_i\left(\frac{\sigma_i^{12}}{r^{12}}-\frac{\sigma_i^{6}}{r^{6}}\right)$$

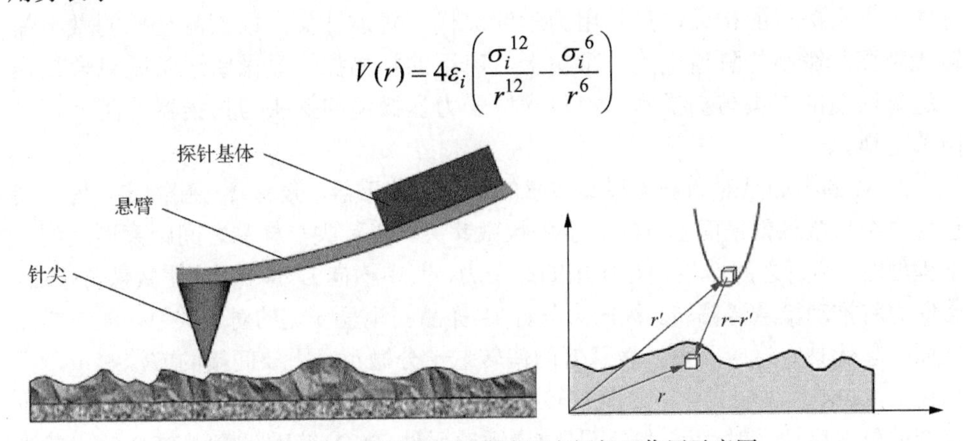

图 6.11　SFM 探针及探针与表面之间相互作用示意图

其中等式右边第一项为泡利不相容导致的短程排斥，第二项为偶极-偶极相互作用引起的长程吸引。由所有针尖原子与表面原子之间相互作用的总和，给出针尖与表面的相互作用：

$$W_{PS} = \iint_{V_P V_S} V(r - r')n_P(r')n_S(r)\mathrm{d}V\mathrm{d}V' \tag{6.13}$$

其中，$n_P(r)$为针尖上原子密度；$n_S(r)$为表面的原子密度。表面对针尖的作用力可由 W_{PS}对 r 求导得

$$\vec{F}_{PS} = -\mathrm{grad}(W_{PS}) \tag{6.14}$$

通常 $\vec{F}_{PS}$ 包含垂直于样品表面的纵向部分(接触力)与平行于样品表面的横向部分(横向力)两个分量。

范德华力在距离较远时表现为引力，距离较近时表现为斥力。除了范德华力，针尖在空气中还受到毛细力的作用。在通常的环境下，在样品表面存在一层水膜，水膜延伸并包裹住针尖，就会产生毛细力，它具有很强的吸引力(大约为 10^{-8}N)。事实上，范德华力和毛细力的合力构成接触力。在针尖探测时，与范德华力保持平衡包括悬臂形变恢复力和毛细力两部分，悬臂形变恢复力的符号及大小取决于悬臂弯曲方向和弹性系数，它们是可变的。毛细力永远是吸引力，其大小取决于针尖与样品表面间距，通常在两者接触时才存在。

6.8 原子力显微镜的构造

图 6.12 示出了原子力显微镜的一般构造。原子力显微镜与扫描隧道显微镜总体上具有类似的构成，只是用力学针尖代替隧道针尖，以探测悬臂的微小偏转代替探测微小的隧道电流。事实上，商用的扫描探针显微镜通常既包含扫描隧道显微镜的探头与扫描器，也包含原子力显微镜的探头与扫描器，两者可以简单更换。

AFM 的核心是对微弱力极其敏感的微悬臂传感器。微悬臂一端固定，另一端包含一个与微悬臂平面垂直的金字塔状微针尖。当针尖与样品之间距离逼近到一定程度时，两者之间产生相互作用的原子力，其中横向力(摩擦力)使微悬臂扭曲，法向力将推动微悬臂偏转。纵向力与针尖-样品间距呈一定的对应关系，即与样品表面的起伏具有对应关系。微悬臂的偏转量十分微小，需要间接的方法测量，商品化的 AFM 多采用光学方法将偏转量放大。如图 6.12 所示，一束激光投射到位悬臂的外端后被反射，反射光束被位置敏感元件(PSD)接受，检测 PSD 输出的光电流的大小，即可推知微悬臂偏转量的大小，也就是原子力的大小，最终通过探

针或样品扫描获得样品表面的微观形貌。

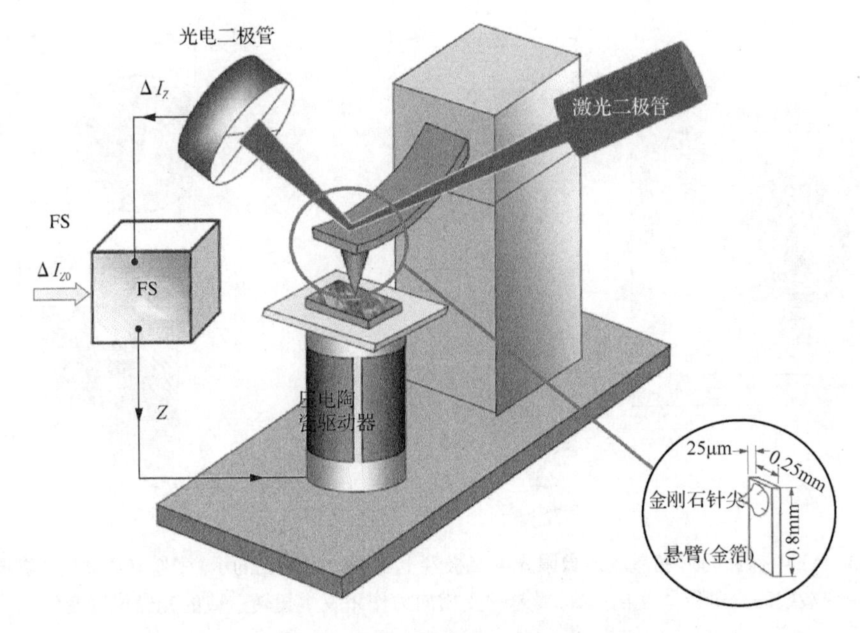

图 6.12　原子力显微镜构成示意图

AFM 的主体包括力检测部分、位置检测部分、反馈系统三个部分。在 AFM 的系统中，使用微小悬臂(cantilever)来检测原子之间力的变化量。微悬臂通常由一个一般 100～500μm 长和 500nm～5μm 厚的硅片或氮化硅片制成。微悬臂顶端有一个尖锐针尖，用来检测样品-针尖间的相互作用力。

当 AFM 针尖与样品之间有了相互作用之后，悬臂摆动，悬臂的偏转量十分微小，需要通过位置检测部分进行测量。通常在旋臂表面覆有金膜，当激光照射在微悬臂的末端时，反射光束被 PSD 接受，当微悬臂形变时，其反射光的位置也会有所改变，这就在 PSD 上造成入射光斑位置偏移量的产生。PSD 光敏面上光斑的偏移量与微悬臂的偏移量成正比，但是前者比后者放大了一千乃至数千倍，放大后的位移量可以直接检测PSD输出光电流的大小变化精确确定。如图6.13所示，由垂直于表面的力引起的悬臂弯曲对应于光电流变化ΔI_Z可由各象限电流变化ΔI_i按如下关系式计算得到：

$$\Delta I_Z = (\Delta I_1 + \Delta I_2) - (\Delta I_3 + \Delta I_4) \tag{6.15}$$

相应地，横向力引起的悬臂形变则对应于如下光电流变化：

$$\Delta I_L = (\Delta I_1 + \Delta I_4) - (\Delta I_3 + \Delta I_2) \tag{6.16}$$

将ΔI_Z、ΔI_L记录下来，以供 SPM 控制器作信号处理。

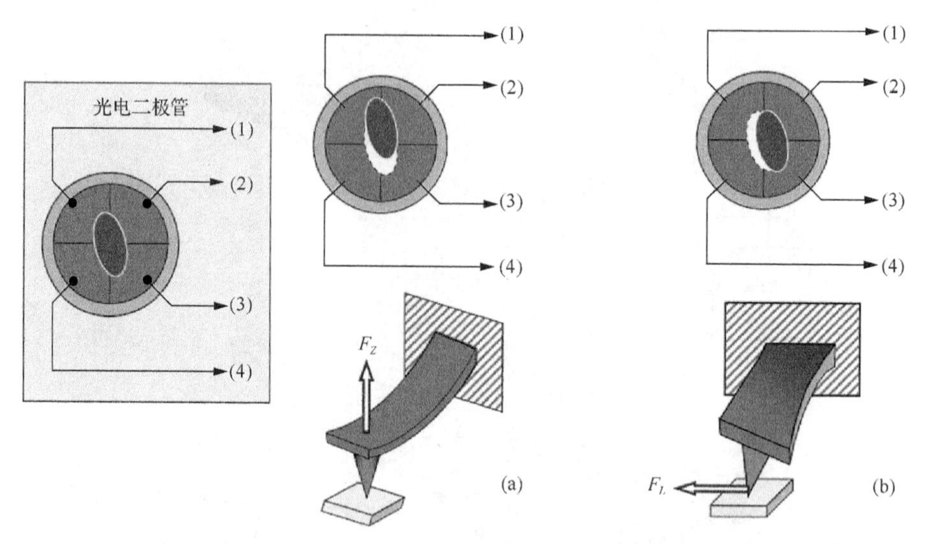

图 6.13　AFM 探针的形变造成四象限光电二极管上光斑位置变化的示意图。(a)微悬臂纵向形变造成的光斑位置变化；(b)微悬臂受横向力作用发生扭转造成的光斑位置变化

ΔI_Z作为 AFM 反馈回路的输入参数，反馈系统(FS)将此信号当作反馈信号，通过软件或硬件计算出调整信号，驱使扫描器控制探针做适当的响应，如控制探针-样品间距以保持ΔI_Z为常数，并记录扫描器的 Z 电极的电压作为表面起伏的信号。

6.9　原子力显微镜的工作模式与成像模式

与 STM 类似，AFM 的工作模式一般包括恒力模式和恒高度模式两种。在恒力模式中，通过反馈系统使探针、样品表面作用力保持恒定，当探针在 x-y 平面内扫描时，探针在 z 方向运动就可反映样品表面形貌及其他表面结构。在恒高模式中，当 x-y 平面被扫描时，不使用反馈回路，保持针尖与样品绝对距离恒定，直接检测微悬臂 z 方向的变化量来成像，控制针尖高度恒定扫描。恒高模式速度快，适合表面起伏不大的样品。但样品表面不平整会造成探针或样品的损坏。因此恒力模式在 AFM 操作时更常使用。

在恒力模式下，AFM 的成像方式有接触模式、非接触模式和半接触模式(轻敲模式)三种。

(1)接触模式。在接触模式中，探针的针尖部分保持与样品表面接触。当探针在样品表面扫描时，由于样品表面的原子与微悬臂探针尖端的原子间的相互作用力，微悬臂将随样品表面形貌而弯曲起伏，反射光束也将随之偏移，偏移量被光斑位置检测器检测到。反馈电路测量这个偏移，通过改变加在扫描器 z 方向上的电压，使扫描器做适当移动来保持这个偏移的恒定，计算机记录这个电压，即反映了样品的表面形貌。

接触模式通常可产生稳定、高分辨图像，是唯一能获得原子级成像的 AFM 测量模式。但对于低弹性模量样品，针尖的移动以及针尖-表面间的黏附力有可能使样品产生相当大的变形并对针尖产生较大的损害，从而在图像数据中可能产生假象。例如，在大气环境，表面会吸附 10～30 个分子层的水蒸气和氮气，探针与吸附层接触时，悬臂会被静电和/或表面张力(～100nN)拉向样品表面，导致表面破坏和图像变形。半导体和绝缘体表面会俘获静电荷，同样对探针与表面间吸引力有贡献。大的法向力也会引起扫描时摩擦力增加，摩擦力比法向力对表面更具破坏性。

(2) 非接触模式。探针悬于样品表面 50～150Å, 针尖在样品表面上方振动，始终不与样品表面接触，针尖探测器检测探针与样品间的范德华吸引力和静电力等对成像样品没有破坏的长程作用力。这种吸引力比接触模式中的排斥力小很多，故采用 AC 探测方法，测量悬臂因响应表面力场的梯度而产生的振荡幅度、相位或频率的变化。非接触模式可以在一定程度上克服接触模式对样品的破坏，还可增加 AFM 的灵敏度，但成像分辨率通常较低，同时，也会受到表面的吸附层与悬臂的振荡相干的影响，且实际操作比较困难，一般较少采用，通常只在极度憎水的表面，无流体吸附层时使用。

(3) 轻敲模式(tapping mode)或半接触模式。在轻敲模式中，用一个外加的振荡信号驱动探针在共振频率附近发生振幅为 10～100nm 的受迫振动，探针振动的振幅通过光斑位置检测器的偏移量来确定。当探针未逼近样品时，探针在共振频率附近做自由振动；悬臂在向下振动的半个周期中趋近样品表面并与样品表面接触。由于样品表面的原子与微悬臂探针尖端的原子间的相互作用力，探针的振幅减小。反馈电路测量振幅的变化量，通过改变加在扫描器 z 方向上的电压，保持探针振幅的恒定，计算机记录这个电压，即反映了样品的表面形貌。另外，悬臂振动的相位的变化也同样与探针-表面相互作用有关。悬臂振荡相位与压电陶瓷驱动信号振荡相位之间的差值给出“相衬像”。相位差的改变反映了样品表面机械性能(摩擦、材料的黏弹性、黏附性质)的变化，对表面性质非常敏感。相信息与高度信息可以同时采集。图 6.14 显示了嵌段聚合物自组装薄膜的 AFM 形貌图与相位图的对比。

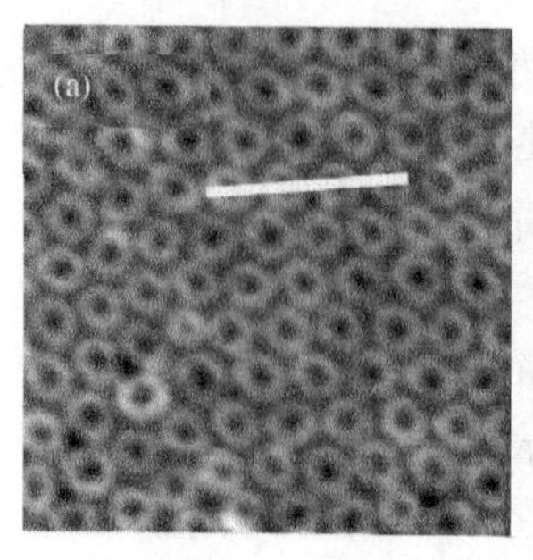

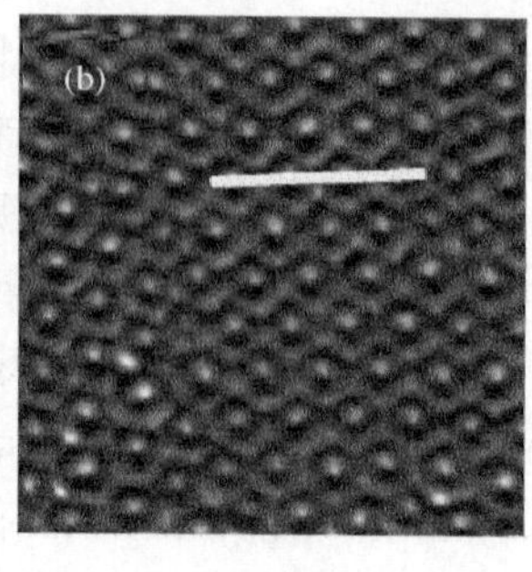

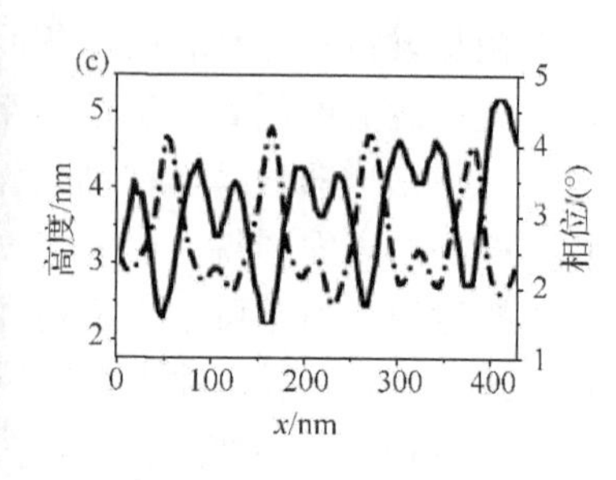

图 6.14　PS-b-PMMA 自组装薄膜的 AFM 形貌图与相位图[9]，扫描面积均为 1.0μm × 1.0μm。(c)为图(a)、图(b)中所示横线的截面图(实线为高度图的截面图，虚线为相位图的截面图)

轻敲模式下，扫描成像时针尖对样品进行“敲击”，两者间只有瞬间接触，能有效克服接触模式下因针尖的作用力，尤其是横向力引起的样品损伤，适合于柔软或吸附样品的检测。由于探针做受迫振动，驱动信号的振幅越大，探针振动的振幅也越大。

6.10　原子力显微镜探针

在原子力显微镜的系统中，使用微小悬臂来检测原子之间力的变化量。微悬臂通常由一个一般 100～500μm 长和 500nm～5μm 厚的硅片或氮化硅片制成，微悬臂顶端有一个尖锐针尖，用来检测样品-针尖间的相互作用力。悬臂与针尖相背的上表面涂覆金反射层。

AFM 测量的成像质量受微悬臂探针的影响很大。一般 AFM 探针针尖的曲率半径约为 10nm，采用这样的 AFM 探针，其所能达到的空间分辨率就只能限制在数纳米，不可能达到原子分辨。图 6.15 显示了一个尖端曲率半径小于 1nm 的超微探针，这类探针可以通过在“金字塔”型针尖上进一步生长碳纳米管等超细结构而得到。采用这样的针尖，有可能实现原子级的空间分辨率。在 AFM 测量中，

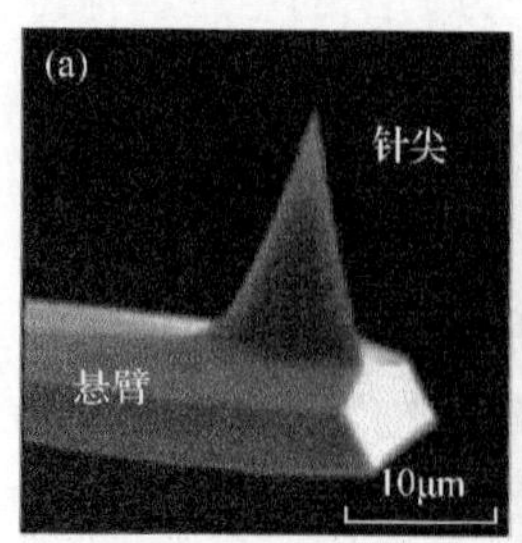

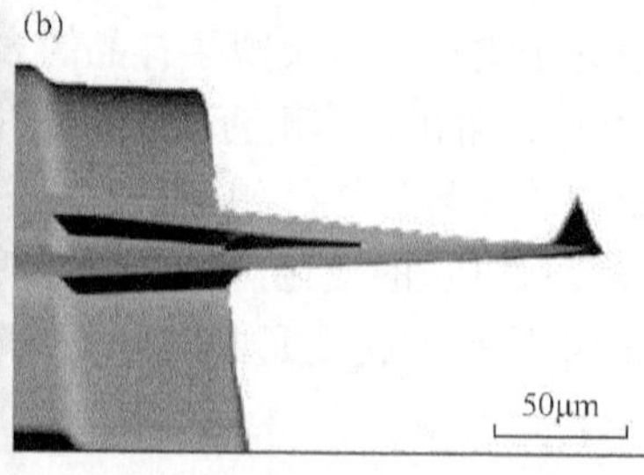

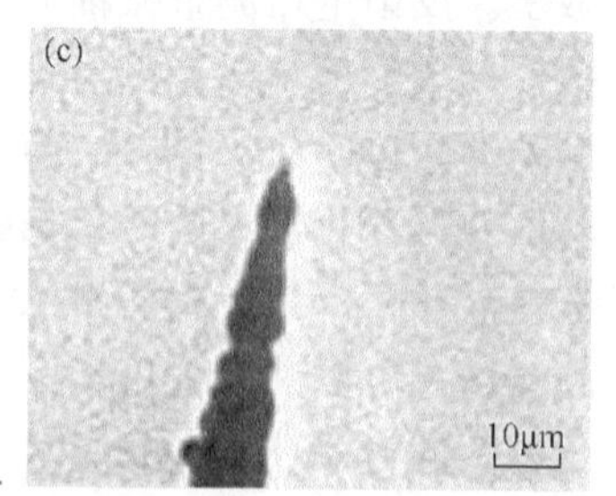

图 6.15　几种原子力显微镜探针的 SEM 显微照片。(a)长方形悬臂探针；(b)三角形悬臂探针；(c)针尖顶部生长的超微探针

需要依照样品的特性以及操作模式的不同，而选择不同类型的探针。通常微悬臂探针有一系列的规格可供选择，包括不同的长度、宽度、弹性系数以及针尖的形状。

AFM 探针与表面的作用力可通过 Hooke 定律估算：

$$F = K\Delta Z \tag{6.17}$$

式中，K 为悬臂的弹性常数；ΔZ 为与探针与表面相互作用引起的悬臂弯曲对应的探针位移。根据悬臂的材料和结构，K 值为 10^{-3}～10N/m。

探针的共振频率在振荡模式下操作时具有重要意义。探针的固有振荡频率为

$$\omega_{\mathrm{n}} = \frac{\lambda_i}{L^2}\sqrt{\frac{EJ}{\rho S}} \tag{6.18}$$

式中，L 为悬臂的长度；E 为悬臂材料的杨氏模量；J 为悬臂截面的惯性矩；ρ为悬臂材料的密度；S 为截面积；λ_i 为与振荡模相关的数值系数(1～100)。通常悬臂的固有振荡频率可在 10～1000kHz。

AFM 对悬臂的要求包括：易弯曲，弹性常数在 0.01～100N/m；具有高的共振频率，以减少振动和声波干扰，利于快速扫描，通常可选择固有频率高于 10kHz；为保证在降低悬臂弹性常数时不引起共振频率的降低，悬臂必须足够小(质量远小于 1mg，尺寸在微米量级)。原则上所有的微悬臂探针都可以使用于 AFM 的接触模式。由于接触模式的成像原理是通过悬臂受力偏转进行成像，所以对于弹性系数(力常数)不同的探针，要达到同样的偏转量，对样品施加的力的大小也不同。对于较硬的样品，力的大小可能不会对扫描结果造成很大的影响，但是对于较软的或表面不稳定的样品，施加的力可能会造成样品表面的损坏，因此应选择力常数较小的探针。由于轻敲模式是使用振动的探针进行扫描，原则上越高的悬臂振动的频率可以获得更好的扫描结果。所以，轻敲模式中，应该选择弹性系数较大、悬臂长度较短的探针进行扫描。

AFM 测量中容易产生假象，需要加以甄别。大多数假象源于针尖对成像的影响。针尖总是有一定的曲率半径，这是导致在扫描具有尖锐起伏的表面时产生分辨率变差和图像失真的主要原因。AFM 测量得到的图像可看成是针尖与表面的一个卷积[10]，为简单起见，以一维情形为例，如果针尖的形状可用函数 $P(x)$ 描述，表面形貌可用函数 $R(x)$ 描述，则 AFM 测得的图形 $I(x)$ 可由下式给出：

$$I(a) = R(x_k) - P(x_k - a) \tag{6.19}$$

其中，a 为针尖在表面坐标系中的位置；x_k 满足 $\mathrm{d}R/\mathrm{d}x|_{x=x_k} = \mathrm{d}P/\mathrm{d}x|_{x=x_k}$。

当针尖比样品尖锐时，样品的特征就能很好地展现出来，反之，当样品起伏比针尖更尖锐时，成像就主要为针尖的特征，从而出现假象。针尖的曲率半径决定最高侧向分辨率，曲率半径越小，越能分辨精细结构。如果针尖有污染或变钝，横向分辨率就会下降或失真，但不影响垂直分辨率。样品的陡峭面分辨程度取决于针尖的侧面角的大小，侧面角越小，分辨陡峭的样品表面能力就越强。图 6.16(a)对比了 AFM 一根金字塔形的针尖与一根锥形针尖对样品陡峭边沿的成像情况。前者的侧面角显然比后者的要大得多，因此，前者能够很好地还原尖锐表面突起的真实图像，而后者则图像完全失真。事实上，用一根曲率半径为 10nm 的 AFM 针尖去测量直径为数纳米的颗粒，所得图像总是存在一定的“胀大”，即纳米颗粒的直径比其真实的尺寸显著大。与相应的 TEM 显微像对比就很容易体会到。

图 6.16(b)显示了一根钝的或被污染的 AFM 针尖产生的假象，使用这种针尖扫描细小的纳米微粒，所得图像常是针尖的磨损形状或污染物的形状，其特征是整幅图像都是同样特征(大小、形状、指向)的重复。图 6.16(c)显示了 AFM 探针的双针尖或多针尖效应，由于一个探针尖端带有两个或多个尖峰，扫描样品是多个针尖依次扫描同一细节，使所得图像中所有的细节都是成对或多次重复出现的。

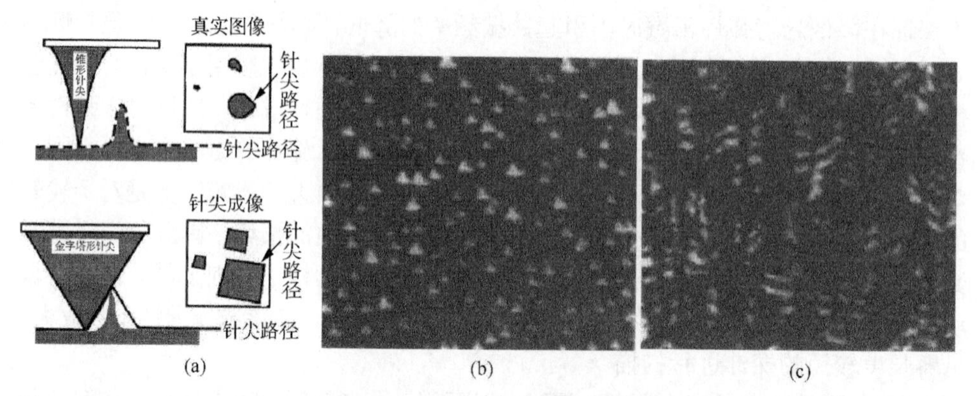

图 6.16　由于针尖造成的 AFM 图像的失真。(a)针尖侧面角的影响；(b)针尖变钝或沾附引起的假象；(c)双针尖效应

6.11　扫描探针显微镜家族

STM 和 AFM 的发明，建立微小的探针接近并扫描试样表面获得纳米尺度显微图像的扫描探针测量的新概念，引发了一大批类似原理的显微测量仪器的相继问世，它们都有一个共同的特点：利用探针对被测样品进行扫描，同时检

测扫描过程中探针与样品的相互作用，得到样品相关性质，因而统称扫描探针显微镜(SPM)。迄今SPM家族已经包括二三十个成员，可以对几乎一切物理性质，如材料的磁性、电容、表面势、热学特性、声学特性等，进行纳米尺度的显微成像。这些成员一直还在扩展之中。SPM已成为纳米科学技术领域的重要工具。

表6.1列出了维基百科索引的SPM家族的成员清单[11]。这些仪器的详细情况可以进入维基百科给出的链接了解。这一清单本身是开放的，还在不断增加中。

表6.1　维基百科罗列的SPM家族成员清单(截止到2015年11月)

中文名称	英文名称
原子力显微镜	AFM, atomic force microscopy
接触模式AFM	Contact AFM
非接触模式AFM	Non-contact AFM
动态接触模式AFM	Dynamic contact AFM
轻敲模式AFM	Tapping AFM
AFM-IR	
弹道电子发射显微镜	BEEM, ballistic electron emission microscopy
化学力显微镜	CFM, chemical force microscopy
导电原子力显微镜	C-AFM, conductive atomic force microscopy
电化学扫描隧道显微镜	ECSTM, electrochemical scanning tunneling microscope
静电力显微镜	EFM, electrostatic force microscopy
流体力显微镜	FluidFM, fluidic force microscopy
力调制显微镜	FMM, force modulation microscopy
面向特征的扫描探针显微镜	FOSPM, feature-oriented scanning probe microscopy
开尔文探针力显微镜	KPFM, Kelvin probe force microscopy
磁力显微镜	MFM, magnetic force microscopy
磁共振力显微镜	MRFM, magnetic resonance force microscopy
近场扫描光学显微镜	NSOM, near-field scanning optical microscopy
(或扫描近场光学显微镜)	(or SNOM, scanning near-field optical microscopy)
压电相应力显微镜	PFM, piezoresponse force microscopy
光子扫描隧道显微镜	PSTM, photon scanning tunneling microscopy
光学显微谱仪/显微镜	PTMS, photothermal microspectroscopy/microscopy
扫描电容显微镜	SCM, scanning capacitance microscopy

续表

中文名称	英文名称
扫描电化学显微镜	SECM, scanning electrochemical microscopy
扫描栅极显微镜	SGM, scanning gate microscopy
扫描霍尔探针显微镜	SHPM, scanning Hall probe microscopy
扫描离子电导显微镜	SICM, scanning ion-conductance microscopy
自旋极化扫描隧道显微镜	SPSM, spin polarized scanning tunneling microscopy
扫描 SQUID 显微镜	SSM, scanning SQUID microscopy
扫描扩展电阻显微镜	SSRM, scanning spreading resistance microscopy
扫描热显微镜	SThM, scanning thermal microscopy
扫描隧道显微镜	STM, scanning tunneling microscopy
扫描隧道电位仪	STP, scanning tunneling potentiometry
扫描电压显微镜	SVM, scanning voltage microscopy
同步辐射 X 射线扫描隧道显微镜	SXSTM, synchrotron X-ray scanning tunneling microscopy
扫描单电子晶体管显微镜	SSET, scanning single-electron transistor microscopy

6.12　基于扫描探针显微镜的纳米加工

扫描探针显微镜不仅是观察表面结构与形貌的强大工具，而且可用来诱导表面发生局域的物理和化学性质的变化，以对表面进行纳米尺度的加工。1989 年，IBM 公司苏黎世实验室的科学家首次通过 STM 针尖一个一个地移动氙原子，并精确地放置到低温表面，成功地在 Ni 基板表面用 35 个氙原子形成了“IBM”字样[图 1.9(a)]，首次实现原子三维空间立体搬迁。1993 年，位于美国加利福尼亚州 Almaden 的 IBM 研究中心的研究人员，在 4K 温度下用 STM 操纵清洁的 Cu(111)表面的铁原子，将它们排成一个由 48 个原子组成的圆圈，并显示分立的铁原子围住圈内处于 Cu 表面的电子，形成“量子围栏”[图 1.9(b)]。

利用 SPM 的探针-样品纳米可控定位和运动及其相互作用的能力对样品进行纳米加工操纵的扫描探针纳米加工技术已是当前纳米科技的核心技术之一。

常用的扫描探针纳米加工技术包括单原子和分子的移动和操纵、机械刻蚀、电致/场致刻蚀、浸润笔(dip-pen nano-lithography，DNP)等。

如图 6.17 所示，基于 STM 探针的单原子操纵主要包括推压(pushing)、提拉(pulling)和滑移(sliding)三种基本操作模式[12]。STM 操纵表面原子基本过程是：将针尖下移，针尖顶部的原子与表面上的原子的“电子云”重叠，有的电子为双方所共享，就会产生一种类似于化学键的力，在一些场合，这种力足以操纵表面上的原子。为更有效地操纵表面原子，当针尖与表面距离较大时(>0.6nm)，也往往在 STM 针尖与样品表面之间施加适当幅度(数伏)和宽度(数十毫秒)的电压脉冲，在其作用下，将会在针尖与样品之间产生一个强度在 10^9～10^{10}V/m 的电场。样品表面的吸附原子将会在强电场的蒸发下被移动或提取，实现单原子的移动和提取操纵。吸附在针尖上的原子也可能在强电场的蒸发下沉积到样品表面，实现单原子的放置操纵。在大电流或大电压的作用下，也可以在表面实现化学反应。如图 6.18(a)所示，用 STM 针尖在 4V 的偏压下对 Si(100)表面的硅原子氢化，形成了一个由氢化 Si 原子构成的字母"M"[12]。

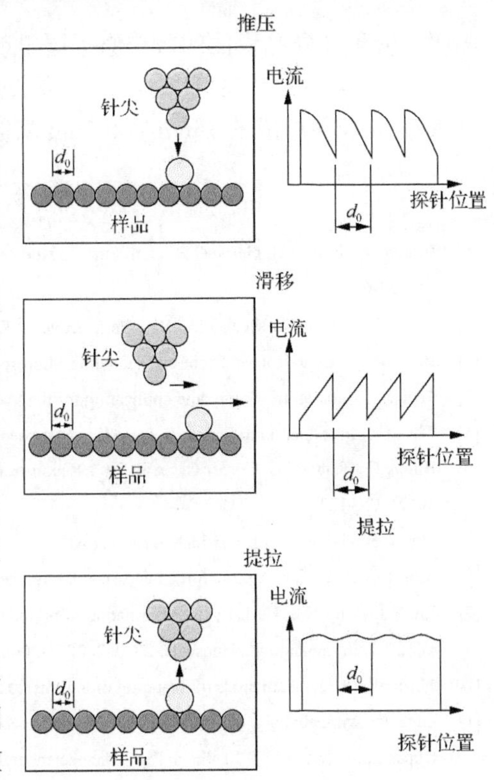

图 6.17　通过 STM 针尖操纵表面原子的三种基本模式

AFM 不受材料的限制，在各种材料的纳米加工方面具有更为广泛的应用。例如，对于比较柔软的表面，可以采用 AFM 针尖在接触模式下直接划刻出图案。也可以通过针尖与样品之间发生的化学反应来形成纳米尺度氧化结构。在样品表面的氧化过程中，在样品上加正偏压，AFM 针尖作为电化学阳极反应的阴极，样品表面作为阳极，吸附在样品表面的 H_2O 充当电化学反应的电解液，提供氧化反应中的 OH^-。

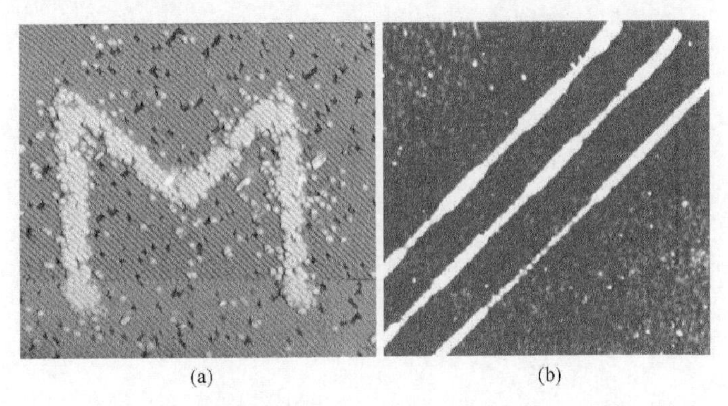

图 6.18　(a)用 STM 针尖对 Si 表面选择性氢化，形成了一个由氢化 Si 原子构成的字母"M"，图像的面积为 60nm×60 nm；(b)用 AFM 针尖对 Si 表面进行选择性蚀刻形成的氧化硅纳米线；图像的面积为 0.7μm×0.7μm

阳极反应可使样品表面的数个原子层出现氧化。针尖的曲率半径直接决定阳极反应的区域，尖锐的针尖可以加工纳米级细小的氧化结构。图 6.18(b) 显示了用 AFM 针尖在 Si 表面形成的 15nm 宽、1nm 高的硅氧化物线[13]。

参 考 文 献

[1] Binnig G，Rohrer H, Gerbe C H, et al. Surface studies by scanning tunneling microscopy. Phys Rev Lett, 1982, 49 (1): 57-60.

[2] Messiah A. Quantum Mechanics. New York: Dover, 2000.

[3] Behm R J, Garcia, Rohrer. Scanning Tunneling Microscopy and Related Techniques. Dordrecht: Kluwer, 1990.

[4] Tersoff J, Hamann D. Theory and application for the scanning tunneling microscope. Phys Rev Lett, 1983, 50: 1998.

[5] Chen C J. Introduction to Scanning Tunneling Microscopy, New York: Oxford University Press, 1993.

[6] Binnig G，Rohrer H，Gerber C，et al. 7 × 7 Reconstruction on Si(111) resolved in real space. Phys Rev Lett, 1983, 50(2):120-123.

[7] https://en.wikipedia.org/wiki/Inchworm_motor.

[8] Binnig G, Quate C F. Atomic force microscope. Phys Rev Lett, 1986, 56(9): 930-933.

[9] Liu Y J, Gong Y L, He L B, et al. Formation of periodic nanoring arrays on self-assembled PS-b-PMMA film under rapid solvent-annealing. Nanoscale, 2010, 2: 2065-2068.

[10] Mironov V L. Fundamentals of Scanning Probe Microscopy. Nizhniy Novgorod: NT-MDT, 2004.

[11] https://en.wikipedia.org/wiki/Scanning_probe_microscopy.

[12] Dupas C, Houdy P, Lahmani M. Nanoscience Nanotechnologies and Nanophysics. Berlin Heidelberg: Springer-Verlag, 2007.

[13] Legrand B, Deresmes D, Stievenard D. Silicon nanowires with sub 10 nm lateral dimensions: From atomic force microscope lithography based fabrication to electrical measurements. J Vac Sci Tech, 2002, 20 (3):862-870.

第7章　纳米结构的电子性质

7.1　固体能带的起源

7.1.1　金属自由电子理论[1, 2]

迄今，金属是应用最为广泛的材料之一，关于金属材料电子结构性质方面的研究开展得较早。有关金属的第一个理论模型是特鲁德(Drude)于1900年提出的经典自由电子气体模型。它将在当时已经非常成功的气体分子运动理论运用于金属，用以解释金属电导和热导的行为。1928年，索末菲(Sommerfeld)又进一步将费米-狄拉克统计理论用于自由电子气体，发展了量子自由电子气模型，从而克服了经典自由电子气模型的不足。

经典自由电子气理论中采用了特鲁德模型描述电子行为，借用理想气体模型描述费米子系统性质，此模型包含两个基本假设：

(1) 自由电子近似及独立电子近似：传导电子由原子的价电子提供，离子实对电子的作用可以忽略不计，离子实的作用维持整个金属晶体的电中性，与电子发生碰撞。电子与电子之间的相互作用可以忽略不计。外电场为零时，忽略电子之间的碰撞，两次碰撞(与离子实碰撞)之间电子自由飞行。

(2) 玻尔兹曼统计与弛豫时间近似：自由电子服从玻尔兹曼统计。电子在单位时间内碰撞一次的概率为 $1/\tau$，τ 称为弛豫时间(即平均自由时间)。每次碰撞时，电子失去它在电场作用下获得的能量，即电子和周围环境达到热平衡仅是通过与原子实的碰撞实现的。

经典自由电子气模型成功地处理了直流电导问题。根据以上假设，金属晶体中的电子运动类似理想气体分子的运动，因此电流密度为 $j=-nev=\dfrac{ne^2\tau}{m_e}E$，其中 E 为外加电场强度，n 为金属导体内的电子数目，v 为电子运动的平均速度，m_e 为电子质量，τ 为电子弛豫时间。金属电导为 $\sigma=\dfrac{ne^2\tau}{m_e}$。

尽管经典自由电子气模型成功处理了直流电导问题，但是所获得的平均自由程和热容与实验结果不符；在处理磁化率等问题上也遇到根本性的困难。索末菲在经典自由电子模型基础上，提出电子在离子产生的平均势场中运动，电子气体服从费米-狄拉克分布和泡利不相容原理。传导电子在金属中自由运动，电子与电子之间有很强的排斥力，电子与离子实之间有很强的吸引力。索末菲自由电子理论把离子实的电荷考虑成一个正电荷背景，就好像“凝胶”一样。这种“凝胶”的作用纯粹是为了补偿电子之间的排斥作用，以使这些传导电子不至于因为彼此之间很强的排斥作用而从金属晶体中飞溅出去，这就相当于“凝胶”模型。如果金属样品的体积为 $V=L^3$，L 为样品边长，则该金属样品可被看作一个势阱，在势阱内部价电子可以自由运动，电子的运动满足薛定谔方程 $\left(-\dfrac{h}{2m}\nabla^2+V_0\right)\Psi(r)=E\Psi(r)$，自由电子可视为波矢为 $\vec{k}$ (k_x,k_y,k_z) 的平面波 $\Psi_k(r)\sim\exp(\mathrm{i}\vec{k}\cdot\vec{r})$，根据周期性边界条件，波矢 $\vec{k}$ 的诸分量只能为 $2\pi L$ 的整数倍，电子的动能与波矢之间有关系：$E=\dfrac{h^2}{8\pi^2 m}k^2$，所以电子可能占有的能态是量子化的。如果以 (k_x, k_y, k_z) 为坐标轴，构成 $\vec{k}$ 空间，则 k 在 $\vec{k}$ 空间呈均匀分布，而电子在 $\vec{k}$ 空间则呈球形分布，等能面是以原点为球心的球面。图 7.1 绘出了电子能量与波矢的对应关系。

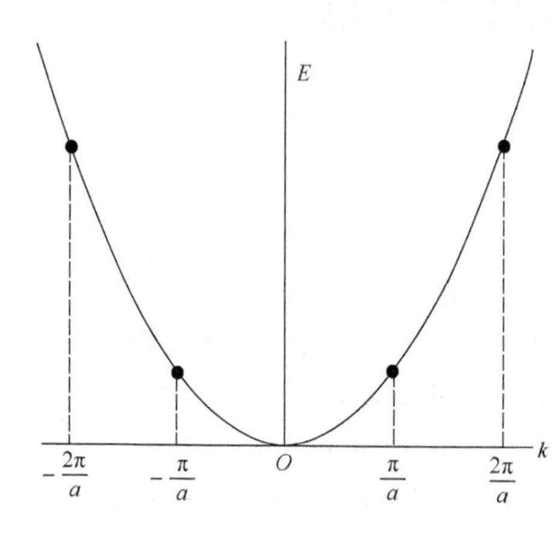

图 7.1　自由电子气的抛物线形能带曲线

金属中的电子是最典型的费米子，考虑到电子的自旋，允许每一个能级(允许的 $\vec{k}$ 态)能够容纳两个电子(一个自旋向上，一个自旋向下)。因此由波矢到能量的转化关系，可以得到态密度的表达式：

$$D(E)=\frac{V}{2\pi^2}\left(\frac{2m}{\hbar^2}\right)^{\frac{3}{2}}E^{\frac{1}{2}} \tag{7.1}$$

此即抛物线形的能态密度曲线，见图 7.2。

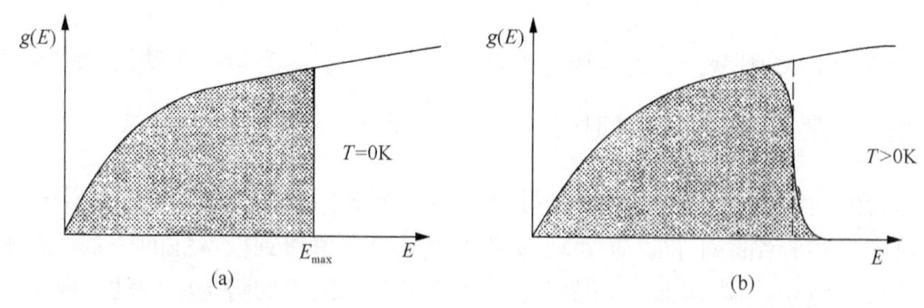

图 7.2　自由电子气模型的抛物线形能态密度曲线。(a) $T=0$K；(b) $T>0$K

根据费米统计，绝对零度下，金属中的电子处于基态，所有的电子占有不相容原理所允许的、最低的可能能级，从 $\vec{k}=0$ 的最低态开始，从低到高依次填充。如果体积 V 中电子的总数为 N，小于资用能级的总数，则电子占有 $N/2$ 个能量最低能态，而这些电子所占有的最高能级即为费米能 E_F，根据以上的讨论，容易得到费米能的值为

$$E_F=\frac{h^2}{8m_e}\left(\frac{3N}{\pi V}\right)^{\frac{2}{3}}=\frac{h^2}{8m_e}\left(\frac{3n}{\pi}\right)^{\frac{2}{3}}$$

$n=N/V$ 为电子密度。由于 N 的数目很大，在 k 空间，占据区成为一个球，成为费米球，其半径成为费米波矢 k_F。可以证明，$k_F^3=3\pi^2 n$。

自由电子理论能圆满地解释绝大多数金属的导电性，但不能正确解释绝缘体，为了将金属、半导体、绝缘体的电子结构进行统一描述，又发展了能带理论。

7.1.2　能带的形成[2]

一般而言，宏观固体材料是由一个个孤立的原子聚集形成的，在考察材料的宏观物理性质时，通常涉及的是大量粒子所组成系统的统计平均。通过量子力学处理，得到的能带理论可以用来对金属、半导体、绝缘体的电子结构进行统一描述。

就单个孤立原子而言，原子结构是电子波粒二象性的直接结果，可以用德布罗意关系描述：1924 年，法国物理学家德布罗意基于宇宙的统一起源的信念，根据物理学定律的对应性的考虑，提出了电子的波粒二象性的假说：与一个动量为 p、能量为 E 的粒子相关的单色场的波长或频率 ν 通过普朗克常量联系：$\lambda=\frac{h}{p}$，$\nu=\frac{E}{h}$。或引用波数 $k=\frac{2\pi}{\lambda}$ 和角频率 $\omega=2\pi\nu$，并定义一个新的常数 $\hbar=\frac{h}{2\pi}=1.0544\times10^{-34}\,\mathrm{J\cdot s}$，而将上述关系式写成更对称的形式：$p=\hbar k$，$E=\hbar\omega$。这样，电磁场和物质场，光与粒子的动力学性质(即动量和能量)，获得了统一的定量表述。$\lambda=\frac{h}{p}$ 因此被称为德布罗意波长。物质波的概念成功地解释了原子钟令人困惑的轨道量子化条件：要想形成稳定的原子轨道，其轨道周长必须为电子波长的整数倍，即 $2\pi r=n\lambda=\frac{nh}{m_e v}$，其中 n 为整数。因此，原子轨道具有量子化特征，轨道的能量 $E_n\propto\frac{1}{n^2}$。更复杂的原子模型必须考虑电子的波动性，每个电子用波函数 Ψ 来描述。$|\Psi|^2$ 表示电子在某一点出现的概率。需要解薛定谔方程

$-\frac{\hbar^2}{2m_e}\nabla^2\Psi + V(x,y,z)\Psi = E\Psi$ 来获得电子的能量 E_n 和波函数 Ψ_n。不难看出，电子的能量只能允许有一系列离散的值，每一个能量取值称为一个能级。

当两个原子相互靠近时，原子的电子波函数重叠形成分子波函数，原有的一个原子轨道分裂成两个不同能级的分子轨道(molecular orbital)，能量较低的称为成键分子轨道(bonding molecular orbital)，能量较高的轨道称为反键分子轨道(anti-bonding molecular orbital)。以此类推，当一个个孤立的原子集聚形成晶体时，在原子间逐渐靠近的过程中，它们最外轨道的电子的波函数将首先发生重叠。根据泡利不相容原理，在一个量子态上不允许有两个相同电子存在。原来孤立原子中具有相同能量的电子，其能量将作调整，致使原来孤立状态下的原子能级发生分裂。如果 N 个原子集聚形成晶体，则孤立原子的一个能级将分裂成 N 个能级，如图 7.3 所示。能级分裂的宽度 ΔE 取决于原子间的距离，而在晶体中原子间的距离是一定的，所以 ΔE 与原子数 N 无关。实际晶体中，N 的数目非常大，一个能级分裂成的 N 个能级的间距非常小，可以认为这 N 个能级形成一个能量准连续的区域，这样的一个能量区域称为能带，整个能带演化的过程如图 7.4 所示。低的能带称为价带(valence band)，完全被电子填充，因而不能运动产生电流。位于价带之上的称为导带(conduction band)，导带中则未被完全填充或完全未填充。导带与价带之间有一能隙，称为禁带，禁带中电子不能填充。处于导带的电子并不约束于特定的原子，而是可以在整个固体中运动，称为自由电子。固体物质依据能带结构划分为绝缘体、半导体和导体：

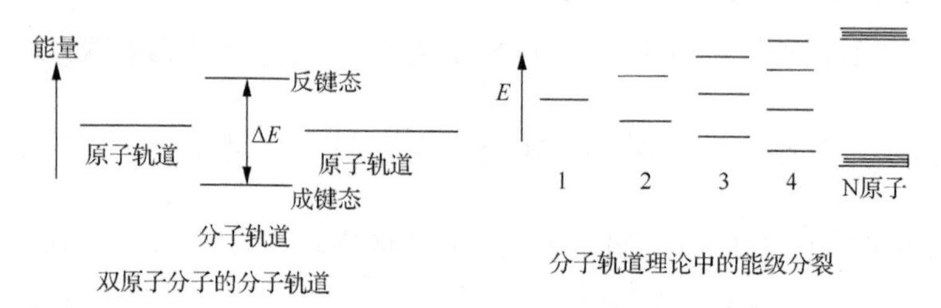

图 7.3　能级分裂过程示意图

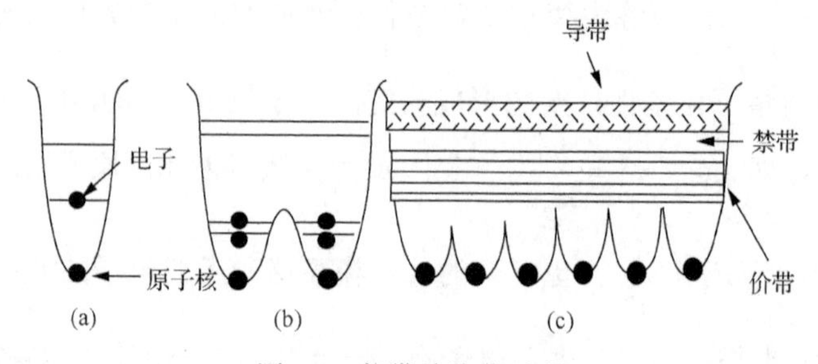

图 7.4　能带的演化过程

(1) 绝缘体：价带被全充满，导带全空。禁带宽度很大，带隙比热电子能量大两个量级，电子在常温下不可能被热激发到导带。理想绝缘体中，所有的电子都直接束缚于原子。

(2) 半导体：价带被全充满，导带全空。禁带宽度较小，在低温下为绝缘体，在高温下一些电子可从价带热激发到导带，电子和空穴在一定的外电场作用下形成电流。

(3) 导体：对于导体，它的大量电子处于导带，能自由移动，在电场作用下，成为载流子，形成电流。

这三类固体物质的能带结构如图 7.5 所示。

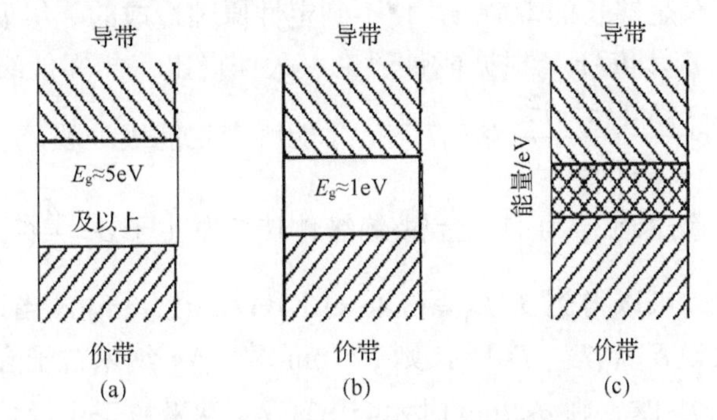

图 7.5　绝缘体 (a)、半导体 (b) 和导体 (c) 的能带结构示意图

7.2　金属纳米粒子的量子尺寸效应：Kubo 理论[3-6]

7.2.1　尺寸减小导致电子能级的明显分立

定性而言，根据能带理论，在高温或宏观尺寸情况下，金属材料费米能级附近的电子能级是准连续的能带结构，这样可以理解为大粒子或宏观物体的能级间距几乎为零。当粒子尺寸下降到某一值 (如达到纳米级) 时，金属费米面附近的电子能级由准连续变为离散能级。从定量的角度考虑，根据自由电子气模型，金属的费米能级可表述为 $E_F = \dfrac{\hbar^2}{2m}(3\pi^2 n)^{2/3}$，其中电子数密度 $n = N/V$ 不随尺寸变化，费米能级 E_F 也将不随纳米粒子尺寸变化。费米面附近态密度为

$$g(E_F) = \frac{1}{2\pi^2}\left(\frac{2m}{\hbar^2}\right)^{3/2} E_F^{1/2} = \frac{3}{2}\frac{n}{E_F} \tag{7.2}$$

由于每个许可的能级上有两个不同的自旋态，费米面单位体积中的能级数目

即为$\frac{1}{2}g(E_F)$。因此，能级间隔，即久保能隙(Kubo gap)为

$$\delta=\frac{1}{1/2g(E_F)V}=\frac{1}{1/2(3/2)(n/E_F)(N/n)}=\frac{4}{3}\left(\frac{E_F}{N}\right) \tag{7.3}$$

由此可见，能级间隙与总原子数目成反比。当金属纳米粒子的尺寸减小时，原子数目 N 不断减少，能级间隙 δ 将不断增大。本质上是准连续的能带结构向分立能级结构转变，能级间隔的出现直接导致金属-绝缘体转变。

从实验上观察此现象必须满足两个条件：①足够低温度，使 $\delta \geqslant k_B T$；②电子在相应能级上有足够长的寿命 τ，使不确定性原理造成的能级展宽远小于能级间隔的大小，即 $\delta >> \hbar/\tau$。根据能带理论，久保提出：相邻能级间距和颗粒直径满足 $\delta=\frac{4}{3}\frac{E_F}{N}=\frac{4\hbar^2(3\pi^2 n)^{2/3}}{\pi nmd^3}\geqslant k_B T$ 时，才能够产生能级分裂，从而出现量子尺寸效应。以 Ag 纳米粒子为例，金属-绝缘体转变发生于 $\delta=\frac{4}{3}(\frac{E_F}{N})=k_B T$ (Kubo 判据)，由式(7.3)可以得到 $\delta/k_B=(3.46\times10^{-19})/d^3(\text{K}\cdot\text{cm})$，当 $\delta\geqslant k_B T$ 时，发生能级分裂。假设 $\delta/k_B T$，T=1K，则 d=7nm 时，Ag 纳米粒子会由导体变为非金属绝缘体。当 T>1K，则 d<7nm 时才会出现 Ag 纳米粒子由导体变为非金属绝缘体的现象。

需要指出的是，双价元素(Hg、Zn 等)具有充满的 s 壳层，根据自由电子模型，这类元素具有全满的能带，因此处于绝缘态。但实际上并非如此，这些元素在大块时是金属性的。电子的非局域来自 s 带与 p 带的重叠，这种重叠随着 N 的增加而变宽。这种体系的纳米粒子的金属-绝缘体转变与 Kubo 判据具有不同的起源。以 Hg 的金属-绝缘体转变为例，单原子 Hg 的 6s 能级被 2 个电子占据，6p 能级全空。如图 7.6 所示，当原子形成纳米团簇，两个分立能级展宽，形成两个能带，其宽度随着所包含原子数而增加。在固体中，两能带宽度足够大发生交叠，成为导体。在有限大小的团簇中，交叠未发生，s 带全满，p 带全空，但能带展宽使之呈半导体。

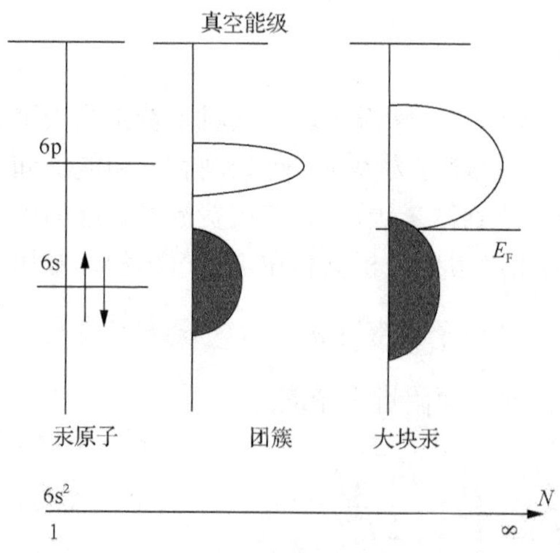

图 7.6　Hg 的能带随原子数的演化

7.2.2　量子体系电子能级的统计学和热力学

宏观材料是由大量粒子组成的。在考察材料的宏观物理性质时，通常涉及的是大量粒子组成系统的统计平均。考察由 N 个粒子组成的孤立体系，每一个粒子可以一定概率处于能量为 $E_1, E_2, E_3, \cdots$的态。在一个特定的时刻，粒子分布在不同的态上，有 n_1 个粒子在能量为 E_1 的态，n_2 个粒子在能量为 E_2 的态，等等。由于粒子的相互作用，粒子在资用能级上的分布是变化着的，或者说表示 N 个粒子在资用能态之间的配分(分布)的数目 $n_1, n_2, n_3, \cdots$是变化着的。但对于系统的每一个宏观态，总有一个比其他任何配分都更为有利的配分，或者说，给定系统的物理条件(粒子数、总能量)，就有一最可几的配分，达到这个配分时，就说这个系统处于统计平衡。通常获得的材料宏观的物理性质，就是在统计平衡下的统计平均值。

电子是费米子，遵从泡利不相容原理，因而不能有两个粒子处于同一量子态 E_i(单粒子态，其配分数或占有数 $n_i=0$ 或 1)。在费米子系统，单粒子态 E_i 的平均占有数为费米-狄拉克分布：

$$\overline{n}_i = \frac{1}{\mathrm{e}^{(E_i - E_\mathrm{F})/(k_\mathrm{B}T)} + 1} \tag{7.4}$$

量子尺寸效应导致金属纳米粒子中电子分布于分立能级，其电子相关的物理性质是有限个电子所组成系统的统计平均。这将导致金属纳米粒子的物理性质与大块金属不同，且随所包含的电子数(即纳米粒子的尺寸)而变化。

可通过对金属纳米粒子磁性的考察来阐明这种变化。根据自旋顺磁性理论，宏观金属材料中的导电电子的行为与费米-狄拉克所支配的自由电子气一样，它们的顺磁性不强并且与温度无关，这完全是由于电子服从费米-狄拉克统计的缘故。在纳米粒子体系中，纳米粒子的顺磁磁化率与温度有关，且取决于构成纳米粒子的元素的价态。在尺寸较小的纳米粒子中，增减一个电子引起的静电能变化为 $U = \dfrac{e^2}{4\pi\varepsilon_0 d} = 1.5\times10^5 k_\mathrm{B} / d$。很明显，静电能变化远大于 $k_\mathrm{B}T$。因此，孤立纳米粒子的电荷没有涨落。在计算其低温性质时，可以认为粒子数(电子数) N 是固定的，应采取正则系综。

电子磁化率定义为

$$\chi_\mathrm{e} = \lim_{H\to 0} k_\mathrm{B}T \frac{\delta^2}{\delta H^2} < \ln Z > \tag{7.5}$$

其中配分函数由对所有态求和获得，即 $Z=\sum_i \exp(-E_i/k_{\mathrm{B}}T)$。在低温下，仅邻近基态的电子状态对磁化率 χ_{e} 起重要作用，考虑费米面附近三个能级就足够了，因此只涉及两个能级间隔 $\varDelta$ 和 $\varDelta'$。如果在一级近似下，各能级是等间隔的，$\varDelta_n=\varDelta$，可由 Poisson 定律给出能级的随机分布：

$$P_0(\varDelta)=\frac{\exp(-\varDelta/\delta)}{\delta} \tag{7.6}$$

外加磁场 H 后，金属纳米微粒中的电子应具有磁矩 μ_{B}，从而导致能级简并解除，电子由基态逐渐进入激发态。金属纳米微粒中含电子数奇偶性将导致磁性行为有很大差别。

例如，镁元素具有闭合的电子壳层，含 2 个 s 电子，电子数为偶数，如图 7.7 所示。基态为 E_0，最低 5 个激发态只需考虑两个价电子，其能量分别为 $E_1=E_0+\varDelta \updownarrow 2\mu_{\mathrm{B}}H$，$E_2=E_3=E_0+\varDelta$，$E_4=E_0+\varDelta+2\mu_{\mathrm{B}}H$，$E_5=E_0+2\varDelta$。配分函数为

$$Z_{\mathrm{even}}=\exp\left(-\frac{E_0}{k_{\mathrm{B}}T}\right)\left[1+2\exp\left(-\frac{\varDelta}{k_{\mathrm{B}}T}\right)\left(1+\cosh\frac{2\mu_{\mathrm{B}}H}{k_{\mathrm{B}}T}\right)+\exp\left(-\frac{2\varDelta}{k_{\mathrm{B}}T}\right)\right] \tag{7.7}$$

根据式(7.5)和式(7.7)，可以得到电子数为偶数的纳米微粒的磁化率为

$$\chi_{\mathrm{even}}=3.04\mu_{\mathrm{B}}^2/\delta=3.04\mu_{\mathrm{B}}^2 g(E_{\mathrm{F}})V \tag{7.8}$$

从式(7.8)的结果可以看出电子数为偶数的纳米微粒的磁化率与温度无关。然而，对于电子数为奇数的元素而言，做类似的处理得到的结果却截然不同。以银元素为例，银原子具有不闭合的电子壳层，1 个 s 电子，电子数为奇数，如图 7.8 所示。

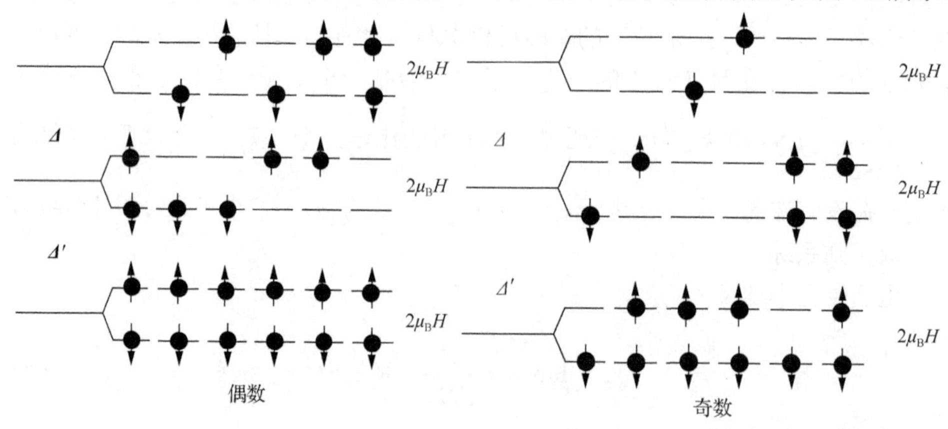

图 7.7　镁的电子组态示意图　　　　图 7.8　银的电子组态示意图

基态为 $E_0-\mu_B H$，考虑一般情形，能级间隔是非均匀的。最低 5 个激发态的能量分别为 $E_1=E_0+\mu_B H$，$E_2=E_0+\Delta-\mu_B H$，$E_3=E_0+\Delta'-\mu_B H$，$E_4=E_0+\Delta+2\mu_B H$，$E_5=E_0+\Delta'+2\mu_B H$。配分函数为

$$Z_{odd}=2\exp\left(-\frac{E_0}{k_B T}\right)\cosh(\frac{\mu_B H}{k_B T})\left[1+\exp\left(-\frac{\Delta}{k_B T}\right)+\exp\left(-\frac{\Delta'}{k_B T}\right)\right] \tag{7.9}$$

根据式(7.5)和式(7.9)，可以得到电子数为奇数的纳米粒子的磁化率

$$\chi_{odd}=\mu_B^2/k_B T \tag{7.10}$$

由式(7.10)可知，电子数为奇数的纳米微粒的磁化率随温度按 $1/T$ 变化，满足居里定律。

对于每个原子只含有一个导电电子的金属：由于粒子尺寸的分布，可以设想一半纳米粒子含有偶数个电子，另一半含有奇数个电子；对于每个原子含有偶数个导电电子的金属：所有纳米粒子含有偶数个电子，由此导致明显不同的磁性质。

除此之外，纳米尺度材料的热力学性质也与块体材料有很大的不同。以材料的热容可以表示为

$$C=k_B\beta^2\frac{\delta^2<lnZ>}{\delta\beta^2},\beta=1/k_B T \tag{7.11}$$

能级间隔采用泊松分布，结合式(7.6)和式(7.11)可以得到含有奇数和偶数导电电子纳米粒子的电子热容分别为

$$\begin{aligned}C_{even}&=5.02k_B^2T/\delta=5.02k_B^2Tg(E_F)V\\C_{odd}&=3.29k_B^2T/\delta=3.29k_B^2Tg(E_F)V\end{aligned} \tag{7.12}$$

无限大固体电子气热容为

$$C_{electron}=\frac{1}{3}\pi^2k_B^2Tg(E_F)V=3.29k_B^2Tg(E_F)V \tag{7.13}$$

对比式(7.12)和式(7.13)可知，单价金属纳米微粒体现出和无限大固体材料一样的自由电子热容性质，而双价金属纳米微粒则体现出不同于自由电子热容性质。

纳米微粒的热容 C 和磁化率 χ 与大块样品有很大的不同。上述计算是根据费米面附近金属粒子的电子能级为分立的原则计算出来的。因此，纳米微粒的热容 C 和磁化率 χ 与粒子所含电子的奇偶数有关就表明其费米面附近电子能级是不连续的，电子数的奇偶性会影响电子的组态，这是小系统中电子相关性所产生的效应。

7.3　量子限制效应

7.3.1　不同维度材料的电子结构特征[7, 8]

材料的电学性质在很大程度上取决于体系中的能态密度，根据自由电子气模型，我们可以将电子看作是在周期性势阱中波矢为 $\vec{k}$ 的运动粒子，其能量可以表述为

$$E_{(\vec{k})} = \hbar^2 \vec{k}^2 / 2m \tag{7.14}$$

如果能量 E 有 $N(E)$ 个态，则单位能量范围内的能态数即态密度，定义为

$$D_{(E)} = \mathrm{d}N / \mathrm{d}E = \mathrm{d}N / \mathrm{d}\vec{k} \cdot \mathrm{d}\vec{k} / \mathrm{d}E = \mathrm{d}N / \mathrm{d}\vec{k} \cdot \frac{1}{\vec{k}} \tag{7.15}$$

由式(7.15)可知，无论何种维度的体系，能态密度的差别取决于 $\mathrm{d}N / \mathrm{d}\vec{k}$ 。可以对块体或三维(3D)、二维(2D)、一维(1D)和零维(0D)这四种体系的能态密度进行分析。

1. 三维体系态密度

对于块体半导体，能量 E 的可能的状态数 N 是以由式(7.14)所给出的 $\vec{k}_{(E)}$ 为半径的球内的状态数，因此能态数目 $N_{(E)} \propto \vec{k}^3$，可以得到 $\mathrm{d}N / \mathrm{d}k \propto k^2$ 。所以能态密度为

$$D \propto \vec{k}^2 (1 / \vec{k}) = \vec{k} \tag{7.16}$$

由于 $k \propto E^{1/2}$，故对于块体半导体，有

$$D_{(E)} \propto E^{1/2} \tag{7.17}$$

能态密度与能量的关系如图 7.9(a)所示。

2. 二维体系

对于在一维上存在约束的二维(面)结构，电子可以在面内自由运动，但在垂直方向上受到约束。对于厚度为 L 的平板，允许的能态是一系列由式(7.18)给出的分立能级

$$E_{(n)} = \frac{\hbar^2}{2m}\left(\frac{n\pi}{L}\right)^2 \tag{7.18}$$

其中，n=1, 2, 3, …。能量 E 的能态数 $N(E)$ 是在半径为 k 的圆碟内的状态数，$N_{(E)} \propto k^2$，故 $\mathrm{d}N/\mathrm{d}k \propto k$，因此二维体系的能态密度与能量的关系如下

$$D_{(E)} \propto k(1/k) = 1 \tag{7.19}$$

能态密度与能量无关。各能量组合后的能态密度呈现出与约束相关的台阶，以及台阶间的水平线，如图 7.9(b)所示。

3. 一维体系态密度

在二维上受到约束则给出一维的“量子线”。沿着量子线，能态的数目正比于 k，即 $N_{(E)} \propto k$，因此 $\mathrm{d}N/\mathrm{d}k \propto$ 常数，能态密度为 $D_{(E)} \propto 1/k$，或写成 $D_{(E)} \propto 1/E^{-1/2}$。组合的能态密度在接近带边处出现奇异性(van Hove 奇点)，展现出由量子约束态导致的尖锐阶跃，在跳跃之间则是 $E^{-1/2}$ 的变化，如图 7.9(c)所示。

4. 零维体系态密度

如果在三维上都受到约束，则导致零维的“量子点”。此时，只出现与量子约束相对应的分立能级。所得的能态密度为一系列简单的线，如图 7.9(d)所示。

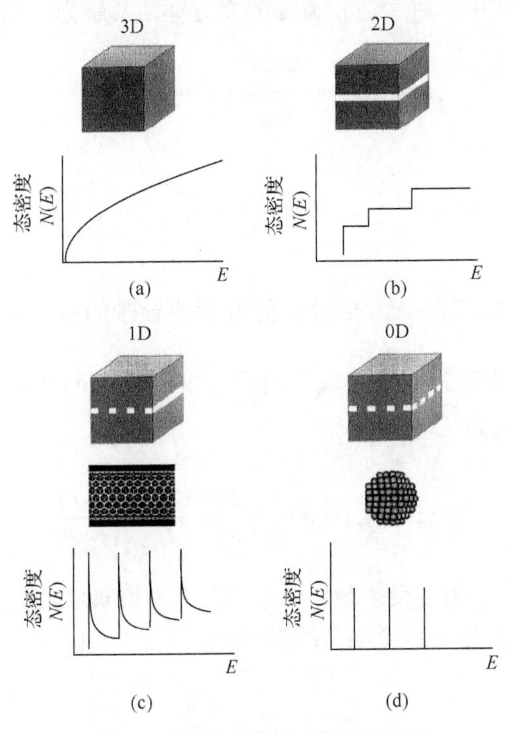

图 7.9　不同维度材料的电子态密度

7.3.2 量子点的量子限制效应[7]

在量子点体系中，电子在所有三个方向上都受到限制，都不存在平面波关系。电子行为同样由薛定谔方程描述：

$$\left(-\frac{h^2}{2m^*}\nabla^2+V(x,y,x)\right)\psi(r)=E\psi(r) \tag{7.20}$$

可以将电子看作处于三维无限深势阱中，电子能量为

$$E=E_{nlm}=\frac{h^2\pi^2}{2m_{\mathrm{e}}^*}\left(\frac{n^2}{L_x^2}+\frac{l^2}{L_y^2}+\frac{m^2}{L_z^2}\right) \tag{7.21}$$

$$\psi_{nlm}\sim\sin[\frac{n\pi x}{L_x}]\sin[\frac{l\pi y}{L_y}]\sin[\frac{m\pi z}{L_z}] \tag{7.22}$$

其中, n, l, m=1, 2, 3, …。

考虑最简单的情况，假定在粒子外波函数为零，此体系对应于无限高势垒。并且忽略库仑相互作用，对于边长为 a 的立方体，其解为

$$E=E_{nlm}=\frac{h^2\pi^2}{2m_{\mathrm{e}}^*a^2}(n^2+l^2+m^2) \tag{7.23}$$

$$\psi_{nlm}=\left(\frac{2}{a}\right)^{3/2}\sin[\frac{n\pi x}{a}]\sin[\frac{l\pi y}{a}]\sin[\frac{m\pi z}{a}] \tag{7.24}$$

其中 n，l，m=1，2，3，…。相对于价带顶的导带的能量为 $E_{nlm}=E_{\mathrm{g}}+\frac{h^2\pi^2}{2m_{\mathrm{e}}^*a^2}(n^2+l^2+m^2)$，$E_{\mathrm{g}}$ 为能带间隙，m_{e}^* 为电子有效质量。对于更为对称的半径为 R 的球形粒子，波函数为

$$\psi_{nlm}=Y_{lm}(\theta,\varphi)\frac{1}{R}\left\{\frac{2}{r}\right\}^{1/2}\frac{J_{l+1/2}(k_{nl}r)}{J_{l+3/2}(k_{nl}r)} \tag{7.25}$$

Y_{lm} 为规一化球函数，n 为主量子数，l 为动量，J_x 为贝塞尔函数。k_{nl} 由 $J_{l+1/2}(k_{nl}r)=0$ 时的根定义。由上述式(7.25)波函数得能量

$$E_{nlm}=E_{\mathrm{g}}+\frac{h^2k_{nl}^2}{2m_{\mathrm{e}}^*} \tag{7.26}$$

由式(7.26)给出一系列分立能级。作为简化，上述推导只是对导带进行，但对于价带也同样适用。考虑在导带和价带之间的跃迁，上述公式中的质量 m_e^* 须由约化质量 $m=m_e^*m_h^*/(m_e^*+m_h^*)$ 代替，m_h^* 为空穴有效质量。由于波函数的正交性，只允许同量子数的态间跃迁。量子点由价带势阱中的第 n 个能级到导带势阱的第 m 个能级的直接带隙跃迁产生的能量变化为

$$\Delta E = E_g + \frac{h^2\pi^2 n^2}{2m_h^* a^2} + \frac{h^2\pi^2 m^2}{2m_e^* a^2} \tag{7.27}$$

对于最低能态间($n=m=1$)：

$$\Delta E = E_g + \frac{h^2\pi^2}{2a^2}\left(\frac{1}{m_h^*} + \frac{1}{m_e^*}\right) = E_g + \frac{h^2\pi^2}{2a^2\mu} \tag{7.28}$$

上述处理中在一级近似中忽略了很多因素。对于实际的粒子需要对这些因素进行考虑和修正。电子–空穴对(激子)之间的库仑相互作用和诱导极化效应考虑半径为 R，介电常数为 ε_2 的球嵌于介电常数为 ε_1 的介质中，对于球内位置为 r_1 和 r_2 的两个电荷，其势能为

$$V(r_1, r_2) = -\frac{e^2}{\varepsilon_2 |\vec{r}_1 - \vec{r}_2|} + P(\vec{r}_1) + P(\vec{r}_2) - P_{M(\vec{r}_1\vec{r}_2)} \tag{7.29}$$

式中，第一项为库仑项，第二、三项为在 r_1 和 r_2 处的电荷极化，第四项是由一个电荷与另一电荷诱导的极化间的相互作用引起的互极化项。

将上述库仑势包含薛定谔方程，对于给定的波函数，可以计算出能量。在一级近似下，只采用电子和空穴的 1s 波函数，则得最低激发态间的跃迁能量：

$$E = E_g + \frac{h^2\pi^2}{2R^2}\left[\frac{1}{m_e^*} + \frac{1}{m_h^*}\right] - \frac{1.8e^2}{\varepsilon_2 R} + \overline{\frac{e^2}{R}\sum_{n=1}^{\infty}\alpha_n\left(\frac{S}{R}\right)^{2n}} \tag{7.30}$$

式中，第一项是约束能，第二项为库仑相互作用，第三项来自极化，并对 1s 波函数进行了平均。约束能按 R^{-2} 变化，库仑能按 R^{-1} 变化。因此总是可以使得约束项成为最大(R 足够小)。但对很多可能的系统，特别是直接带隙材料，库仑项会变得相当显著。此外，极化项虽然相对于前两项是小的，但有时会变得特别重要，如在考虑小粒子在表面化学反应中的行为时。

对于实际的粒子，电子间的库仑约束作用往往也是必须要考虑的，主要有三种不同强度的约束类型：

(1) $a<<a_e$ 且 $a<<a_h$ 时，体系属于强约束类型，此类情况不多见，暂不作详细讨论。

(2) $a_h<a<a_e$ 时，体系属于中等程度的约束类类型。由于导带与价带的区别，典型的半导体中空穴的有效质量远大于电子有效质量，故电子玻尔半径远大于空穴玻尔半径，重的空穴受到电子运动平均效应的影响。球形波函数在中心具有极小值，故空穴将趋于被局限在中心。一级近似下，电子的量子约束给出分立能级结构。由于库仑相互作用相对增强，放宽了跃迁时对量子数守恒的限制，因此，使强约束时的单次跃迁被分裂为到相近能级的几个跃迁。

(3) $a>a_h$ 且 $a>a_e$ 时，体系处于弱约束状态。只需考虑激子的作用，激子能量只有很小的增加。但由于激子是晶粒的整体激发，激子运动的尺寸量子化导致的激子能量的移动还是可以观察到的。

7.4　特征长度和相干长度

7.4.1　输运性质的经典理论[2]

经典的输运理论告诉我们，材料电导的本质是电子在晶格中的运动，即电子输运，其输运规律符合欧姆定律。例如，在一个三维长方形导体的电导与截面积 S 成正比，与长度 L 成反比：

$$G=\sigma\frac{S}{L} \tag{7.31}$$

σ 为电导率，在确定的温度下，在整个导体中电导率 σ 为常数。根据自由电子气模型，电子在晶格中的运动具有三个运动自由度，根据玻尔兹曼定理，每个电子热能为 $E_T=\frac{3}{2}k_BT$。对于质量为 m，且无外加电场作用下，以平均速度 v 运动的电子，总能量(动能)为 $mv^2/2$。因此，$\frac{1}{2}mv^2=\frac{3}{2}k_BT$ 成立，可以得出电子的平均热速度 $v=v_T=\sqrt{\frac{3k_BT}{m}}$。

在一定温度下，这些电子做无规则热运动，没有定向的流动。当有电场 E 存在时，电子产生定向运动，形成电流。在电场力 $-qE$ 的作用下，电子做加速运动，速度应该越来越大。然而，实际情况并非如此，电流通常维持一稳定值。这说明在电子的运动过程中有阻力存在，电子流动的阻力来源于与晶格原子的相互碰撞。假设电子受到电场 E 的作用后，电子受力为 F，加速度为 a，则有

$$F = ma = m\frac{\mathrm{d}v}{\mathrm{d}t} = -qE \tag{7.32}$$

$$v(t) = \int_0^t \left(\frac{-q}{m}E\right)\mathrm{d}t = \frac{-qt}{m}E = v_d(t) \tag{7.33}$$

这里，v_d是由外加电场引起的速度分量，称为电子漂移速度。

由于晶格原子的质量远大于电子质量，可以假定电子与原子的每次碰撞都使电子完全失去它从外加电场获得的动量，设每个电子与晶格相继两次碰撞的平均时间间隔为 τ，这个时间间隔也称弛豫时间。由此可以得到电子漂移速度

$$v_d = \int_0^\tau \left(\frac{-q}{m}E\right)\mathrm{d}t = \frac{-q\tau}{m}E = -\mu_e E \tag{7.34}$$

其中，$\mu_e = \frac{q\tau}{m}$，为材料的电子迁移率，大的迁移率意味着电子与晶格碰撞前能够运动较长的距离，电子与晶格相继两次碰撞间所走过的平均路程定义为电子的平均自由程 l_m，弛豫时间 τ 正比于平均自由程 l_m。假定载流子浓度为 N，在外加电场的作用下，材料的电流密度为每秒通过单位平面的总电子数：

$$J = qNv_d = qN\frac{q\tau}{m}NE = \sigma E \tag{7.35}$$

因此，电导率为

$$\sigma = \frac{q^2\tau}{m}N \tag{7.36}$$

由式(7.34)和式(7.36)可知，电导主要取决于电子迁移率和电子(载流子)浓度。

以上是针对金属做出的理论推导，对于半导体而言，要分别考虑电子和空穴两种载流子对电导的贡献：

$$\sigma = q^2\left(\frac{\tau_e}{m_e^*}N_e + \frac{\tau_h}{m_h^*}N_h\right) \tag{7.37}$$

式中，τ_e 和 τ_h 分别为电子和空穴的弛豫时间；m_e^* 和 m_h^* 分别为电子和空穴的有效质量；N_e 和 N_h 分别为电子和空穴的浓度。

7.4.2　与电子输运相关的特征长度[9, 10]

当体系的尺寸未小到原子量级，又未达到欧姆定律起作用的范围时，往往体现出不同于块体材料的电子输运特征。尺寸是影响输运性质的关键因素。

经典的输运理论将电子作为类似自由电子气处理，先后将泡利不相容原理及电子间的相互作用考虑进去，取得了理论上的巨大成功。但是，小尺度系统电子输运特性与宏观系统明显不同，又给原有的理论带来了挑战。其原因是经典输运理论并未考虑电子的波动性(量子干涉)。在一些低维体系中，由于尺寸的限制，电子受到的弹性散射并不破坏相位相干，这一点与块体材料不同。考虑一半径为 a，长度为 L 的导线，ρ_0 为相应体材料的电阻率。当 $a\leqslant$ 电子平均自由程量级时，导线的电阻率显著不同于体材料。一般随 a 增大而显著减小，导线表面散射和晶粒间界散射成为影响电导的主要因素，导线的电阻率为

$$\rho=\rho_0\left\{\frac{1}{3\left[\dfrac{1}{3}-\dfrac{\alpha}{2}+\alpha^2-\alpha^3\left(1+\dfrac{1}{\alpha}\right)\right]}+\frac{3}{8}C(1-p)\frac{1+\mathrm{AR}}{\mathrm{AR}}\frac{L_\mathrm{m}}{w}\right\} \tag{7.38}$$

其中，$\alpha=\dfrac{L_\mathrm{m}}{d}\dfrac{R_\mathrm{c}}{1-R_\mathrm{c}}$，$d$ 为晶粒的平均尺寸(对于相对较细的导线，也可以取作线的宽度)，R_c 为晶粒间界反射系数；ρ_0 为体块电阻率；L_m 为电子平均自由程；w 为线宽度；AR 为高宽比(线的高度除以线的宽度)；p 称为镜面参数(与导线表面的反射有关)；C 为常数。以铜纳米线为例，图 7.10 为半径 30nm、长度 2.4mm 的单晶铜纳米线与两个金电极相连的结构表征图及 I-V 曲线测量结果。其结果显示，电阻测量值是体材料的电导率计算值的 10 倍。这里主要须考虑电子散射、铜纳米线与金电极接触电阻和表面氧化给电阻率带来的影响。

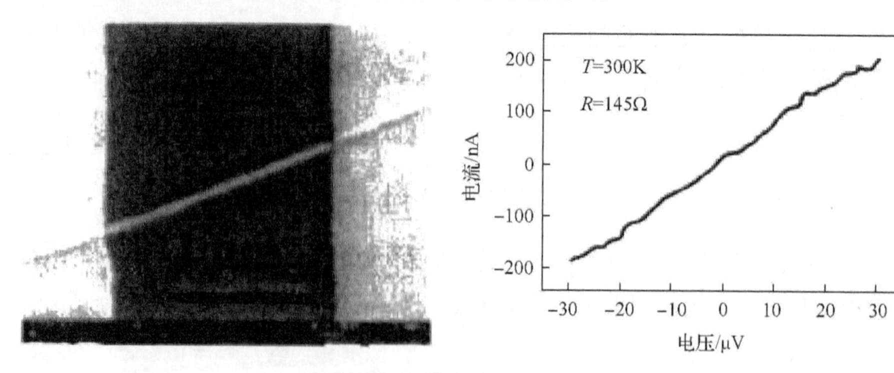

图 7.10　铜纳米线的伏安特性

欧姆定律起作用的范围通常指系统尺度大于四个特征长度：德布罗意波长、费米波长、平均自由程和相位相干长度。

1. 德布罗意波长

自由电子的德布罗意波长为 $\lambda_0 = \dfrac{h}{p} = 2\pi\sqrt{\dfrac{\hbar^2}{2mE}}$，凝聚态物质中电子的德布罗意波长为 $\lambda = \dfrac{h}{p} = \sqrt{\dfrac{h^2}{2m^* E}} = \lambda_0\sqrt{\dfrac{m_0}{m^*}}$，$m^*$为电子有效质量。德布罗意波长表示一个特征长度，在微观描述中在此尺度下量子尺寸效应将显露出来。例如，在半导体中接近导带底的电子，能量 $E \leqslant 100\text{meV}$，$m^* \leqslant 0.1m_0$($m_0$ 为自由电子质量)。德布罗意波长 λ 为 100～1000Å。λ 支配着在相应的维度方向限制引起的电子态的量子化，产生量子化能级间隔。有效质量 m^*越小的系统，量子化能级间隔越大。

2. 费米波长

对于简并电子系统，由费米能确定费米波长：

$$\lambda_F = \sqrt{\frac{h^2}{2m^* E_F}} = \sqrt{\frac{h^2}{2m^* \dfrac{\hbar^2 k_F^2}{2m^*}}} = \frac{2\pi}{k_F} \tag{7.39}$$

对于电子输运，处于或接近费米能级的那些电子是重要的，所以可以由费米波长作为量子输运代表性的特征长度。当电子的面密度～$5\times10^{11}\text{cm}^{-2}$，$\lambda_F$～35nm；对于半导体，$\lambda_F$～10nm；对于金属，$\lambda_F$～1nm。

3. 平均自由程

动力学输运中采用平均自由程，电子的平均自由程为电子的初始动量被改变前所行走的平均距离 $l_e = v\tau$，v 为电子热速度(低温下为费米速度)，τ 为电子弛豫时间。在与弹性散射平均自由程相当的长度上，电子的输运是弹道式的，不受散射。

4. 相位相干长度

在电子态相位因非弹性碰撞而被破坏之前，可能经历几次弹性碰撞。由于弹性碰撞不破坏电子态的相位记忆，在相邻两次的非弹性碰撞之间，载流子飞行的距离称为相位相干长度，用 L_φ 表示，下标 φ 表示粒子数波函数的相位。相位相干长度 L_φ 是电子波函数的初始相位被改变前所行走的距离。一般相位相干长度的量

级为 $L_\varphi \sim 1\mu m$，大于电子的平均自由程。在量子输运领域，L_φ 作为介观与宏观器件的严格分界长度。

上述四个量都是平均值，描述宏观输运性质，其大小依赖于电子系统所遵从的统计规律。当导体的尺寸远大于上述特征长度时，其电子输运体现出欧姆特性。当导体的尺度与德布罗意波长接近，电子碰撞被简化为瞬时的，与相位无关；当导体的尺度小于电子平均自由程，电子可被视为在无散射的活性区运动，体现出弹道输运(ballistic transport)的特性；当导体的长度小于相位相干长度，相位相干可在足够长的距离内被保持，电子波函数扩展到整个系统。

7.5 弹道输运

电子输运有两种情况：扩散和弹道输运。当导体长度小于电子平均自由程时，电子在导体中的输运过程为弹道输运，没有散射过程，根据经典理论，电导为无穷大。但实验结果表明，电导存在极限值，并且其大小不再随导体宽度线性变化，而是出现了间隔相等的台阶，即电导量子化。1988 年，van Wees 和 Wharam 等[11, 12]利用分裂门技术在二维电子气基础上形成量子点接触器件，从实验上观测到了电导量子化现象，图 7.11 为器件示意图。量子点接触(quantum point contact)是二维电子气中短而窄的收缩区，其长度为 L，宽度为 W，且均小于电子平均自由程 l(在图 7.12 中，两个金属门极间距小于电子平均自由程)。电流通道(沟道)在 GaAs/GaAlAs 异质结界面上形成，被加了门压后形成的耗尽层约束成很窄的通道，如图 7.12 所示。当分裂门电极上加负电压时，便在源-漏之间形成纳米尺寸的电子气通道，随着门电压不同，通道的尺寸在改变，当电子气通道达到纳米尺寸时，可以测量到量子电导行为，当导线的宽度减小到费米波长的尺度，由纳米线所连接的电极间的电导按阶梯 $2e^2/h=(12.9\text{k}\Omega)^{-1}$ 变化，并且电导不再与导线的长度相关，如图 7.13 所示。利用量子点接触中的电子输运特性可以制成量子开关、逻辑电路、量子相干、衍射等器件。其缺点是这个量子电导对温度敏感，湿度高时，由于热噪声的存在，台阶行为将变弱。

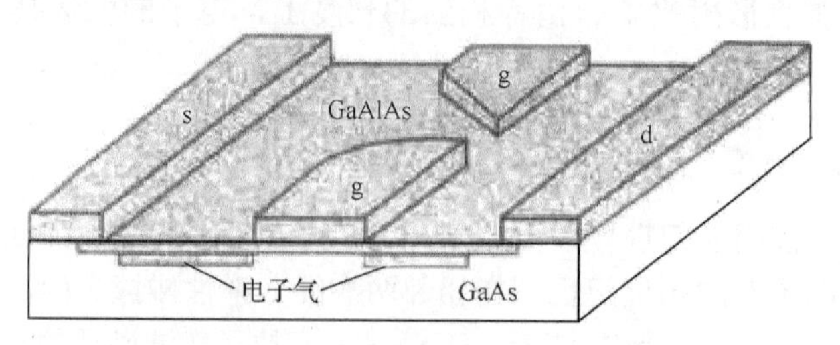

图 7.11 分裂门二维电子气示意图

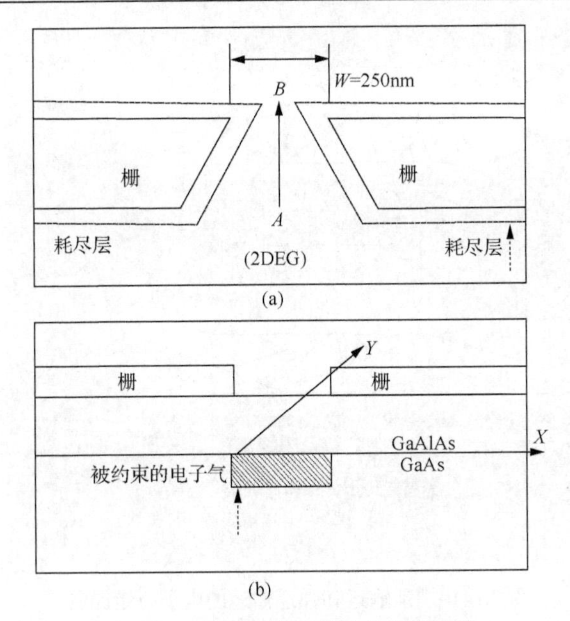

图 7.12　量子点接触形成的电流沟道

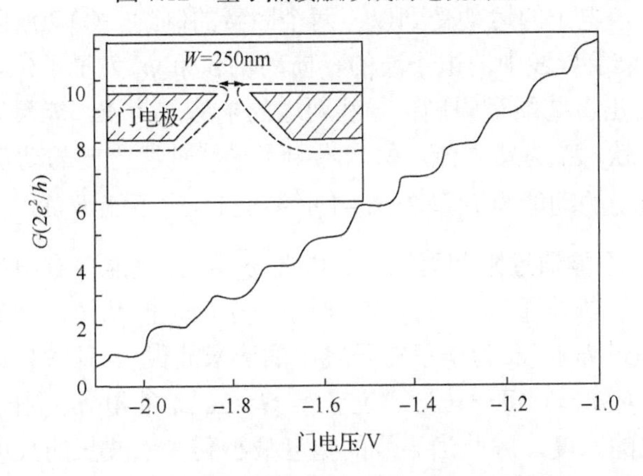

图 7.13　量子点接触器件中的量子电导行为

图 7.14 比较了电子扩散输运和弹道输运的特征[13]。当电子的弹性散射平均自由程与导线尺度相比很小时，电子在导线中的传输是扩散输运。传输过程中，电子在导线内无序分布的杂质上散射，其路径为无规行走。不难看出在扩散输运的体系中，每种材料具有特定的电导，导线的电导与其长度成反比。当导线的长度减小到与电子的平均自由程相当时，电子的输运性质由扩散式变为弹道式。在弹道输运中，限制电流大小的是导线的边界散射，导线内的杂质散射可忽略。

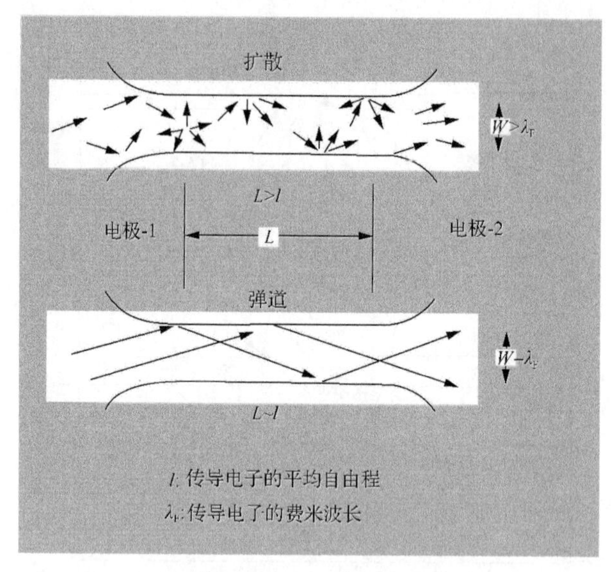

图 7.14　扩散输运和弹道输运的电子行走路径

弹道输运中，电子的运动受到以下两个因素的制约。①动量限制：假定导线具有宽度 W，约束于导线中的电子波的径向动量 p_x 和 p_y 为量子化。对应于整数 n，动量由 $nh/2W$ 给出。②能量限制：导线两端的电势差为 V，能量为 $E \sim E_F+eV$ 的电子对电流有贡献，E_F 为费米能。假定沿电子导线轴线方向的动量分量为 p_z，电子在轴线方向运动的动能为 $p_z^2 = 2mE - \left(p_x^2 + p_y^2\right)$，$p_z^2$ 不能为负，否则能量为 E、质量为 m 的电子不能通过限制而输运。因此 p_x 和 p_y 只能取有限值，其允许的最大的 n 数即定义了传导通道的数目 N。对于一个确定的系统，N 是确定的，因此最大的 p_z 不能超过 h/λ_F（λ_F 为电子在导线中的费米波数）。计入自旋简并，系统的电导为 $G=(2e^2/h)n_{max}$。每一传导通道获得 $G=2e^2/h$ 的电导。由于传导通道的数目依赖于纳米线的宽度，因此当导线的宽度减小到费米波长的尺度，随着导线变细就出现电导阶梯状地减小，阶梯的大小为 $2e^2/h=(12.9\text{k}\Omega)^{-1}$，并且电导不再与导线的长度相关，这就是电导量子化（conductance quantization）。

7.6　Landauer-Büttiker 公式[14]

经典系统中，材料的电阻与电子运动的动能损耗相关；而在介观系统中，电子输运受到弹性散射而不存在损耗，电阻定量化计算需要重新考虑。1957 年，Landauer 首先建立了一维导线的电导与在费米能级附近电子的透射和反射概率的关系，导出了计算介观系统电导系数的公式[14]。其基本思想是：当测量一个样品的 I-V 曲线时，一定会在这个样品上至少连接两根导线，然后使电流通过器件。若将这两根导线视为理想导线，即假设其不含杂质，则可将它们看作电子波的理想波导管，而将被测器件视为一势垒。电子波通过器件可被视为一种量子隧穿过程。这样器件的电导系数就一定依赖于电子波的穿透系数 T。穿透系数 T 越大，可期待的器件电导系数也就越大。

考虑一个两端通过理想导线连接到化学势分别为 μ_1 和 μ_2 理想电子库(电极)的导线(导线用一个势垒来表示)，如图 7.15 所示。此模型实质为恒定势垒时电子波的一维传输。电子具有能量 E，在恒定的势 V 中运动，满足薛定谔方程：

$$-\frac{\hbar^2}{2m}\frac{\partial^2\psi_\varepsilon(x)}{\partial x^2}+V\psi_\varepsilon(x)=E\psi_\varepsilon(x) \tag{7.40}$$

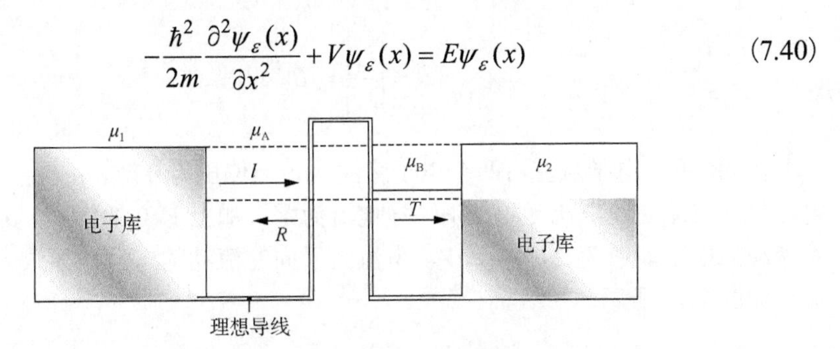

图 7.15　理想导线连接电子库模型

电子通过纳米结构的输运可看作电子波散射问题：入射波 ψ_{in} 或被反射为 ψ_{rf} 或透射为 ψ_{tr} 在远离纳米结构处势为常数，左边为 V_1，右边为 V_2，纳米结构处为 $V(x)$。式(7.40)薛定谔方程的解为

$$\psi_\varepsilon(x)=\mathrm{e}^{\pm \mathrm{i}kx},\qquad k=\frac{1}{\hbar}\sqrt{2m(\varepsilon-V)} \tag{7.41}$$

根据边界条件归一化后，得

$$\begin{aligned}
&\psi_{\text{in}}(x)=\frac{1}{\sqrt{L}}\mathrm{e}^{\pm \mathrm{i}k_1x},\qquad k_1=\frac{1}{\hbar}\sqrt{2m(\varepsilon-V_1)}\\
&\psi_{\text{rf}}(x)=\frac{B}{\sqrt{L}}\mathrm{e}^{\pm \mathrm{i}k_1x}\\
&\psi_{\text{tr}}(x)=\frac{C}{\sqrt{L}}\mathrm{e}^{\pm \mathrm{i}k_2x},\qquad k_2=\frac{1}{\hbar}\sqrt{2m(\varepsilon-V_2)}
\end{aligned} \tag{7.42}$$

式中，L 为系统(纳米结构)的长度。求得入射电流 I_{in}、反射电流 I_{rf} 和透射电流 I_{tr} 分别为

$$
\begin{aligned}
I_{\text{in}} &= -\frac{e\hbar}{mL}\,\text{Im}[\text{i}k_1] = -\frac{e\hbar}{mL}k_1 \\
I_{\text{rf}} &= -\frac{e\hbar}{mL}\,\text{Im}[\text{i}k_1]\left|B\right|^2 = -\frac{e\hbar}{mL}k_1\left|B\right|^2 \\
I_{\text{tr}} &= -\frac{e\hbar}{mL}\,\text{Im}[\text{i}k_2]\left|C\right|^2 = -\frac{e\hbar}{mL}k_2\left|C\right|^2
\end{aligned}
\tag{7.43}
$$

进一步解得反射系数和透射系数

$$
\begin{aligned}
T &= \frac{\left|I_{\text{tr}}\right|}{I_{\text{in}}} = \frac{k_2}{k_1}\left|C\right|^2 \\
R &= \frac{\left|I_{\text{tr}}\right|}{\left|I_{\text{in}}\right|} = \left|B\right|^2
\end{aligned}
\tag{7.44}
$$

在 0K 下，电子从左右两个电子库注入。当偏压为 0 时，$\mu_{\text{L}}=\mu_{\text{R}}$，向左流动的电流与向右流动的电流互相抵消，净电流为零。加上 $V>0$ 的偏压，$\mu_{\text{L}}=\mu_{\text{R}}+eV$，向右流动的电子能量为 $\mu_{\text{L}}\sim\mu_{\text{L}}-eV$，电流大于向左流动的电流，导致大于零的净电流，如图 7.16 所示。

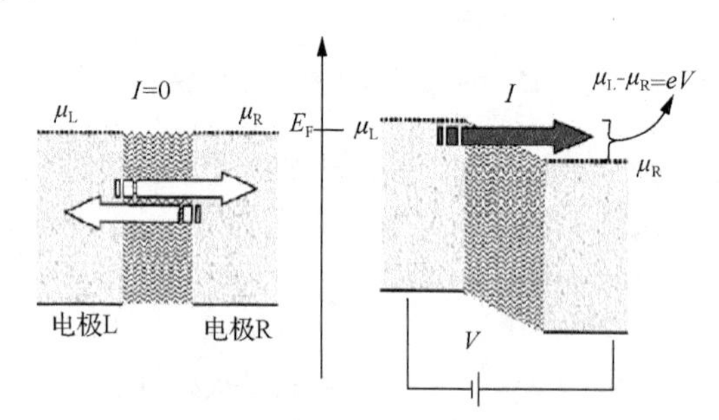

图 7.16　偏压为 0 和大于 0 时理想导线连接电子库模型的电流流向示意图

对于一个态 k，由一个从左向右运动的电子贡献电流：

$$
I_{\text{L}\to\text{R}}^{k_1} = -\frac{2e\hbar}{mL}k_2\left|C\right|^2 = -\frac{2e\hbar k_1}{mL}T = -\frac{2ev_1}{L}T,\quad T = \frac{\left|I_{\text{tr}}\right|}{\left|I_{\text{in}}\right|} = \frac{k_2}{k_1}\left|C\right|^2 \tag{7.45}
$$

对于一个给定的量子数 i(通道)，具有一系列量子态 k，从左边电子库经纳米结构流入右边电子库的电流为

$$
I_{\text{L}\to\text{R}} = \sum\nolimits_k\left(-\frac{ev_k}{L}\right)T_i n_{\text{F}}^{\text{L}}(\varepsilon_{ki}) \tag{7.46}
$$

其中考虑了左边电子库中向右运动的电子的量子态具有费米-狄拉克统计 $n_{\text{F}}^{\text{L}}(\varepsilon_{ki})$。通过数学变换

$$\sum_k \to (L/2\pi)\int \mathrm{d}k,\ \int \mathrm{d}k \to \int \mathrm{d}\varepsilon \frac{\partial k}{\partial \varepsilon} = \int \mathrm{d}\varepsilon \frac{1}{\hbar v},\ \sum_k \to (L/2\pi)\int \mathrm{d}\varepsilon \frac{1}{\hbar v}$$

可得

$$I_{\mathrm{L\to R}} = -\frac{2e}{h}\int_{-\infty}^{\infty} \mathrm{d}\varepsilon n_{\mathrm{F}}^{\mathrm{L}}(\varepsilon_i) T_i \tag{7.47}$$

同理可以得到从右至左的电流：

$$I_{\mathrm{R\to L}} = -\frac{2e}{h}\int_{-\infty}^{\infty} \mathrm{d}\varepsilon n_{\mathrm{F}}^{\mathrm{R}}(\varepsilon_i) T_i \tag{7.48}$$

式(7.47)和式(7.48)前面的系数“2”来源于电子的自旋自由度。结合式(7.47)和式(7.48)，可得总的电流：

$$I = I_{\mathrm{L\to R}} - I_{\mathrm{R\to L}} = -\frac{2e}{h}\int_{-\infty}^{\infty} \mathrm{d}\varepsilon T_i (n_{\mathrm{F}}^{\mathrm{L}}(\varepsilon_i) - n_{\mathrm{F}}^{\mathrm{R}}(\varepsilon_i)) \tag{7.49}$$

$$n_{\mathrm{F}}^{\mathrm{L}}(\varepsilon_i) - n_{\mathrm{F}}^{\mathrm{R}}(\varepsilon_i) = n_{\mathrm{F}}(\varepsilon_i, \mu_{\mathrm{L}} - eV) - n_{\mathrm{F}}(\varepsilon_i, \mu_{\mathrm{L}}) \tag{7.50}$$

式(7.49)在文献中经常遇到，一般用于 I-V 曲线的计算。费米-狄拉克统计函数为

$$n_{\mathrm{F}}(\varepsilon, \mu_0, V, T) = \frac{1}{\exp[\frac{\varepsilon - \mu_0 + eV}{k_{\mathrm{B}}T}] + 1}$$

当电压 V 为小电压时，$n_{\mathrm{F}}^{\mathrm{L}}(\varepsilon_i) - n_{\mathrm{F}}^{\mathrm{R}}(\varepsilon_i) \approx \frac{\partial n_{\mathrm{F}}}{\partial \varepsilon}\Big|_{\mu_{\mathrm{L}}}(-eV) = (-\frac{\partial n_{\mathrm{F}}}{\partial \varepsilon})(eV)$。在低温下，$-\frac{\partial n_{\mathrm{F}}}{\partial \varepsilon} = \delta(E_{\mathrm{F}} - \varepsilon)$，则有

$$I = -\frac{2e}{h} T_i(E_{\mathrm{F}})(-eV) \tag{7.51}$$

$$G = \frac{V}{I} = \frac{2e^2}{h} T_i(E_{\mathrm{F}}) \tag{7.52}$$

式(7.52)即为 Landauer-Büttiker 公式[15]，它给出的是电子库间的电导。

以上是单通道的 Landauer-Büttiker 公式，将多个通道求和叠加可以得到多通道的 Landauer-Büttiker 公式：

$$G = (\frac{2e^2}{h})\sum_{n=1}^{N} T_n,\ T_n = \sum_{m=1}^{N} |t_{nm}|^2 \tag{7.53}$$

t_{nm}为从第 m 个模过渡到第 n 个模的传输机率幅。

理论上，弹道输运中没有碰撞或相互作用，没有能量耗散机制，弹道导体上没有电势降落，电阻应该为零。然而通过描述量子电导的 Landauer-Büttiker 公式得到电子电阻为 $R=\dfrac{h}{2e^2N}$。事实上，这里 R 不是真正的通道电阻，是物理沟道与电子库之间的接触电阻。电子库的大量电流必须在沟道提供的少量通道中进行重新分配，从而导致电阻的产生。弹道金属纳米线电阻不存在耗散机制，因此电阻值与长度无关，且无加热现象，导致弹道金属纳米线能够承载远高于块体金属材料的电流密度。

7.7 量 子 干 涉[16-18]

非弹性散射导致粒子动量和能量两者都改变。在导线中，存在电子-声子、电子-电子等相互作用，粒子间产生能量交换，如声子的产生或消灭。非弹性散射破坏了相关效应与电子波动性的行为，使电子的量子相干性不再被保持。也就是说，电子保持其量子相干性的距离小于非弹性散射长度 L_{i}，在较大的距离上，电子失去相干性。

通常非弹性散射长度大于费米波长，更远大于弹性散射自由程 L_{e}，即有 $L_{\mathrm{i}}>\lambda$，$L_{\mathrm{i}}\gg L_{\mathrm{e}}$。

当测量导线间的距离与 L_φ 可以比较时，在静态输运实验中可以看到普适电导涨落现象。对于量子导线，由于存在较强的量子干涉，物理性质不同于经典的宏观系统。20 世纪 80 年代中期，实验上发现一些介观尺度的金属样品的电导随外场，如磁场、偏压等，做无规振荡，图 7.17 给出几个有代表性的结果[17, 18]，其中，图 7.17(a)和图 7.17(b)分别为电导随磁场的变化的涨落，图 7.17(c)为电导随栅压的涨落。在不同样品的无规振荡图形中，电导涨落的方差是一个量级为 e^2/h 的普适常数，与样品材料、大小、无序程度及电导平均值的大小无关，只与样品的形状和有效维数有微弱的关系。因此这种涨落称为普适电导涨落。当测量引线间的距离与相位相干长度 L_φ 可以比较时，在静态输运实验中可以看到普适电导涨落现象。上述实验中观察到的涨落具有如下三个特征：

(1)与时间无关的非周期涨落。热噪声与时间有关，故这种电导涨落不是热噪声。

(2)每一特定的样品有其自身特有的涨落图样，在保持宏观条件不变的情况下，其涨落图样是可以重现的。故这种涨落图样被称为样品的“指纹”(sample-specific)。

(3)涨落的大小是量级为 e^2/h(～$4\times10^{-5}S$)的普适量，与样品材料、大小、无序程度、电导平均值的大小无关。只要样品是介观尺度的，并处于金属区。

理论研究还表明，电导涨落的大小与样品形状及空间维数只有微弱的依赖关系。正是由于电导涨落的这种普适性，所以才称之为普适电导涨落。

普适电导涨落来源于介观金属(满足 $l_F \ll l \ll L \leqslant L_\varphi$)中的量子干涉效应($l_F$ 为费米面处电子的波长；l 为弹性散射平均自由程；L 为样品线度；L_φ 为电子波函数的相位相干长度)。由 Landauer 理论，电导正比于总透射概率。

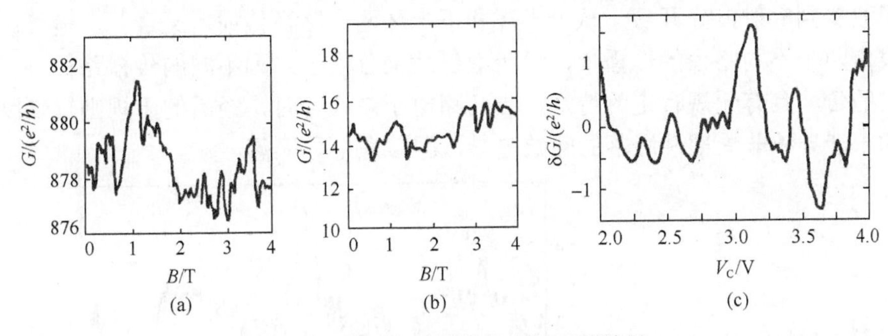

图 7.17　普适电导涨落的实验观测结果

从样品一边透射到另一边的透射概率幅为

$$T_n = (\sum_m |t_m|)^2 = \sum_m |t_m|^2 + \sum_{m \neq k} t_m t_k^* \tag{7.54}$$

在金属区的电子通过样品时经历多次与杂质的散射，其路径是无规行走式的准经典“轨道”。不同路径之间的相位差是不规则的，导致随机干涉效应。磁场或电场改变了金属中的离化杂质分布，不同分布的杂质的散射产生不同的随机干涉，使电导呈现非周期的不规则涨落。电导涨落的花样取决于样品中具体散射中心的分布构型，移动一个杂质就可能完全改变花样，可作为样品的“指纹”。

处于磁场中的介观尺度金属环除了可以观察到电导随磁场的无规涨落之外，还可以观察到周期性的振荡。对于一个截面为 30nm×30nm、长 1μm 的金环[图 7.18(a)]，在低温下测量其电导随磁场的变化，可以得到如图 7.18(b)所示的振荡信号，可以清楚地看到两种不同周期的振荡叠加在一起，通过滤波可以获得图 7.18(c)的低通滤波分量和图 7.18(d)的高通滤波分量。对金环磁电阻进行傅里叶变换[图 7.18(e)]，可以发现其中包含了三种振荡成分，即：可归因于普适电导涨落的无规振荡；h/e 周期的振荡，起源于 Aharonov-Bohm(AB)效应；$h/2e$ 周期的振荡，起源于 Altshuler-Aronov-Spivak(AAS)效应。这三种效应与金环中散射存在时电子波在三种典型传输路径上的量子干涉相关。如图 7.19 所示，当电子沿闭合

回路 A(实线)传输，电子波受到散射时，其两个分波分别沿顺时针路径和反时针路径传播，当两个分波又回到原散射体，保持未受到破坏的相位，时间反演对称路径上两个分波的干涉给出以 $h/2e$ 为周期的磁致电导，此即 AAS 效应。AB 效应则对应于电子传输路径 B(虚线)，电子波在环左边受到散射被分开，从上半环和下半环两个路径传播后又在环右边合并，从不同路径上传播到合并点的两个分波的干涉给出以 h/e 为周期的磁致电导，即为 AB 效应。对于路径 C' 和 C'' (点划线)，电子波受到散射被分开后，从上半环和下半环两个路径传播后又合并，电子波在导线内两个不同路径的传播中，经历散射后又分出一系列不同的传播路径，使电子波的传波具有无规行走的特征，当两路电子波会合时，经历的无规则行走路径间的干涉导致非周期性涨落的磁致电导，即普适电导涨落。

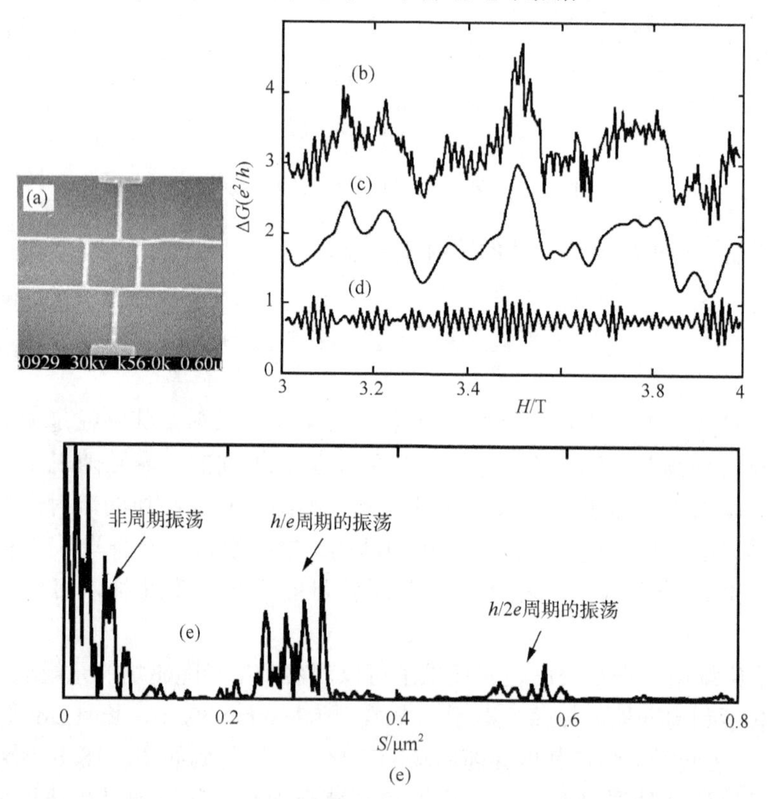

图 7.18　(a)用于电导随磁场的变化测量的金环的显微照片；(b)低温下测量的金环的磁电阻；(c)金环磁电阻的低通滤波分量；(d)金环磁电阻的高通滤波分量；(e)金环磁电阻的傅里叶变换谱

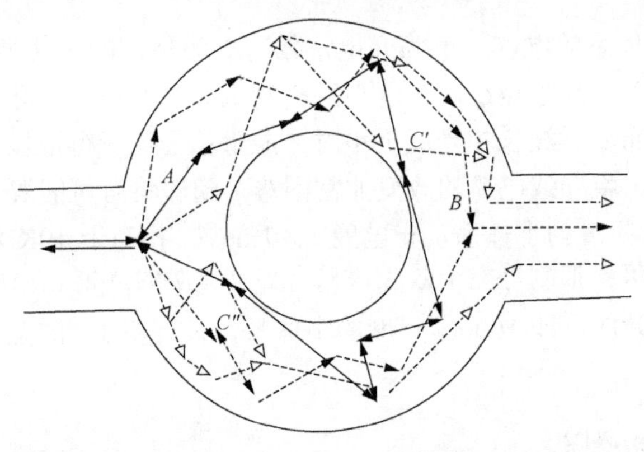

图 7.19　金圆环中存在散射时电子波在三种典型路径上的量子干涉示意图

7.8　库仑阻塞与单电子学[19, 20]

7.8.1　库仑阻塞与单电子学的基本概念[19, 21]

我们考察一个如图 7.20 所示的小导体(也可以形象地称之为"岛")，最初为电中性，晶格中电子数目 m 等于质子的电荷数，岛的边缘外就不存在电场。向岛中注入一个电子，这时岛中的静电荷为 $Q=-e$，同时产生一个电场 E 排斥其他电子添加岛上。根据库仑定律可知点电荷产生的电场与距离平方成反比，因此这个岛上电荷 e 产生的电场在宏观尺度上很弱，但在纳米尺度上，这个电场非常强。前一个进入岛上的电子对后一个靠近岛的电子具有库仑排斥作用，这导致对一个小体系(岛)的充放电过程，电子不能集体传输，而是一个一个单电子的传输，这种单电子输运行为被称为库仑阻塞(Coulomb blockade)。

一般采用充电能 E_c 度量这个单电子作用的强度，充电能代表充入一个电子所需的能量：

$$E_c=e^2/(2C) \tag{7.55}$$

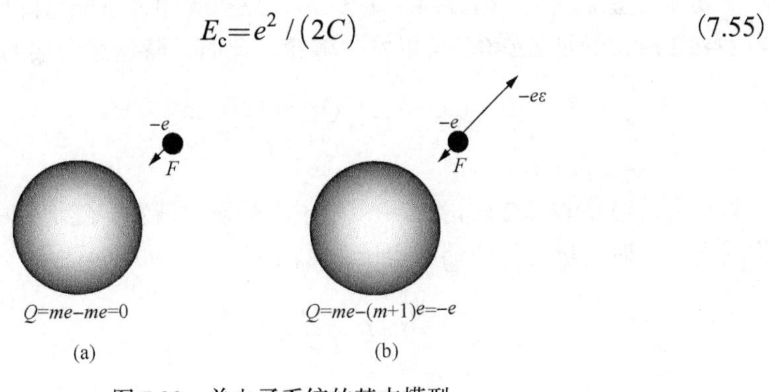

图 7.20　单电子系统的基本模型

$C=4\pi\varepsilon_0 R$，为小体系的电容，ε_0 为介电常数，R 为体系的尺寸半径。很明显，C 与体系的尺寸相关，尺寸越小，C 越小，E_c 越大。当微粒尺寸非常小，尺寸可以与岛中电子的德布罗意波长相当或更小时，能量量子化变得很显著，且静电能的变化远大于 $k_B T$，将导致电荷的改变非常困难，随即将有可能发生库仑阻塞。例如，对于 100nm 尺度的小体系，充电能 $E_c \approx 1\text{meV}$，相当于 10K 温度对应的电子热能，由于热涨落会抑制单电子效应，只有 $E_c > k_B T$ 时才能在温度 T 以下的实验中观察到单电子效应，即 100nm 尺度的小体系，只有在 1K 的温度下才能观察到单电子效应。

7.8.2 单电子隧道结[22]

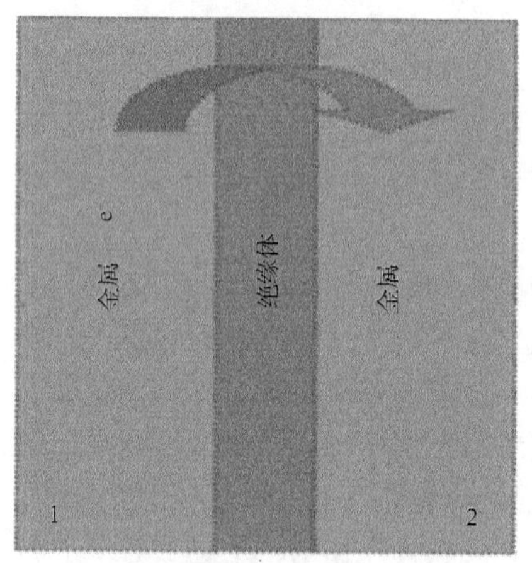

图 7.21 金属-绝缘体-金属结

我们考察一个如图 7.21 所示的纳米尺寸级别的金属-绝缘体-金属隧道结(MIM 结)，其中绝缘层 I 要求很薄，可以发生电子隧穿效应，此隧道结也可视为简单的平板电容器。此时隧穿能否发生与电容器极板上积累的电荷有关。假设该隧道结电容为 C，电量为 Q，则隧道结电容器储存的静电能为 $E_0=\dfrac{Q^2}{2C}$。当电子从极板 1 隧穿到极板 2 时，极板 1 的电荷增加 e，此时静电能为 $E=\dfrac{(Q-e)^2}{2C}$，则静电能改变量为

$$\Delta E = E - E_0 = \frac{(Q-e)^2 - Q^2}{2C} = -\frac{e}{c}\left(Q - \frac{e}{2}\right) \tag{7.56}$$

要使得隧穿发生，则必须满足 $E<E_0$，$\Delta E<0$，即体系能量降低。根据式(7.56)，当 $Q>e/2$ 时，满足 $\Delta E<0$，可以发生隧穿。此时，隧道结两端的电压必定满足

$$U = \frac{Q}{C} > \frac{e/2}{C} = \frac{e}{2C} \tag{7.57}$$

反之，当 $0<Q<e/2$ 时，$\Delta E>0$，电子不能发生隧穿，隧道结中无电流产生，发生堵塞。此时，隧道结两端的电压 U 满足：

$$0 < U = \frac{Q}{C} < \frac{e/2}{C} = \frac{e}{2C} \tag{7.58}$$

结合式(7.57)和式(7.58)，可以得到以下结论：

(1) 当 $Q>e/2$，即 $U>e/2C$ 时，$\Delta E<0$，电子通过，发生隧穿。

(2) 当 $0<Q<e/2$，即 $0<U<e/2C$ 时，$\Delta E>0$，电子不能通过，隧穿不发生。同理可以证明：

(1) 当 $Q<-e/2$，即 $U<-e/2C$ 时，$\Delta E<0$，电子通过，发生隧穿。

(2) 当 $0>Q>-e/2$，即 $0>U>-e/2C$ 时，$\Delta E>0$，电子不能通过，隧穿不发生。

综合以上结果，可以得到如下结论：

(1) 隧穿不发生在极板电荷处于 $-e/2$ 与 $e/2$ 之间，即隧道结电容器电压处于 $-e/2C$ 与 $e/2C$ 之间。

(2) 只有当隧道中没有电子且极板上累积的电荷满足 $Q>\pm e/2$ 的绝对值时，即电容极板上电压满足 $U>e/2C$ 或 $U<-e/2C$ 时电子隧穿才能发生。

以上结论形象地描述了结电流与结电压的关系，I-V 特性如图 7.22 所示。

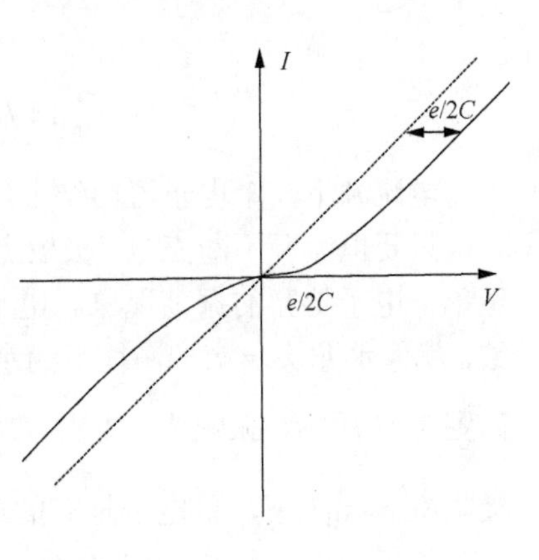

图 7.22　结电流与结电压的关系

7.8.3　电流偏置隧道结：库仑振荡[22]

单电子隧道结电容器上发生的隧穿可以通过考察一个漏电电容器来说明，将其模型化为一个理想电容与一个电阻 R_t 的并联。如图 7.23 所示，在电路原理方面，隧道结等效于理想电容器与隧穿电阻的并联组合。通过研究一个电流源向隧道结充电的 3 个过程来分析单电子隧道结的伏安特性、电压和电流随时间 t 的关系：

(1) 当 $|Q|>e/2$ 时，满足单电子隧穿条件，电流源充电，电流源一个电子进入隧道结(纳米颗粒)上，如图 7.24(a)所示。

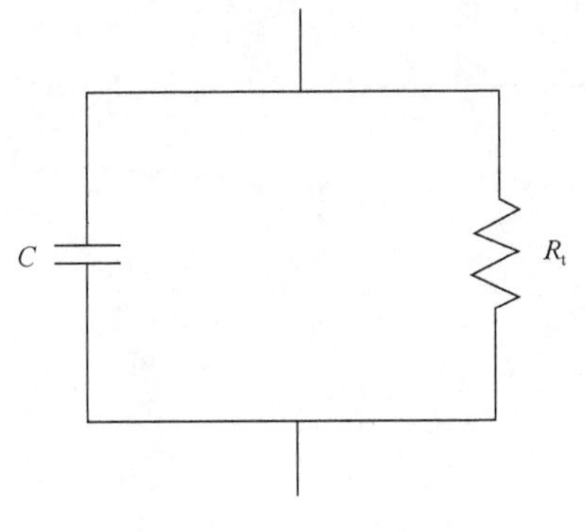

图 7.23　隧道结等效电路

(2) 当 $e>|Q|>e/2$ 时，一个电子进入结上，左边极板的电荷为 $(-Q+e)$，从原来的 $-Q$ 逐渐变为 $0\sim+e/2$，右边极板的电荷为 $(+Q-e)$，从原来的 $+Q$ 逐渐变为 $0\sim-e/2$。此时，不满足电子隧穿条件，下一个电子不能进入结中，如图 7.24(b)所示。

(3) 电子完全到达左边极板并离开后，左边极板电荷又变为 $-Q$，右边极板电荷又变为 $+Q$。此时，满足电子隧穿条件，下一个电子能到结上，如图 7.24(c)所示；

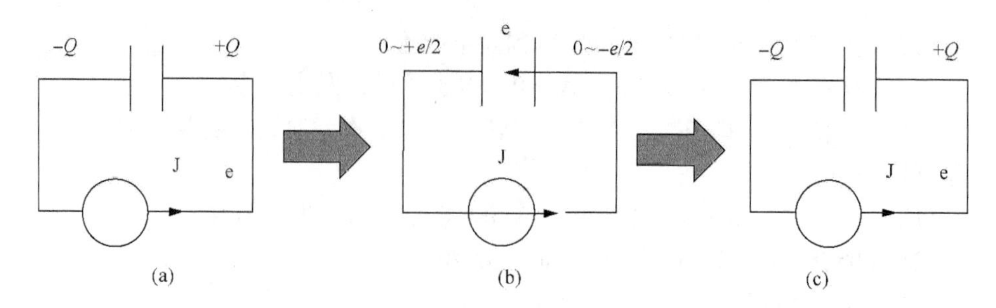

图 7.24　隧道结充电过程

电流源下一个电子流向结上，形成电流，并不断重复前面的循环过程。

只要恒流源不断充电，极板上的电荷和电压将会以 $\tau = I / e$ 做周期性变化，产生单一电子隧穿的振荡现象。电子以相同的时间周期一个一个穿透过绝缘层隧道结，就像水龙头一滴一滴往下滴水一样。电荷或结的端电压相应地呈锯齿形振荡，如图 7.25 所示，振幅为 $e/2$ 或 $e/2C$，电子隧穿的重复频率为 $f = \dfrac{1}{\tau} = e / I$。在低温极限 $\Delta E \gg k_{\mathrm{B}}T$ 下，单电子隧穿的概率为

$$\varGamma = \left(1 / e^2 R_T\right) \Delta E \tag{7.59}$$

ΔE 为隧穿引起的静电能的变化。偏置电流为 I 时，结电压按速率 I/C 增加，隧穿发生时，突然下降 e/C。对于 $V(t)$ 总大于阈值，隧穿率为

$$\varGamma(V) = \left(C / 2\, e^2 R_{\mathrm{T}}\right)\left[V^2 - \left(V - e / C\right)^2\right] \tag{7.60}$$

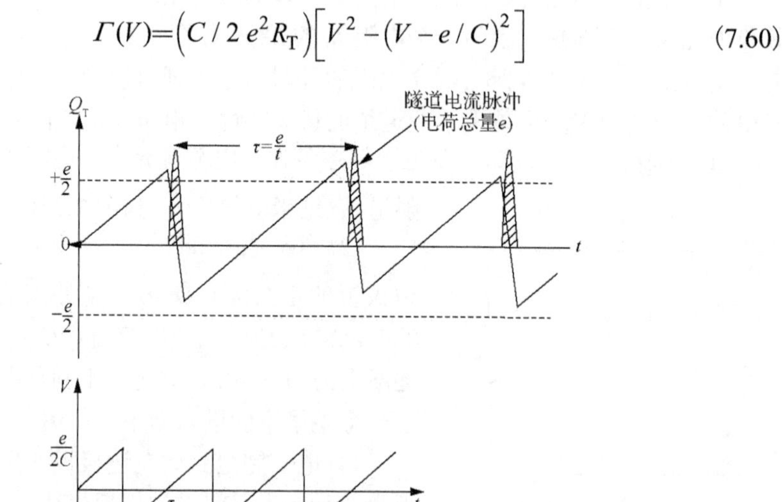

图 7.25　单电子隧穿过程中电荷和结电压随时间振荡

如平均电压为$\bar{V}$，在从$\bar{V}-e/2C$到$\bar{V}+e/2C$的一个周期内发生一次隧穿，即

$$\int_{\bar{V}-e/2C}^{\bar{V}+e/2C}\frac{\mathrm{d}V}{I/C}\Gamma(V)=1\Rightarrow\int\Gamma(V)\mathrm{d}t=1=\int\Gamma(V)\frac{\mathrm{d}Q}{I}=\int\Gamma(V)\frac{\mathrm{d}(CV)}{I}\tag{7.61}$$

结合式(7.59)、式(7.60)和式(7.61)，可以得

$$\bar{V}=IR_T+e/2C\tag{7.62}$$

当偏置电流很小时，单电子隧穿振荡明显，V低于阈值；偏置电流较大时，伏安特性呈线形，但与通常欧姆定律给出的结果相比，在电压轴上平移$e/2C$，如图7.26所示。I=0时，I-V曲线线形部分的截距$V_G=e/2C$称为库仑隙(Coulomb gap)，这是判断库仑阻塞存在的证据。

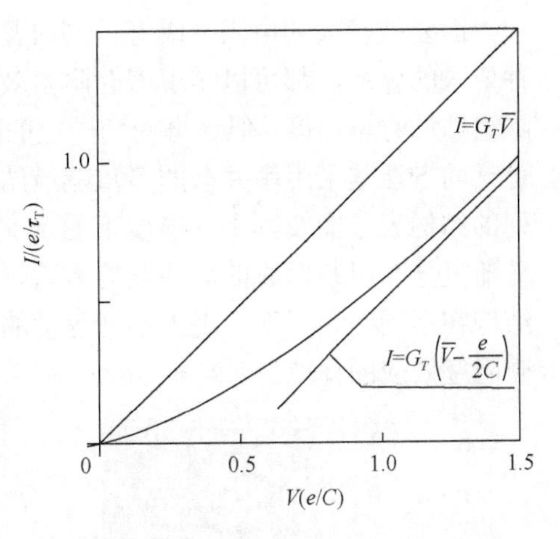

图7.26　电流偏置单结的直流伏安特性

7.8.4　观察到库仑阻塞和库仑振荡的条件

库仑振荡和库仑阻塞现象发生的两个条件：

(1) 热涨落的影响要小。电子的静电能E_c要远大于热运动能量k_BT，才有可能控制单个电子的隧穿(否则热扰动将对单电子输运造成干扰)，即必须满足条件：

$$E_c\equiv\frac{e^2}{2C}\gg k_BT\tag{7.63}$$

E_c至少应该比k_BT大10倍，E_c才不会被热噪声抵消。因此，这就要求降低温度T和减小电容C。例如，不难计算，若$C=10^{-15}$F，则相应要求T<1K；若$C=10^{-18}$F(相应单电子岛的直径约为10nm)，则要求的T已接近室温。可见，采用纳米电容，即可在室温下观测和利用库仑阻塞效应，从而控制单个电子的输运。

(2) 隧穿电阻R_t应远大于量子电阻h/e^2。为了能够控制单个电子，就要求电子在量子点或单电子岛中停留的时间(充电时间)τ足够长。则根据测不准关系，量子隧穿过程引起的能量涨落(量子点的充电能)将满足：

$$\Delta E\tau\gg\hbar\Rightarrow\tau\gg\frac{\hbar}{E_c}\tag{7.64}$$

充电时间$\tau\approx R_tC$，所以有

$$R_t C > \frac{\hbar}{E_c} \tag{7.65}$$

代入 $E_c > \dfrac{e^2}{2C}$，可得

$$R_t >> \frac{h}{e^2} \approx 26\text{k}\Omega \tag{7.66}$$

要产生库仑阻塞效应，本质上就是把电子束缚于量子岛中。这就要求量子岛一方面要被较大的电阻分隔开，同时又要能发生隧道效应。因此，只要是满足这种要求的体系，都可以实现库仑阻塞效应。另外，为了增大等效电阻 R_t，可加大隧道结的势垒厚度，但这将受到一定的限制(因为要保证能发生隧道效应)。因此，可行的方法是采用串并联的多重隧道结。例如，图 7.27 所示为钯纳米粒子密排阵列的结构表征图及其不同温度下的伏安特性曲线。从结构上可以看作是多个量子岛随机分布组装而成的串并联的多重隧道结，通过测量 *I-V* 特性，发现这种阵列结构在不同的温度下体现出不同程度的带有阈值电压的非线性 *I-V* 曲线，这是库仑阻塞效应的体现。

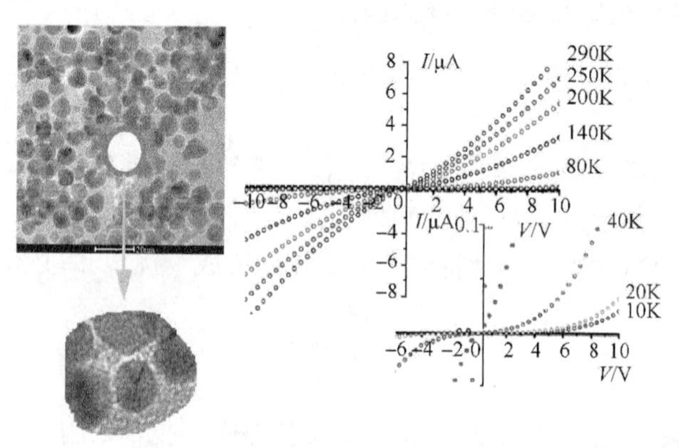

图 7.27　金属纳米粒子密排阵列的机构及其表现出的库仑阻塞现象

7.8.5　电压偏置的串联单电子隧道结：库仑台阶[23]

通过前面的分析，我们不禁会问：是否存在有控制单个电子的可能性？回答是肯定的。因为电压 U 与电容 C 之间的关系为 $U=Q/C$，在电荷 Q 等于电子电荷 $e \approx 10^{-10}$C 时，若 $C=10^{-18}$F，则 $U\approx 0.1$V。这就是说，若采用纳米电容即可通过电压来控制单个电子的运动。

典型的例子如图 7.28(a)所示，将库仑岛置于两个 MIM 隧道结之间，形成串联结构。左边的隧道结称为单电子漏极，与电源正极相连，右边的隧道结称为单电子源极，与电源负极相连接。电压和电容满足如下关系：

$$U = U_{\mathrm{D}} + U_{\mathrm{S}},\ C_{\mathrm{S}} = C_{\mathrm{D}} + C_{\mathrm{S}} \tag{7.67}$$

向库仑岛注入一个电子，系统的库仑能量增加 $\Delta E_{\mathrm{c}}=e^2/2C_{\mathrm{S}}$，如 eU_{S} 小于 ΔE_{c}，电子经过 SETJs 隧穿进入库仑岛会导致系统能量上升，系统处于库仑阻塞区。eU_{S} 大于 ΔE_{c}，可以克服库仑阻塞，系统中出现电流。eU_{S} 每增加 ΔE_{c}，库仑岛上电子数增加一个。电子经过 SETJ 的隧穿率随结电容和隧道电阻减小而增大，如 $C_{\mathrm{S}} \ll C_{\mathrm{D}}$，$R_{\mathrm{S}} \ll R_{\mathrm{D}}$，则电子经 $\mathrm{SETJ_S}$ 的隧穿率远大于 $\mathrm{SETJ_D}$，库仑岛上的电子数尽可能保持其最大值。电流由经 $\mathrm{SETJ_D}$ 的隧穿率 $\Gamma_{\mathrm{D}}=1/\tau_{\mathrm{D}}$（平均单个电子经 $\mathrm{SETJ_D}$ 隧穿所需时间）决定。当库仑岛上过剩电荷的积累由于 eU_{S} 范围内的充电态的增加突然增加一个电子，电流跃升 $\varepsilon/\tau_{\mathrm{D}}$。因此可以得到如图 7.28(b)所示的阶梯状 *I-V* 曲线，文献中通常将这种台阶称为库仑台阶，这种结构的器件被称为单电子晶体管(SET)。

基于单电子器件的工作原理，单电子器件具有以下几个特点。

(1)高频高速工作：由于隧穿机制为一高速过程，同时 SET 具有极小的电容，故工作速度非常快。

(2)功耗非常低：因其输运过程为单电子性的，所以电流和功耗非常低。

(3)集成度高：由于 SET 器件尺寸很小，故集成度高。

(4)适用于多值逻辑：由于 SET 的 *I-V* 特性为“台阶”状，不同电压对应多个稳定的电流值，故适宜作多值逻辑。

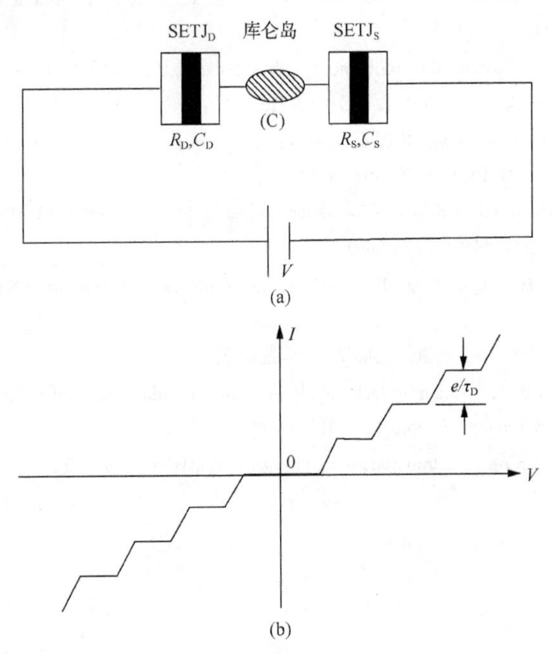

图 7.28　两端单电子晶体管。(a)电原理图；(b)两端单电子晶体管的伏安特性

基于以上优势，单电子晶体管可应用于制作下一代高速高密度的集成电路、超高灵敏度静电计、逻辑门、存储器、单光子器件以及高灵敏度红外辐射探测器。

参 考 文 献

[1] C. 基泰尔. 固体物理导论. 8 版. 北京：化学工业出版社, 2005.

[2] 冯端等. 材料科学导论:融贯的论述. 北京：化学工业出版社, 2002.

[3] Bhushan B. Springer Handbook of Nanotechnology. Berlin：Springer, 2007.

[4] 薛增泉. 纳米电子学. 北京：电子工业出版社, 2003.

[5] Imry Y, Tinkham M. Introduction to Mesoscopic Physics . 北京：科学出版社, 2008.

[6] Datta S. Electronic Transport in Mesoscopic Systems. 北京：世界图书出版公司, 2004.

[7] Kelsall R W, Hamley I W, Geoghegan M. Nanoscale Science and Technology. New Jersey: John Wiley & Sons, 2005.

[8] 张立德. 纳米材料和纳米结构. 北京：科学出版社, 2001.

[9] 周义昌, 李华锺. 介观尺度上的物理. 物理学进展, 1993, 13(3): 423-440.

[10] G. W. 汉森. 纳米电子学基础. 北京：清华大学出版社, 2009.

[11] 朱静. 纳米材料和器件. 北京：清华大学出版社, 2003.

[12] van Wees B J, Van H H, Beenakker C W, et al. Quantized conductance of point contacts in a two-dimensional electron gas. Phys Rev Lett, 1988, 60(9): 848-850.

[13] Takayanagi K, Kondo Y, Ohnishi H. Suspended gold nanowires: Ballistic transport of electrons. Jsap International, 2001, 3:3-8.

[14] Landauer R. Spatial variation of currents and fields due to localized scatterers in metallic conduction. J Math Phys, 1996, 37(10): 223-231.

[15] Büttiker M, Landauer R. Traversal time for tunneling. Phys Rev Lett, 1982, 49(23): 1739-1742.

[16] 阎守胜. 介观体系的物理. 物理, 1993, 22(12): 705-710.

[17] Umbach C P, Washburn S, Laibowitz R B, et al. Magnetoresistance of small, quasi-one-dimensional, normal-metal rings and lines. Phys Rev B, 1984, 30(7): 4048-4051.

[18] Lee P A, Stone A D. Universal conductance fluctuations in metals. Phys Rev Lett, 1985, 55(15): 1622-1625.

[19] 蒋建飞. 单电子学. 北京：科学出版社, 2007.

[20] Grabert H, Devoret M H. Single Charge Tunneling : Coulomb Blockade Phenomena in Nanostructures. New York: Plenum Press, 1992.

[21] 吴全德. 纳米电子学基础研究. 北京：北京理工大学出版社, 2004.

[22] Averin D V, Likharev K K. Coulomb blockade of single-electron tunneling, and coherent oscillations in small tunnel-junctions. J Low Temp Phys, 1986, 62(3-4): 345-373.

[23] Devoret M H, Glattli C. Single-electron transistors. Physics World, 1998, 11(9): 29-33.

第 8 章　纳米结构的磁性

磁性小颗粒具有长期而广泛的研究和应用。小颗粒的磁性，理论上可追溯到 20 世纪初期发展起来的磁畴理论。铁、镍、钴等大块磁性材料，往往形成多畴结构以降低体系的退磁场能。纳米粒子尺寸处于单畴临界尺寸时具有高的矫顽力，因为单畴粒子反磁化过程仅是磁畴的转动，没有畴壁运动过程，矫顽力可以提高很多。铁、镍、钴等铁磁材料的磁性单畴临界尺寸大约处于 10nm 量级，这类磁性小颗粒被用于制备高矫顽力的单畴永磁粉材料和磁记录材料。小尺寸效应和表面效应导致磁性纳米粒子具有较低的居里温度，其饱和磁化强度也比常规材料低，并且随粒径的减小而减小。当尺寸减小到超顺磁性临界尺寸，磁性纳米粒子将在一定的温度范围内呈现超顺磁性，无矫顽力和剩磁。对于超顺磁性粒子的胶体悬浊液，粒子间只有弱的静磁作用和范德华力，热运动既可使粒子内磁化矢量克服磁各向异性能的位垒而旋转，还可使粒子做整体运动，这就是磁性液体。磁性液体被广泛用于磁密封，在 20 世纪 60 年代就被用于宇航服头盔。对于软磁材料，一般要求有高的起始磁导率和饱和磁化强度、低的矫顽力和磁损耗。同时具有低的磁晶各向异性和饱和磁致伸缩是获得优异软磁性能的前提。1988 年，日本日立金属公司的吉泽克仁等[1]由非晶态 FeSiB 退火并掺杂 Cu、Nb 控制晶粒，获得了纳米晶软磁材料。纳米晶粒间的交换耦合作用有效地抵消了局部的、无规的各向异性，使其弱场磁化率大幅度提高，同时又具有相当高的饱和磁感应强度。纳米晶软磁已成为最优异的软磁材料。1990 年前后，荷兰人 Coehoorn 等[2]及德国人 Kneller 等[3]发现低 Nd 合金中的软磁相 Fe_3B 纳米晶粒和硬磁相 $Nd_2Fe_{14}B$ 纳米晶粒之间存在强烈的交换耦合作用，导致高剩磁和高磁能积现象，并呈现单一铁磁性相特征。此类合金被称为纳米晶双相复合永磁合金，兼有硬磁相的高磁晶各向异性和软磁相的高饱和磁化强度的优点。

1988 年，法国 Fert 等[4]在由 Fe、Cr 交替沉积而形成的纳米多层膜中，发现了超过 50%的磁电阻(magnetoresistance，MR)，且为各向同性，这种现象被称为巨磁电阻(giant magnetoresistance，GMR)效应。与此同时，德国优利希研究中心 Grünberg 教授领导的研究小组[5]在具有层间反平行磁化的铁/铬/铁三层膜结构中也发现了完全同样的现象。这些发现开启了磁电子学的新时代。巨磁阻效应被用于开发研制用于硬磁盘的读出磁头，使存储密度得到大幅度的提高。Fert 和 Grünberg 因分别独立发现巨磁阻效应而共同获得 2007 年诺贝尔物理学奖。

8.1　物质的磁性

物质在磁场中受到磁场的作用都会表现出一定的磁性。材料在磁场强度 H 的外加磁场下其内部会产生一定的磁通量密度，称为磁感应强度 B，有 $B=\mu H$,其中 μ 为磁导率。原子内的电子做轨道运动和自旋运动，分别产生轨道磁矩和自旋磁矩，二者耦合产生原子磁性。材料的宏观磁性来源于原子磁矩。具体表现出何种磁性，由原子磁矩间相互作用及外加磁场的作用决定。根据物质在外磁场中表现出的特性，可分为五类磁性物质：顺磁性物质，抗磁性物质，铁磁性物质，亚铁磁性物质，反磁性物质。顺磁性物质和抗磁性物质称为弱磁性物质，铁磁性物质称为强磁性物质。通常所说的磁性材料是指强磁性物质。

根据外斯理论，铁磁体内部存在强大的“分子场”，即使无外磁场，也能使内部自发地磁化。均匀一致的自发磁化并不能在整个铁磁体中发生，只能在一些小区域内产生，这些小区域称为磁畴。铁磁性物质内部分为很多磁畴。自发磁化和形成磁畴是铁磁性物质的两个基本特点。

未受外磁场作用时，铁磁体内部磁畴方向是混乱的，各磁畴磁矩互相抵消，显示磁中性。在外磁场 H 作用铁磁体被磁化，随着磁场的增加，磁化强度 M 或磁感应强度 B 开始时增加较缓慢，然后迅速地增加，再转而缓慢地增加，最后达到饱和状态，如图 8.1 所示。此时的磁化强度 M_s 称为饱和磁化强度，对应的 B_s 称为饱和磁感应强度。磁化至饱和后，磁化强渡不再随外磁场的增加而增加。

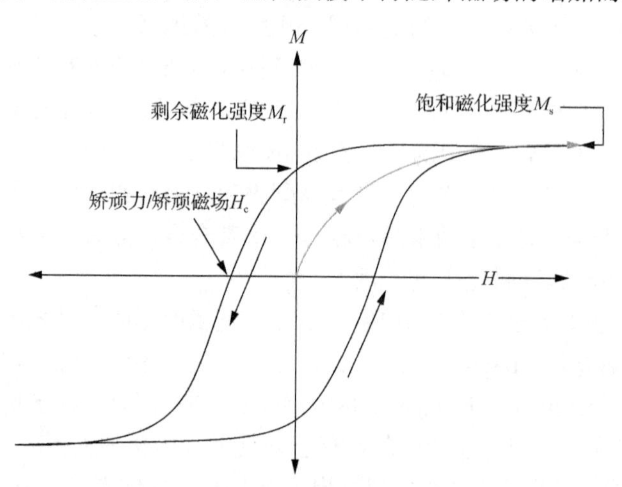

图 8.1　铁磁体的磁化曲线与磁滞回线

在磁饱和状态下降低外磁场强度，则磁化强度 M 也将减小，这个过程称为退磁。但 M 并不按照磁化曲线反方向进行，而是按另一条曲线改变，表明铁磁体的磁化过程是不可逆的。当外磁场 H 减小到零时，铁磁体尚有一定的磁化强度 $M=M_r$(或 $B_r = 4\pi M_r$)，分别称为剩余磁化率、剩余磁通密度(简称剩磁)。为使 M 为零，则需加一个反向磁场，即为矫顽磁场 H_c。通常把种现象称为磁滞现象。反向 H 继续增加，最后又可达到反向饱和。若再沿正方向增加 H，则最终得到一个封闭的磁化曲线，即为磁滞回线。磁滞回线的存在表明铁磁体的磁化过程是不可逆的。磁滞回线与剩余磁化的存在是铁磁材料的特征。一般来讲，剩磁较小的铁磁材料称为软磁性材料，硬磁材料则剩磁较大。

铁磁物质的磁化率为 $1\sim10^4$，远大于弱磁物质，如顺磁性顺磁磁化率仅为 $10^{-6}\sim10^{-5}$。而且顺磁物质磁化曲线不存在回线。顺磁性来源于原子或分子体系的原子磁矩或分子磁矩。由于热运动的影响，在无外加磁场时，其原子磁矩的取向是无序的，在受到外磁场作用时，磁矩同时受到磁场的取向作用和热运动的无规取向作用，系统在外磁场方向得到一定的磁化强度。顺磁物质原子的磁化率和温度有很强烈的依赖关系。室温下原子或分子热运动产生无序的倾向是很大的，故顺磁物质在室温下磁化很微弱。磁化率 χ 随温度降低而增大，遵从居里(顺磁性)定律：

$$\chi = \frac{C}{T} \tag{8.1}$$

或居里-外斯(顺磁性)定律:

$$\chi = \frac{C}{T-\theta_p} \tag{8.2}$$

式中，C 为居里常数；θ_p 为顺磁居里温度。对铁磁物质来说居里温度以上是顺磁的，其磁化率大致服从居里-外斯定律。

8.2　团簇的磁矩

对于原子团簇，通常总是视其为单畴粒子，并呈现超顺磁性。包含 N 个原子的团簇的原子磁矩通过交换相互作用耦合在一起，给出团簇总的磁矩 μ_N。在外场下，磁矩定向排列起来。单畴粒子的平均磁矩 $\bar{\mu} = \frac{\mu_N}{N}$ 即相当于大块磁体的饱和磁化强度。但在零外场下，单畴粒子可呈现非零磁矩。

团簇的磁性对团簇所具有的对称性、原子配位数、原子间距等参数很敏感。以 Fe、Co、Ni 三个典型的铁磁性元素为例。三种原子分别有 8、9、10 个外层电子，分布在 3d 和 4s 壳层。这些原子都具有非零的净自旋，由于每个电子的自旋

磁矩为 $1\mu_B$(玻尔磁子)，由电子自旋贡献的这些原子的磁矩都特别大。Fe 原子的平均磁矩为 $\overline{\mu}(\mathrm{Fe})=3\mu_B$，Co 原子的平均磁矩为 $\overline{\mu}(\mathrm{Co})=2\mu_B$，Ni 原子的平均磁矩为 $\overline{\mu}(\mathrm{Ni})=1\mu_B$，$\overline{\mu}(\mathrm{Fe})=3\mu_B$。

小团簇的磁矩与其对应的原子磁矩通常接近。而大块磁体的平均磁矩则要小得多,大块 Fe 为 2.2 μ_B，大块 Co 为 2.2 μ_B，大块 Ni 为 2.2 μ_B。这些非整数的平均磁矩值源于 3d 电子部分的局域化，3d 电子可以在整个晶格中巡游，产生巡游交换。

图 8.2 为实验测量的 Fe、Co、Ni 三种 3d 铁磁性元素的团簇的平均磁矩随尺

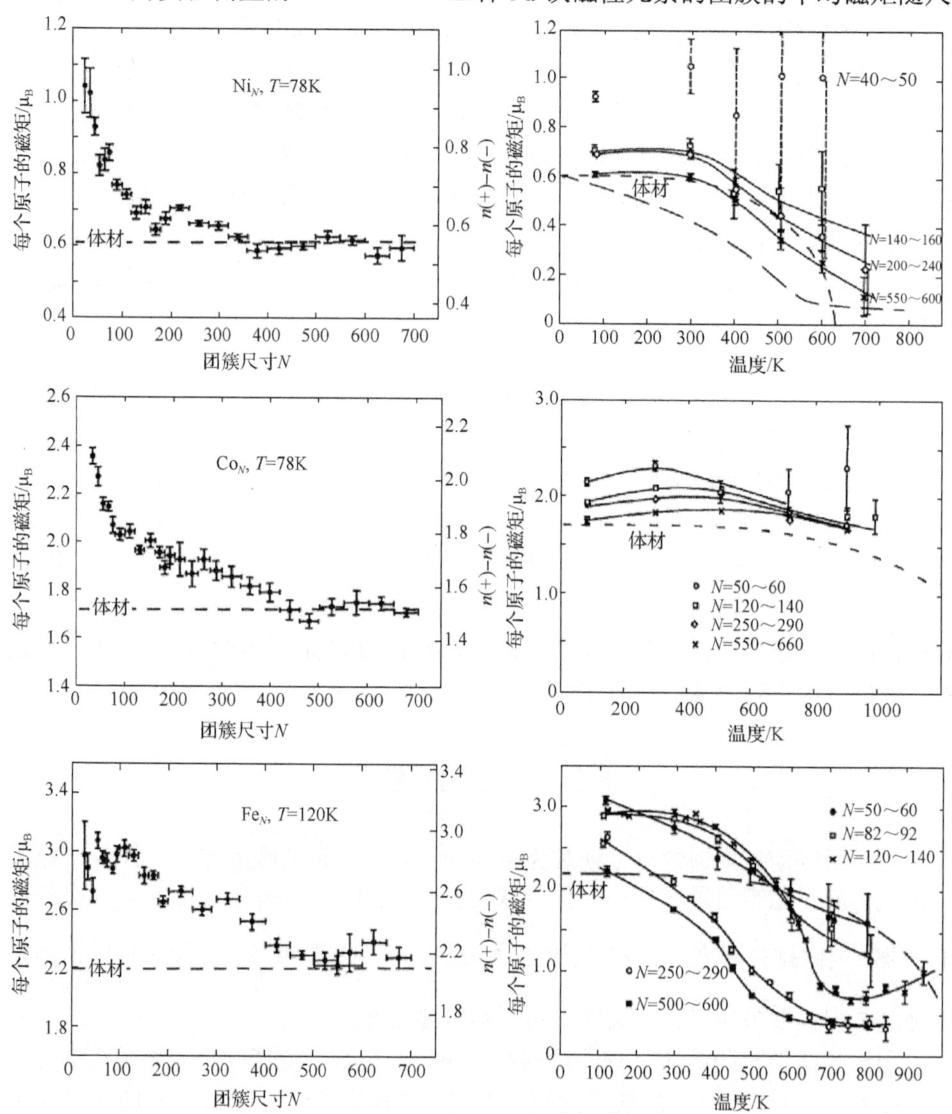

图 8.2　Fe、Co、Ni 三种金属团簇的平均磁矩随尺寸与温度的变化

寸和温度的变化[6]。其结果显示，对于三种元素，每个原子的平均磁矩都随原子团簇尺寸的增加而减小，并在 N=400～550 时收敛于大块的平均磁矩，以 Ni 团簇收敛的速度最快。对于 Co、Ni 两种元素，每个原子的平均磁矩随温度的升高而减小，各不同尺寸的团簇变化趋势相似，数百个原子大小的原子团簇的变化曲线与大块材料的曲线基本一致。但 Fe 团簇的平均磁矩随温度的变化在不同尺寸有较大差别，小尺寸时与大块材料完全不同。这种异常可能是因为 Fe 中既有铁磁相，又有反铁磁相和非铁磁相，并且几种相具有相近的能量。随着原子数目和温度的升高，Fe 团簇从类 bbc 结构变为类 fcc 结构。

对 Fe、Co、Ni 三种元素，其平均磁矩随尺寸的增加而下降的变化并不是光滑的，而是在整体趋势上有一些小的振荡。

原子团簇的平均磁矩为团簇所包含的原子贡献的磁矩 μ_i 的平均值，即

$$\bar{\mu}_N = (1/N)\sum_{i=1}^{N}\mu_i \tag{8.3}$$

$\bar{\mu}$ 强烈地依赖于表面原子数和体内原子数的比值。位于团簇表面的原子具有较小的配位数和较大的磁矩，而对于体内原子，由于最近邻原子数增加，d 电子巡游特性增强产生的效应导致磁矩总体趋于衰减，可认为其配位数和磁矩与大块材料的值相同。对于小团簇，大部分原子都在表面，因而平均磁矩大。随着团簇尺寸增加，表面原子百分数减小，因此平均磁矩减小。当团簇表面原子数相对于总原子数变得甚少时，平均磁矩就会收敛到大块值。对此，Jensen 和 Bennemann 提出了一个简单的表达式[7]：

$$\bar{\mu} = \mu_b + (\mu_s - \mu_b)N^{-1/3} \tag{8.4}$$

式中，μ_s 为表面原子的磁矩；μ_b 为大块磁体内部原子的磁矩。该公式描述了磁矩随团簇尺寸增加而减小的趋势。

另外，实验结果表明，团簇平均磁矩随尺寸变化在整体衰减趋势中叠加有振荡，这需要考虑团簇的电子结构和几何结构的细节来解释。小团簇的结构不是大块晶体的简单碎片，其特定的结构与电子特性都会影响电子能级展宽形成 d 带的具体细节。例如，自旋向上和自旋向下子带间的交换分裂，s 带和 d 带间的电荷转移，sd 杂化都依赖于团簇尺寸，并对平均磁矩的演变产生作用。

4d 金属与 5d 金属在大块时是非磁性的。实验发现[8,9]，小于 60 个原子的 Rh 团簇具有磁矩，而更大的团簇则没有磁性。10 个原子的 Rh 团簇平均磁矩为 $0.8\mu_B$，但当尺寸从 10 增加到 20 时，平均磁矩快速衰减，当 N=20 时，平均磁矩只有 $0.2\mu_B$。在 N=10～20，平均磁矩还出现振荡，在 N=15,16,19 时出现局域峰值。Rh 团簇是

第一个被发现具有磁性的非磁金属元素团簇。但是，其平均磁矩的演变发生在一个狭窄的尺寸区间中，这与 3d 元素 Fe、Co Ni 的团簇很不相同，后者的磁矩随尺寸的衰减扩展在一个很大的尺寸范围内。另外，与 Rh 不同，同为 4d 金属的 Ru 和 Pd 团簇在 N=12～100 尺寸从未观察到磁性[10]。

8.3 单 畴 极 限

大块磁体具有多畴结构，磁畴间以畴壁分隔。畴壁的形成是静磁能ΔE_{MS}(随磁体体积的增加而增加)与畴壁能E_{dw}(随畴与畴间界面的增加而增加)间竞争的结果。大磁体中畴壁的形成具有更低的能量。畴壁的成核与运动是反转磁化的主要手段。

对均相的无缺陷的磁性颗粒，旋转矫顽力受磁各向异性制约。但是，如果存在可移动畴壁，矫顽力 H_c 可能很小。矫顽力与磁性颗粒尺寸的关系如图 8.3 所示[11]。在大颗粒中，磁性颗粒的能量倾向于促进畴壁的产生。随着成核和畴壁的移动，发生磁化反转。当颗粒的尺寸减小到某个临界尺寸 D_c 时，畴壁能将超过支撑单畴态所需的外部静磁能，粒子将保持单畴。单畴颗粒临界尺寸 D_c 通常为十几到几十纳米。单畴粒子中磁化的改变不再通过畴壁运动而实现，而是需要通过自旋的相干运动，因而导致增大的矫顽力。当粒子的尺寸继续减小，原子磁矩受到热涨落的强烈影响，磁化不再具有固定的易磁化方向，将呈现出超顺磁性。

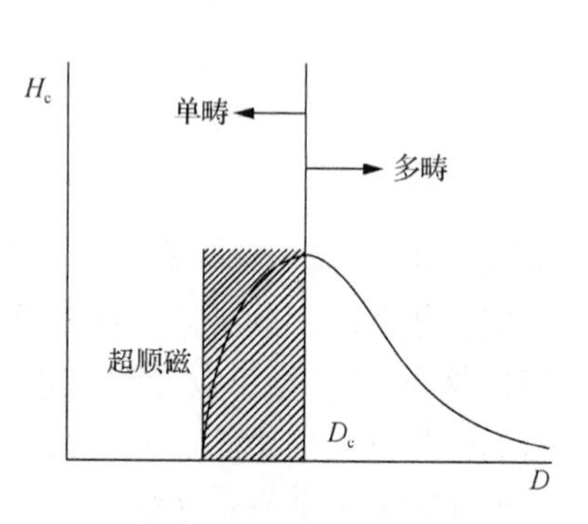

图 8.3　磁性颗粒的矫顽力与颗粒尺寸关系示意图

大块磁体因交换作用能、磁各向异性能而使磁矩平行排列在其易磁化方向，从而导致很强的静磁能。静磁能可写为

$$\Delta E_{\mathrm{MS}} = \frac{4\pi}{3}\frac{\mu_0 R^3 M_{\mathrm{S}}^2}{6} \tag{8.5}$$

其中，R 为磁性颗粒的半径，M_{S} 为饱和磁化强度。从式(8.5)可见，静磁能与体积成正比，尺寸 R 越大，静磁能越高。

在只考虑磁晶各向异性和交换作用的情况下，单位面积畴壁能一般可以表示为

$$\gamma = c_2\sqrt{AK_{\mathrm{eff}}} \tag{8.6}$$

其中，c_2 为与晶体结构和磁畴结构有关的常数。例如，对于立方晶系，180°Bloch 畴壁，$c_2=2$，两个 90°Bloch 畴壁 c_2 分别为 1 和 1.73。K_{eff} 为各向异性常数，A 为交换常数。

设畴壁总面积为 S，则畴壁能可写为

$$E_{\text{dw}} = \gamma S \propto \gamma R^2 \tag{8.7}$$

因为 ΔE_{MS} 随 R^3 变化，而 E_{dw} 按 R^2 变化，当磁体尺寸增加时，静磁能的增加超过畴壁能的增加，为降低能量，磁体必然分裂成磁畴。

对于球形磁性颗粒，其单畴粒子的临界尺寸 D_{c} 可由 $E_{\text{dw}} = \Delta E_{\text{MS}}$ 时对应的粒子直径估算得到

$$D_{\text{c}} \approx 18\frac{\sqrt{AK_{\text{eff}}}}{\mu_0 M_{\text{S}}^2} \tag{8.8}$$

表 8.1 列出了若干磁性材料的情形粒子的单畴临界尺寸 D_{c}。值得注意的是，对于具有比较显著的形状各向异性的磁性粒子来说，它们的单畴粒子的临界尺寸比相对应的球形粒子的单畴粒子临界尺寸要大得多。对于存在相互作用的磁性纳米粒子，单畴临界尺寸则与作用强度有关。

表 8.1　若干磁性材料球形粒子的单畴临界尺寸[12]

材料	D_{c}/nm	材料	D_{c}/nm	材料	D_{c}/nm
hcp Co	15	Fe	15	$SmCO_5$	750
fcc Co	7	Ni	55	Fe_3O_4	128

8.4　各 向 异 性

大多数材料都含有几种类型的各向异性，影响其磁化行为。常见的各向异性有：①晶体各向异性；②形状各向异性；③应力各向异性；④外界引起的各向异性；⑤交换各向异性。在纳米结构的材料中，最常见的两种各向异性为晶体各向异性和形状各向异性。

晶体的磁各向异性几乎对所有铁磁材料的性能都有着重要的影响。如果磁化曲线是根据铁磁单晶体测定出来，那么可以发现沿晶体的某些方向磁化时所需要的磁场，比沿另外一些方向磁化所需要的磁场要小得多，这些晶体学方向称为易磁化方向。这种性质称为磁各向异性。磁各向异性来源于自旋与轨道的耦合，使得磁化过程倾向于沿着某个特殊的晶体学方向，这个方向称为材料的易磁化方向

(简称“易轴”)。不同的铁磁金属都存在着各自的易磁化方向和难磁化方向(简称“难轴”)。描述磁化过程的参数是磁导率或磁化率。通常，这些参数是外磁场方向的函数。

对于任何方向磁化的铁磁晶体都具有一项能量，它使磁化强度指向该特定的晶体学方向。晶体磁化时所增加的自由能，即磁化曲线与 M 坐标轴间所包围的面积，是与磁化方向有关的，称为磁各向异性能或磁晶能，晶体沿易轴的磁晶能最低，而沿难轴的磁晶能最高，这就是单晶体磁化曲线随方向而不同的原因。

每种材料都具有特定的磁晶各向异性，并且不依赖于颗粒的形状。对于没有易磁化晶粒取向的多晶样品来说，在每个方向上磁化的概率都相同，因此不具有晶体各向异性。非球形的多晶样品可以具有形状各向异性。例如，对于圆柱形的样品，沿着长轴方向更容易磁化。而具有对称结构的样品(如球形的样品)将不具有形状各向异性。

形状各向异性会引起最大的矫顽力。单畴纳米粒子的形状不需要偏离球形太多就会引起矫顽力很大的变化。例如，对于易磁化轴沿着磁场方向的单畴铁纳米粒子来说，将它的纵横比从 1.1 增加至 1.5，矫顽力将变为原来的 4 倍。表 8.2 比较了不同纵横比的 Fe 纳米粒子的矫顽力。

表 8.2　Fe 纳米粒子的形状对其矫顽力的影响[13]

纵横比(c/a)	H_c/Oe	纵横比(c/a)	H_c/Oe
1.1	820	5.0	9000
1.5	3300	10	10100
2.0	5200		

8.5　超 顺 磁 性

超顺磁性(superparamagnetism)是当纳米粒子尺寸小到一定临界值时，热运动能对粒子自发磁化方向的影响引起的磁性。孤立的单畴粒子随着尺寸的减小，当磁各向异性能减少到可与热运动能相比拟时，磁化方向就不再固定在一个易磁化方向上，易磁化方向做无规律的变化，导致超顺磁性的出现。

一个单畴粒子的各向异性能为 $E(\theta)=K_{\mathrm{eff}}V\sin^2\theta$，其中 V 为粒子体积，θ为磁化方向与易磁化轴的夹角，即单畴磁性粒子的各向异性能近似为 $K_{\mathrm{eff}}V$。两个具有等价能量的易磁化方向间被势垒 $K_{\mathrm{eff}}V$ 所分隔。当磁性粒子的体积持续减小，各向异性势垒 $K_{\mathrm{eff}}V$ 也随之减小，热能 k_BT 将会超过势垒，磁化反转变得容易，使粒子的磁化方向表现为磁的“布朗运动”，粒子集合体的总磁化强度为零，这种现象即为超顺磁性。处于超顺磁态的单畴磁体具有顺磁体的磁行为。具体体现为：

①无磁滞回线；②矫顽力与剩余磁化等于零；③具有普适磁化曲线：不同温度的 M/M_S-(H/T) 曲线可互相重合。但是，超顺磁态下的磁化率与铁磁体接近，远高于一般顺磁物质的磁化率，因为每个单畴粒子都具有远大于原子磁矩的超磁矩。

磁系统的磁化强度在某一确定状态的保持时间是阐明磁反转机理的关键。热运动能 k_BT 使体积为 V 的单畴粒子磁矩 M_S 越过各向异性势垒 $K_{eff}V$ 的概率为

$$p = \exp\left[-K_{eff}V/(k_BT)\right] \tag{8.9}$$

磁系统的磁化强度随时间的变化可写为

$$\frac{dM(t)}{dt} = -\frac{M(t) - M(t=\infty)}{\tau} \tag{8.10}$$

$M(t=\infty)$ 为平衡磁化强度；τ为粒子磁矩弛豫时间(磁反转时间)。原来一致磁化的粒子集合体，经过足够长的时间可衰减到剩磁为零，其弛豫时间为

$$\tau = (1/f_0)\exp\left(\frac{K_{eff}V}{k_BT}\right) \tag{8.11}$$

该式称为 Néel-Brown 公式，其中频率因子 $f_0 = 10^9 S^{-1}$。

当磁性测量所需要时间 t_m 大于颗粒磁矩弛豫时间时，测量所得磁矩的时间平均值为零，因此系统表现出超顺磁性。反之，当磁性测量时间 $t_m \leqslant \tau$，磁矩在测量时间内不足以发生弛豫，则测量结果依然呈现铁磁性，并不能观察到超顺磁性，这种状态称为阻塞态（blocked state)。由于磁矩弛豫时间τ与温度存在指数依赖关系，因此超顺磁性的观测也与温度相关。根据式(8.11)可知，对单畴纳米粒子，存在某个有限温度，当测量温度低于该温度时处于阻塞态，而当测量温度高于该温度时，则观察到超顺磁性。该温度称为阻塞温度(blocking temperature)。

阻塞温度 T_B 与有效各向异性常数、粒子尺寸、外加磁场和实验测量时间相关。具体实验条件下，T_B 可以根据磁性测量的时间窗口计算，例如，磁强计的实验中测量时间～100s，根据式(8.11)，可计算得在实验中观察到的阻塞温度

$$T_B = \frac{K_{eff}V}{30k_B}$$

而在铁磁共振实验中，测量时间要快得多(τ～10^{-9}s)，由此实验观察到的阻塞温度 T_B远大于磁强计等 DC 磁化强度测量的 T_B 值。

磁矩弛豫时间还对纳米粒子的尺寸极为敏感，纳米粒子直径变化 2 倍，磁反转时间可由 100 年变为 100ns。具体到 DC 磁化强度实验测量上，前者将总是呈现稳定的铁磁性，而后者则总是呈现超顺磁性。

变温磁化强度测量实验中，有两种样品冷却方式。一种是零场冷却(zero field cooling, ZFC)，即先将样品降温，再加外磁场，测量样品升温过程中磁化强度随温度的变化；另一种为加场冷却(field cooling, FC)，即加磁场后再降温测 M-T 曲线。图 8.4 给出了两种方式测得的典型的铁磁性物质的磁化强度随温度的变化曲线[14]。零场冷却的 M-T 曲线在阻塞温度会出现一个峰，而加场冷却的 M-T 曲线则在整个温区呈现单调变化。因此，在 $T<T_b$，零场冷却过程与加场冷却过程测量的 M-T 曲线是不同的。而在 $T>T_b$，两个过程测得的 M-T 则是一致的。由插图可见，在低于阻塞温度时，如 10K，磁化曲线 M-H 呈现回线，表明纳米粒子是铁磁性的。在高于阻塞温度时，如 150K，磁化曲线回线消失，但磁化强度与低温铁磁状态下基本相同，表明纳米粒子处于超顺磁状态。

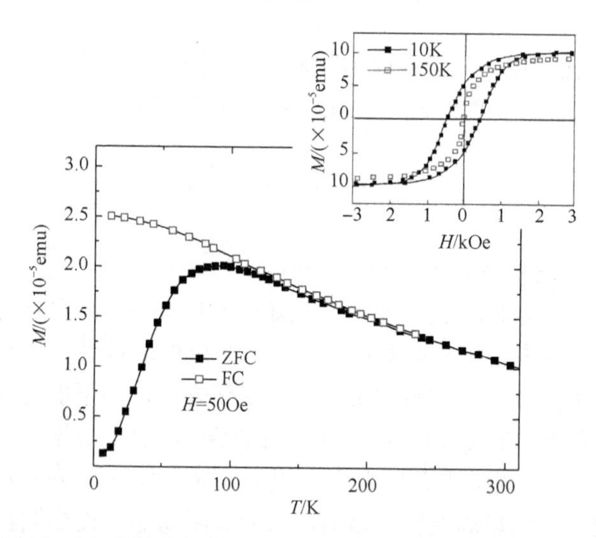

图 8.4　DC 加场冷却(FC)与零场冷却(ZFC)过程磁化强度随温度的变化（H=50Oe）。插图显示了在阻塞温度上下的 M-H 曲线

8.6　交 换 作 用

交换作用(exchange interaction)是一种量子效应，为全同多粒子体系中粒子间的一种等效相互作用，反映了全同粒子的不可分辨性。当两种不同的磁性材料(如一种为软磁，另一种为硬磁；或一种为铁磁，另一种为反铁磁)接触或足够靠近(≤60Å)时，两种材料中的磁矩由于交换作用互相影响，造成磁矩有一优先的特殊相对取向，这种现象称作交换耦合(exchange coupling)。例如，一般铁磁薄膜的磁滞回线以原点为中心对称，若体系中引入反铁磁层，当温度降至反铁磁材料奈尔温度以下时，体系的加场冷却磁滞回线沿磁场轴(或磁化强度轴)将产生一个偏移量

(定义为交换偏置场 $H_{EB}\neq0$)，同时伴随着矫顽力 H_c 的增加，如图 8.5 所示[15]。这一现象被称为交换偏置(exchange bias)。一般认为，这种交换偏置效应起源于材料中铁磁和反铁磁两相界面处的交换耦合作用，即界面处反铁磁相对铁磁相的钉扎作用。Bianco 等[16]将铁纳米粒子表面氧化，形成一个可视为铁磁纳米颗粒分散于反铁磁背景的体系，研究并调控其交换偏置效应，发现交换偏置场随着温度升高而不断减小，并在某一个温度消失(交换偏置效应的截止温度)。分析认为，这是由于反铁磁部分的各向异性随着温度升高而减小，造成了其对铁磁颗粒的钉扎能力减弱，直至交换偏置消失。

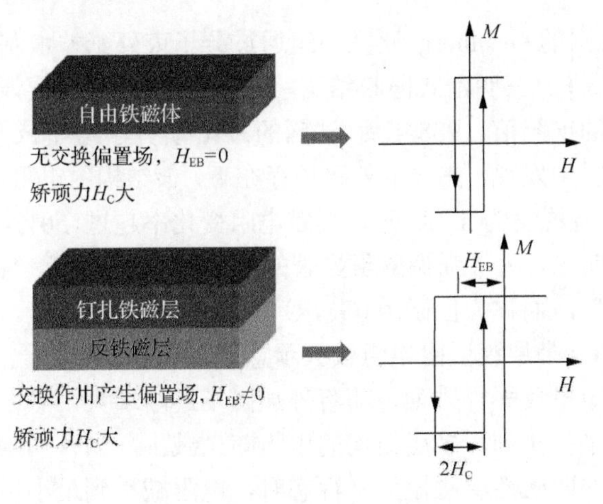

图 8.5　交换偏置效应示意图

纳米晶粒间的交换耦合作用将有效抵消局部的、无规的各向异性。在 NdFeB 纳米晶双相复合永磁合金中，软硬磁相在晶体学上是共格的，界面处不同取向的磁矩产生交换作用，阻止其磁矩沿各自的易磁化方向取向。在交换耦合作用下，硬磁相迫使与其直接接触的软磁相的磁矩偏转到硬磁相的易磁化方向上。在有外磁场作用时，软磁相的磁矩随硬磁相的磁矩同步转动，在剩磁状态下，软磁相的磁矩停留在硬磁相磁矩的平均方向上。因此，纳米晶粒间的交换耦合作用使晶粒边界处的有效磁晶各向异性减小，并使各向同性的双相复合永磁体产生剩磁增强效应。

8.7　巨 磁 电 阻

磁电阻或磁阻效应(magnetoresistance, MR)是指由磁场引起材料电阻变化的现象。磁电阻 MR 定义为在磁场作用下电阻率ρ(或电阻 R)的改变：

$$\mathrm{MR}=\frac{\Delta\rho}{\rho}=\frac{\Delta R}{R},\ \Delta\rho=\rho(H)-\rho,\ \Delta R=R(H)-R$$

$\rho(H)$、$R(H)$为磁场 H 下的电阻率和电阻；ρ、R 为零磁场下的电阻率和电阻。

正常磁电阻(OMR)普遍存在于所有金属与半导体中，来源于磁场对电子的洛伦兹力。磁电阻与磁场(磁化)方向有关，电阻率 ρ 依赖于磁化强度 M 方向与电流 I 之间的夹角。强磁体的磁电阻称为各向异性磁电阻(AMR)，来源于磁畴中电阻率的各向异性。然而，普通材料的磁阻效应很小，如坡莫尔合金的各向异性磁电阻最大值<2.5%。

1986 年，德国的 Grünberg 研究小组通过分子束外延技术制备了一种“铁磁/非磁/铁磁”(Fe/Cr/Fe)三明治式薄膜结构，研究发现，当 Cr 层厚度为 0.9nm 时，材料产生了很高的电阻值。1988年后，法国的Fert 研究小组在Fe(3nm)/Cr(0.9nm)金属超晶格多层膜中发现，在一定外磁场存在下，该结构的电阻值发生急剧变化，当外磁场为 2kOe，温度为 4.2K 时，其磁电阻变化率超过 50%。Fe/Cr 多层膜的磁电阻效应非常明显，为了强调磁阻显著的变化，特意在这种“磁阻(MR)”之前加上“巨(giant)”，而称为巨磁阻(GMR)。

图 8.6 为 Fe/Cr 多层膜巨磁电阻效应示意图，由图中可以看出，在无外加磁场时，磁性层的磁矩呈反平行排列，随着外加磁场逐渐增大，磁性层的磁矩在外磁场的作用下趋于平行排列，多层结构的电阻随之减小，当外加磁场强度达到使磁性层磁化饱和时，即磁性层磁矩为平行态时，电阻减小到最小值，反平行态时电阻值最大。

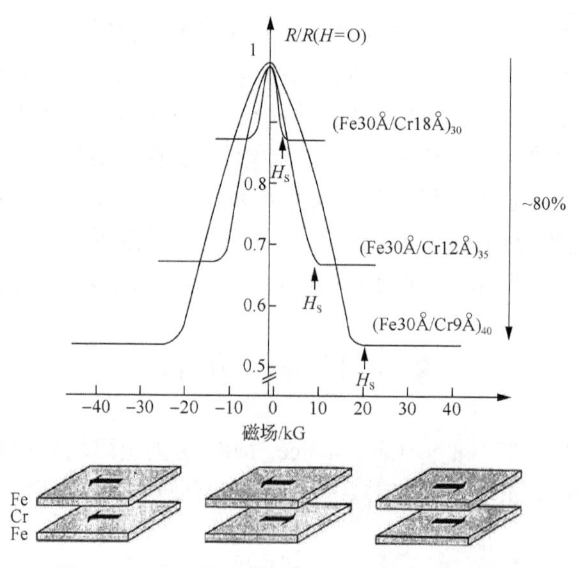

图 8.6　Fe/Cr 多层膜中的巨磁电阻效应示意图

在其后的研究中，观察到的巨磁阻效应越来越显著，GMR 可达 100%以上。在钙钛矿型锰氧化物系统中观察到高达 10^6%的磁电阻比，被称为庞磁电阻(colossal magnetoresistance, CMR)。

巨磁电阻的产生机理可以采用 Mott 提出的“双流体”理论模型(即 Mott 模型)来阐述。根据 Mott 模型，电子在传输过程中的自旋翻转可忽略，可将电子分成自旋向上和自旋向下两种独立的导电通道，类似于并联输运通道；在过渡金属中，传导电子在输运过程中受到的散射取决于磁性层磁矩的取向，自旋磁矩与材料的磁场方向平行的电子，所受散射概率远小于自旋磁矩与材料的磁场方向反平行的电子。总电流是两类自旋电流之和；总电阻是两类自旋电流的并联电阻。

由于交换作用，铁磁金属的 3d 轨道局域电子能带发生劈裂，自旋向上与自旋向下的电子在费米面处的数目是不同的，在一定电场的推动下会发生自旋极化，导致它们对不同自旋取向的传导电子的散射不同。在居里温度以下，铁磁金属中自旋向上定义为与总磁化强度平行，自旋向上电子为多数载流子；自旋向下定义为与总磁化方向反平行，自旋向下电子为少数载流子。在磁性多层膜和三层膜中，当不同自旋取向的传导电子经过铁磁层时受到不同的散射。当无外加磁场时，相邻铁磁层的磁化方向反平行排列，在一个铁磁层受散射较弱的电子(即其自旋方向与总磁化强度方向平行)进入另一铁磁层后必定受到较强的散射(在这一层其自旋方向与总磁化强度方向反平行)，从整体上说，所有的电子都将受到较强的散射，呈现高电阻状态；外加磁场使相邻铁磁层的磁化方向趋于平行，自旋向上的电子在所有铁磁层中均受到较弱的散射，相当于自旋向上的电子构成了短路状态，尽管自旋向下的电子在所有铁磁层中均受到较强的散射，整体呈现低电阻状态。相邻铁磁层在平行态和反平行态时电阻值的不同，导致产生巨磁电阻效应。

在纳米颗粒膜中，当铁磁颗粒的尺寸及其间距小于电子平均自由程，可能呈现 GMR 效应。例如，Cu-Co 合金单层膜系统中，在母相 Cu 中弥散分布着 Co 纳米颗粒相，后者具有磁矩。当传导电子在 Cu 母相中流过时，电子的自旋会受到 Co 纳米颗粒相的散射作用。这种电子自旋在磁性颗粒表面或界面散射是纳米颗粒膜磁阻效应的主要来源，它与颗粒直径成反比，或者说与颗粒的比表面积呈正比关系。颗粒粒径越小，其比表面积越大，从而界面所起的散射作用越大。例如，$Co_{20}Ag_{80}$ 纳米颗粒膜的巨磁电阻效应与 Co 颗粒半径的倒数($1/r$)呈很好的线形关系。研究表明，当铁磁颗粒尺寸与电子平均自由程相当时，巨磁电阻效应最显著。

庞磁电阻起源于电子在三个原子之间连续换位产生的双交换作用的强耦合。Mn 具有部分填入电子的次外层 d 轨道。由于电子之间强的关联，d 电子显著解耦，t_{2g} 轨道电子局域化为定域自旋，而 e_g 轨道的电子则为传导电子(分子可以用一对称点群来描述。原子轨道根据原子所在分子的点群对称性来分类，构成对称轨道分类。t_{2g}与e_g都是d电子的对称轨道分类表示）。传导电子与定域自旋之间的双交换作用耦合导致其CMR效应。如图8.7(a)所示，由于洪德规则，e_g传导电子的自旋总要平行于定域自旋，因此当下一位置对应的定域自旋处于反平行(反铁磁状态)配置，该传导电子就不可能跳到相邻位置上。反之，如果由于热扰动或外加磁场而使定域自旋处于平行(铁磁状态)配置，则传导电子就可以产生定向输运。这种“原子开关”机制给出了CMR效应的最简单的注释[17]。如图8.7(b)所示，钙钛矿型$(Nd,Sm)_{0.5}Sr_{0.5}MnO_3$氧化物在居里温度$T_c$以上处于反铁磁(但无长程的自旋有序性)高阻态。而在外加磁场下，电阻值可减到零场时的10^{-3}，同时材料也从反铁磁性转变为铁磁性。

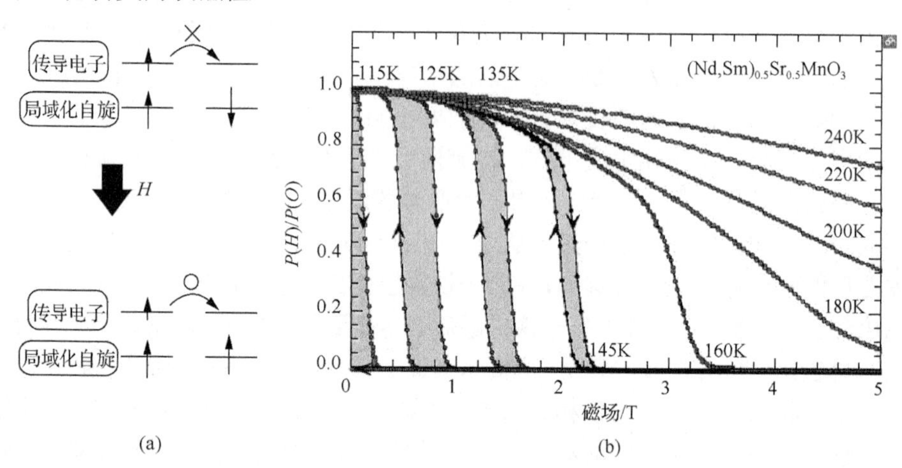

图8.7　(a)庞磁阻(CMR)Mn氧化物材料中的自旋-电子关联；(b)$(N_d,S_m)_{0.5}Sr_{0.5}MnO_3$晶体中观察到的CMR效应

类似的电阻状态与自旋构性的相关性也可在具有Mn-O片层的双层单元锰氧化物层状单晶中观察到。在这种单晶中，在铁磁双层单元间的自旋构型为反铁磁的，因此，完全自旋极化的电子可以在层单元内自由运动，却不能沿层堆砌的方向(*c*轴)在层间跳跃。但如果加上外磁场，可使所有的自旋都沿同一方向(即发生了磁相变)，从而使载流子所受到的束缚产生松弛，导致巨磁电阻效应，这种效应又称隧道磁阻效应(tunneling magnetoresistance, TMR)。

巨磁电阻效应的发现，引发了电子技术与信息技术的一场新的革命。目前的硬盘磁头，基本上都应用了巨磁电阻效应。利用巨磁电阻效应制成的多种传感器，已广泛应用于各种测量和控制领域。

磁记录设备中一般把磁阻读磁头和薄膜感应写磁头做在一起，成为一个读写复合磁头。1971年，Ampex公司用坡莫合金制造出第一个磁阻磁头，磁头薄膜电阻及读出电压可以随着磁记录介质中相邻比特磁矩反转产生的磁场线性变化。采用磁阻磁头可以解决记录密度升高、磁头尺寸减小的情况下，感应式环形磁头的信号不断按比例减小的难题。1996 年，计算机硬盘的读磁头中，NiFe/Cu/NiFe/FeMn 类型的自旋阀巨磁阻多层膜代替了一般的磁阻多层膜，大幅度提高了感应磁场信号的灵敏度。GMR 磁头已成为计算机硬盘的标准读磁头。

21 世纪以前，绝大多数工业化的硬盘薄膜中磁矩都是水平取向的，这样的记录方式称为水平磁记录。薄膜中纳米磁颗粒是直径与厚度之比差不多的柱状颗粒。随着磁记录面记录密度每年以 100%的速率递增，磁介质单元的晶粒不断微细化，到 21 世纪初，水平式磁性记录存储密度的成长遇到了物理极限——超顺磁效应 (superparamagnetic effect)，单磁畴的铁磁晶粒的热稳定性问题日益凸显，垂直记录介质开始被用于取代水平记录介质。垂直磁记录采用磁矩垂直于薄膜表面的记录方式，即数据位垂直排列。构成记录介质的纳米晶粒的直径比其高度小得多，晶粒之间的静磁相互作用小，噪声低。目前最好的垂直磁记录硬盘介质是 CoCrPt-SiO_2 薄膜，其中圆柱形的纳米磁颗粒被非金属非磁晶界隔开。垂直记录模式很容易克服超顺磁效应，实现更高的存储密度。

参 考 文 献

[1] Yoshizawa Y, Oguma S, Yamauchi K. New Fe-based soft magnetic alloys composed of ultrafine grain structure. J Appl Phys, 1988, 64:6044-6046.

[2] Coehoorn R, Moocij D B, Waard C. Meltspun permanent magnet materials containing Fe_3B as the main phase. J Magn Mag Mater, 1989, 81(1): 101-104.

[3] Kneller E F, Hawig R. The exchange-spring magnet: A new material principle for permanent magnets. J Magn Mag Mater, 1991, 27(4):3588-3560.

[4] Baibich M N, Broto J M, Fert A, et al. Giant magnetoresistance of (001)Fe/(001)Cr magnetic superlattices. Phys Rev Lett, 1988, 61 (21): 2472–2475.

[5] Binasch G, Grünberg P, Saurenbach F, et al. Enhanced magnetoresistance in layered magnetic structures with antiferromagnetic interlayer exchange. Phys Rev B, 1989, 39 (7): 4828-4830.

[6] Billas I M L, Chitelain A, de Heer W A. Magnetism from the atom to the bulk in iron, cobalt, and Nickel clusters. Science, 1994, 265: 1682-1685.

[7] Jensen P, Bennemann K H. Theory for the atomic shell structure of the cluster magnetic moment and magnetoresistance of a cluster ensemble. Z Phys D, 1995, 35(4):273-278.

[8] Cox A J, Lourderback J G, Bloomfield L A. Experimental observation of magnetism in rhodium clusters. Phys Rev Lett, 1993, 71:923-926.

[9] Cox A J, Lourderback J G, Apsel S E, et al. Magnetism in 4d-transition metal clusters. Phys Rev B, 1994, 49: 12295.

[10] Alonso J A. Structure and Properties of Atomic Nanoclusters. London: Imperial College Press, 2005.

[11] Leslie-Pelecky D L. Magnetic Properties of Nanostructured Materials. Chem Mater, 1996, 8(8): 1770-1783.

[12] Lu A H, Salabas E L, Schüth F. Magnetic nanoparticles: Synthesis, protection, functionalization, and application. Angew Chem Int Ed, 2007, 46: 1222-1244.

[13] Sorensen C M. Magnetismin Nanoscale Materials in Chemistry. New York: Wiley-Interscience Publication, 2001.

[14] Chen Y P, Ding K, Yang L, et al. Nanoscale ferromagnetic chromium oxide film from gas-phase nanocluster deposition. Appl Phys Lett, 2008, 92: 173112.

[15] 董思宁，黄晓桦，李晓光. 磁性材料交换偏置效应研究进展. 中国材料进展，2011, 30(1)：46-53.

[16] Bianco L D，Fiorani D，Testa A M，et al. Field-cooling dependence of exchange bias in a granular system of Fe nanoparticles embedded in an Fe oxide matrix. Phys Rev B, 2004, 70(5):052401.

[17] Tokura T. Correlated electrons: Science to technology. JSAP International, 2000,（2）: 12-21.

第 9 章 纳米结构的光学性质

9.1 材料的光学性质[1]

当光通过物质时，由于光与物质中的电子、激子、晶格振动及杂质、缺陷等的相互作用而产生光的吸收。当物质吸收外界的能量后，其中一部分能量以可见光或近于可见光的电磁波形式发射出来。材料的光学性质的若干基本参数，以及材料的光吸收和发光性质，构成了经典的材料光学性质的重要部分。

9.1.1 固体的基本光学参数

固体的宏观光学性质可由折射率 n 和消光系数 k 这两个量来概括，构成复数折射率：

$$n_c = n + \mathrm{i}k \tag{9.1}$$

一束频率为ω的平面电磁波在固体中沿 x 轴传播时，其电场强度可描述为

$$E = E_0 \exp[\mathrm{i}\omega(\frac{x}{v} - t)] \tag{9.2}$$

式中，v 为光速。复折射率与光速间有如下关系：

$$v = \frac{C}{n_c} \tag{9.3}$$

式中，v 为真空中的光速。

1. 吸收系数

将复折射率代入电场强度的表示式(9.2)，可得

$$E = \underbrace{E_0 \exp(-\mathrm{i}\omega t)\exp(\mathrm{i}\omega\frac{xn}{c})}_{\text{波动部分}}\underbrace{\exp[-\omega\frac{xk}{c}]}_{\text{衰减部分}} \tag{9.4}$$

其中，$\exp[-\omega\frac{xk}{c}]$为衰减因子。

光的强度 I 正比于光电场的平方，$I \propto |E|^2$，或写成

$$I(x) = I(0)\exp[-\alpha x] \tag{9.5}$$

即固体中光的强度将按指数衰减。α 为光的吸收系数，不难看出：

$$\alpha = \frac{2\omega k}{c} = \frac{4\pi \nu k}{c} = \frac{4\pi k}{\lambda_0} \tag{9.6}$$

式中，λ_0 为光在真空中的波长。可见，复折射率的虚部代表了吸收部分。

2. 介电常数

定义复数介电常数为复数折射率的平方，即 $\varepsilon_c = n_c^2$，其实部和虚部分别为 $\varepsilon_1(\omega)$ 和 $\varepsilon_2(\omega)$，即

$$\varepsilon_c(\omega) = \varepsilon_1(\omega) + \mathrm{i}\varepsilon_2(\omega) \tag{9.7}$$

设各向同性介质的电导率为σ，磁导率为μ，由麦克斯韦方程，可以得到σ、ε_1、ε_2与折射率 n 和消光系数 k 之间的关系：

$$\left.\begin{array}{c} n^2 - k^2 = \varepsilon_1 \\ 2nk = \varepsilon_2 \\ 2nk = \dfrac{\sigma}{\omega\varepsilon_0} \end{array}\right\} \tag{9.8}$$

对于电介质材料，$\sigma \to 0$，则折射率 $n \to \sqrt{\varepsilon}$，消光系数 $k \to 0$，所以材料是透明的(无吸收)。

光由自由空间入射到固体表面时，反射光与入射光之比称为反射率 R。正入射时，R 与固体的光学常数 n 和 k 之间具有如下关系

$$R = \left[(n-1)^2 - k^2\right] \Big/ \left[(n+1)^2 + k^2\right] \tag{9.9}$$

对于固体材料的透光区域，吸收部分为零，即 $k=0$，则反射率为

$$R = \frac{(n-1)^2}{(n+1)^2} \tag{9.10}$$

此为折射率变化造成的菲涅尔反射。对于电导率较大的金属材料，则

$$R \approx 1 - 2\sqrt{\frac{4\pi \nu \varepsilon_0}{\sigma}} \to 1 \tag{9.11}$$

可见金属的反射率是很大的。

$\varepsilon_1(\omega)$ 和 $\varepsilon_2(\omega)$ 之间满足 Kramars-Kronig 关系式：

$$\varepsilon_1(\omega) = 1 + \frac{2}{\pi} \wp \int_0^\infty \varepsilon_2(\omega') \frac{\omega'}{\omega'^2 - \omega^2} \mathrm{d}\omega' \tag{9.12}$$

$$\varepsilon_2(\omega) = -\frac{2\omega}{\pi} \wp \int_0^\infty \varepsilon_1(\omega') \frac{1}{\omega'^2 - \omega^2} \mathrm{d}\omega' \tag{9.13}$$

$\wp$ 代表柯西(Cauchy)积分主值

$$\wp \int_0^\infty \equiv \lim_{a \to 0} \left(\int_0^{\omega - a} + \int_{\omega + a}^\infty \right) \tag{9.14}$$

9.1.2　固体的光吸收

材料的吸收光谱可以半导体为代表来说明其主要特征。图 9.1 给出了半导体材料吸收光谱的一般特征，根据波长的不同，可将光吸收分为基本吸收区、自由载流子吸收区、晶格吸收区、杂质和缺陷吸收区。其中，自由载流子吸收是导带

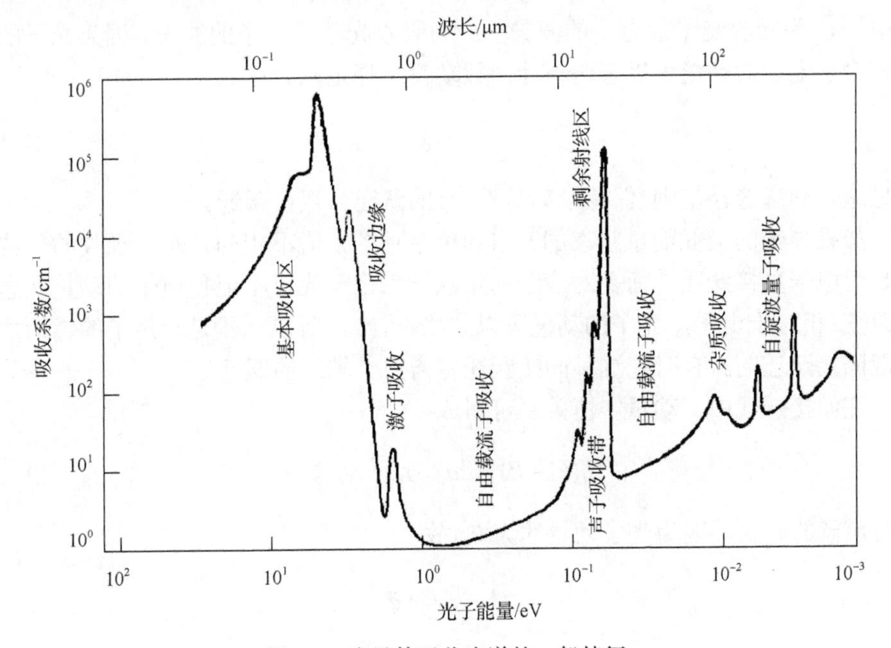

图 9.1　半导体吸收光谱的一般特征

中的电子吸收光子后在导带内跃迁，或价带中的空穴吸收光子在价带中跃迁的过程。自由载流子吸收的光谱通常没有精细结构，吸收系数随 λ^s (s=1.5～2.5)而单调上升，可以扩展到整个红外波段和微波波段。晶格吸收是在红外波段(10～100μm)，由光子和晶格振动相互作用而引起的吸收。杂质和缺陷吸收对应于电子吸收光子从基态到各杂质能级(激发态)的跃迁，或杂质电子吸收光子到导带的跃迁。在材料本征性质分析中，基本吸收最为关键。基本吸收区位于紫外-可见光区，或扩展到近红外区。这是由电子从价带跃迁到导带所引起的强吸收区。电子吸收光子后由价带跃迁到导带的过程称为基本吸收。在跃迁过程中，产生可以跃迁的电子和空穴。在吸收带的高能量端，吸收系数有一个平缓的下降，而在其低能量端，吸收系数则迅速下降，基本吸收区低能量端的这一边界称为吸收边。吸收边的界限对应于电子跃迁时所越过的最小能量间隙 E_g(禁带宽度)。

只有光子能量 $\hbar\omega \geqslant$禁带宽度时，才可能产生基本吸收。因此在基本吸收光谱中存在一个长波限，波长大于此长波限的光不能引起基本吸收，该长波限为

$$\lambda = \frac{hc}{E_g} \tag{9.15}$$

电子由价带到导带的跃迁，必须满足选择定则——准动量守恒，即

$$\hbar(\vec{k}' - \vec{k}) = \text{光子动量} \tag{9.16}$$

式中，$\vec{k}$ 为吸收光子前电子的波矢；$\vec{k}'$ 为吸收光子后电子的波矢。因为光子的动量相对于电子的动量可以忽略不计，故动量选择定则为

$$\vec{k}' = \vec{k} \tag{9.17}$$

满足这一动量选择定则(保持准动量不变)的跃迁为直接跃迁。

如果导带的最低能量状态的 $\vec{k}$ 值和价带顶的 $\vec{k}$ 值不相同，基本吸收的长波限不是对应于直接跃迁，而是对应于间接跃迁。由于光子不能使电子的动量状态发生改变(相对于电子，光子的动量可以忽略不计)，所以电子是靠声子的辅助才能实现间接跃迁的。有时把这种间接跃迁称为声子辅助的跃迁。

在间接跃迁中，动量守恒关系可写成

$$\hbar(\vec{k}' - \vec{k}) \pm \hbar\vec{q} = \text{光子动量} \tag{9. 18}$$

$\vec{q}$ 为声子的波矢。因为光子动量约为 0，故

$$\vec{k}' - \vec{k} = \pm\vec{q} \tag{9. 19}$$

±号表示电子在跃迁时发射或吸收一个声子。由于声子具有能量 E_p，故跃迁时能

量守恒定律可表示为

$$E_{\rm f} - E_{\rm i} \pm E_{\rm p} = \hbar\omega \tag{9.20}$$

直接跃迁的吸收系数可按下式计算：

$$\alpha(\hbar\omega) \propto (\hbar\omega - E_{\rm g})^{\frac{1}{2}} \tag{9.21}$$

如果允许的直接跃迁不在 $k=0$ 处，而在 $k\neq0$ 处，则

$$\alpha(\hbar\omega) \propto (\hbar\omega - E_{\rm g})^{\frac{3}{2}} \tag{9.22}$$

对于间接跃迁，伴随着吸收一个声子的间接跃迁对应的吸收系数为

$$\alpha_{\rm a}(\hbar\omega) \propto \frac{(\hbar\omega - E_{\rm g} + E_{\rm p})^2}{\exp\left(\dfrac{E_{\rm p}}{k_{\rm B}T}\right) - 1} \qquad (\hbar\omega > E_{\rm g} - E_{\rm p}) \tag{9.23}$$

伴随着发射一个声子的跃迁所对应的吸收系数为

$$\alpha_{\rm e}(\hbar\omega) \propto \frac{(\hbar\omega - E_{\rm g} - E_{\rm p})^2}{1 - \exp\left(\dfrac{E_{\rm p}}{k_{\rm B}T}\right)} \qquad (\hbar\omega > E_{\rm g} + E_{\rm p}) \tag{9.24}$$

当光子能量 $\hbar\omega > E_{\rm g} + E_{\rm p}$ 时，声子发射和吸收都可能发生，总的吸收系数为

$$\alpha(\hbar\omega) = \alpha_{\rm a}(\hbar\omega) + \alpha_{\rm e}(\hbar\omega) \tag{9.25}$$

间接跃迁中 $\sqrt{\alpha}$ 与 $\hbar\omega$ 的关系曲线如图 9.2 所示。

当 $h\nu \leqslant E_{\rm g} - E_{\rm p}$，$\alpha_{\rm a} = 0$；

当 $h\nu \leqslant E_{\rm g} + E_{\rm p}$，$\alpha_{\rm e} = 0$。

在吸收边缘区，还常展现出若干由于激子吸收所产生的光谱精细结构(窄吸收线)。

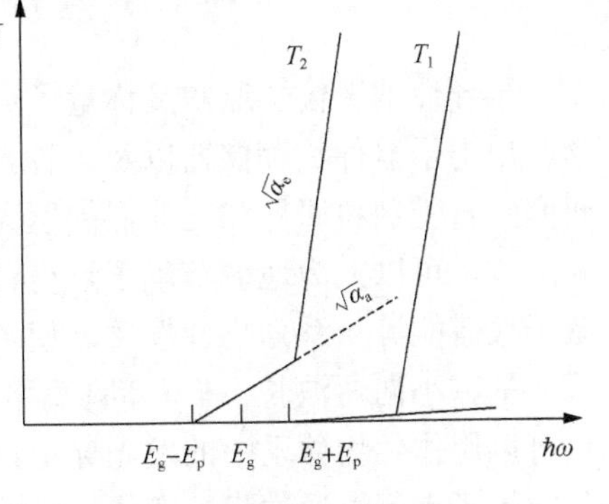

图 9.2　间接跃迁中 $\sqrt{\alpha}$ 与 $\hbar\omega$ 的关系曲线

9.1.3　固体发光

当材料受到光的照射等的激发后，只要不因此而发生化学变化，总要回复到原

来的平衡状态，在此过程中，一部分多余的能量通过光或热的形式释放出来。如果这部分能量是以可见光的形式发射出来，则称这种现象为发光。研究材料发光时，常把发光的全过程分为两个步骤：①激发，物质中的可激活系统在吸收光子后跃迁到较高的能态；②发射，激活系统回复到较低能态(一般为基态)而发射光子。

材料中的光发射总是伴随着处于高能态的电子向低能态的跃迁。导带中的电子向价带跃迁，与价带中的空穴直接复合而产生能量等于或大于禁带宽度 E_g 的光子。电子和空穴的复合主要发生在能带的边缘，载流子的热分布使发光光谱有一定的宽度。半导体材料分为直接带隙和间接带隙两大类。直接带隙半导体，允许电子由导带向价带直接跃迁，其动量不变；间接带隙材料(如Ⅳ族半导体)中，电子由导带向价带跃迁，为满足动量守恒，在发射光子的同时，发射和吸收一个声子。材料中电子-空穴复合时，也可不发射光子而仅发射声子，这种过程称为非辐射复合过程，而发射光子的复合过程则称为辐射复合过程。辐射俘获和无辐射俘获跃迁之间的竞争，直接影响材料的发光效率。在跃迁过程中包含的声子越多，跃迁的概率就越小。因此室温下，间接带隙半导体发光效率很低，发光材料主要是直接带隙半导体。

当具有足够纯度的晶体吸收一个能量大于禁带宽度 E_g 的光子后，这个光子会使一个电子由价带跃迁到导带，而在价带留下一个空穴，生成的电子和空穴彼此间具有相吸的库仑相互作用，形成某一种稳定的束缚态，这种束缚着的电子-空穴对称为激子。一对束缚着的电子和空穴相遇复合(称为激子复合)时，会把能量释放出来产生窄的光谱线。

半导体还可以通过能带和杂质能级之间的跃迁以及俘获在施主 D 中的电子与俘获在受主 A 中的空穴复合而产生发光。

9.2　半导体量子点的光学性质

半导体纳米粒子通常又称量子点(quantum dot)。半导体量子点由于在生物科学、单电子器件、存储器以及各种光电器件等方面具有极为广阔的应用前景，其研究一直受到科研界和工业界的巨大重视。通过控制半导体量子点的尺寸、形状和结构，可以人为地调节量子点材料的能隙、能带结构、载流子密度和分布以及激子束缚能等一系列物理性质，使半导体量子点的光吸收边和光致发光的波长随尺寸的减小向短波长方向移动(蓝移)，量子点发光能够产生丰富的颜色。量子点可以用作生物体系中的发光标记物，相对于传统的染料分子，依靠单一材料制备的量子点可以通过尺寸变化形成整个发光波长不同的标记物群体，且可以承受多次的光激发，特别是半导体材料中的硅和生物材料还有很大的生物相容性量子点。特殊的光学性质使半导体量子点在生物化学、分子生物学、细胞生物学、基因组学、蛋白质组学、药物筛选、生物大分子相互作用等研究中有极大的应用前景。而在半导体器件领域，量子点中的量子限制、隧穿、库仑阻塞以及非线性光学效应等是新一代固态量子器件的基础，在未来的纳米电子学、光电子学和新一代超大规模集成电路等方面有着极其重要的应用前景。基于库仑阻塞效应和量子尺寸效应制成的半导体单电子器件由于具有小尺寸、低消耗而日益受到人们的关注。以量子点为有源区的量子点激光器具有阈值电流低、光增益高、调制带宽大以及特征温度高等特性，将使半导体激光器的性能有一个大的飞跃。量子点探测器相对于二维半导体探测器具有能探测垂直于异质结平面的入射光的功能。特别是对于硅材料，通过控制量子点的尺寸、形状和结构，可调节其电子结构，使体材料中辐射跃迁被禁戒的动量选择定则被改变，从而在室温下产生高效率的光致发光和电致发光特性，开辟了硅系半导体器件的光电集成的途径。

9.2.1　半导体量子点的能带结构

通过控制半导体量子点的尺寸和形状，可以调节其能带结构，从而人工调控量子点的光学性质。这种调控的基础是量子限制效应[2]。在大块半导体材料中，带隙 E_g 是一个固定的参数，而当半导体尺寸在任何一个维度上下降到小于电子或空穴的有效玻尔半径，电子波函数受到纳米粒子边界的限制，更形象地说，电子“感觉”到边界的存在，通过调整它自身的能量来适应粒子大小的改变，从而改变半导体材料的能带结构，导致物理性质与宏观材料有很大的不同。在量子点中，粒子只能在量子化的、分立而束缚的能态中运动，这种能态与一个孤立原子的能级有相似之处，因而量子点也常被称为超原子。图 9.3 为 CdSe 从大块晶体到量子

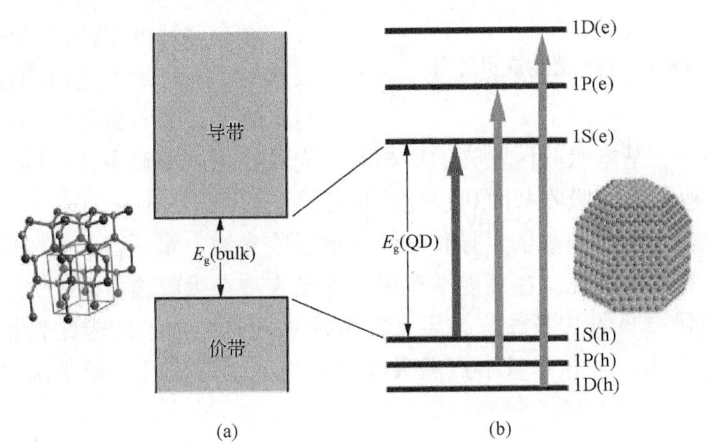

图 9.3　从大块晶体到量子点 CdSe 的能带变化。(a) CdSe 大块半导体(bulk)；(b) CdSe 量子点(QD)

点的能带变化示意图。随着粒子尺寸减小，量子约束效应导致有效带隙增加，相应的吸收光谱和荧光光谱发生蓝移。

9.2.2　半导体纳米结构的光吸收

通常，通过紫外-可见-近红外分光光度测量获得材料的光吸收谱。一般采用透射测量的配置，即测量入射光强度 I_0 和透射光强度 I_T，两者之间有如下关系：

$$I_{\mathrm{T}} = I_0 \mathrm{e}^{-\sigma_{\mathrm{ext}} D} \tag{9.26}$$

式中，σ_{ext} 为消光截面，用于量度材料对透射光的减弱能力(消光，extinction)；D 为样品等效厚度。由(9.26)可得消光度 A

$$A = -\lg\left(\frac{I_{\mathrm{T}}}{I_0}\right) = \sigma_{\mathrm{ext}} D \tag{9.27}$$

当样品厚度确定，消光度其实反映了材料消光截面的大小。

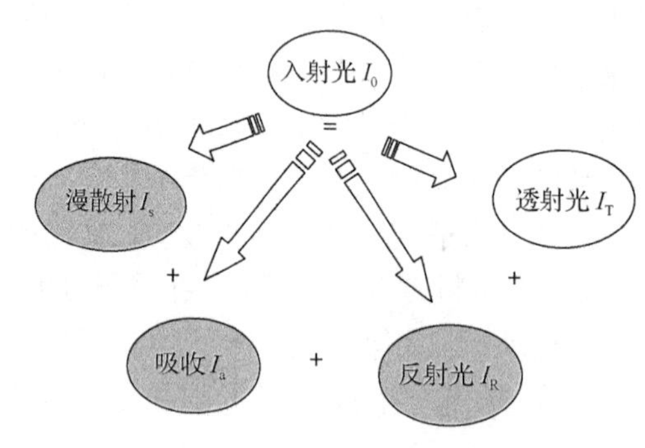

图 9.4　材料消光构成示意图

事实上，光透过材料时的消光包含几个衰减因素，如图 9.4 所示。消光主要包含光吸收 I_a、反射 I_R 和漫散射 I_s 等部分。因此，消光截面应该是由吸收截面 σ_{abs}、反射截面 σ_{R}、漫散射截面 σ_{s} 组成，即

$$\sigma_{\mathrm{ext}} = \sigma_{\mathrm{abs}} + \sigma_{\mathrm{s}} + \sigma_{\mathrm{R}} \tag{9.28}$$

在某些情况下，当光散射或反射很强时，通过透射光谱测量并不能获得正确的光吸收截面。不过对于半导体纳米结构，在基本吸收区，光散射相对于光吸收可以忽略不计，因此，以消光截面(消光度)作为其吸收截面(吸光度)是可接受的。

图 9.5(a)给出了典型的半导体量子点的吸收光谱。量子点的光吸收显示了半导体光吸收的基本特征：在高能端有很强的吸收，在吸收边附近，光吸收急剧下降，在低能量端吸收边吸收降为零。需要注意的是，由于能带结构被扰动，动量守恒发生变化，半导体量子点的吸收系数与光子能量及光学带隙之间满足以下关系：

$$\alpha(\hbar\omega) = (B / \hbar\omega)(\hbar\omega - E_{\mathrm{g}})^n \tag{9.29}$$

其中 B 为一常数，指数 n 由电子跃迁过程的特性决定，$1<n<3$。与式(9.21)～式(9.25)作比较，可以看到半导体量子点的吸收系数对带隙的依赖关系与直接带隙或间接带隙的大块半导体都不同。根据式(9.30)，可以对吸收系数做 Tauc 标绘[3]确定光学带隙，即做 $(\alpha\hbar\omega)^{1/n}$ 随 $\hbar\omega$ 的变化曲线，将其中 $(\alpha\hbar\omega)^{1/n}$ 随 $\hbar\omega$ 的线性变化部分外推到 $(\alpha\hbar\omega)^{1/n}=0$，即得光学带隙 E_g。图 9.5(b)给出了对图 9.5(a)的光吸收数据做的 Tauc 标绘。在此例样品中，n 取为 2，$(\alpha\hbar\omega)^{1/2}$ 在 3.5～5.0eV 显示了显著的线性相关，由该图可得样品的光学带隙 E_g 约为 2.80eV。

图 9.5(b)中在吸收边附近，$(\alpha\hbar\omega)^{1/2}$ 偏离线性，从图 9.5(a)可以看到，在光子能量接近吸收边时，吸收系数并未迅速下降到零，而是改变快速下降趋势，变为一个缓慢下降的长尾，延伸到吸收边的低能端以外。这种在吸收边附近所拖的长尾与赝带隙(pseudo-gap)中的局域态有关[4]，它们起源于空位、缺陷和杂质以及粒子尺寸分布的存在。这个区域称为乌尔巴赫边(Urbach edge)。静态结构无序(键长与键角的变化)影响在导带与价带极值附近的赝带隙，出现局域电子态，这些局域电子态的态密度随能量指数下降，导致一个缓慢下降的光吸收[5]。乌尔巴赫边的光吸收系数随光子能量的变化呈指数关系，可以由下式给出：

$$\alpha(h\nu)=\alpha_0\exp\left[(E_g-h\nu)/E_U\right] \tag{9.30}$$

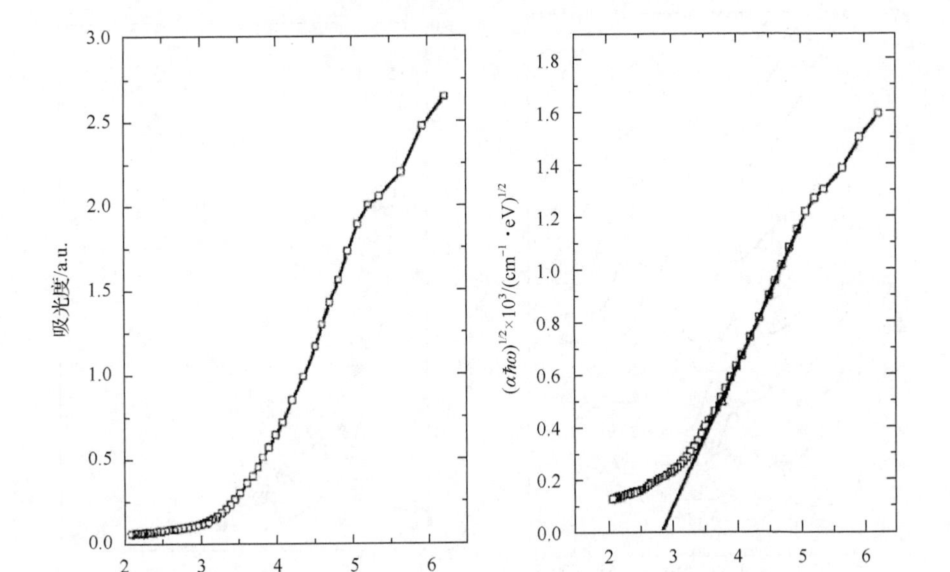

图 9.5　(a) Ge 量子点的光吸收谱；(b) Ge 量子点吸光度的 Tauc 标绘

其中，E_U 是乌尔巴赫边的宽度，是与热无序及静态结构无序相关的常数。根据 Einstein 模型[6]，可由下式计算：

$$E_U(T) = S_0 k \theta_E \left[\frac{1+X}{2} + \frac{1}{\exp(\theta_E / T) - 1} \right] \tag{9.31}$$

式中，X 为结构无序的量度，对理想晶体，$X=0$；θ_E 为 Einstein 温度；S_0 为与电子-声子耦合有关的无量纲常数。

CdSe、CdTe、CdS 等Ⅱ-Ⅵ族半导体量子点是研究最多的直接带隙量子点。图 9.6(a)给出了尺寸为 1.2～11.5nm 的 CdSe 纳米晶体的紫外-可见吸收光谱[7]。其最显著的特征是吸收边随尺寸的减小向短波长(高能量)移动，由 11.5nm 直径纳米晶体约 700nm 的吸收边波长连续减小到 1.2nm 直径纳米晶体的约 420nm，由近红外移动到近紫光，横跨整个可见光区。直观地显示了量子限制效应引起的光学带隙展宽。其中最大直径(11.5nm)的 CdSe 纳米晶的带隙已与大块 CdSe 的带隙(1.74 eV，对应于约 710nm 波长)非常接近，在该尺寸，量子限制效应已不显著。

图 9.6(b)绘出了通过光吸收谱测量得到的 CdS 量子点的光学带隙随其直径的变化。图中的实线根据有效质量近似计算 Cd 量子点的带隙，可以看到实验结果与计算结果之间有很好的一致性。

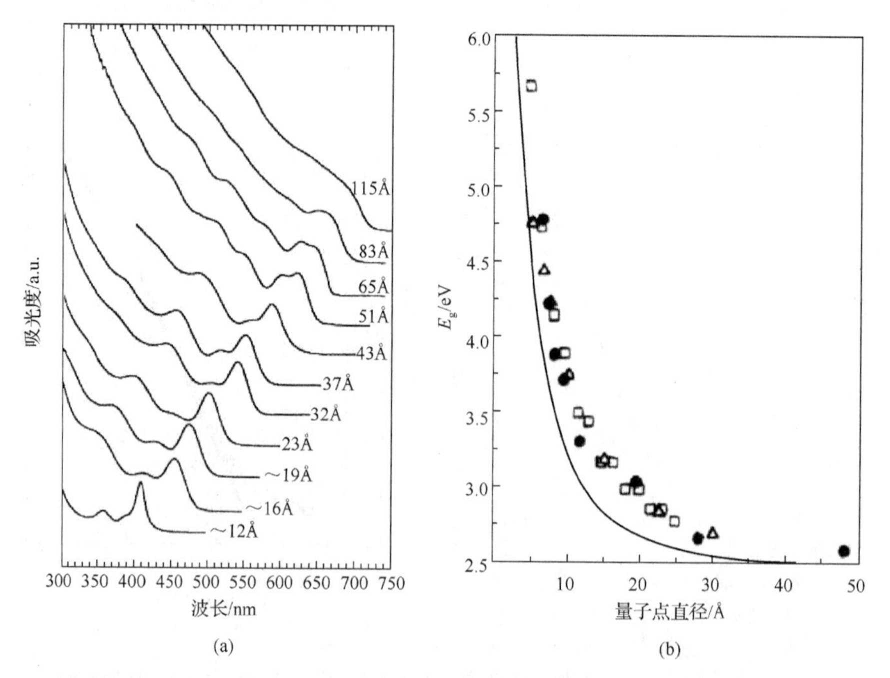

图 9.6 (a)直径为 12～115Å 的 CdSe 量子点的光吸收谱；(b)CdS 量子点光学带隙随其直径的变化，实线为有效质量近似计算值

在图 9.6(a)还有一个显著的特征是在吸收边附近，存在一个宽度较窄的吸收峰。在最大尺寸，该吸收峰已不可分辨，随着量子点尺寸的减小，该吸收峰越来越显著，峰的宽度越来越小。该吸收峰来源于激子吸收。在大块半导体中，激子吸收通常需要在低温下才能观察到。在半导体量子点中，量子限制效应使激子结合能提高，导致在室温下也能观察到显著的激子吸收。

总结起来，量子限制效应在半导体量子点光吸收谱中主要体现为以下几方面：

(1) 量子限制效应导致半导体量子点光学带隙展宽，造成其光吸收边向短波长移动(吸收边蓝移)。

(2) 量子限制效应使量子点的价带和导带的能态被压缩到一个比较狭窄的能量范围内，导致其振子强度增加，光吸收增强。

(3) 量子限制效应使半导体量子点沿限制方向产生量子化，形成一系列对应于不同量子数的子带，从而产生一系列新的带内跃迁。在光吸收谱中将出现一系列新的细节。由于实际用于光吸收谱测量的并非单个量子点，样品中存在量子点的直径分布以及表面状态等的差异，因此实际测得的光吸收谱分立子带的特征一般并未明显体现出来。

(4) 对电子和空穴的量子限制增加了它们之间的结合概率，从而产生更高的激子结合能，形成低于能隙的激发态，激子结合能高于热能时产生激子共振，在强限制条件下室温时就能观察到激子峰。

此外，量子限制效应对电子的限制使其位置不确定性变小，动量不确定性变大，放宽了准动量选择范围，因此有可能增加间接带隙半导体跃迁概率，这将从量子点发光中体现出来。

9.2.3　半导体量子点的发光

图 9.7 为四种不同直径的 CdSe 量子点胶体溶液的光吸收谱及其对应的光致发光谱，四种量子点的直径分别为 2.3nm、4.0nm、3.8nm、4.6nm，在紫外光激发下，它们分别发出绿光、黄光、橙光和红光，对应的发光峰具有高斯分布的峰形，其峰位置分别为 528nm、570nm、592nm、637nm。在光吸收谱中，四种纳米粒子的激子峰的峰位(对应于吸收边)分别位于 507nm、547nm、580nm、605nm。发光峰相对于吸收边偏向更长的波长。图中的照片显示了装于比色皿中的 CdSe 量子点胶体溶液，在无紫外光照射时(上方的照片)，各量子点溶液没有明显的颜色差别，也未见光发射，而在紫外光照射下(下方照片)，量子点溶液产生了明亮的不同颜色的发光。

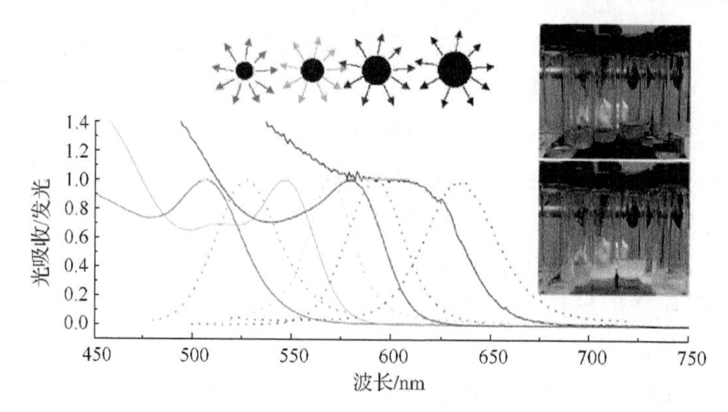

图 9.7　不同尺寸的 CdSe 量子点的光吸收谱(实线)和光致发光谱(虚线)

图 9.7 表明，量子限制效应不仅使量子点光学带隙蓝移，也使量子点产生强的发光，并且发光波长也随量子点尺寸的减小而蓝移。在量子点中，由于量子限制效应，激子具有更高的结合能，因而光激发的激子在湮灭所释放的能量变大，难于通过把能量转移到振动模而消耗，通过发射光子而释放能量就变得更有效，因此辐射复合的概率提高，这就造成半导体量子点具有高的发光效率。

根据斯托克斯规则，半导体吸收光子发光的波长总是大于被吸收光的波长。发光峰波长与吸收边波长之间的偏移称为“斯托克斯位移”(Stokes shift)。量子点复杂的激子结构也使其“斯托克斯位移”变大，发光衰变时间变长(量子点的发光寿命可持续数十纳秒)。

半导体量子点发光峰的宽度与纳米粒子的尺寸分布相关。理论上，量子点应具有相当窄的发光峰，单个量子点的发光峰宽可小于 0.1meV。但通常的量子点样品总是存在一定的尺寸分布，导致测得的发光峰总是存在可观的宽度。事实上，量子点组装体与单个孤立的量子点的发光性质可存在一些显著的区别。例如，通过自组装所分离出的单个量子点的发光谱具有稳定而超窄的发光峰，而分布于胶体溶液中的量子点，尽管可以具有很窄的尺寸分布，但集体测量得到的发光谱仍然具有几 meV 的宽度[7]。该展宽可归因于量子点胶体溶液的本征性质。尽管单个胶体量子点的发光峰宽可小于 0.1meV，但其辐射的能量是随时间随机变化。这一性质称为光谱跳跃(spectral jumps)或光谱扩散 (spectral diffusion)[8]：量子点所处的局域环境造成快速涨落的电场，可干扰量子点体系的能级。反之，自组装量子点由于嵌于基体中，其局域环境并不会随时间变化，因而没有出现光谱跳跃造成的发光峰展宽。

此外，单个量子点的发光还会呈现强烈的忽亮忽暗的“开关”性质，称为闪烁(blinking)[9]，处于关状态的时间可以从几毫秒到几分钟变化。通常用俄歇光电离模型来解释量子点闪烁的机制：如果在量子点中同时存在两个电子-空穴对，其中一个电子-空穴对湮灭放出的能量可能转移给另一个电子-空穴对，从而使其中的一个载流子被弹射到量子点外，导致量子点带电。如果在此期间又有一个电子-空穴对产生，其复合湮灭时放出的能量可通过非辐射过程转移给留下来的那个载流子，从而导致发光的猝灭。电离的量子点不发光也是这个原因。如果被弹出的载流子返回到量子点，或者量子点被中和，则可重新返回发光状态。由于平移对称性的破坏，量子点中这种俄歇过程发生的可能性比大块半导体要高得多。

9.2.4 Ⅳ族半导体纳米结构

Ⅳ族元素半导体纳米结构，如 Si、C、Ge 等纳米粒子构成的薄膜及多孔硅等发光的研究受到很大的重视，因为它们在光电应用方面具有重要意义。随着超大规模集成电路(VLSI)的发展，集成度越来越高，计算速度越来越快，原有的硅集成电路工艺日益受到限制。例如，功率漏极及连接硅芯片和电路板的大量引线对性能的发挥造成很大的限制，而如果在硅电路中采用光连接取代电连接则可克服此问题[10]。所以许多年来，研究者致力于制作可有效产生光发射的硅基结构。但是Ⅳ族元素半导体如 Si、Ge 等对于电或光激发下的光发射效率特别低，由于它们具有窄的间接带隙，价带的一个电子被激发入导带并在价带产生空穴的辐射复合需要声子的参与以保持动量守恒。这类辐射跃迁通常效率很低(禁戒跃迁)，大量载流子通过非辐射复合而产生热。例如，大块硅的带到带跃迁的光致发光发生在近红外区，其典型的效率为 0.001%。所以，传统上一直认为硅基半导体是不适于光学应用的。

1990 年， Canham 首次报道了电化学阳极氧化多孔硅的室温可见光发射现象[11]：将 p 型单晶硅片放在盛有 HF 酸的溶液中腐蚀，当微孔的比例达到 78.5%附近时，Si 片未被腐蚀的部分被微孔隔离成一个个分散的柱形结构。室温条件下，在 488nm 或 514.5nm 光的激发下观测到强烈的发光，通常为红色光。多孔硅在结构上被看成一种一维纳米结构，由于腐蚀带来多孔硅表面的起伏很大，一部分人也将多孔硅看作是由许多零维硅纳米颗粒构成的网络结构。

多孔硅发光现象发现之后，对于硅基纳米结构(包括多孔硅、硅微晶、硅纳米线等)发光性质研究就引起了学术界广泛的兴趣[12]。1993 年，Wilson 等报道了硅纳米晶的可见光发射[13]；1995 年，Lu 等实现了 SiO_2/Si 超晶格的硅基发光器件，利用量子限制效应提高硅的发光效率[14]；1996 年，Hirschman 等利用 ULSI 制造工艺实现了多孔硅发光器件的集成[15]；2000 年，Pavesi 等发现了含有纳米 Si 颗粒的 SiO_2 体系的光增益现象，从而证明了该体系具有实现激光的可能性[16]；2001 年，Ng 等制备了 Si PN 结，并实现了室温下、低功耗的高效电致发光[17]。近年来，已有一批硅基发光二极管(SiLEDs)研制成功[18,19]。德国卡尔斯鲁厄理工学院和加拿大多伦多大学的科研人员采用不同大小的单分散 Si 纳米粒子，制造出可由深红色光谱区域调谐至橘黄色的光谱区域彩色高效硅基发光二极管[20]，其量子效率可达 1.1%。最近，卡耐基大学化学系的 Jin 等合成了大小在 5.2nm 左右的表面附氮 Si 纳米晶[21]，光吸收峰和荧光发射峰分别在 520nm 和 550nm，发光峰半峰宽仅为 40 nm，发光量子效率达到 90%，其效率和单色性几乎与Ⅱ-Ⅵ族半导体量子点相媲美。

对于硅基纳米结构的发光，一些研究者认为纳米尺度硅的能带结构会发生重大变化。多孔硅和硅纳米晶的 PL 研究表明量子限制效应在硅基纳米结构的光致发光中起着关键作用。在针对硅纳米线的研究中，又发现了包裹纳米晶的无定形 Si 氧化物基底对光致发光有重要的影响，同时界面中缺陷的存在也逐渐被重视，并视为富硅硅氧化物纳米线光致发光的重要原因之一。硅纳米结构可见光波段的较微弱而宽广的光发射大多认为是由于与硅有关的缺陷或SiO_2氧化物玻璃层中的缺陷导致，而当排除了 SiO_2 氧化物玻璃层的影响后，与硅有关的缺陷又一般分为中性缺氧中心，以及二配位硅、硅原子形成的缺氧中心或应变场畸变，而这些缺陷大多存在于硅纳米晶表面和周围氧化层(SiO_x)的界面上或界面周围，硅纳米粒子的氧化程度对发光性能的影响是巨大的。也有学者提出在量子限制效应模型的基础上加入纳米硅内缺陷作为发光中心的发光激励，认为纳米晶的量子约束效应导致其带隙相对于大块晶体增大，光在纳米晶粒中激发产生电子-空穴对。被激发产生的电子-空穴对转移到氧化层或氧化层和纳米晶界面层中存在的发光中心上(氧空位、应变等缺陷)从而发光。

9.3 金属表面等离激元

9.3.1 等离激元的基本概念

根据 Bohm-Pines 理论，金属中的价电子在带正电荷的离子实的背景中运动，类似于由浓度相等地正负电荷构成的等离子体，假定正离子实是不动的(因为离子实比电子重得多)，在外电磁场激发下，自由电子集体运动与电磁场互相激励产生共谐振荡，则电子间的库仑相互作用可通过电子的集体振荡体现出来，称为等离子体振荡。这种振荡具有特定的频率，用一个与该频率相应的量子来表征等离子振荡，称为等离激元(plasmon)。等离激元是一种准粒子，携带相应的准动量和能量。如图 9.8 所示，根据空间分布的不同，可将金属中存在的等离激元分为三种，即体等离激元(volume plasmon polariton, VPP)、表面等离激元(surface plasmon polariton, SPP)和局域表面等离激元(localized surface plasmon, LSP)[22, 23]。体等离激元起源于金属体内自由电子在入射场作用下的极化，而当大块金属变为薄膜时即产生表面等离激元。表面等离激元是一种表面波，在金属表面处场强最大，而在垂直于界面方向呈指数衰减。表面等离激元能被光子或电子激发，若在平整的金属表面，则其可沿表面传播，而传输过程伴随衰减和吸收，其能量可转化为光子或声子。另外，若是粗糙金属表面或纳米粒子，则由于自由电子的振荡受尺寸限制，会产生局域表面等离激元，或称表面等离激元共振(surface plasmon resonance, SPR)。

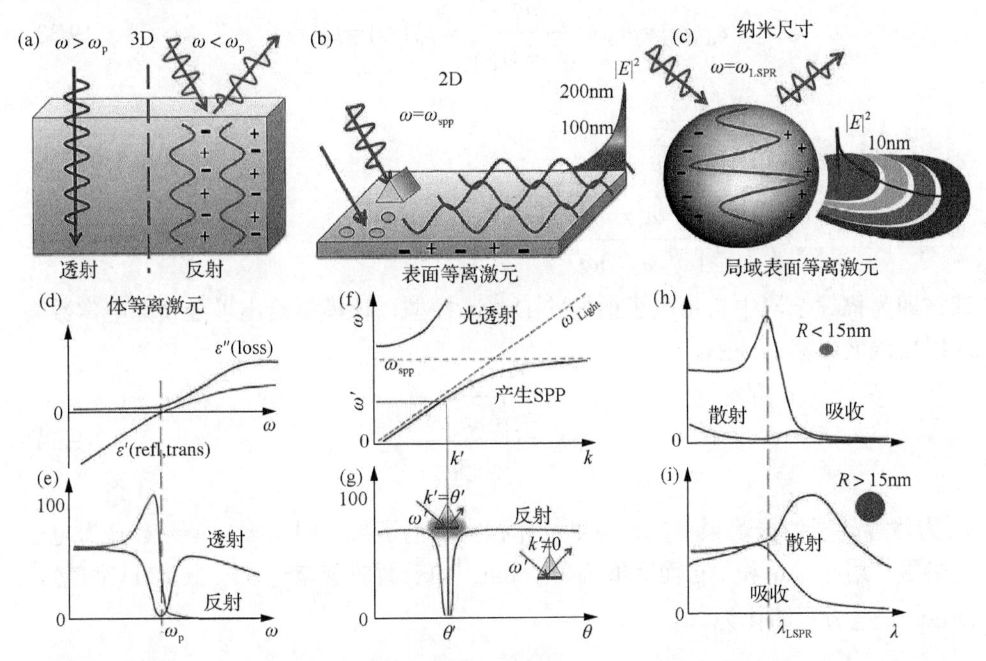

图 9.8 体等离激元、表面等离激元及局域表面等离激元。(a)金属的等离子体振荡频率 ω_p 描述了能使其内部电子集体振荡的入射场的最高频率；这种集体振荡导致：(d)介电常数出现负实部，(e)金属反射率的增加。(b)当在二维金属表面时，电子的集体振荡激发了沿表面传播的电子波-传播表面等离激元(SPP)的出现：(f)只有特定波矢才能激发 SPP；(g)须满足特定角度才能激发 SPP。(c)当金属纳米结构的尺寸远小于入射电磁波波长时，电磁波引发的电子集体振荡将产生局域表面等离激元(LSP)，这种电子的集体振荡将导致纳米结构对入射电磁波强烈的吸收和散射，同时存在很强的局域电场；(h)对于尺寸小于 15nm 的纳米粒子，其对入射电磁场的吸收作用大于散射作用；(i)纳米粒子尺寸大于 15nm 时，散射截面大于吸收截面

9.3.2 Drude 模型

描述金属等离激元最简单且有效的理论是20世纪初由Drude提出的特鲁德模型 (Drude model)。当金属处在外加电磁场中时，其自由电子将在外场作用下运动，运动方程满足：

$$m_{\mathrm{e}}\frac{\partial^2 r}{\partial t^2}+m_{\mathrm{e}}\gamma_{\mathrm{d}}\frac{\partial r}{\partial t}=eE_0\mathrm{e}^{-\mathrm{i}\omega t} \tag{9.32}$$

其中，m_e、e、 $\boldsymbol{r}$、γ_d分别表示电子的有效质量、电子电荷量、电子位置以及阻尼系数；ω 和 E_0 分别表示外加电磁场的角频率和振幅。经由电子的谐振方程 $\boldsymbol{r}(t)=r_0\mathrm{e}^{-\mathrm{i}\omega t}$ 代入式(9.32)可直接解得 Drude 形式的介电方程：

$$\varepsilon_\mathrm{d}(\omega)=\varepsilon_\infty-\frac{\omega_\mathrm{p}^2}{\omega^2+\mathrm{i}\gamma_\mathrm{d}\omega}=\varepsilon_\mathrm{d}^\mathrm{r}(\omega)=\mathrm{i}\varepsilon_\mathrm{d}^\mathrm{i}(\omega) \tag{9.33}$$

实部：$\varepsilon_\mathrm{d}^\mathrm{r}(\omega)=1-\dfrac{\omega_\mathrm{p}^2}{\omega^2+\gamma^2}$

虚部：$\varepsilon_\mathrm{d}^\mathrm{i}(\omega)=1-\dfrac{\omega_\mathrm{p}^2\gamma}{(\omega^2+\gamma^2)\omega}$

该式即为描述金属中自由电子谐振的 Drude 模型，该模型给出了金属介电常数与入射电磁波频率的关系，其中

$$\omega_\mathrm{p}=\sqrt{\frac{4\pi n_\mathrm{e}e^2}{m_\mathrm{e}}} \tag{9.34}$$

ω_p为体等离子体振荡频率；n_e为单位体积内的电子数，即$n_\mathrm{e}=3/4\pi r_\mathrm{s}^3$，$r_\mathrm{s}$为电子气参数，对于 Au 和 Ag 而言取为 0.16nm。如若暂时忽略γ_d，ε_∞取为 1(空气)，Drude 介电方程简化为

$$\varepsilon_\mathrm{d}(\omega)=1-\frac{\omega_\mathrm{p}^2}{\omega^2} \tag{9.35}$$

这样我们区分出两个频域：当$\omega>\omega_\mathrm{p}$时，材料的介电常数ε_d为正值，因此对应的折射率$n=\sqrt{\varepsilon_\mathrm{d}}$为实数；反之，当$\omega<\omega_\mathrm{p}$时，介电常数为负值，折射率为虚数。介质折射率为虚数，则说明电磁波不能在其内部传播，通常金属的ω_p位于红外区，因此可见光只能在其表面反射使金属表面具有光泽，如图 9.8(d)和(e)所示。虽然 Drude 模型引入了很多近似，但是利用这一模型仍然可以解释表面等离激元的物理机制和诸多实验现象。

9.3.3　介质金属界面的表面等离激元

由电磁理论可知，大多形式的波导基本都可表示为 TE 和 TM 模式的组合，而通过求解麦克斯韦方程发现，TE 模式不能激发表面等离激元，换句话说，表面等离激元不会以 TE 模式存在。实际上，根据连续性边界条件，TE 模式的电场必须在界面处连续，也就是说，TE 模式的振动不会在界面处产生感应电荷，因此不

能激发表面等离激元。然而，随着负折射率材料的出现，上述矛盾不再成立，因为负折射率材料可以有负的磁导率，因此可以允许 TE 模式的表面等离激元存在。

而对于 TM 模式，设界面位置为 z=0，则 TM 模式表面波电场和磁场的波函数如下：

z>0（介质中）时，

$$\vec{H}_1 = (0, H_{y1}, 0)\mathrm{e}^{\mathrm{i}(k_{x1}x + k_{z1}z - \omega t)} \tag{9.36}$$

$$\vec{E}_1 = (E_{x1}, 0, E_{z1})\mathrm{e}^{\mathrm{i}(k_{x1}x + k_{zi}z - \omega t)} \tag{9.37}$$

z<0（金属中）时，

$$\vec{H}_2 = (0, H_{y2}, 0)\mathrm{e}^{\mathrm{i}(k_{x2}x + k_{z2}z - \omega t)} \tag{9.38}$$

$$\vec{E}_2 = (E_{x2}, 0, E_{z2})\mathrm{e}^{\mathrm{i}(k_{x2}x - k_{z2}z - \omega t)} \tag{9.39}$$

为了满足边界条件，电场与磁场在边界上需满足：

$$H_{y1} = H_{y2},\ E_{x1} = E_{x2},\ \varepsilon_m E_{z1} = \varepsilon E_{z2},\ k_{x1} = k_{x2} \tag{9.40}$$

ε_{m} 和 ε 分别对应介质和金属的介电常数。考虑对称因素，要求 $E_{z1} = -E_{z2}$，则可得介质和金属介电常数之间的关系：

$$\varepsilon_{\mathrm{m}} = -\varepsilon \tag{9.41}$$

上式也解释了为什么要利用金属来激发表面等离激元，因金属具有负的介电常数。再根据式(9.35)，可以得出表面等离激元的共振频率 ω_{SPP}：

$$\omega_{\mathrm{SPP}} = \omega_{\mathrm{p}}\sqrt{\frac{1}{\varepsilon_{\mathrm{m}} + 1}} \tag{9.42}$$

若在真空中 $\varepsilon_{\mathrm{m}} = 1$，则 $\omega_{\mathrm{SPP}} = \omega_{\mathrm{p}}/\sqrt{2}$，说明表面等离激元的共振频率是块体共振频率的 $1/\sqrt{2}$ 倍。利用麦克斯韦方程组中的旋度方程式 $\vec{\nabla} \times \vec{H}_i = \varepsilon_i \dfrac{\partial E_i}{\partial t}$ 可得

$$k_{z1}H_{y1} = \varepsilon_{\mathrm{m}}\omega E_{x1} \tag{9.43}$$

$$k_{x1}H_{y1} = -\varepsilon_{\mathrm{m}}\omega E_{z1} \tag{9.44}$$

$$k_{z2}H_{y2} = -\varepsilon\omega E_{x2} \tag{9.45}$$

$$k_{x2}H_{y2} = -\varepsilon\omega E_{z2} \tag{9.46}$$

$$\frac{k_{z1}}{\varepsilon_{\mathrm{m}}} + \frac{k_{z2}}{\varepsilon} = 0 \tag{9.47}$$

将式(9.43)～式(9.47)代入边界条件，可得表面等离激元的色散关系：

$$k_{\mathrm{SPP}} = k_x = \frac{\omega}{c}\sqrt{\frac{\varepsilon_{\mathrm{m}}\varepsilon}{\varepsilon_{\mathrm{m}} + \varepsilon}} \tag{9.48}$$

式(9.48)表明表面等离激元是以 TM 模式存在的表面波。以下进一步讨论等离激元的色散关系，我们知道，金属的介电常数可以表示为复数形式，$\varepsilon = \varepsilon' + \mathrm{i}\varepsilon''$，因此 k_{SPP} 也可表示为复数形式，$k_{\mathrm{SPP}} = k'_{\mathrm{SPP}} + \mathrm{i}k''_{\mathrm{SPP}}$。将复数形式的介电常数代入式(9.48)可得

$$k'_{\mathrm{SPP}} = \frac{\omega}{c}\sqrt{\frac{\varepsilon_{\mathrm{m}}(\varepsilon'^2 + \varepsilon'\varepsilon_{\mathrm{m}} + \varepsilon''^2)}{(\varepsilon_{\mathrm{m}} + \varepsilon')^2 + \varepsilon''^2}} \tag{9.49}$$

$$k''_{\mathrm{SPP}} = \left(\frac{\omega}{c}\right)^2 \frac{1}{2k'_{\mathrm{SPP}}} \frac{\varepsilon''^2\varepsilon^2}{(\varepsilon_{\mathrm{m}} + \varepsilon')^2 + \varepsilon''^2} \tag{9.50}$$

以上从电磁理论出发得出了表面等离激元的色散关系，该关系是研究表面等离激元的基础，物理意义重大。如前所述，等离激元是一种表面波，具有表面局域的特性，因此具有近场增强的性质。在垂直于界面方向场强指数衰减[图 9.8 (b)]，其色散关系图 9.8(f)所示，从色散关系曲线可以看出，同一频率下，表面等离激元的波矢要比平面波大($k'_{\mathrm{SPP}} > k_0$)，因此，一般平面波无法激发金属表面等离激元。想要激发表面等离激元，必须通过波矢补偿的方式。另外，色散关系式(9.49)说明只有在特定角度下，棱镜或光栅等激发方式才能提供足够的动量以激发表面等离激元，在该角度下，光被强烈的吸收，导致反射谱或透射谱出现极低谷，如图 9.8 (g)所示。

为了实现波矢匹配，通常采用图 9.9 所示的七种结构。其中图 9.9(a)和(b)所示的两种结构基本类似，均是采用棱镜耦合的方式增大入射光的动量[23,24]，其原理是通过棱镜的折射率来增加入射光的波矢。而当金属膜太厚时，以上两种方法不再适用，因隐逝波无法穿透厚金属膜，则须采用第三种方法，如图 9.9(c)所示。另外，光栅衍射耦合法也是激发等离激元的有效方法之一，即通过周期结构提供的倒格矢达到波矢匹配，如图 9.9(e)所示。此外，还有近场光学显微镜探针耦合法、表面缺陷衍射法、四波混频法等[23,25]。

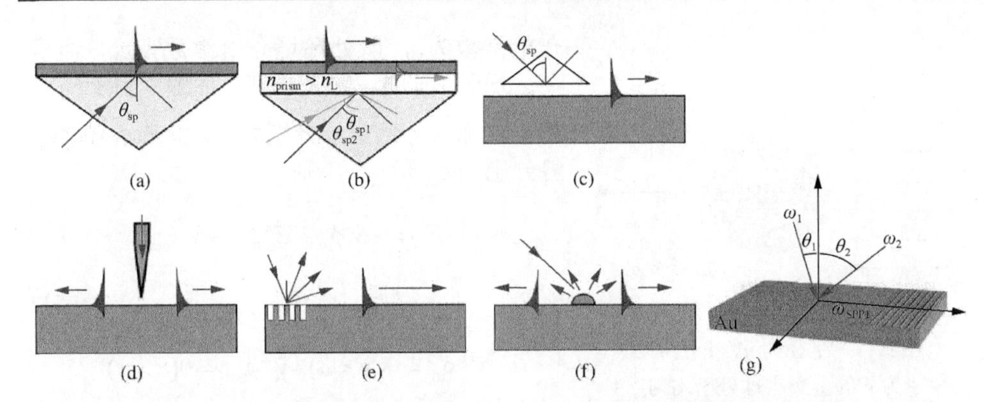

图 9.9　若干激发表面等离激元(SPP)的方式。(a) Kretschmann 棱镜耦合激发法；(b) 双层 Kretschmann 结构激发法；(c) Otto 棱镜耦合法；(d) 近场光学显微镜探针耦合法；(e) 光栅衍射耦合法；(f) 表面缺陷衍射法；(g) 四波混频法

9.4　局域表面等离激元

9.4.1　金属纳米粒子的表面等离激元共振

除了传播模式的表面等离激元，还有束缚模式的表面等离激元，它起源于金属纳米粒子内部自由电子气在电磁场作用下的极化振荡，将其称之为局域表面等离激元(LSP)，如图 9.10 所示。传导模式的表面等离激元受限于其色散关系，无法从空气直接入射到金属表面的光激发，必须借助特定的结构和装置实现波矢匹配才能激发。而局域表面等离激元的激发不受此限制，可被入射的电磁波直接激发，产生共振时表现为对入射电磁波强烈的吸收和散射，如图 9.8(h) 和 (i) 所示。其共振频率、强度取决于金属纳米粒子的尺寸、形状、材料及外界介电环境等[26-33]。

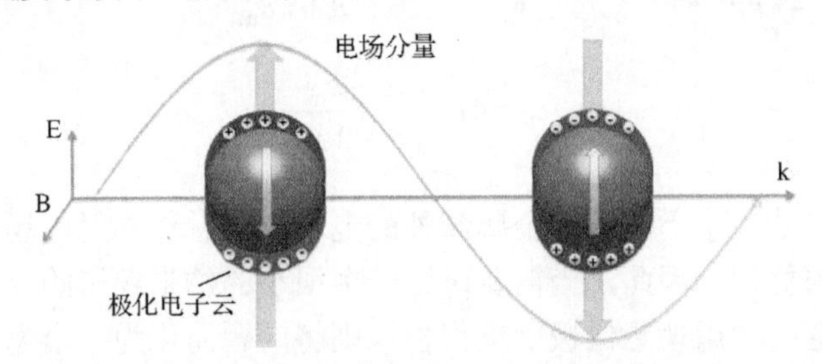

图 9.10　金属纳米粒子在外加电磁场作用下产生局域表面等离激元振荡示意图

我们再从理论角度进一步描述局域表面等离激元。考虑金属纳米粒子尺寸远小于入射电磁波波长的情形，此时纳米粒子可视为处于电场恒定的环境中，因此可用准静电理论描述其内部电子的振荡行为。考虑一半径为 $a(a \ll \lambda)$ 的小球，

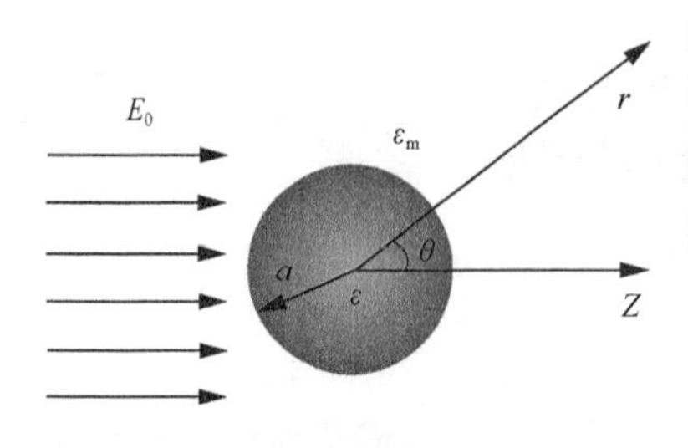

图 9.11　半径为 a，介电常数为 ε 的金属小球处于均匀电场 E_0 中

介电常数为ε，所处环境介电常数为ε_m，且存在一均匀电场 $E = E_0 r\cos\theta$，如图 9.11 所示。粒子内部和外部电场分别为 E_{in} 和 E_{out}，内外电势分别为 ϕ_{in} 和 ϕ_{out}，则

$$E_{in} = -\nabla\phi_{in}，E_{out} = -\nabla\phi_{out} \tag{9.51}$$

$$\nabla^2\phi_{in} = 0(r < a), \nabla^2\phi_{out} = 0(r > a) \tag{9.52}$$

为使拉普拉斯(Laplace)方程 $\nabla^2\phi = 0$ 可解，则需满足以下边界条件：

$$\phi_{in} = \phi_{out}, \varepsilon\frac{\partial\phi_{in}}{\partial r} = \varepsilon_m\frac{\partial\phi_{out}}{\partial r} \quad (r = a) \tag{9.53}$$

假设电场在无穷远处不受扰动，则可发现满足以上偏微分方程和边界条件的解为

$$\phi_{in} = \frac{-3\varepsilon_m}{\varepsilon + 2\varepsilon_m}E_0 r\cos\theta \tag{9.54}$$

$$\phi_{out} = -E_0 r\cos\theta + a^3 E_0\frac{\varepsilon - \varepsilon_m}{\varepsilon + 2\varepsilon_m}\frac{\cos\theta}{r^2} \tag{9.55}$$

从式(9.55)不难看出，粒子外部电势实际是入射电场电势与偶极子电势之和，偶极子电势为 $\phi = \frac{P\cos\theta}{4\pi\varepsilon r^2}$，偶极矩为 $P = 4\pi\varepsilon a^3\frac{\varepsilon - \varepsilon_m}{\varepsilon + 2\varepsilon_m}E_0$，则可得偶极子极化率

$$\alpha = 4\pi a^3\frac{\varepsilon - \varepsilon_m}{\varepsilon + 2\varepsilon_m} \tag{9.56}$$

以上结果说明尺寸远小于波长的金属球外的电场可以看作入射电场和一理想电偶极子产生电场的叠加。因此，当需要讨论一个很小的纳米粒子的吸收和散射问题时，就可以将金属球用理想偶极子来代替，则将问题简化为一个电偶极子对平面波的吸收和散射问题。与静电场不同的是，金属球处在电磁场时，其介电常数 ε 是与入射光频率 ω 相关的物理量。

光散射实际是激发振荡-再辐射的过程，如果把小粒子近似看作一个偶极子，则光散射的本质上成为偶极子振荡辐射的电磁波。采用偶极子模型，在准静态近似下，球形粒子的光散射可以通过求解标量势的拉普拉斯方程得出。由偶极子辐

射产生的散射截面(C_{sca})和吸收截面(C_{abs})分别为

$$C_{abs} = k\,\mathrm{Im}\{\alpha\} = 4k\pi a^3\,\mathrm{Im}\left\{\frac{\varepsilon-\varepsilon_m}{\varepsilon+2\varepsilon_m}\right\} \tag{9.57}$$

$$C_{sca} = \frac{k^4}{6\pi}|\alpha|^2 = \frac{8}{3}k^4\pi a^6\left|\frac{\varepsilon-\varepsilon_m}{\varepsilon+2\varepsilon_m}\right|^2 \tag{9.58}$$

其中 k 为入射光波矢，消光截面 C_{ext} 为散射截面和吸收截面之和：

$$C_{ext} = C_{abs} + C_{sca} \tag{9.59}$$

为方便讨论，引入无量纲的散射截面 Q_{sca} 和吸收截面 Q_{abs} (与光谱测量中的消光度对应)

$$Q_{sca} = \frac{8}{3}q^4\left|\frac{\varepsilon-\varepsilon_m}{\varepsilon+2\varepsilon_m}\right|^2,\ C_{sca} = \sigma_{geom}Q_{sca} \tag{9.60}$$

$$Q_{abs} = 4q\,\mathrm{Im}\left|\frac{\varepsilon-\varepsilon_m}{\varepsilon+2\varepsilon_m}\right|,\ C_{abs} = \sigma_{geom}Q_{abs} \tag{9.61}$$

其中，$\sigma_{geom} = \pi a^2$，为球形粒子的几何截面；$q = ka$，k 为波矢。

由式(9.57)和式(9.58)可见，消光截面当 $\varepsilon = -2\varepsilon_m$ 时，或在空气中，$\mathrm{Re}(\varepsilon) = -2$ 时取得极值，此时入射光与金属结构产生强烈相互作用，激发起金属结构的等离激元，此时的入射光频率即为金属结构的等离激元共振频率。这称为 Fröhlich 共振条件。

由 Drude 模型可以计算出小于光波长的纳米粒子的共振频率

$$\omega_{LSP} = \frac{\omega_p}{\sqrt{1+2\varepsilon_m}} \tag{9.62}$$

当环境为真空时，$\varepsilon_m = 1$，则

$$\omega_{LSP} = \frac{\omega_p}{\sqrt{3}} \tag{9.63}$$

将此公式用于式(9.61)，可得 Lorentz 形式的光散射截面：

$$Q_{sca}^{(Ra)} = \frac{8}{3}\frac{\omega_{LSP}^4}{\left(\omega^2-\omega_{LSP}^2\right)_2 + \omega_{LSP}^2\gamma^2}q^4 \tag{9.64}$$

如用有效耗散系数$\gamma_{\text{eff}} = 2/3\omega_{\text{LSP}}q^3$取代上式中的耗散系数$\gamma$，则可得

$$Q_{\text{sca}}^{\text{Dip-Mie}} \approx \frac{8}{3}\frac{\omega_{\text{SP}}^4}{\left(\omega^2 - \omega_{\text{SP}}^2\right)^2 + 4/9q^6\omega_{\text{SP}}^4}q^4 \tag{9.65}$$

这正是 Mie 理论在 Fröhlich 共振条件下给出的光散射截面。1908 年，基于电磁场理论，Mie 首次获得了任意尺寸的均匀球形结构在任意介质中的光散射严格解[34]。Mie 理论中的这种有效耗散系数可归因于等离激元的辐射损失。由于回复力的减弱，偶极子共振峰会随尺寸的增大而发生红移。直观来讲，分布在粒子两侧的相反电荷由于粒子间距离增大，相互作用也随之减弱。

9.4.2 表面等离激元共振的影响因素

影响表面等离激元共振的因素通常有：金属的材料组分，金属纳米结构的尺寸、形状，金属纳米结构所处的介质环境，以及金属纳米结构之间的电磁耦合情况等。对于不同贵金属材料，其表面等离激元由金属的介电方程决定。在金属的介电方程中，介电常数的实部ε_r决定了表面等离激元的共振频率，而虚部ε_i决定了表面等离激元的消光损耗和共振峰的展宽。不论是传导的等离激元还是局域等离激元，其特性均与材料密切相关，其类自由电子/载流子的浓度和迁移率以及带间跃迁对载流子的阻尼是显著影响其表面等离激元特性的三个因素。综合考虑材料的化学稳定性，金、银等贵金属及其合金在可见光频段是表面等离激元的良好载体。

1. 纳米粒子尺寸的影响

比较式(9.58)和式(9.59)可以看到：散射截面与吸收截面在同一表面等离激元共振频率下达到极值。由于吸收截面正比于粒子体积，而散射截面正比于R^6，因此可以预期，尺寸的增加有利于散射截面的增加。对于小尺寸的金属纳米粒子，消光主要取决于吸收，随着粒子的增大，散射贡献增加，并逐渐成为主要的消光成分。如图 9.12 所示[35]，当 Au 纳米粒子的半径小于 30nm 时，散射对消光的贡献很小，并且散射、吸收和总的消光截面与入射光波长具有一致的相关性，三者的表面等离激元共振峰具有相同的形状。当 Au 纳米粒子的半径大于 100nm，散射贡献变得重要，在 500nm 波长以上共振峰区，散射成为等离激元共振消光的主要部分，表面等离激元共振峰随粒子直径的展宽和红移主要起源于散射的增长。

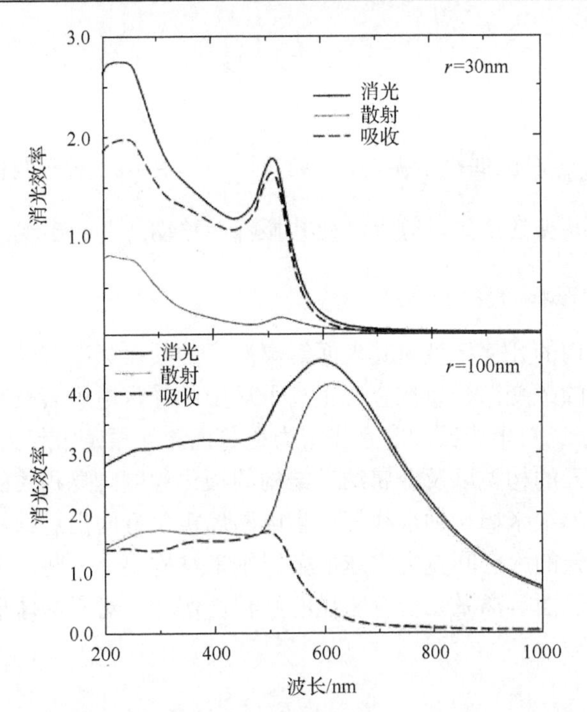

图 9.12　不同直径金纳米粒子的消光谱、散射谱与吸收谱。显示消光效率、散射效率和吸收效率随直径的相对变化

对于非常小的纳米粒子(如 Au 纳米粒子，<25nm)，表面等离激元共振的峰值位置移动非常小，但可观察到峰的展宽。对于较大的纳米粒子(如 Au 纳米粒子，>25nm)，表面等离激元共振的峰值位置表现出红移。正如 2.3 节指出的，按 Mie 理论给出的消光截面公式，等离激元共振峰的位置和宽度与尺寸并没有直接的相关性。但是，9.4.1 节对极化率的推导是基于准静电模型，将金属纳米粒子作为理想偶极子处理，忽略了电场在粒子中的迟滞效应及辐射衰减效应。随着粒子尺寸的增加，电场的迟滞效应[36](electromagnetic retardation effect)会使等离激元共振峰红移和展宽。表面等离激元的散射损耗也随粒子尺寸而增加，同样会使等离激元共振峰展宽。耗散系数γ与不同过程中电子的散射周期有关，在金属固体中主要起源于电子-电子散射和电子-声子散射。在纳米粒子中，来自粒子表面的散射变得很重要，耗散系数γ与粒子半径成反比，这导致ε与粒子大小相关。

特别是，随着颗粒尺寸的增大，金属颗粒中的电子数量相应地增加，当尺寸达到可与光波长相比拟时，金属纳米粒子不再能被入射电场均匀极化将产生高阶极化效应[37]。高阶多极子通常出现在高频端，即短波长端。对于 L 阶多极振荡，表面等离激元共振模的条件成为

$$\varepsilon' = -\left(\frac{L+1}{L}\right)\varepsilon_{\mathrm{m}} \tag{9.66}$$

L=1 时，$\varepsilon' = -2\varepsilon_{\mathrm{m}}$ 对应偶极子振荡；L=2 时，$\varepsilon' = -\frac{3}{2}\varepsilon_{\mathrm{m}}$ 对应四极子振荡。由此可见，由于多极共振的产生，等离激元共振峰会移动，并会出现一定展宽。

2. 纳米粒子形状的影响

金属纳米结构的几何构型对其表面等离激元的共振频率有着重要的影响。由于金属几何结构的改变，分布在金属正离子场中的导带电子云及其构型也相应发生了改变。正离子场对电子云的库仑作用力在等离激元振荡中起到回复力的作用，其大小是与电子云的构型以及金属纳米结构的极化程度息息相关的。对于细长的金属纳米结构，如纳米棒、纳米线等，当电磁场极化方向沿着结构的长轴方向，其离子场对电子云的库仑回复力比球形金属纳米结构要小一些，因而这些结构沿长轴方向激发的表面等离激元会有明显的红移。例如，对于椭球形的金属纳米颗粒，其极化率可写为

$$\alpha = \varepsilon_0 V \frac{\varepsilon - \varepsilon_{\mathrm{m}}}{L\varepsilon + (1-L)\varepsilon_{\mathrm{m}}} \tag{9.67}$$

其中，L 为退极化因子，与几何结构相关。对于球形，L=1/3，式(9.67)退化为式(9.56)；对于椭球体，L 根据椭球的几何构型可取 0～1 之间的数值。当入射电磁场沿着长轴方向对金属纳米粒子进行极化，在式(9.67)的分母取最小值时，将发生沿长轴的表面等离激元共振，即

$$\varepsilon' = \left(1-\frac{1}{L}\right)\varepsilon_{\mathrm{m}} \tag{9.68}$$

对于椭球结构，其三个轴之间有关系：$A>B=C$，其中 A 代表长轴，B 和 C 代表另外相互垂直方向的两个短轴。因而，对于椭球形纳米棒，其表面等离激元共振模有两个，分别沿长轴和短轴产生共振，相应的等离激元共振频率由条件(9.68)决定。沿长轴和短轴方向的退极化因子 L 分别为[38]

$$L_A = \frac{1-e^2}{e^2}\left(\frac{1}{2e}\ln\frac{1+e}{1-e} - 1\right) \tag{9.69}$$

$$L_{B=C} = \frac{1-L_A}{2} \tag{9.70}$$

其中，$e=\sqrt{1-(1/R)^2}$，R 为长径比(或偏心率)，$R=\dfrac{A}{B}$。而对于扁圆的椭球，其几何结构有如下关系：$A=B>C$，退极化因子为

$$L_{A=B}=\frac{g(e)}{2e^2}\left[\frac{\pi}{2}-\arctan g(e)\right]-\frac{g(e)^2}{2} \tag{9.71}$$

$$L_C=\frac{1-L_A}{2} \tag{9.72}$$

其中，$g(e)=\sqrt{\dfrac{1-e^2}{e^2}}$，$e=\sqrt{1-(1/R)^2}$，长径比(偏心率) $R=\dfrac{A}{C}$。$e=1$对应纳米圆盘结构，$e=0$ 对应球形结构。

对于椭球形金属纳米颗粒，长轴方向的退极化因子 L 与长径比(椭圆偏心率) R 紧密相关。随着纵横比的增大，长轴方向退极化因子逐渐减小，金属纳米结构介电方程实部 ε^{r} 对应负增大，因而沿长轴方向激发的表面等离激元发生红移。图 9.13(a)为计算所得的不同长径比 Au 纳米棒沿长轴方向的表面等离激元共振消光曲线。由图可见，随着长径比的增加，等离激元发生显著的红移。因此对于棒状的纳米结构，表面等离激元共振体带根据横纵模式将分裂成两个带：自由电子沿棒长轴振荡(纵向)和垂直于棒长轴振荡(横向)，横模共振类似于球型纳米粒子的振荡，纵模出现相当大的红移，红移强烈地依赖于长径比，如图 9.13(b)所示。

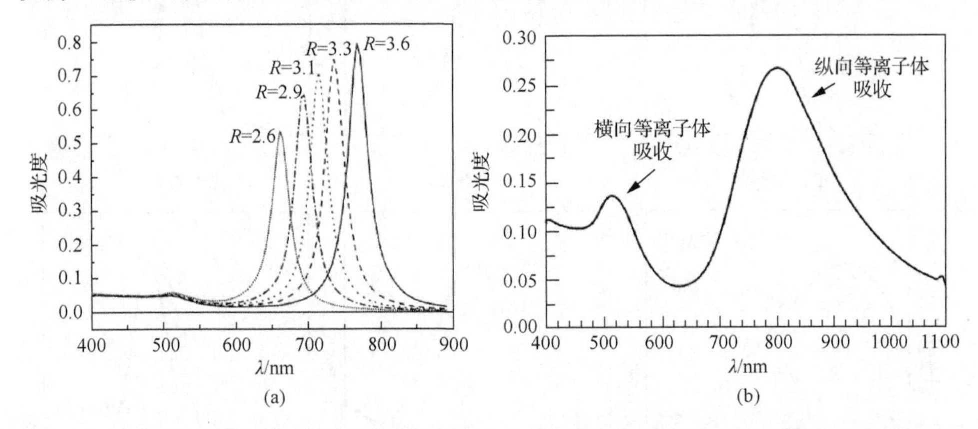

图 9.13　(a)理论计算所得的纳米棒沿长轴方向的表面等离激元共振消光曲线与长径比之间的对应关系；(b) Au 纳米棒的消光曲线：横向表面等离激元吸收类似于球型纳米粒子的共振，纵向表面等离激元吸收出现相当大的红移

对于其他非球形金属纳米结构，如 Au、Ag 的纳米三角薄片等，其表面等离激元也有类似的性质，其表面等离激元共振频率受控于薄片的厚度、三角形边长

及角的尖锐程度(曲率半径)等。

3. 纳米粒子所处环境的影响

金属纳米结构所处的环境(介质)对其表面等离激元的共振频率也有着重要的影响[39]。介质的介电常数ε_m(或折射率$n_m=\sqrt{\varepsilon_m}$)的增大也同样导致金属纳米结构介电方程实部的负增大，导致表面等离激元共振频率的红移。换句话说，更高折射率的介质减弱了金属离子场对导带电子云的库仑回复力，因而引发了表面等离激元向长波长移动。另外，对于更高折射率的介质，电磁波在介质中的有效波长变小，因而金属纳米结构相对于入射电磁波体积变大，因此在高折射率的介质中金属纳米结构更容易产生电磁延迟效应以及多极振荡效应，从而表面等离激元进一步红移和展宽。图 9.14 为 Ag 纳米粒子沉积在不同介质表面和掩埋在不同介质中的表面等离激元共振谱，该结果表明，金属纳米结构的表面等离激元不仅与介质折射率有关，还与金属纳米粒子和介质的接触状况有关[40]。另外，金属和介质、不同金属之间组装成核壳结构或者多层结构，以及电荷注入，都可以实现等离激元的调制。

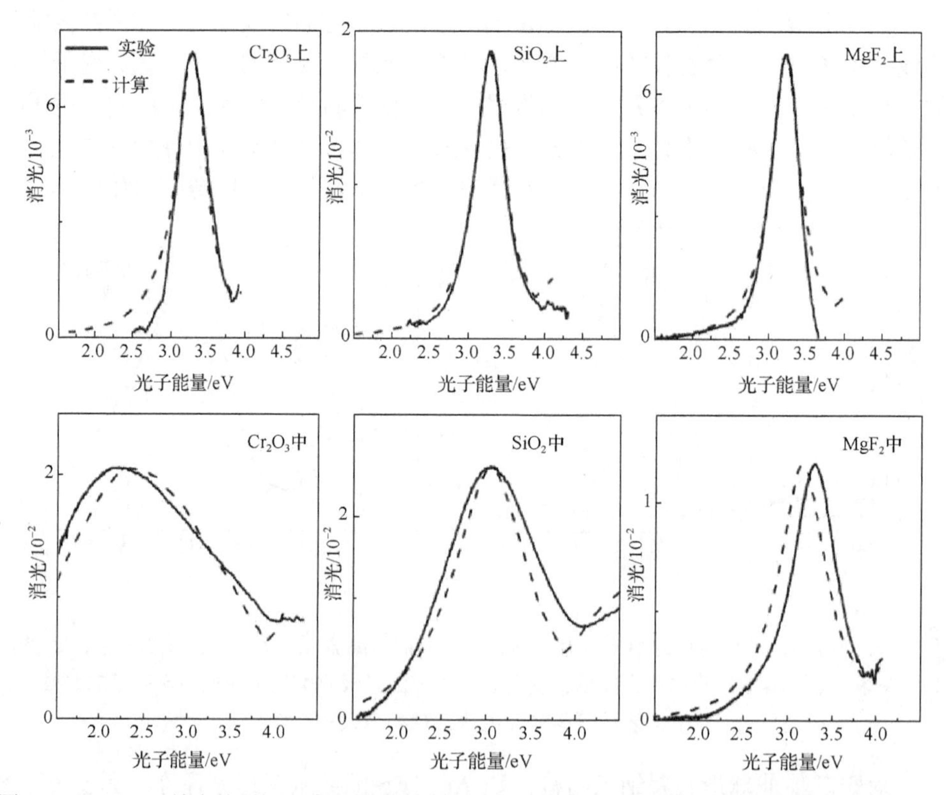

图 9.14　2nm Ag 纳米粒子沉积在不同介质表面以及掩埋在不同介质中所测得的表面等离激元共振谱

9.5　耦合表面等离激元

金属纳米结构之间的耦合是另一类对其表面等离激元产生非常重要影响的因素[41-42]。通常来说，金属纳米结构表面等离激元的耦合可分为近场耦合(near-field coupling)和远场耦合(far-field coupling)。入射电磁波激发金属纳米结构的自由电子振荡，在金属表面形成增强的电磁场并且电场强度随距离增大而衰减。当多个金属金属结构接近时，金属纳米结构表面近场将发生耦合，整个组装结构的等离激元共振将发生改变。另外，每个金属纳米结构对入射电磁波都有散射作用，其散射截面与波长与表面等离激元共振条件相关，因而散射电磁波又会与其他金属纳米结构发生作用，从而产生远场耦合效应。考虑两个相邻金属纳米结构之间的近场耦合，作用在每个结构单元上的电场强度包含入射电磁波的电场强度和近邻结构产生的电场强度[43]：

$$E' = E + \xi \frac{\mu}{4\pi\varepsilon_0\varepsilon_{\mathrm{m}}d^3} \tag{9.73}$$

式中，μ为近邻结构表面等离激元产生的偶极矩；ξ为取向因子。近场耦合下纳米粒子点阵的有效极化率为[44]

$$\alpha_{\mathrm{eff}} = \frac{\alpha_{\mathrm{p}}}{1-\alpha_{\mathrm{p}}U} \tag{9.74}$$

式中，U 为一个纳米粒子中由其他偶极子散射光诱导的偶极子的贡献；α_{p} 为单个粒子的极化率。

近场耦合主要导致表面等离激元共振峰的红移和展宽。红移的大小与耦合强度有关，而耦合造成的表面等离激元共振波长的移动与纳米粒子间距呈 e 指数关系[45]：

$$\frac{\Delta\lambda}{\lambda_0} \sim a \cdot \mathrm{e}^{\frac{-(S/D)}{0.2}} \tag{9.75}$$

其中 S 和 D 分别为纳米粒子间距和直径。因而，纳米粒子间距越小，耦合越强，红移越大。另外，对于由多个单元构成的金属纳米粒子组装结构，耦合效应更加复杂，通常遵从类似的规律，粒子密度越大，数量越多，表面等离激元红移越大。对于纳米粒子构成的颗粒对(dimer)、颗粒链等各向异性组装结构，近场耦合强度还与电磁场的极化方向有关，反映在式(9.75)中的ξ上。当入射光偏振方向平行于颗粒链，近邻纳米粒子偶极子场的贡献为正，ξ取正值，组装体表面等离激元共振频率相对于孤立纳米粒子发生红移；当入射光偏振方向垂直于颗粒链，纳米粒子极化产生的偶极子相互排斥，因而ξ取负值，组装体表面等离激元相对于孤立纳米粒子发生蓝移。

除了表面等离激元共振波长红移，近场耦合还导致共振峰展宽。相邻偶极子间的耦合使得在U中引入了虚部，因此产生了对α_{eff}的额外贡献，这个额外的正交分量，使得能流从一个特定的偶极子有效地反射到周围偶极子，因此引起了散射谱的展宽。

图 9.15 为通过离散偶极近似(discrete dipole approximation，DDA)计算的不同间距的 Ag 纳米粒子点阵的等离激元共振消光谱。纳米粒子直径为 10nm，固定其他因素不变，只改变纳米粒子的平均间距，可以发现，等离激元共振峰随间距的减小发生了红移，同时消光峰也随之展宽。

近场耦合还导致纳米粒子间隙的局域场有巨大增强，产生“热点”(hot-spot)，在表面增强拉曼等领域有重要应用。

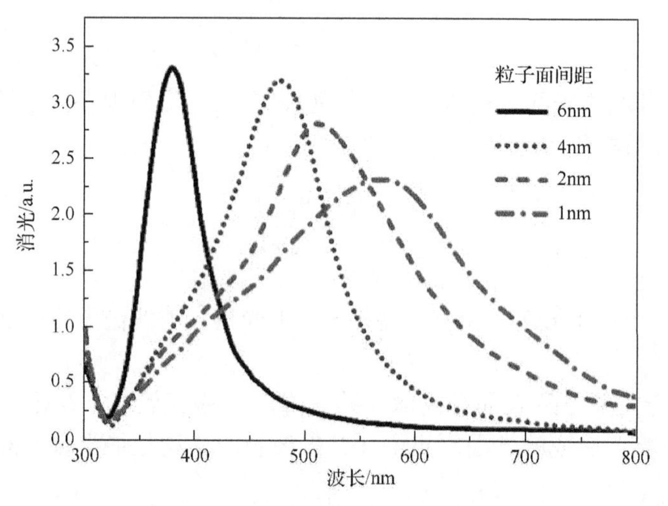

图 9.15　通过离散偶极近似计算的不同面间距的 Ag 纳米粒子点阵的消光谱

9.6　近　　场

近场光学是相对于远场光学而言。传统的几何光学、物理光学等，通常只研究远离光源或者远离物体的光场分布，统称远场光学。远场光学受到衍射极限的限制，使利用远场光学原理进行的显微和其他光学应用不能突破最小分辨尺寸。近场光学则研究距离光源或物体一个波长范围内的光场分布。在近场光学中，衍射极限被打破，利用物体近场的隐失光能实现超衍射极限成像。

当光源照射到物体表面时，在物体表面的场分布可划分为两个区域：一个是距物体表面小于一个波长尺度范围内的区域，称为近场；另一部分是从近场区域至无穷远称为远场。常规的观察如人眼、显微镜、望远镜均处于远场范围。近场的场分布特点与远场极不一样，结构十分复杂，一方面它包括可以向远处传播的分量，又包括仅限于物体表面一个波长以内的成分——隐失波(evanescent wave)。

考虑一个最简单的单个偶极子光发射，如图 9.16 所示，一个电偶极子位于坐标原点 O，在入射光作用下，偶极子可产生感生偶极矩，成为一个元散射光源。设偶极子的电偶极矩的强度为 P_0，沿 z 方向以频率 ω 振荡。偶极子在离原点 O 距离为 R 的 P 点产生的电磁场为

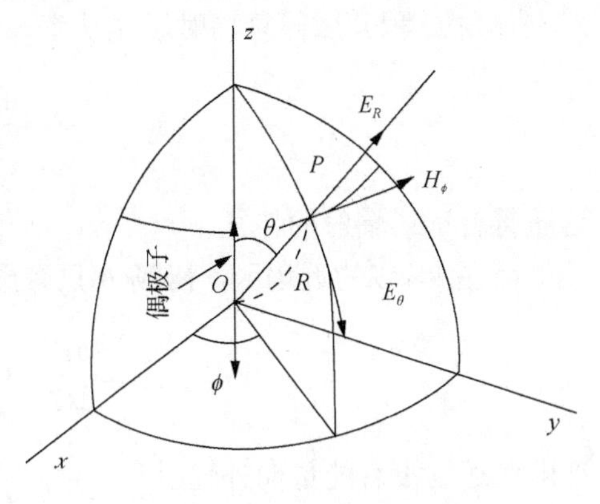

图 9.16　单个偶极子的空间坐标定义

$$
\begin{aligned}
E_R &= 2(P_0\cos\theta)/R^3)(1+\mathrm{i}kR)\exp(\mathrm{i}kR)\\
E_\theta &= (P_0\sin\theta/R^3)(1+\mathrm{i}kR-k^2R^2)\exp(\mathrm{i}kR)\\
B_\phi &= (P_0\sin\theta/R^3)(\mathrm{i}kR-k^2R^2)\exp(\mathrm{i}kR)
\end{aligned}
\tag{9.76}
$$

当 P 点处于远场区，即 $R \gg \lambda$，且偶极子尺寸 d 远小于光波长，$d \ll \lambda$，作为一个很好的近似，式(9.76) 只考虑与 $1/R$ 有关的项，可简化为

$$E_R = 0 \tag{9.77}$$

$$E_\theta = B_\phi = (k^2 P_0 \sin\theta / R)\exp(\mathrm{i}kR) \tag{9.78}$$

因此，电场和磁场的振动方向彼此垂直且均与传播方向垂直，为典型的横波场。

当 P 点处于近场区，即 $R \ll \lambda$，但 $R \gg d$，则与 $1/R^3$ 有关的项最重要，电偶极子的场可简化为

$$
\begin{aligned}
E_R &= 2P_0\cos\theta/R^3\\
E_\theta &= P_0\sin\theta/R^3\\
B_\phi &= (\mathrm{i}k)P_0\sin\theta/R^2
\end{aligned}
\tag{9.79}
$$

电偶极子在单位立体角内辐射的时间平均功率为

$$\frac{\mathrm{d}P}{\mathrm{d}\Omega}=\frac{c}{3\pi}\mathrm{Re}[R^2\vec{n}\cdot\vec{E}\times\vec{B}] \tag{9.80}$$

式中，$\vec{n}$ 为波矢，即能流方向。在 $R\gg 1$ 的远场区：

$$\frac{\mathrm{d}P}{\mathrm{d}\Omega}=\frac{c}{3\pi}k^4P_0^2\sin\theta \tag{9.81}$$

对立体角 Ω 积分后得总辐射场光功率

$$P=\frac{c}{3}k^4P_0^2 \tag{9.82}$$

这正符合远场辐射的特征。

而在 $R\ll\lambda$ 的近场区，磁场 B 只有虚部，故有

$$\frac{\mathrm{d}P}{\mathrm{d}\Omega}=0,\ P=0 \tag{9.83}$$

亦即在近场没有能量向外辐射。

图 9.17 给出了单个偶极子光发射的电磁场近场分布示意图。表 9.1 对近场和远场区的电磁场特征进行了比较。

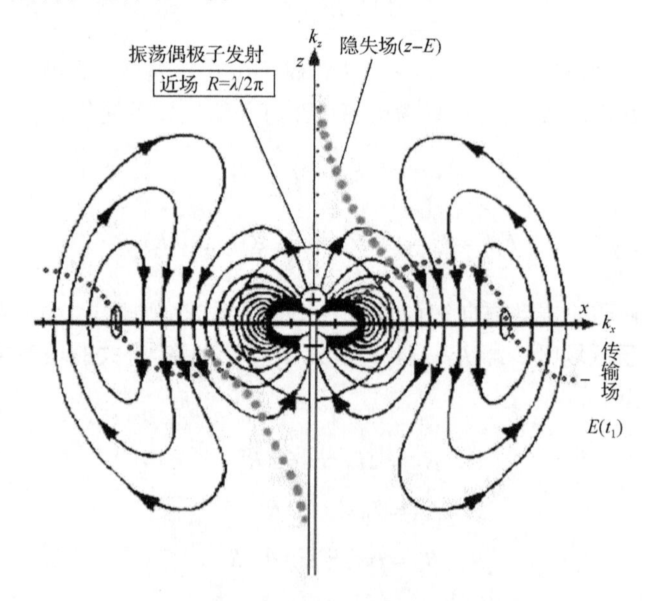

图 9.17　偶极子光发射的近场电磁场分布

由图 9.17 可见，偶极子光发射的电磁场近场等场强面是一个以 z 为轴的回旋

体，电磁场以偶极子轴对称分布。在 $\lambda/2\pi$ 为半径的近场内外，电磁场轴向分布为急剧衰减的隐失场，而在垂直于轴的平面上，在 2π 发射方向，电磁场发射均为可传输光。

可见 $d \ll \lambda$ 的偶极子(或一个尺度小于波长的光源)在近场区总存在一个有别于远场特性的近场，它是局域在偶极子(光源)附近空间并分布在一个波长范围内的隐失场，其场强随着与表面距离的增加而急剧衰减，是一个没有能量向外传输的准静电场，即非辐射场。隐失场是近场光学中最具标识性的特征。

表 9.1　近场与远场的电磁场特征

远场	近场
电磁场强度是以 $1/R$ 减小的行波场，在与偶极子取向夹角为 0 和 2π 时，电场强度和辐射功率为 0	电磁场强度是以 $1/R^3$ 减小，是随离偶极子空间距离增加而很快消失的隐失场，在与偶极子取向夹角为 0 和 2π 时，电场强度最大，与远场区的电磁场强度分布互补
磁场 B 只有横向分量，为横场 电场 E 只有横向分量，也是横场 电磁波是横波	磁场 B 只有横向分量，为横场 电场 E 有横向和径向两个分量 电磁波是横波与纵波同时存在
	近场区的电场表达式与偶极子的静电场表达式完全一样，是准静电场 磁场强度比电场强度小 $k(2\pi R/\lambda)$ 倍，主要是静电场，在接近偶极子表面，只存在准静电场
能量向外辐射的辐射场	无能量向外辐射的非辐射场——隐失波

9.7　近场光学显微

隐失场与尺寸小于波长的光源或物体相关。空间周期大于波长的结构所产生的衍射波，只存在传导波。空间周期小于波长的结构所衍射的光波，除存在传导波外还包含隐失波。包含于隐失场中的非传导分量与传导分量是相互依存的。隐失波携带了包含物体表面精细结构的信息。尺寸小于一个波长，或尺寸超过分辨率衍射极限的物体的信息包含在隐失场中。为探测这些精细结构信息，可把隐失场变换为携带其超分辨率信息的可进行能量输送的传导波场，被远场区的探测与成像器件接受。这就是近场显微探测的原理：由尺寸小于光波长的结构组成的物体，无论它被传导波照明还是被隐失波照射，从微小结构产生的反射波都包含限制于物体表面的隐失波和传向远处的传导波。非传播的隐失波分量与传导波分量是相互依存。根据互易性原理，借助于小的有限尺寸物体，微扰近场，可使隐失场的能量转换成新的传导波场并传播，也就是说使隐失波从表面逃逸而导致传导波的产生。因此，当入射光照射到由许多亚波长结构所组成物体上时，这些亚波长结构所产生的隐失场携带了包含物体表面精细结构的信息。如果将一个亚波长的探测器(如探针)放在物体表面的近场区，其尖端探测到样品表面的隐失波，而后，探针作为一散射中心产生新的隐失波和传导波，这个传导波可以被探头接收，这便完成了近场探测。隐失波与传导波之间的转换是线性的，传导波准确地反映出隐失波的变化，如果用这个散射中心在物体表面进行扫描就可以得到亚波长精细结构的二维图像。根据互换性原理，将照射光源和纳米探测器的作用相互调换，采用纳米光源产生隐失波照射样品，因物体表面亚波长精细结构对照射场的散射作用，隐失波被转换为可在远处探测的传导波，同样可以得到亚波长精细结构的二维图像。

这就是近场光学显微的基本原理[46]。近场光学显微镜(near-field scanning optical microscopy, NSOM/SNOM)将隐失场中携带的物体表面精细结构信息，尽量不失真地带到位于远处的探测成像装置中，再转变成人眼能够观察的图像信号。

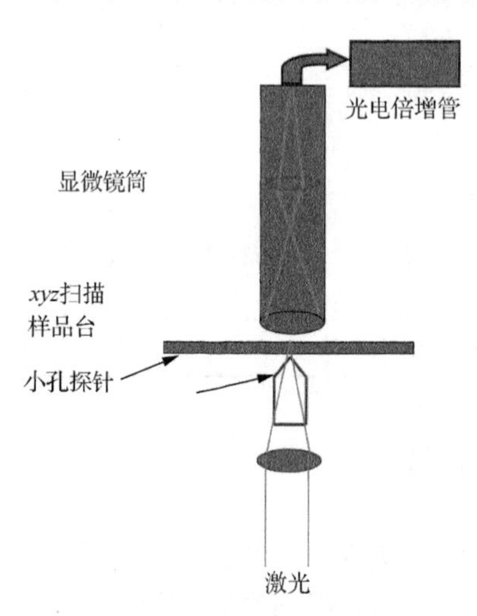

图 9.18　近场光学显微镜的基本结构

近场光学显微镜是扫描探针显微镜家族的一员，其基本构造与扫描探针显微镜是类似的。近场光学显微镜包括：探针，信号采集及处理，探针-样品间距 z 的反馈控制，x-y 扫描，图像处理。如图 9.18 所示，入射激光通过光纤引入探针。当入射激光照射样品时，探测器可分别采集被样品调制的透射信号和反射信号，然后由计算机采集或通过分光系统进入光谱仪以得到光谱信息。

光探测尖是近场光学显微镜的核心部件，它的质量决定了图像的分辨率和信噪比。光探测尖有许多种，如镀金属膜小孔光纤尖、裸光纤尖、金属膜无孔光纤尖等。最为常用的是锥形光纤探针，这种探针通过尖端腐蚀和金属涂覆，在光纤端部形成数十纳米直径的孔状结构。在光纤探针至被照明样品距离一定时，光学探针透光孔径的大小对近场光学显微镜的分辨率起着关键的作用。为了得到性能良好的光纤探针，必须同时兼顾探针的窗口尺度和锥体形状。目前金属化的小孔光纤尖分辨率可达到 100nm，而采用无孔探针，把入射光变为局域光源，由于没有探针窗口尺寸的限制，分辨率极限可达 1～10nm。

如同各种扫描探针显微镜，探针和样品距离的控制也是近场光学显微镜的关键部分。在近场光学显微镜中，通常采用切变力强度测控模式，利用探针针尖与样品间的横向切变力进行探针与样品间距控制，使探针平行于样品表面以共振频率颤动并向样品表面逼近，探针与样品间的相互作用将产生横向切变力，其颤动幅度因受切变力的阻尼而减小，检测探针颤动幅度的变化即可获得针尖至样品的距离。

近场光学显微镜的光学探针，既可作为测量的近场光源，也可作为测量的近场微探测器，因此就有多种不同的 NSOM 光路配置模式。如图 9.19 所示，常用的有以下几种：①照射模式[图 9.19(a)]，用探针作为微小光源，只为样品提供近场局域照明激发光；②收集模式[图 9.19(b)]，探针作为近场探测器，只在近场收集来自样品的光信号；③照射/收集模式[图 9.19(c)]，镀膜的光纤微探针既是光源，又是接收器；④光子隧道模式[图 9.19(d)]，入射光在样品内表面全反射，而在样品表面近场形成一个隐失场，光纤探针将隐失场转换为传导波实现探测。

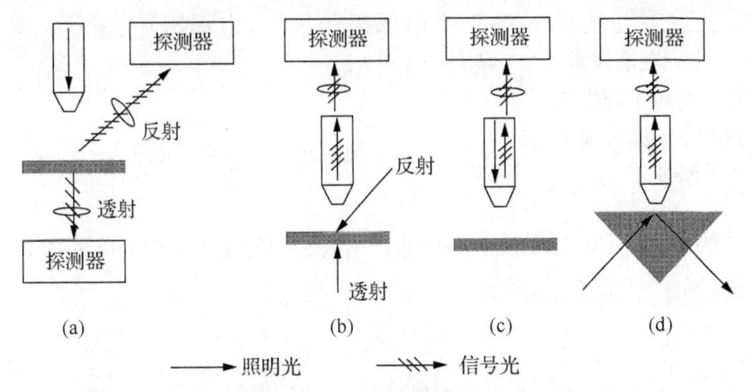

图 9.19　近场光学显微镜的光路配置模式。(a)照明模式；(b)收集模式；(c)照明/收集模式；(d)光子隧道模式

近场光学显微技术的光学分辨率已可达到纳米量级，突破了传统光学的衍射极限，为纳米科技的发展提供了有力工具。近场光学技术还可以进一步与光谱分析及时间分辨技术结合起来。由于光子具有的特殊性质，近场光学显微镜在纳米尺度观察上起到扫描隧道显微镜、原子力显微镜等不能取代的作用，引发了近场光学显微镜在纳米尺度光学成像、纳米尺度光学微加工与光刻、超高密度信息存储以及生物样品的原位与动态观察等一系列研究与应用，将不但能够分辨单一的分子，并且能得到单一分子发出的荧光光谱及其嬗变。

9.8　局域场增强效应

当光频率与金属纳米粒子的本征等离激元共振频率相差很远时，经过纳米粒子周围的光波的能流仅受到微小的扰动。而在本征等离激元共振频率处，光波能流被有效地拉入纳米粒子中，导致消光截面有很大的增强，如图 9.20 所示，同时

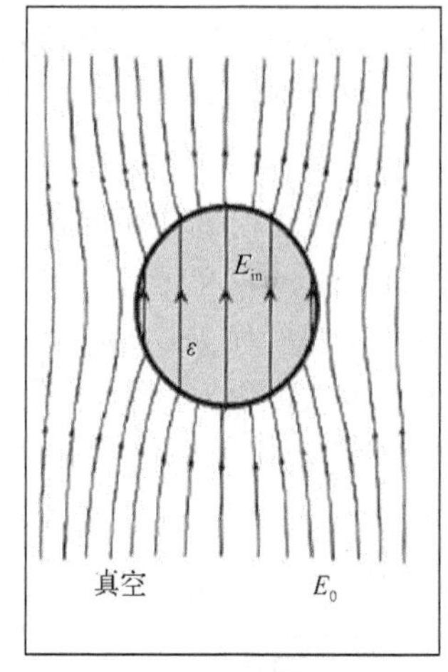

图 9.20　在平面电磁波激发下，金属纳米粒子周围的坡印亭矢量在不同激发波长下的特征

也使光能集中于纳米粒子的表面附近，构成巨大增强的“近场”。这种效应称为局域场增强。

局域场增强效应在纳米尺度上提升了纳米粒子周围纳观体积的介质中的各种光诱导产生线性和非线性过程。

首先考虑单粒子的局域场增强。设一个孤立的小粒子，半径为 R，其复介电常数为 $\varepsilon' = \varepsilon' + \mathrm{i}\varepsilon''$。当粒子处于平面波电磁场中，将产生内极化 $\vec{P}(\vec{r})$，与入射场 E_0 相干振荡。

由内极化集体产生的外部电磁场可用位于中心的一个电偶极子的场(电极矩)来表示，其大小与粒子的体积相关：

$$\vec{p} = 4\pi\varepsilon_0\varepsilon\left(\frac{\varepsilon - \varepsilon_{\mathrm{m}}}{\varepsilon + 2\varepsilon_{\mathrm{m}}}\right)R^3\vec{E}_0 = \sum \vec{p}_i \tag{9.84}$$

$\vec{p}_i$ 为各分子的电偶极矩。在粒子内部，电极化强度 $\vec{P}(\vec{r})$ 与局域内部电场强度 $\vec{E}_{\mathrm{in}}(\vec{r})$ 和入射场 $\vec{E}_0$ 之间的关系为

$$\vec{P}(\vec{r}) = \varepsilon_0(\varepsilon - \varepsilon_{\mathrm{m}})\vec{E}_{\mathrm{in}}(\vec{r}) = \frac{\sum \vec{p}_i}{\Delta V} = 3\varepsilon_0\varepsilon\left(\frac{\varepsilon - \varepsilon_{\mathrm{m}}}{\varepsilon + 2\varepsilon_{\mathrm{m}}}\right)\vec{E}_0 \tag{9.85}$$

在粒子内部，电极化矢量 $\vec{P}$ 与 $\vec{E}$ 无关。当粒子的尺寸增加，电极矩 $\vec{p}$ 也增大，但表面与其间距(电极矩定义于球中心)也增加。因此，净效应是表面与内部场强保持恒定。

定义粒子的轴线为入射电场的方向(光偏振方向)，沿轴线方向，粒子表面的局域场最大

$$\vec{E}_{\mathrm{surf}} = \frac{3\varepsilon}{\varepsilon + 2\varepsilon_{\mathrm{m}}}\vec{E}_0 \tag{9.86}$$

可见，表面局域场强与粒子直径 R 无关。与消光截面一样，$\vec{P}$、$\vec{E}_{\mathrm{in}}$、$\vec{E}_{\mathrm{surf}}$ 在 $\varepsilon + 2\varepsilon_{\mathrm{m}}$ 为极小值时达到最大，亦即在等离激元共振时，粒子表面的局域场强达到最大。共振时局域场的大小依赖于复介电常数的虚部 ε''，Ag、Au、Cu 等贵金属在可见光波段具有负的介电常数实部 ε'，因此有可能在此波段达到 $\varepsilon' + 2\varepsilon_{\mathrm{m}} = 0$ 的共振条件。同时在偶极等离激元共振频率时它们的介电常数虚部 ε'' 比其他材料要小得多，因此具有很大的内电场和表面局域场。例如，Ag 在 380nm 时，复介电常数为

2.0+i0.2，因此一个孤立的 Ag 纳米粒子在 380nm 附件发生等离激元共振，并且产生巨大的表面局域场。

图 9.21 为通过时域有限差分法(FDTD)计算的一个孤立 Ag 纳米粒子表面的局域场分布。图中用不同的颜色标识不同的场强，右边的标尺给出了对应关系。可以看到在等离激元共振波长的光激发下，沿光偏振方向在纳米粒子的表面将产生最大的表面局域场，增强的局域场随着与纳米粒子表面距离的增减而迅速衰减，分布于数十纳米的范围内。在等离激元共振波长，局域电场强度较激发光的平均场强增大 1～2 个数量级。例如，对于半径小于 20nm 的球形 Ag 纳米粒子，在表面等离激元共振波长 410nm 处，最高局域场增强因子大于 200；随着纳米粒子尺寸的增大，表面等离激元共振波长红移，场增强减小，对于 90nm 半径的球形 Ag 纳米粒子，表面等离激元共振波长位于 710nm，场增强为 25。

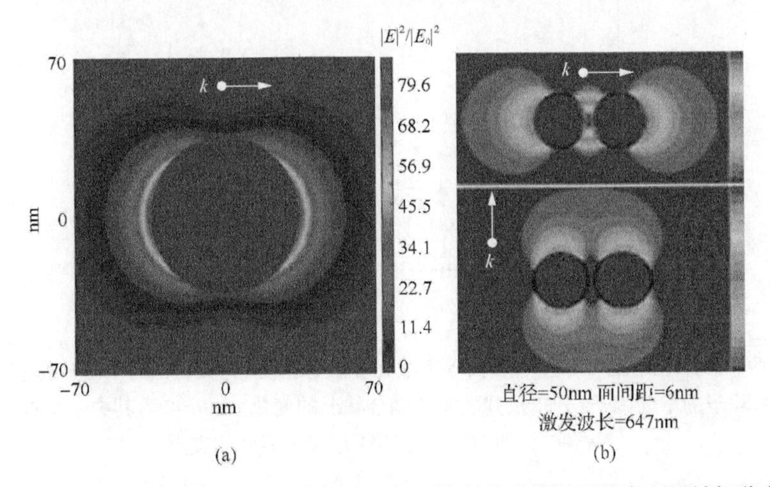

图 9.21　(a)一个孤立情形 Ag 纳米粒子在表面等离激元共振下的表面局域场分布；(b)一对球形 Ag 纳米粒子在表面等离激元共振波长的光激发下产生的表面局域场分布

对于空间相关的金属纳米粒子聚集体，粒子各自的表面等离激元共振将在粒子间产生电磁相互作用。当纳米粒子的直径远小于激发光的波长时，表面等离激元的激发将导致一个振荡偶极场。当纳米粒子相互靠近趋于接触时，粒子间的相互作用主要是通过短程(<数十纳米)的电磁近场，成为近场耦合。近场耦合除了导致纳米粒子聚集体的表面等离激元共振波长向长波长移动(红移)，还使两纳米粒子间隙间的局域电磁场较孤立纳米粒子表面的局域场进一步被大幅度增强，局域场增强因子可达 10^3～10^4。如图 9.21(b)所示，当一对 Ag 纳米粒子的沿激发光偏振方向排列时，两粒子相对的两个表面之间的空间的局域场最强。但当一对纳米粒子沿垂直于激发光偏振排列时，该处的局域场则未见增强。通常把纳米粒子间能够获得最大局域场增强的空间称为“热点(hot spots)”。一般认为，两个互相靠

近的纳米粒子表面之间的间隙为“热点”。

“热点”的局域场增强因子与纳米粒子的排列方式及粒子的面间距密切相关。例如，纳米粒子链上“热点”的局域场增强因子随链上粒子数增加的变大，当纳米粒子面间距减小时，其间局域场也相应变大。图 9.22 比较了不同 30nm 半径的 Ag 纳米粒子间在等离激元共振下的局域场空间分布及其随两纳米粒子面间距的变化。当面间距为 1nm 时，在两纳米粒子间可达到最大的局域场增强（～10^4）。

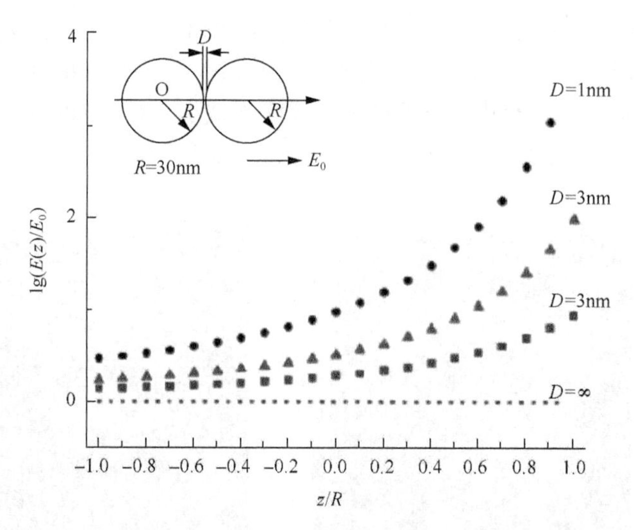

图 9.22　两个纳米粒子耦合体系的表面等离激元受激态密度(局域场强的平方)增强因子(相对于单个纳米粒子的增强因子)分布及其随粒子耦合状况的变化。$z/R=0$ 为其中一个粒子的中心，$z/R=+1$ 为两粒子中心连线与粒子表面的交点

9.9　表面增强拉曼光谱

9.9.1　表面增强拉曼散射的机理

拉曼光谱(Raman spectroscopy)作为一种振动光谱技术，基本上可以覆盖分子振动的所有频率区间，在研究各种材料的表面、界面体系中有其独特的优势，并且可以从分子水平上用来深入研究各种表面、界面的结构和过程。拉曼光谱中蕴含的物理本质反映了具有量子化振动特征能级的分子与入射光发生的非弹性散射过程[47]。

尽管拉曼散射光谱能给出样品丰富的信息，但是相比于傅里叶变换红外光谱(FTIR)和紫外-可见光谱(UV/Vis)而言，拉曼光谱却没有成为便捷分析工具的首选。这是因为拉曼散射的固有限制：拉曼散射信号非常微弱。大部分分子的拉曼散射截面都极小，仅为 $10^{-30}cm^2$，远低于荧光($10^{-16}cm^2$)或红外吸收($10^{-20}cm^2$)的散射和吸收截面。

1974 年，Fleischmann 等[48]首次发现，吸附在粗糙的银电极上的吡啶分子能产生很强的拉曼散射。随后 1977 年 Jeanmaire 和 van Duyne[49]通过系统的实验和计算证明，吸附在粗糙银电极表面的吡啶分子的拉曼信号比溶液中吡啶分子强约 10^6 倍。他们认为这种异常高的拉曼信号的增强不能简单地归因于银电极表面粗糙化后吸附的散射物质数量的增加，必然存在某种新的物理效应。这种拉曼散射增强现象被称为表面增强拉曼散射(surface enhanced Raman scattering，SERS)。目前，SERS 技术主要用于研究与吸附分子有关的过程与现象，它可以确定吸附分子的种类，测定吸附分子在基底表面的取向，研究吸附分子的表面反应和分子的共吸附等。SERS 技术已由基础研究领域延伸并应用到分析科学、材料科学和生物医药等领域[50,51]。

图 9.23 中曲线 A 为吸附于 Ag 纳米粒子密集点阵构成的 SERS 基底上的顺式-1,2-二(4-吡啶基)乙烯(*trans*-1,2-bis(4-pyridyl) ethylene，BPE)分子的 SERS 光谱。谱线在 $1010cm^{-1}$、$1200cm^{-1}$、$1610cm^{-1}$、$1640cm^{-1}$ 处都有明显的拉曼散射峰。而曲线 B 为同样浓度的 BPE 溶液滴加在石英玻璃片上测量的拉曼光谱，基本看不见 BPE 分子的拉曼散射细节。曲线 C 为将曲线 B 的信号放大 3×10^6 倍得到的拉曼光谱，可以分辨出相应的 BPE 分子的拉曼散射特征峰，但仍然远弱于曲线 A 中的拉曼峰。显而易见，当 BPE 分子吸附在 Ag 纳米粒子表面时，其拉曼散射截面得到了巨大的增强。

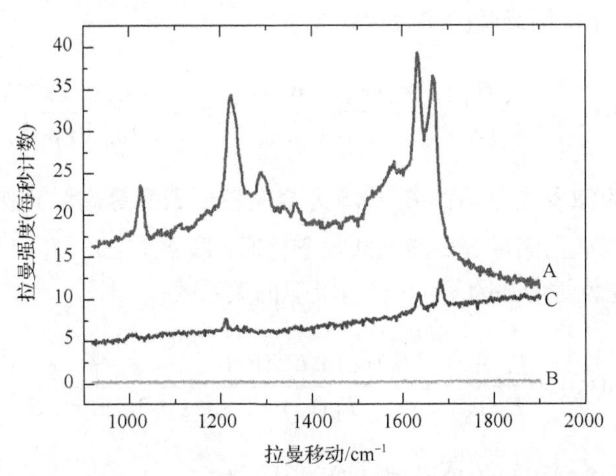

图 9.23　BPE 分子的拉曼光谱。曲线 A 为 BPE 分子吸附在 SERS 衬底上所测得的 SERS 谱，曲线 B 为 BPE 分子吸附在石英玻璃片表面上测得的拉曼光谱，曲线 C 为将曲线 B 的信号放大 3×10^6 倍得到的拉曼光谱

一般认为导致 SERS 增强的有几个因素：电磁场增强、化学增强和共振增强。通常情况下，共振增强独立于其他两部分，因而利用探测分子的共振条件可以在 SERS 的基础上进一步增强拉曼信号，这种手段通常称为表面增强共振拉曼光谱(SERRS)。对于另外两部分，电磁增强通常占据主导地位，因而在分析 SERS 机制时，主要考虑基底电磁场的效应。

SERS 电磁场增强产生于金属表面传导电子的集体共振激发，即表面等离激元共振。在拉曼光谱中，拉曼信号 $I^{\mathrm{RS}}(\nu_{\mathrm{S}})$ 可表示为

$$I^{\mathrm{RS}}(\nu_{\mathrm{S}})=N\sigma_{\mathrm{free}}^{\mathrm{R}}I(\nu_{\mathrm{L}}) \tag{9.87}$$

其中，$I(\nu_{\mathrm{L}})$ 为入射激光强度；$\sigma_{\mathrm{free}}^{\mathrm{R}}$ 为拉曼散射截面；N 为激光聚焦斑点中产生拉曼信号的分子数。当分子靠近金属表面，拉曼信号受表面等离激元影响，分子感知的电场包括入射激光电场和金属产生的表面等离激元电场，同时分子产生的拉曼散射同样也受到金属表面等离激元的影响，并且，分子的散射截面也大大增加，因此 SERS 信号表达式为[52]

$$I^{\mathrm{SERS}}(\nu_{\mathrm{S}})=N'\sigma_{\mathrm{ads}}^{\mathrm{R}}\left|A(\nu_{\mathrm{L}})\right|^{2}\left|A(\nu_{\mathrm{S}})\right|^{2}I(\nu_{\mathrm{L}}) \tag{9.88}$$

其中，$\sigma_{\mathrm{ads}}^{\mathrm{R}}$ 为金属结构上分子(增大)的拉曼散射截面；N' 激光焦点中可产生 SERS 信号的分子数目(可能小于 N)；$A(\nu_{\mathrm{L}})$ 和 $A(\nu_{\mathrm{S}})$ 分别为激发光电磁场增强因子与拉曼散射光电磁场增强因子。考虑单个半径为 r 的金属粒子，分子距离粒子表面距离为 d，激发光电场增强因子表达式为

$$A(\nu_{\mathrm{L}})=\frac{E_{\mathrm{M}}(\nu_{\mathrm{L}})}{E_{0}(\nu_{\mathrm{L}})}=\frac{E_{0}(\nu_{\mathrm{L}})+E_{\mathrm{sp}}(\nu_{\mathrm{L}})}{E_{0}(\nu_{\mathrm{L}})}\sim\frac{\varepsilon-\varepsilon_{\mathrm{m}}}{\varepsilon+2\varepsilon_{\mathrm{m}}}\left(\frac{r}{r+d}\right)^{3} \tag{9.89}$$

其中，$E_{0}(\nu_{\mathrm{L}})$ 为激发光电场；$E_{\mathrm{sp}}(\nu_{\mathrm{L}})$ 为金属粒子表面等离激元在分子处产生的电场。由式(9.89)，当满足等离激元共振条件时，即 $\varepsilon'=-2\varepsilon_{\mathrm{m}}$ 且 ε'' 很小时，$A(\nu_{\mathrm{L}})$ 最大。对于拉曼散射增强因子 $A(\nu_{\mathrm{S}})$ 有类似的关系式：

$$A(\nu_{\mathrm{S}})=\frac{E_{\mathrm{M}}(\nu_{\mathrm{S}})}{E_{0}(\nu_{\mathrm{S}})}=\frac{E_{0}(\nu_{\mathrm{S}})+E_{\mathrm{sp}}(\nu_{\mathrm{S}})}{E_{0}(\nu_{\mathrm{S}})}\sim\frac{\varepsilon-\varepsilon_{\mathrm{m}}}{\varepsilon+2\varepsilon_{\mathrm{m}}}\left(\frac{r}{r+d}\right)^{3} \tag{9.90}$$

因此，由电磁场增强引起的拉曼信号增强因子为

$$G_{\mathrm{EM}}(\nu_{\mathrm{S}})=\left|A(\nu_{\mathrm{L}})\right|^{2}\left|A(\nu_{\mathrm{S}})\right|^{2}\sim\left|\frac{\varepsilon(\nu_{\mathrm{L}})-\varepsilon_{\mathrm{m}}}{\varepsilon(\nu_{\mathrm{L}})+2\varepsilon_{\mathrm{m}}}\right|^{2}\left|\frac{\varepsilon(\nu_{\mathrm{S}})-\varepsilon_{\mathrm{m}}}{\varepsilon(\nu_{\mathrm{S}})+2\varepsilon_{\mathrm{m}}}\right|^{2}\left(\frac{r}{r+d}\right)^{12} \tag{9.91}$$

对于低频率的拉曼模式，场增强因子 $A(\nu_L)$ 和 $A(\nu_S)$ 可以认为相等，因此拉曼信号增强因子 $G_{EM}(\nu_S)$ 与平均表面电磁场增强因子 E_M/E_0 呈 4 次方关系。即使是一个并不很大的电磁场增强因子，也会导致一个巨大的表面增强拉曼散射截面。对于产生表面等离激元共振的金属纳米结构，通常式(9.91)简化为 $\left|E_M(\nu_L)/E_0(\nu_L)\right|^4$。

化学增强效应来自金属表面与吸附分子的化学作用。金属和吸附在表面的探针分子近距离接触，使两者之间出现电荷转移效应并且发生电子耦合，导致产生中间态并可能发生共振，最终产生拉曼散射增强效应。这种增强主要取决于探针分子的化学性质。而电磁增强则是一种非化学选择的过程。相对于局域场增强，化学增强机制对拉曼散射增强的贡献较弱，一般在 10～100 倍，而前者往往可达到 5 个数量级以上，在单分子探测实验中，甚至可达 10^{12} 以上。

9.9.2　SERS 增强因子

SERS 实验研究大致可以划分为两大类："平均 SERS"和"单分子 SERS"。在平均 SERS 实验中，较高浓度的分子吸附到纳米结构表面，获得的拉曼散射光谱是这些分子整体贡献的，拉曼增强因子是这些分子拉曼散射增强的平均，称为平均 SERS 增强因子。SERS 衬底的平均增强因子一般是将测量的 SERS 信号与相同条件下测得的常规拉曼信号相比而计算得到。这种估算方法假设所有的分子都对 SERS 信号有贡献。对某些 SERS 衬底，并不能保证所有的分子都位于局域场增强的热点位置，因此，这一计算有可能导致衬底的 SERS 增强因子被低估。各类纳米结构用于一般能达到 10^5～10^8 的平均 SERS 增强因子。平均 SERS 测量技术经常被采用来进行探针分子的定量分析。

单分子 SERS 则不同，主要探测的信号来自位于热点附近的极低浓度的分子。分子浓度基本上可使得每个热点位置只有一个分子。在这种测量中，基于对分子浓度的简单估算，热点位置的增强因子可以高达 10^{14}。根据单分子 SERS 理论及实验中得出的经验规律，拉曼散射增强倍数越高，热点的局域性就越强。通过单分子 SERS 技术，理论上可以实现单个分子的拉曼散射谱的测量。单分子 SERS 区别于平均 SERS 效应的一个最大的特点是，单分子探测中信号会发生闪烁(blinking)，拉曼散射谱的峰位、峰宽和强度都随时间存在快速地涨落。

9.9.3　针尖增强拉曼光谱

扫描近场光学显微术(SNOM)，通过近场激发和/或对近场瞬逝波的探测，实现了空间分辨率好于 100nm 的亚波长光学分析，成为纳米尺度光学表征的重要技术。尽管具有高的空间分辨率，基于光纤探针的 SNOM 在纳米尺度激光光谱分析中仍然存在一个重要局限：由于 SNOM 探针的光通过率很低(10^{-5}～10^{-3}),使 SNOM 在一些弱响应光学过程的光谱分析。例如，拉曼散射光谱测量中，由于信号太弱，需要极长的信号收集时间而缺乏实用性，特别是在光谱显微成像的应用中。SERS 能够大大增加拉曼散射光谱的探测灵敏度，但本质上并不能提供高的空间分辨率。2000 年，日本、德国、瑞士、美国等的科学家分别将具有 SERS 活性的金属所制成的原子力显微镜(AFM)或扫描隧道显微镜(STM)探针用于增强吸附于衬底上针尖下区域的分子附近的局域电磁场，通过与拉曼光谱联用，产生了大的增强拉曼效应，并实现了纳米尺度的空间分辨率，从而开创了针尖增强拉曼光谱(tip-enhanced Raman spectroscopy, TERS)的新技术[53-56]。TERS 不仅使拉曼光谱测量得到高的空间分辨率，也获得高的检测灵敏度。而且，借助于 AFM 和 STM，在光谱测量及光学扫描成像的同时，可获得对应的表面形貌，使化学分析与结构分析能同步进行，互为参照，大大扩展了 SNOM 的功能，成为近场光学显微术新的分支[57]。

TERS 工作时，采用曲率半径为纳米量级的金属针尖接近衬底表面，当一束激光照射针尖与衬底之间的局部区域，针尖结构的几何奇异性导致静电避雷针效应[由于贵金属针尖受到平行于针尖锥方向偏振的激光照射(p 偏振)，针尖尖端表面局域电荷密度得到增强，结果导致针尖尖端的电磁场得到增强和约束]及针尖表面电子的等离激元共振，使针尖表面附近的局域电磁场被增强 1～2 个数量级。因为拉曼散射信号的强度与局域场强度的 4 次方成正比，针尖表面的局域场增强导致衬底的拉曼散射强度被增强 $10^{4\sim8}$，甚至达到理论预计的 10^{12}。针尖表面被增强的局域场是近场，其强度随着其与表面的距离而迅速衰减，因此只在针尖表面附近数纳米的空间范围内的电磁场才存在显著的增强。尽管由于衍射极限的限制，照射样品的激光斑点直径在数百纳米到 1μm，通过 TERS 依然能够获得亚波长的空间分辨。

TERS 可以实现大大突破光学衍射极限的高空间分辨率光学成像，一个典型的例子是单壁碳纳米管(SWNT)的拉曼显微成像。如图 9.24(b)所示为玻璃衬底上的单壁碳纳米管的 TERS 近场光学显微成像，是将 TERS 探针靠近样品表面时测量的。图 9.24(a)为将 TERS 探针远离样品表面时测量，亦即远场光学显微成像，其中的碳纳米管宽度约为 250nm，已达到远场光学显微的分辨率极限。而在图 9.24(b)中所显示的碳纳米管的宽度约为 70nm，远小于衍射极限。实际上，图 9.24(b)中碳纳米管的分辨率受到探针尖端曲率半径(～70nm)的制约。采用更为尖锐的探针，目前 TERS 显微成像空间分辨率最好已小于 10nm。

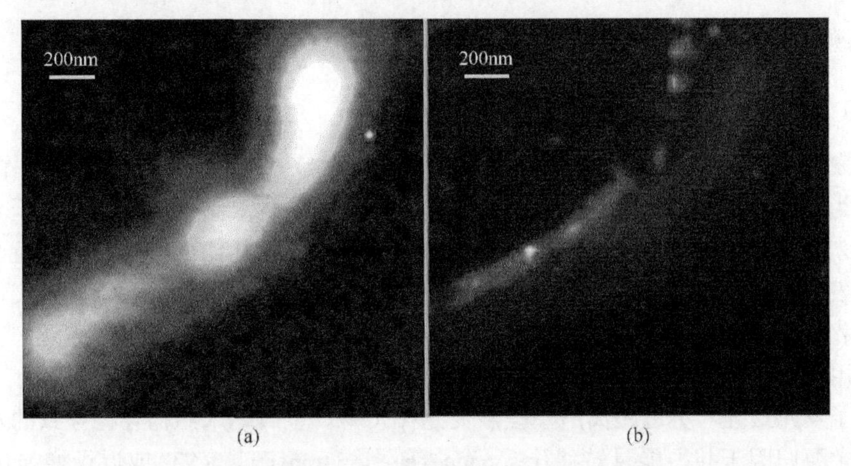

图 9.24　单臂碳纳米管的显微拉曼成像。(a)探针远离样品表面时测量，为远场光学显微成像；(b)探针置于样品表面时所测的 TERS 近场光学显微成像

TERS 的发展为近场光学显微术开辟了新的方向。人们一方面致力于进一步提高其空间分辨率和探测灵敏度，以期达到接近形貌表征的空间分辨能力，发展了多种优化的工作模式，如“间隔模式(gap-mode)”在 TERS 进行分子拉曼光谱测量中同时采用 SERS 衬底，利用金属针尖与 SERS 衬底的金属纳米颗粒之间的纳米间隔微腔即“热点”产生较探针增强局域场更强的巨电磁场[58]；通过使入射激光的电场矢量平行于探针轴线而实现“p-偏振”条件，以减少远场光本底，获得高的近场-远场对比度。另外，发展多功能动态 TERS 系统及其应用，如 TERS 已被用于染料分子、DNA/RNA、活体细胞、单壁碳纳米管等的纳米空间分辨光谱测量及半导体材料的结晶状态和应力分析等多个方面。此外，结合针尖增强的其他效应，如针尖增强荧光、针尖增强红外，以及基于非线性光学过程的针尖增强二级谐波(SHG)、针尖增强反斯托克斯拉曼散射(CARS)等，也相继得到研究与应用，将 TERS 的实验和理论研究推向新的层次，发展出针尖增强光谱与针尖增强近场光学显微术(TENOM)的新领域[59]。

9.10　等离激元增强发光

金属纳米结构的表面等离激元对光发射会产生重要影响。当金属纳米结构靠近分子发光体时，其表面的近场可有效激励分子发光，在一定条件下可以促使分子发光增强数倍。这在荧光显微学上有重要的潜在应用。由于金属表面等离激元的局域性，利用贵金属纳米颗粒或金属探针来激发局域分子的荧光可实现突破传统光学衍射极限的高空间分辨率。表面等离激元与半导体发光体的耦合，也可实现其光发射量子效率的大幅度提高，这为解决短波长发光二极管发光效率不高这个难题提供了一种可选的解决方案。

9.10.1 表面等离激元与荧光分子的作用

表面等离激元对分子发光体的作用不仅可产生荧光增强，也可产生猝灭作用，具体为哪种效应在很大程度上取决于荧光分子与金属纳米结构的距离。对于金属薄膜来说，分子与薄膜的距离决定了各种能量耗散通道的比例，当分子靠近金属薄膜表面时(<20nm)，分子主要通过激发金属表面等离激元以耗散能量，表现为荧光猝灭。对于金属纳米颗粒，当荧光分子与之靠近时，其表面等离激元与分子的作用通常需要考虑高阶多极子效应。实验表明在金纳米粒子与分子间距为 5nm 时分子发光最强，更近距离产生强烈荧光猝灭[60]。金属纳米结构存在导致的发光增强主要归因于共振能量转移(resonance energy transfer，RET)或近场增强(near field enhancement，NFE)效应。分子发光体可以被看作辐射偶极子。对于共振能量转移过程，激发的偶极子的能量被转移到金属纳米结构的等离激元，转化为等离激元共振的能量被其他偶极子吸收，从而形成超辐射态，增强了发光[61]。近场增强主要机制是等离激元共振时的强局域场增加了分子的激发和辐射效率，从而发光被增强。

分子发光体的发光效率与介质环境相关。将分子发光体作为辐射偶极子，求解激发态偶极子的动力学方程

$$\frac{\mathrm{d}^2\vec{p}}{\mathrm{d}t^2}+\Gamma_0\frac{\mathrm{d}\vec{p}}{\mathrm{d}t}+\omega_0^2\vec{p}=\frac{e^2}{m}\vec{E}_{\mathrm{Loc}}(\vec{r}_0) \tag{9.92}$$

可得其电偶极矩的振荡方程：

$$\vec{p}=\vec{p}_0\exp(-\Gamma t)\exp(\mathrm{i}\omega t) \tag{9.93}$$

其中，ω_0 和 Γ_0 分别为自由空间偶极子振动频率和辐射速率，$\vec{E}_{\mathrm{Loc}}(r_0)$ 为偶极子 $\vec{p}$ 所处位置 $\vec{r}_0$ 处的局域电场

$$\Gamma=\Gamma_0+\frac{e^2}{m\omega_0\left|\vec{p}\right|^2}\mathrm{Im}(\vec{p}^*\cdot\vec{E}_{\mathrm{Loc}}(\vec{r}_0)) \tag{9.94}$$

$$\Delta\omega=\omega-\omega_0=-\frac{\Gamma_0^2}{8\omega_0}-\frac{e^2}{2m\omega_0\left|\vec{p}\right|^2}\mathrm{Re}(\vec{p}^*\cdot\vec{E}_{\mathrm{Loc}}(\vec{r}_0)) \tag{9.95}$$

式中，*代表共轭式。

当荧光分子靠近金属纳米结构时，分子受到金属表面等离激元或局域表面等

离激元的影响，其感知电场强度大大增强，因而式(9. 92)中分子的辐射速率随之改变。由于分子发光受其周围介质的影响较大，处于介质表面的分子其发光效率在很大程度上受介质表面以及分子取向等因素影响。因而金属纳米结构与分子之间的作用通常是一个包含介质、分子取向、等离激元作用和共振能量转移等多个过程相关的复杂体系。

9.10.2　金属纳米结构表面等离激元对半导体发光的作用

金属纳米结构表面等离激元与半导体的作用比与分子的作用更为复杂。对于 Si 量子点、Ⅱ-Ⅳ族量子点等，金属纳米结构的表面等离激元可有效增强其辐射效率，当然也可能使量子点发光猝灭，取决于金属纳米结构与量子点具体的组装形态。

对于半导体量子阱，金属纳米结构表面等离激元可与有源层之间发生耦合并产生复杂的效应，从而改变有源层的激子辐射寿命，或者抑制非辐射通道并提供新的表面等离激元辐射通道，从而获得量子阱的发光增强。一个典型的例子是 Okamoto 等通过金属纳米粒子薄膜的表面等离激元提高 GaN 基发光二极管中量子阱的发光效率[62]。如图 9.25(a)所示，他们在 InGaN 量子阱表面制备 Ag、Al、Au 等纳米粒子薄膜。为避免金属纳米结构与量子阱直接接触导致量子阱发光猝灭，将纳米粒子沉积于 p 型 GaN 层表面，p 型 GaN 层既作为 LED 的电流扩展层，又作为金属与量子阱之间的间隔层。测量得到，覆盖了银纳米粒子层和铝纳米粒子层的量子阱的光致发光强度分别提高了 14 倍和 8 倍，扣除金属纳米结构对量子阱发射光的反射等因素，可得量子阱实际的发光增强为 6.8 倍，该效应归因于等离激元增加了态密度和自发辐射效率。

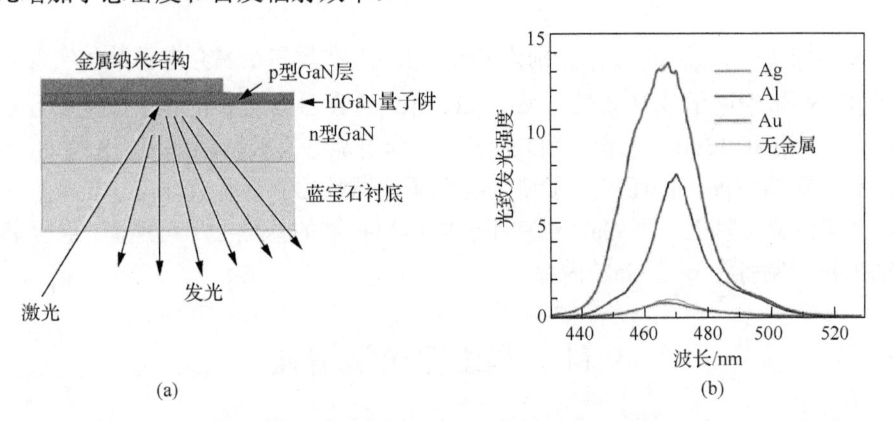

图 9.25　(a)用于表面等离激元与量子阱耦合增强量子阱发光实验的样品及发光测量配置；(b)覆盖金属纳米粒子前后的 GaN 量子阱的光致发光谱

由于金属纳米粒子的表面等离激元具有极强的局域性，当量子阱或者量子点中的载流子位于其隐失场中时，一旦载流子与表面等离激元形成共振耦合，表面等离激元将会以极快的速率获得电子-空穴对的自发辐射能量，并将其转化为远场辐射。这个过程提高了载流子辐射复合的概率，从而可提高辐射效率。

量子阱与表面等离激元耦合后的内量子效率 $\eta_{\text{int}}^{*}(\omega)$ 可表示如下

$$\eta_{\text{int}}^{*}(\omega)=\frac{\kappa_{\text{rad}}(\omega)+C'_{\text{ext}}(\omega)\kappa_{\text{sp}}(\omega)}{\kappa_{\text{rad}}(\omega)+\kappa_{\text{non}}(\omega)+\kappa_{\text{sp}}(\omega)} \tag{9.96}$$

其中，$\kappa_{\text{rad}}(\omega)$ 为辐射复合率；$\kappa_{\text{non}}(\omega)$ 为非辐射复合率；$\kappa_{\text{sp}}(\omega)$ 为量子阱与表面等离激元的耦合率；C'_{ext} 为表面等离激元的散射效率。从式(9.96)可知，表面等离激元能否提高量子阱内量子效率，关键在于 $\kappa_{\text{non}}(\omega)/\kappa_{\text{rad}}(\omega)$ 和 $C'_{\text{ext}}(\omega)$ 的值的大小。在极端情况下，当 $C'_{\text{ext}}(\omega)=0$ 或 $\kappa_{\text{non}}(\omega)<<\kappa_{\text{rad}}(\omega)$ 时，量子阱的内量子效率就无法得到提高；只有当表面等离激元的散射效率 $C'_{\text{ext}}(\omega)$ 很大，并且 $\kappa_{\text{non}}(\omega)$ 与 $\kappa_{\text{rad}}(\omega)$ 相等或 $\kappa_{\text{non}}(\omega)>>\kappa_{\text{rad}}(\omega)$ 时，也就是量子阱的激子复合包含较多的非辐射复合过程，内量子效率才有可能得到增强。

金属纳米结构表面等离激元与量子阱的耦合，需要综合考虑表面等离激元穿透深度 σ_{sp} 和金属纳米结构与量子阱的距离(即 LED 中 p 型 GaN 层的厚度)两个因素。表面等离激元的穿透深度为

$$\sigma_{\text{sp}}=\frac{1}{k}\left(\frac{(\varepsilon_{\text{GaN}}-\varepsilon'_{\text{metal}})}{(\varepsilon'_{\text{metal}})^{2}}\right) \tag{9.97}$$

其中 k 为波矢，ε_{GaN} 和 $\varepsilon'_{\text{metal}}$ 分别为 GaN 的介电常数和金属介电常数的实部。对应于 GaN 量子阱的发光波长，Ag、Al、Au 的表面等离激元的穿透深度分别为 47nm、77nm 和 33nm。根据 LED 的工艺，为了能够有效扩展电流，p 型 GaN 需要达到一定的厚度。因而，为了使金属表面等离激元能够有效地与量子阱产生耦合，必须使量子阱上 p 型 GaN 层在不影响电流扩展的基础上尽可能薄，甚至将金属纳米粒子制备在 p 型 GaN 内部。

9.11　非线性光学增强

非线性光学是指某些材料受外部光场、应变场和电场的作用，频率、振幅、相位等发生变化，从而引起折射率、光散射、光吸收等发生变化。

当光在介质中传播时，介质中束缚较松的价电子在光电场的作用下，电子和

原子间产生相对的电荷位移，引起介质的极化，称为偶极子。在通常的普通光学(光源)范畴，由于光的电场强度与原子内的场强相比十分微弱，极化强度正比于光的电场强度，即只与光波长的一次方有关：

$$\vec{P}=\varepsilon_0\vec{\chi}^{(1)}:\vec{E} \tag{9.98}$$

即线性项就足够描述有关的光学现象，如光的折射、反射和吸收等，此为线性光学。

激光器发出的是强相干的高强度光场，如当激光束的功率密度达到 10^{12}W/cm^2，相应的光频电场的强度可以与原子中的库仑场强度 $E_a\approx3\times10^6$V/cm 相比，当激光场作用于介质时，极化强度不再与光波场的一次方有关，E^2 、E^3 等非线性项就不可忽略，即极化强度和光电场强度的关系为

$$\begin{aligned}\vec{P}&=\varepsilon_0(\vec{\chi}^{(1)}:\vec{E}+\vec{\chi}^{(2)}:\vec{E}\vec{E}+\vec{\chi}^{(3)}:\vec{E}\vec{E}\vec{E}+\cdots)\\&=\underbrace{\vec{P}^{\mathrm{L}}}_{\text{线性极化强度}}+\underbrace{\vec{P}^{\mathrm{NL}}}_{\text{非线性极化强度}}\end{aligned} \tag{9.99}$$

这种与强光有关的效应称为非线性光学效应，基于电场强度 E 的 n 次幂所诱导的电极化效应，被称为 n 阶非线性光学效应。具有非线性光学效应的材料称为非线性光学材料。

式(9.98)、式(9.99)中的 $\vec{\chi}^{(n)}$ 称为 n 阶极化系数，为 $(n+1)$ 阶张量。当考虑式中与 $\vec{\chi}^{(2)}$ 有关的二阶非线性光学现象时，将出现倍频、和频、差频、参量振荡和电光效应等现象。当极化强度与 $\vec{\chi}^{(3)}$ 有关时(三阶非线性光学效应)，将出现四波混频、高阶谐波、受激散射、光学克尔效应等现象。

贵金属纳米粒子掺杂在绝缘介质、半导体中的三阶非线性光学效应是目前人们感兴趣的非线性光学效应课题之一。Ricard 等[63]首次报道了 Au 溶胶与 Ag 溶胶以及 Au、Ag 纳米粒子掺杂在玻璃中的皮秒光学非线性。Hache 等[64]为解释金属纳米粒子内三阶非线性提出了几种模型，如局域场增强和量子尺寸效应等。Tokizaki 等[65]发现 Au、Ag、Cu 等金属纳米颗粒掺杂到介电常数较大的玻璃、半导体等基质中时，三阶非线性的增强较为明显。

Gong 等[66]用化学法制备出 CdS 和 CdS-Ag 两种量子点，并利用 z 扫描技术研究两种量子点的三阶非线性光学性质，如图 9.26 所示。z 扫描是 1990 年由 Sheik-Bahae 等[67]提出的一种方法，该方法简单、有效、精度高，可分析半导体、高分子、有机材料的光学非线性性质，包括非线性吸收(饱和吸收与反饱和吸收)、非线性折射率、非线性吸收系数等。实验显示，CdS-Ag 量子点有明显的三阶非线性的光学响应，其有效非线性吸收系数为 16.8cm/GW，约是 CdS 量子点的 400 倍；另外，其非线性折射率相比 CdS 量子点也增强了近 200 倍以上。

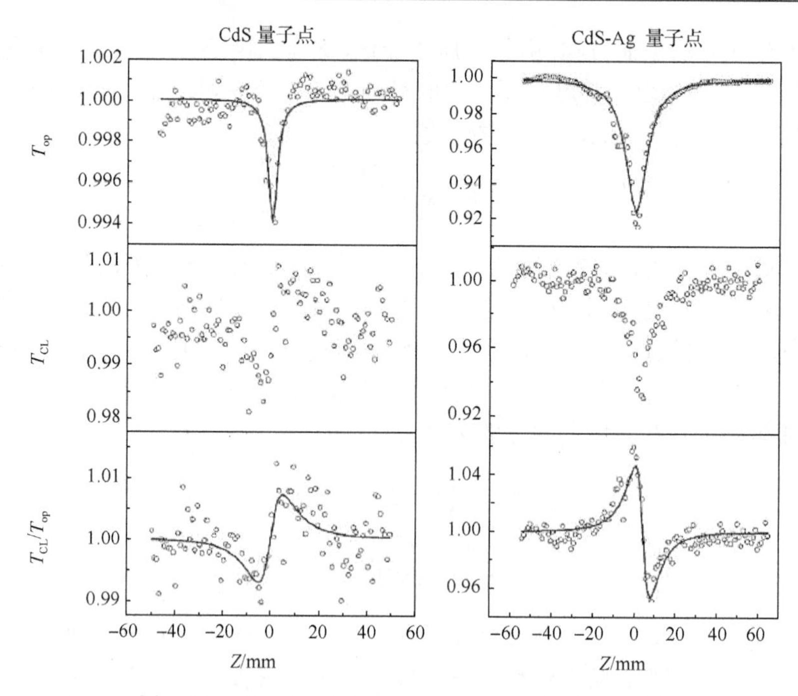

图 9.26　CdS 量子点和 CdS-Ag 量子点的 z 扫描曲线

参 考 文 献

[1] 方俊鑫，陆栋. 固体物理学下册. 上海：上海科学技术出版社，1980.

[2] Brus L E. A simple model for the ionization potential, electron affinity, and aqueous redox potentials of small semiconductor crystallites. J Chem Phys, 1983, 79 (11): 5566-5571.

[3] Tauc J, Grigorovici R, Vancu A. Optical properties and electronic structure of amorphous germanium. Physica Status Solidi (b), 1966,15: 627-637.

[4] Tauc J. Optical Properties of Solids (Ed. F. Abelès). Amsterdam: North-Holland, 1972.

[5] Urbach F. The long-wavelength edge of photographic sensitivity and of the electronic absorption of solids. Phys Rev, 1953, 92 (5):1324-1324.

[6] Lautenschlager P, Garriga M, Logothetidis S, et al. Interband critical points of GaAs and their temperature dependence. Phys Rev B, 1987, 35 (17):9174-9189.

[7] Empedocles S A, Norris D J, Bawendi M G. Photoluminescence spectroscopy of single CdSe nanocrystallite quantum dots. Phys Rev Lett, 1996, 77:3873-3876.

[8] Empedocles S A, Bawendi M. Spectroscopy of single CdSe nanocrystallites. Acc Chem Res, 1999, 32: 389-396.

[9] Efros A L, Rosen M. Random telegraph signal in the photoluminescence intensity of a single quantum dot. Phys Rev Lett, 1997, 78: 1110-1113.

[10] Canham L. Optoelectronics rainbow. Phys World, 1992: 41-42.

[11] Canham L T. Silicon quantum wire array fabrication by electrochemical and chemical dissolution of wafers. Appl Phys Lett, 1990,57: 1046-1048.

[12] Maeda Y, Tsukamoto N, Yazawa Y, et al. Visible photoluminescence of Ge microcrystals embedded in SiO_2 glassy matrices. Appl Phys Lett, 1991, 59: 3168-3190.

[13] Wilson W L, Szajowski P F, Brus L E. Quantum confinement in size-selected, surface-oxidized silicon nanocrystals. Science, 1993, 262: 1242-1244.

[14] Lu Z H, Lockwood D J, Baribeau J M. Quantum confinement and light emission SiO_2/Si supedattices. Nature, 1995, 378: 258-260.

[15] Hirschman K D, Tsybeskov L, Duttagupta S P, et al. Silicon-based light emitting devices integrated into microelectronic circuits. Nature, 1996, 384: 338-341.

[16] Pavesi L, Dal Negro L, Mazzoleni C, et al. Optical gain in silicon nanocrystals. Nature, 2000, 408: 440-443.

[17] Ng W L, Lourenço M A, Gwilliam R M, et al. An efficient room-temperature silicon-based light-emitting diode. Nature, 2001, 410: 193-194

[18] Cheng K Y, Anthony R, Kortshagen U R, et al. Hybrid silicon nanocrystal-organic light-emitting devices for infrared electroluminescence. Nano Lett, 2010, 10(4): 1154-1157.

[19] Puzzo D P, Henderson E J, Helander M G, et al. Visible colloidal nanocrystal silicon light-emitting diode. Nano Lett, 2011, 11:1585-1590,

[20] Maier-Flaig F, Rinck J, Stephan M, et al. Multicolor silicon light-emitting diodes (SiLEDs). Nano Lett, 2013, 13: 475-480.

[21] Li Q, Luo T Y, Zhou M, et al. Silicon nanoparticles with surface nitrogen: 90% quantum yield with narrow luminescence bandwidth and the ligand structure based energy law. ACS Nano, 2016, 10(9):8385-8393.

[22] Li M, Cushing S K, Wu N. Plasmon-enhanced optical sensors: a review. Analyst, 2015,140: 386-406.

[23] Zayats A V, Smolyaninov I I, Maradudin A A. Nano-optics of surface plasmon polaritons. Phys Rep, 2005, 408: 131-314.

[24] Barnes W L, Dereux A, Ebbesen T W. Surface plasmon subwavelength optics. Nature, 2003, 424:824-830.

[25] Renger J, Quidant R, van Hulst N, et al. Free-space excitation of propagating surface plasmon polaritons by nonlinear four-wave mixing. Phys Rev Lett, 2008, 103: 266802.

[26] Yeshchenko O A, Dmitruk I M, Alexeenko A A, et al. Size-dependent surface-plasmon-enhanced photoluminescence from silver nanoparticles embedded in silica. Phys Rev B, 2009, 79: 235438.

[27] Saion E, Gharibshahi E, Naghavi K. Size-controlled and optical properties of monodispersed silver nanoparticles synthesized by the radiolytic reduction method. Inter J Mol Sci, 2013, 14: 7880-7896.

[28] Moores A, Goettmann F. The plasmon band in noble metal nanoparticles: An introduction to theory and applications. New J Chem, 2006, 30: 1121-1132.

[29] Kelly K L, Coronado E, Zhao L L, et al. The optical properties of metal nanoparticles: The influence of size, shape, and dielectric environment. J Phys Chem B, 2003, 107: 668-677.

[30] Sandu T. Shape effects on localized surface plasmon resonances in metallic nanoparticles. J Nanoparticle Res, 2012, 14:905.

[31] Gonzalez A L, Noguez C. Influence of morphology on the optical properties of metal nanoparticles. J Compt Theor Nanoscience, 2007, 4: 231-238.

[32] Powell A W, Wincott M B, Watt A A R, et al. Controlling the optical scattering of plasmonic nanoparticles using a thin dielectric layer. J Appl Phys, 2013, 113: 184311.

[33] Boltasseva A, Atwater H A. Low-Loss Plasmonic Metamaterials. Science, 2011, 331: 290-291.

[34] Mie G. Articles on the optical characteristics of turbid tubes, especially colloidal metal solutions. Ann Phys-berlin, 1908, 25 (3): 377-445.

[35] Link S, El-Sayed M A. Size and temperature dependence of the plasmon absorption of colloidal gold nanoparticles. J Phys Chem B, 1999, 103 (21): 4212-4217.

[36] Kreibig U, Vollmer M. Optical Properties of Metal Clusters. Berlin: Springer-Verlag, 1995.

[37] Kelly K L, Coronado E, Zhao L L, et al. The optical properties of metal nanoparticles: The influence of size, shape, and dielectric environment. J Phys Chem B, 2003, 107 (3): 668-677.

[38] Link S, Mohamed M B, El-Sayed M A. Simulation of the optical absorption spectra of gold nanorods as a function of their aspect ratio and the effect of the medium dielectric constant. J Phys Chem B, 1999, 103 (16): 3073-3077.

[39] Underwood S, Mulvaney P. Effect of the solution refractive-index on the color of gold colloids. Langmuir, 1994, 10 (10): 3427-3430.

[40] Hilger A, Tenfelde M, Kreibig U. Silver nanoparticles deposited on dielectric surfaces. Appl Phys B, 2001, 73 (4): 361-372.

[41] Storhoff J J, Laazarides A A, Mucic R C, et al. What controls the optical properties of DNA-linked gold nanoparticle assemblies? J Am Chem Soc, 2000, 122 (19): 4640-4650.

[42] Tao A, Sinsermsuksakul P. Yang P. Tunable plasmonic lattices of silver nanocrystals. Nature Nanotechnology, 2007, 2 (7): 435-440.

[43] Jain P K, Huang W Y, El-Sayed M A. On the universal scaling behavior of the distance decay of plasmon coupling in metal nanoparticle pairs: A plasmon ruler equation. Nano Letters, 2007, 7 (7): 2080-2088.

[44] de Abajo F J G. Colloquium: Light scattering by particle and hole arrays. Reviews of Modern Physics, 2007, 79: 1267-1290.

[45] Su K H, Wei Q H, Zhang X, et al. Interparticle coupling effects on plasmon resonances of nanogold particles. Nano Letters, 2003, 3 (8): 1087-1090.

[46] 朱星. 近场光学与近场光学显微镜. 北京大学学报(自然科学版), 1997,3:124-137.

[47] Raman C V, Krishnan K S. Polarisation of scattered light-quanta. Nature, 1928, 122: 169.

[48] Fleischmann M, Hendra P J, McQuillan A J. Raman spectra of pyridine adsorbed at a silver electrode. J Chem Phys Lett, 1974, 26: 163-166.

[49] Jeanmaire D L, van Duyne R P. Surface Raman spectroelectrochemistry.1. Heterocyclic, aromatic, and aliphatic-amines adsorbed on anodized silver electrode. J Electroanal Chem, 1977, 84(1): 1-20.

[50] Kneipp K, Moskovits M, Kneipp H. Surface Enhanced Raman Scattering: Physics and Applications, Topics in Applied Physics. vol. 103. Berlin: Springer, 2006.

[51] Porter M D, Lipert R J, Siperko L M, et al. SERS as a bioassay platform: Fundamentals, design, and applications. Chem Soc Rev, 2008, 37 (5): 1001-1011.

[52] Xu H X, Wang X H, Persson M P, et al. Unified treatment of fluorescence and Raman scattering processes near metal surfaces. Phys Rev Lett, 2004, 93 (24): 243002.

[53] Hayazawa N, Inouye Y, Sekkat Z, et al. Metallized tip amplification of near-field Raman scattering. Opt Commun, 2000, 183(1-4):333-336.

[54] Pettinger B, Picardi G, Schuster R, et al. Surface enhanced Raman spectroscopy: Towards single molecule spectroscopy. Electrochemistry, 2000, 68(12): 942-949.

[55] Stockle R M, Suh Y D, Deckert V, et al. Nanoscale chemical analysis by tip-enhanced Raman spectroscopy, Chem Phys Lett, 2000, 318 (1-3) :131-136.

[56] Anderson M S. Locally enhanced Raman spectroscopy with an atomic force microscope. Appl Phys Lett, 2000, 76: 3130-3132.

[57] Bailo E, Deckert V. Tip-enhanced Raman scattering. Chem Soc Rev, 2008, 37 (5) :921-930.

[58] Hayazawa N, Shitobi H, Taguchi A, et al. Focused excitation of surface plasmon polaritons based on gap-mode in tip-enhanced spectroscopy. Jpn J Appl Phys, 2007, 46 (12) : 7995-7999.

[59] Hartschuh A. Tip-enhanced near-field optical microscopy. Angew Chem Int Ed, 2008, 47 (43) :8178-8191.

[60] Anger P, Bharadwaj P, Novotny L. Enhancement and quenching of single-molecule fluorescence. Phys Rev Lett, 2006, 96 (11) : 113002.

[61] Pustovit V N, Shahbazyan T V. Plasmon-mediated superradiance near metal nanostructures. Phys Rev B, 2010, 82 (7) :2365-2376.

[62] Okamoto K, Niki I, Shvartser A, et al. Surface-plasmon-enhanced light emitters based on InGaN quantum wells. Nat Mater, 2004,3:601-605.

[63] Ricard D, Roussignol P, Flytzanis C. Surface-mediated enhancement of optical phase conjugation in metal colloids. Optics Letters, 1985, 10 (10) : 511-513.

[64] Hache F, Ricard D, Flytzanis C. Optical nonlinearities of small metal particles: Surface-mediated resonance and quantum size effects. J Opt Soc Am B, 1986, 3 (12) : 1647-1655.

[65] Tokizaki T, Nakamura A, Kaneko S, et al. Subpicosecond time response of third-order optical nonlinearity of small copper particles in glass. Appl Phys Lett, 1994, 65 (8) : 941-943.

[66] Gong H M, Wang X H, Du Y M, et al. Optical nonlinear absorption and refraction of CdS and CdS-Ag core-shell quantum dots. J Chem Phys, 2006, 125: 024707.

[67] Sheik-Bahae M, Said A A, Wei T H, et al. Sensitive measurement of optical nonlinearities using a single beam. IEEE J Quantum Electronics, 1990, 26 (4) : 760-769.

第10章　富勒烯与碳纳米管

碳具有多样的形态和奇特的物性。晶态的石墨和金刚石作为天然碳固体的两个重要成员，已很早就被人类认识和应用。非晶态的煤炭更是与人类生活和生产息息相关。随着纳米科学技术的发展，碳纳米结构引起了人们足够的重视，已成为纳米科技的一个重要的分支。 1985年，C_{60}被发现并拓展成富勒烯家族，开启了富勒烯化学的新领域。1991年，碳纳米管的发现引起了一维纳米材料的研究热潮，碳纳米管已成为纳米材料的典型代表。2004年，石墨烯的发现又引起了二维少原子层材料的研究热点。可以说，至今纳米科学的发展，一直是与碳纳米结构研究的发展相伴随的。

碳纳米结构的奇特性是与碳原子的电子组态及其键合直接相关的，其认识基础是共价键理论。

10.1　共价键理论

众所周知，共价键是典型的强化学键，两个或多个原子共用它们的外层电子，在理想情况下达到电子饱和的状态，由此组成比较稳定的化学结构，这种键合方式就称为共价键。共价键的本质是原子轨道重叠后，高概率地出现在两个原子核之间的电子与两个原子核之间的电相互作用。

现代共价键理论有两种，一是价键理论，二是分子轨道理论。

价键理论又称电子配对法，其基本要点为：①具有自旋相反的未成对电子的两个原子相互接近，可以形成稳定的共价键。如果A、B两个原子各有一个自旋相反的未成对的电子，那么这两个未成对电子可以相互配对形成稳定的共价键，这对电子为A、B两原子所共有。如果A、B两原子各有两个或三个未成对的电子，则自旋相反的单电子可两两配对形成共价双键或叁键。②原子中未成对的电子数等于原子所能形成的共价键数目，这称为共键价的饱和性。③成键电子的电子云重叠越多，核间电子云密度越大，形成的共价键就越牢固。因此，在形成共价键时，电子云总是尽可能达到最大程度的重叠，这称为电子云最大重叠原理。根据电子云模型，原子核外电子云有不同的形状，分别用s、 p、 d、 f、g、h表示，s电子云呈球形对称分布，在半径相同的球面上，电子出现的机会相同，p电子云呈纺锤形。p、d、f电子云在空间都有一定的伸展方向。在形成共价键时，除了s电子云和s电子云的重叠可以在任何方向上都能达到最大程度的重叠外，p、 d 电子云的重叠只有在一定方向上才能使电子云有最大程度的重叠。因此，共价键是有方向性的。

原子在形成共价键有两种成键方式：①电子云按“头碰头”方式重叠，形成 σ 键，占据 σ 键的电子被称为 σ 电子。σ 键中电子云及其重叠部分沿键轴(两核间连线)呈圆柱形对称分布，重叠部分绕轴旋转任何角度形状不会改变，电子云只在一处发生交叠。在 σ 键形成后，两个间的区域电子云密度最高，把两个原子核拉在一起。如图 10.1(a)所示，两个 1s 电子云重叠总是形成 σ 键，一个 1s 电子云与另一个 2p 电子云在其纺锤形的顶端交叠，或两个 2p 电子云在纺锤形的顶端交叠，都可形成 σ 键。②电子云按“肩并肩”方式重叠，形成 π 键，占据 π 键的电子被称为 π 电子。π 键中电子云的对称轴相平行，电子云重叠部分对通过键轴的一个平面具有对称性。与 σ 键不同，π 键中电子云可在两处或三处发生交叠。如图 10.1(b)所示，2 个 2p 电子云纺锤形的两端同时发生交叠，形成一个 π 键。

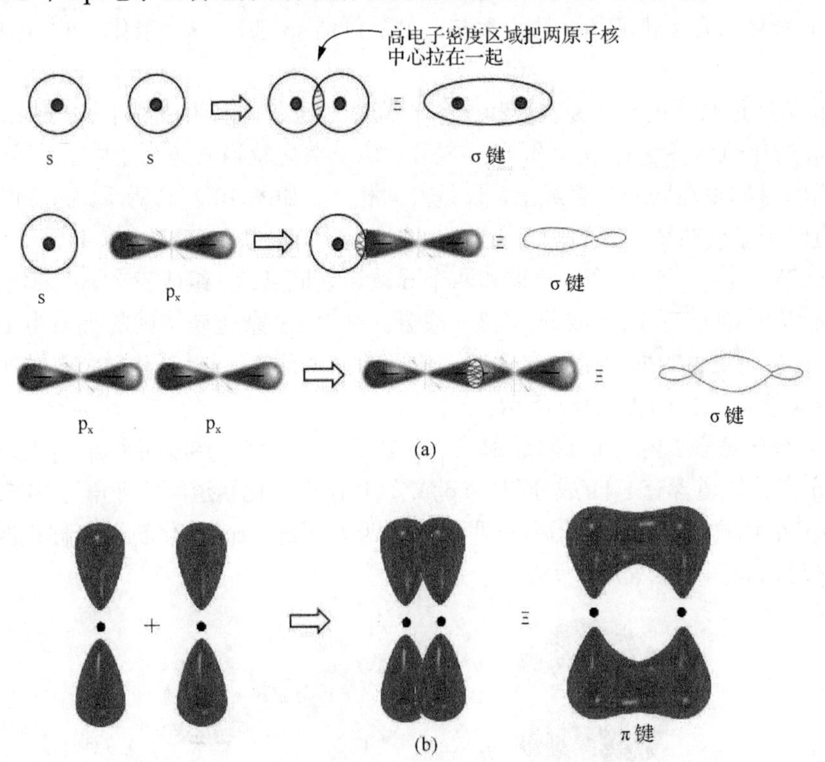

图 10.1　(a)s 电子云或 p 电子云按“头碰头”方式重叠，形成 σ 键；(b)p 电子云按“肩并肩”方式重叠，形成 π 键

由于 σ 键电子云重叠程度较 π 键大，因而 σ 键比 π 键牢固。σ 键不易断开，是构成分子的骨架，可单独存在于两原子间。通常在以共价键结合的两原子间只

能有一个 σ 键。一般来说，π 键容易断开，化学活泼性较强。π 键不能单独存在，只能与 σ 键共存于具有双键或叁键的分子中。

杂化轨道理论在成键能力、分子的空间构型等方面丰富和发展了价键理论。杂化轨道理论认为一个原子和其他原子形成分子时，中心电子所用的轨道不是原来纯粹的 s 轨道或 p 轨道，而是若干不同类型、能量相近的轨道经叠加混杂、重新分配能量和调整空间伸展方向形成一组同等数目的能量完全相同的新轨道，以满足化学结合的需要，这个过程称为轨道的杂化，产生的新轨道称为杂化轨道。杂化轨道之间互相排斥，力图在空间取得最大的键角，使体系能量降低。原子轨道杂化以后所形成的杂化轨道更有利于成键。如 s 轨道和 p 轨道杂化形成的杂化轨道，使本来平分在对称两个方向上的 p 轨道比较集中在一个方向上，变成一头大一头小，成键时在较大一头重叠，这有利于最大重叠。因此杂化轨道的成键能力比单纯轨道的成键能力强。

s-p 杂化只有 s 轨道和 p 轨道参与，主要包括 sp 杂化、sp^2 杂化、sp^3 杂化三种类型。

sp 杂化是原子内一个 s 轨道和一个 p 轨道之间杂化，组成两个 sp 杂化轨道。每个 sp 杂化轨道各含有 1/2s 和 1/2p 成分。两个杂化轨道夹角为 180°。两个 sp 杂化轨道的对称轴在同一条直线上，只是方向相反，如图 10.2(a)所示。sp 杂化轨道又称直线形杂化轨道。

sp^2 杂化是原子内一个 s 轨道和两个 p 轨道之间杂化，组成三个 sp^2 杂化轨道。每个 sp^2 杂化轨道有 1/3 s 成分，2/3 p 成分。两个 sp^2 杂化轨道间的夹角为 120°。三个 sp^2 杂化轨道的取向是指向平面三角形的三个顶角。sp^2 杂化轨道又称平面三角形杂化轨道，如图 10.2(b)所示。

Sp^3 杂化是原子内一个 s 轨道和三个 p 轨道之间杂化，形成四个 sp^3 杂化轨道。每个 sp^3 杂化轨道含有 1/4 s 成分和 3/4 p 成分。每两个杂化轨道间的夹角为 109°28′。四个 sp^3 杂化轨道的取向是指向正四面体的四个顶角。sp^3 杂化轨道也称正四面体杂化轨道，如图 10.2(c)所示。

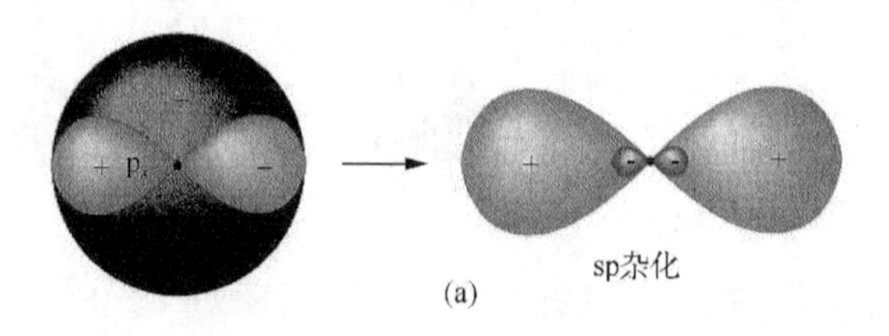

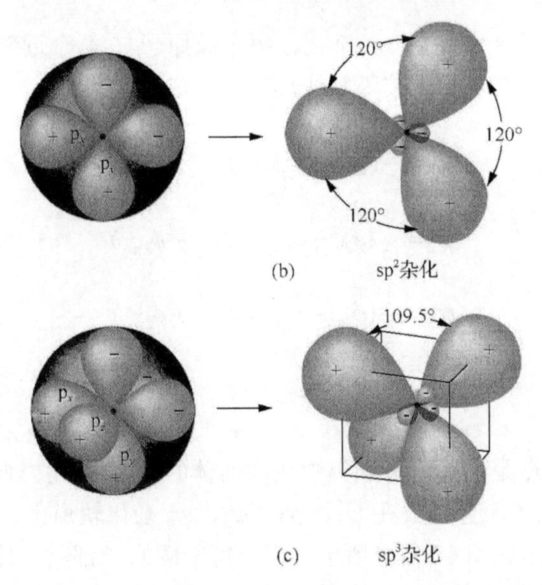

图 10.2　(a)一个 s 轨道和一个 p 轨道组成两个 sp 杂化轨道；(b)一个 s 轨道和两个 p 轨道组成三个 sp^2 杂化轨道；(c)一个 s 轨道和三个 p 轨道形成四个 sp^3 杂化轨道

10.2　碳的同素异构体

碳是一个特殊的元素。一个孤立的碳原子基态的电子组态为 $(1s)^2(2s)^2(2p)^2$，即碳原子包含填满的 1s 和 2s 轨道，另有 2 个电子位于 2p 轨道。由于碳原子很小，价电子受到原子核很强的库仑作用。当碳原子构成分子或固体结构时，邻近原子的作用势对碳原子的 2s 和 2p 原子轨道产生扰动，通过 2s 和 2p 原子轨道的线性组合，形成成键分子轨道、非键分子轨道和反键分子轨道。因此，碳原子的 2s 与 2p 电子全部与键合有关，能够形成多价键。这些电子可按 $sp^n(n\leqslant3)$ 杂化。其中 $n+1$ 个电子属于杂化的σ轨道。σ电子在 C 原子与 C 原子的结合轴方向进行分布。以σ键作为骨架形成 n 维的结构。剩下的 $4-(n+1)$ 个 2p 原子轨道的电子形成π轨道。π轨道有一个通过键轴的对称节面(在节面上成键电子云密度为零)。即π电子在原子与原子结合轴的垂直方向上展开，通过π键结合的原子间结合力弱，键能较小。π电子是发挥物质功能的根源。

上述特性使碳具有多种同素异构体。同素异构体是指构成物质的化学元素相同，但是构成物质的原子或分子结构不同，导致物理性能各不相同，甚至发生明显的质的变化。

天然的固体碳主要包括石墨和金刚石两个晶态同素异构体，分别发生 sp^2 杂化和 sp^3 杂化。

金刚石中碳原子全部发生 sp^3 杂化，每个碳原子与 4 个近邻原子以共价键结合，共价键是由以下 2s 和 2p 波函数线形组合而成：

$$
\begin{aligned}
\psi_1 &= \frac{1}{2}(\phi_{2s} + \phi_{2p_x} + \phi_{2p_y} + \phi_{2p_x}) \\
\psi_2 &= \frac{1}{2}(\phi_{2s} + \phi_{2p_x} - \phi_{2p_y} - \phi_{2p_x}) \\
\psi_3 &= \frac{1}{2}(\phi_{2s} - \phi_{2p_x} + \phi_{2p_y} - \phi_{2p_x}) \\
\psi_4 &= \frac{1}{2}(\phi_{2s} - \phi_{2p_x} - \phi_{2p_y} + \phi_{2p_x})
\end{aligned}
\tag{10.1}
$$

这些杂化轨道的特点是电子云分别集中在四面体的 4 个顶角方向。原来在 2s 和 2p 轨道上的 4 个电子，分别放在 ψ_1、ψ_2、ψ_3、ψ_4 杂化轨道上，在四面体顶角方向形成 4 个共价键，如图 10.3(a)所示。由于每一碳原子都具有化学键中最强的 4 个σ键，金刚石具有极高的硬度。石墨中碳原子全部发生 sp^2 杂化。每个碳原子与 3 个近邻原子以共价键结合，共价键是由 2s 和 $2p_y$、$2p_z$ 波函数线形组合成的，其中包含三个σ键和一个π键。如图 10.3(b)所示，石墨中碳原子以σ键为骨架构成苯环，由无限个苯环形成二维片层结构，称为石墨烯(graphene)。石墨烯片层与片层之间由范德华力维系在一起，堆叠成三维石墨固体。石墨烯中，π电子相互连接在同一平面层碳原子的上下时，可形成大π键，分布于石墨烯片的上下，故在石墨烯面内具有类似于金属的导电性和导热性。石墨烯是典型的二维π电子物质。

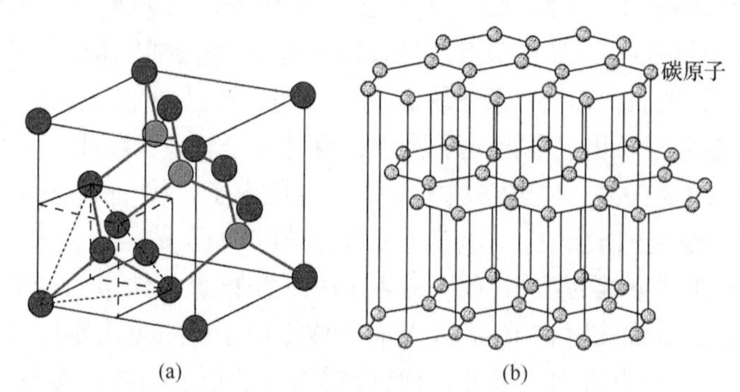

图 10.3　(a)金刚石的原子结构；(b)石墨的原子结构，由一层一层的二维石墨烯堆叠成三维石墨固体

在碳的同素异构体中还包括 sp 杂化的卡宾(chaoite)等。sp 杂化中两个σ键仅形成一维的链状结构。一维的短碳链可采用物理或化学方法人工合成。由 sp 碳链集合可形成三维的分子晶体，被称为卡宾。天然的卡宾于 1960 年由苏联科学家首

次在陨石中发现。卡宾组织呈树脂状，光波在其中形成散射，整个晶体呈白色，俗称“白碳”。

除了晶态结构，碳的同素异构体还包括多种过渡形态，主要可分为两类：一类是无任何长程序的无定形碳(amorphous carbon)。它们是由任意排列的不同杂化态的碳原子混合而成的短程有序的三维材料，其中主要是 sp^2 和 sp^3 杂化的碳原子的混合体，如类金刚石、非晶石墨、玻璃碳、活性炭、炭黑、焦炭等。当材料中 sp^3 杂化的碳原子比例较高时，其物理性质如色泽、硬度等更接近金刚石，故称为类金刚石材料。反之，非晶石墨等则主要由 sp^2 杂化的碳原子组成，在物理性质上更接近石墨。另一类是中间形态的碳，它们具有确定的规则原子排列，碳原子的杂化程度可用 sp^n 来描述，其中 n 是一个确定的非整数 ($1<n<3, n\neq2$)。当 $1<n<2$，为各种单环碳。对于有限原子数的碳团簇，当碳原子数低于 10 时，通常以 sp 杂化的线性链状形式存在，而当碳原子数在 10～30 时，则常可形成单环结构。当 $2<n<3$ 时，则为各种骨架碳。富勒烯、洋葱碳、碳纳米管等都属于这类碳的同素异构体。

10.3 富　勒　烯

富勒烯(fullerene)是由碳原子所构成的空心闭合结构，这些碳原子位于由 12 个五边形和数量不为 1 的六边形的面所构成的多面体的顶点上。

富勒烯的发现和研究过程具有传奇性。1985 年，为了研究通过微波谱学观察到的富碳恒星间气云中的长链分子的形成机理，Kroto 与 Smalley、Curl 合作，利用 Smalley 等发明的激光烧融团簇束流源进行 C 团簇的质谱测量。在实验中发现，可以通过调节实验参数，使形成的 C 团簇质谱中 C_{60} 和 C_{70} 具有最大的丰度(图 10.4)，即 60 和 70 为碳团簇的幻数，表明 C_{60} 和 C_{70} 具有最高的稳定性，尤其是 C_{60}。受到网格球顶建筑结构(用许多短的构件做成立体网格而构成的无须支撑的建筑圆顶，由于这种圆顶稳固性高，其跨度可以很大。这种结构常被一些大型建筑所采用)的启示，他们提出了 C_{60} 的结构模型。在他们首次发表的论文中[1]，C_{60} 被命名为 Buckminster fullerene，因为著名的建筑家 Buckminster Fuller 发明了具有相同结构特征的网格球顶建筑结构。论文发表后，受到很大的争议。在 1985～1990 年间，他们又进行了进一步的研究，所获得的结果使他们相信自己的论点是正确的。1990 年，物理学家 Krätschmer 和 Huffman 通过在氦气气氛中用两根石墨棒进行弧光放电，将所制得的碳凝聚物用有机溶剂进行分离，首次制得了宏观量的 C_{60} 和 C_{70} 的混合物。这使 C_{60} 和 C_{70} 的结构可以被直接定出，从而使 Kroto 等的结构模型得到确证。从此，对富勒烯的研究就蓬勃发展起来，并发现它们具有丰富的奇特物理和化学性质。而 Kroto 与 Smalley、Curl 获得 1996 年诺贝尔化学奖。至今，富勒烯化学在材料开发、能源、微电子器件、制药等许多应用领域备受瞩目。

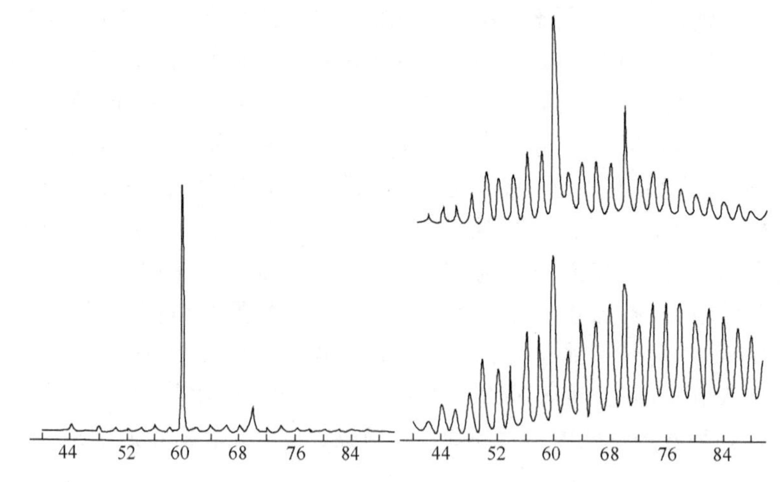

图 10.4　碳团簇的质谱给出了团簇的尺寸分布，通过调节团簇源的工作参数，C_{60} 和 C_{70} 在尺寸分布中获得了最大分布[2]

富勒烯是石墨和金刚石之外碳的第三个确切意义上的同素异形体。C_{60}(又称布基球)是富勒烯家族的典型成员。富勒烯家族的其他稳定成员都具有与它类似的结构。图 10.5 给出了这些成员的结构图。富勒烯由偶数个碳原子组成，所有的原子都位于闭合笼状结构的表面。每个原子与三个最近邻成键，这些键交织成一个

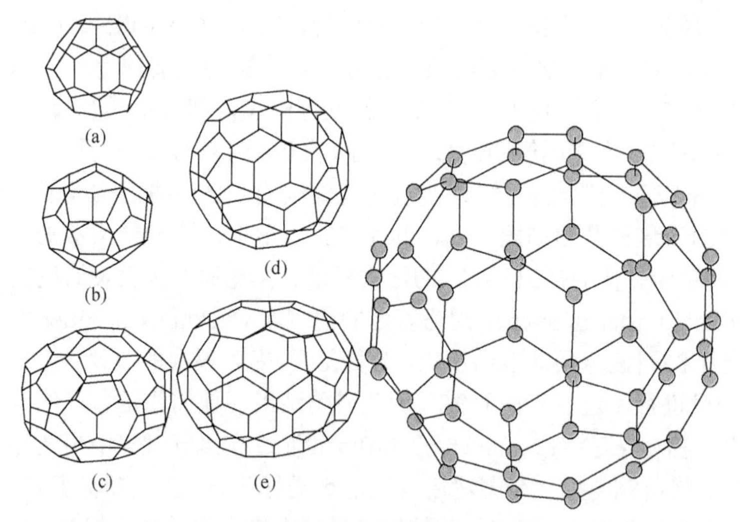

图 10.5　C_{60} 的结构及其与富勒烯家族中其他稳定成员的结构比较。(a) C_{28}；(b) C_{32}；(c) C_{50}；(d) C_{60}；(e) C_{70}

多面体的网络，包含 12 个五边形和 n 个六边形。根据 Euler 定律，这种闭合结构中，必须包含 12 个五边形，而 n 则可以取 1 以外的任意数目，包括 0。在 C_{60} 中，顶点上所有 60 个原子都是等价的，位于一个截角二十面体的外接球面上，并具有截角二十面体的对称性。因此这个截角二十面体的 60 个顶点就是 60 个碳原子，而 90 条棱则对应于 C_{60} 中的 90 个碳碳双键。C_{60} 有 20 个六边形，它们是相互连着的，而 12 个五边形则被这些六边形隔离。有趣的是，C_{60} 的外形与足球正好是一样的。

C_{60} 结构中包含 120 个对称操作：全同操作，12 个绕穿过每个五边形面中心的(C_5 轴)五重旋转操作，20 个绕穿过每个六边形面中心的(C_3 轴)三重旋转操作，30 个绕六边形面的一条边的中心的(C_2 轴)二重旋转操作，以及上述这些对称操作的反演。

富勒烯家族的最小成员是 C_{20}，为十二面体。家族中其他已可被分离出来的成员包括 C_{70}、C_{76}、C_{78} 和 C_{84}。可包含至少 600 个原子的巨型富勒烯已可被合成出来。这种巨富勒烯也具有有趣的多面体形状。图 10.6 比较了 C_{60} 与其他两个具有高对称二十面体结构的巨型富勒烯分子 C_{240} 和 C_{540}。

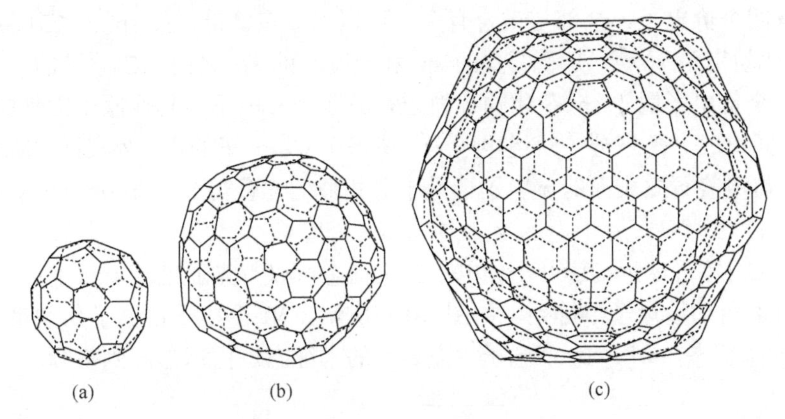

图 10.6　C_{60} 与两个巨型富勒烯分子的结构比较。(a) C_{60}；(b) C_{240}；(c) C_{540}

富勒烯可以通过使石墨气化后形成的稠密碳原子在惰性气体气氛中冷凝而形成，这与前面介绍的气体聚集法团簇源基本是一致的。

由于石墨比 C_{60} 具有更高的热力学稳定性，而且尽管 C_{70} 比 C_{60} 具有更高的热力学稳定性，但在制备中 C_{60} 比 C_{70} 的产量高得多，因此 C_{60} 的形成不是一个热力学控制的过程，而是一个动力学控制的过程。图 10.7 给出了由石墨气化形成富勒烯的生长过程。石墨气化时，第一步是产生碳原子和/或小的碳团簇($C_{1\sim7}$)，随后小的碳团簇形成短的线性链并进一步发展为包含 7～10 个碳原子的单碳环。这些单环进一步生长变大并形成双环甚至多环的碳结构。当碳团簇长大到包含 30 个以

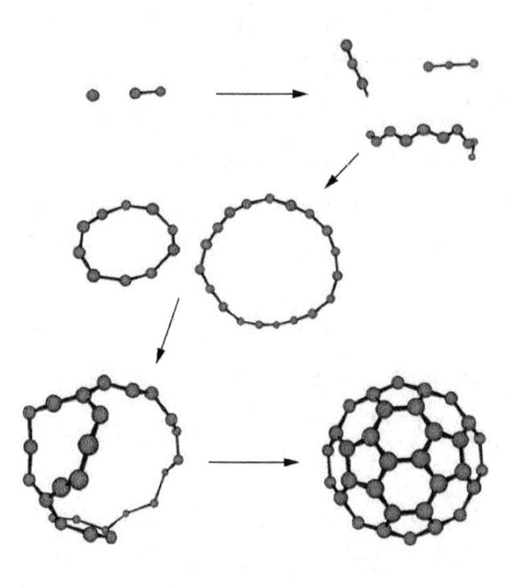

图 10.7　描述富勒烯的生长过程的模型

上的碳原子时，就最终形成富勒烯。在上述过程中一个重要的环节是引入 100～200Torr 的惰性缓冲气体如氦气，使具有较高能量的富勒烯前驱物经历与缓冲气体分子碰撞而消减能量的退火过程，最后达到稳定的富勒烯基态结构。在生长末期的退火过程中，另一个重要的环节是形成五边形碳环以提供曲率，通过一系列五边形环的出现最终形成富勒烯的封闭笼状结构，因为如果在生长中生成的全部是六边形环则将导致平面的石墨烯片状结构的形成。五边形环取代六边形环也使处于生长中的结构中的悬挂键数目减少，最后当闭合笼状结构生成后使悬挂键数目减小到零。

C 原子的电子组态是 $1s^22s^22p^2$，每个 C 原子有四个价电子，全部与键合有关，可以形成多价键，按 sp^n ($n \leqslant 3$) 杂化[3]。C_{60} 的杂化轨道为 $sp^{2.28}$，介于石墨的 sp^2 和金刚石的 sp^3 之间。C 原子的四个价电子中，三个价电子属于 sp^2 杂化的 σ 轨道，第四个 π 电子与其他原子贡献的 59 个 π 电子共同组成 π 离域分子轨道电子云，覆盖了 C_{60} 分子的内、外表面。所形成的 π 电子云与覆盖石墨表面的 π 电子云是十分相似的。事实上，C_{60} 分子可被视为球形的石墨。

由于 C_{60} 接近球形，其 60 个 π 电子的本征态可以首先通过球谐振子势来考虑，能级按轨道角动量量子数排列，如图 10.8 所示，50 个电子占据了角动量量子数 l=1～4 的本征态，剩下 10 个电子填充 l=5 的本征态。由球形回到实际的二十面

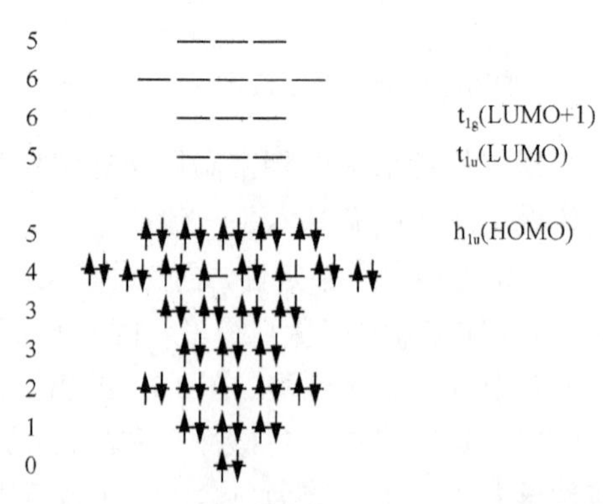

图 10.8　C_{60} 中 60 个 p 电子的分子轨道（MO）能级示意图。图左边的整数给出了导出 MO 的球谐振势的轨道角动量量子数。HOMO 是五重简并的，LUMO 是三重简并的

体造成的对称性的降低可以按微扰处理，这样 l=5 的本征态将发生分裂，10 个电子将占据 h_{1u} 对称的五重简并能级。这构成 C_{60} 分子的最高占据分子轨道(HOMO)。最低未占据分子轨道(LUMO)也可以从 l=5 的角动量本征态导出，但是具有 t_{1u} 对称性并且是三重简并的。

在苯溶液中，C_{60} 呈洋红色，C_{70} 呈红色。C_{60} 分子可形成洋红色半透明的面心立方晶体。其电离能为 7.61eV，电子亲和势为 2.6～2.8eV，最强的光吸收带位于 213nm、257nm 和 329nm。在核磁共振谱中产生 142.7ppm 的化学位移。在 C_{60} 固体中，fcc 晶体中的 C_{60} 分子独立地自由旋转，角频率高达 10^8Hz。在 260K 左右，C_{60} 固体发生相变，fcc 晶格发生突然收缩，变为简立方晶格。这时，C_{60} 分子的旋转就不再是自由的，每个分子在两种择优取向配置中跳转：其低能相是双键位于五边形的上方，高能相是双键位于六边形的上方。90K 时，所有的 C_{60} 分子全部停止旋转，冻结为由上述两种取向配置混合成的取向无序的晶体。

每个 C_{60} 反应可以在一个原发反应步骤中接受三个电子甚至更多。C_{60} 分子可被多次氢化、氨化和氟化，可以将原子或基团附着到 C_{60} 笼结构的外部或内部形成配位体，也可以形成增氧复合物，如 $C_{60}O$ 和 $C_{70}O$。

以孤立分子状态存在的 C_{60}，其 π 电子能量分布离散，能隙约为 2.5eV。由 C_{60} 分子堆积成的晶体，能隙宽度变窄，约为 1.5eV，呈现半导体性。C_{60} 具有空心结构，具有足够的空间将一个或多个原子笼入分子中间。用浸渍碱金属或碱土金属盐的石墨片进行蒸发，可获得含有金属离子的 C_{60} 团簇，团簇中的金属离子即使在强激光照射下也不会被移去，表明金属离子被俘获在 C_{60} 笼状结构的中心。一些笼内掺杂 C_{60} 的结晶材料，会显示出高温超导特性(临界温度 T_c 可达 10～33K)。最早发现的是 $K_3^+C_{60}^{3-}$ (或记作 $K_3@C_{60}$) 离子晶体，其超导临界温度为 19K。目前得到的最高临界温度为 33K，是由 $CsRb_2C_{60}$ ($CsRb_2@C_{60}$) 中获得的。这种超导特性的发现，开辟了分子超导体的超导研究新领域。C_{60} 分子具有三重简并的最低未占据分子轨道(LUMO)，在掺杂形成的超导材料中，这个轨道由三个电子占据，处于半填充。还存在 C_{60} 的其他一些掺杂离子相，如 M_nC_{60} (n=1,2,4,6, M 为中心金属原子)，分别可呈现金属性、半导体性或绝缘性。

10.4　碳纳米管的制备

碳纳米管是 Sumio Iijima(饭岛澄男)于 1991 年首先发现的[4]。在此之前，20 世纪 50～80 年代，通过实验屡次观察到碳纳米管存在的迹象，但未予重视。20 世纪 80 年代后期到 90 年，随着富勒烯研究的展开，已从理论上探讨圆筒状富勒烯分子。1991 年，在 NEC 公司从事研究的 Iijima 在 HREM 观察电弧蒸发后在石墨电极上形成的硬质沉淀物，发现多壁碳纳米管(multiwall carbon nanotube，

MWNT)：直径 4～30nm，长 1mm，由 2～50 个同心管构成。随后在 1993 年，Iijima[5] 和 IBM 公司的 Bethune[6]分别用 Fe 和 Co 混在石墨电极中，各自独立地合成了由单层石墨烯围成的圆筒，其直径仅有 1.27nm，并将其命名为单壁碳纳米管(single wall carbon nanotube, SWNT)。

碳纳米管的制备方法主要有电弧法、脉冲激光蒸发法、有机物气相催化热解法、化学气相沉积法。目前，已可以实现每小时克量级的单壁碳纳米管制备和每小时公斤级的多壁碳纳米管的制备。

在电弧法中，在两根靠得很近的石墨电极间加上直流电压，使之在在几十到几百千帕的惰性气体气氛中电弧放电，产生 100～200A 的放电电流，电极表面的峰值温度可达约 3000℃。在放电过程中，碳原子不断从阳极表面蒸发，使阳极逐步被消耗。最后，蒸发物形成无定形碳、石墨纳米粒子、石墨烯以及少量的多壁碳纳米管并淀积于阴极及真空腔壁上。如果在阳极的石墨棒中制槽或孔，并在其中填充纯金属(Fe, Co, Ni, Y, Gd 等)催化剂和石墨的混合物。采用相同的电弧放电过程则可制备得单壁碳纳米管。绝大部分(70%～90%)单壁碳纳米管位于阴极附近一个项圈型小沉积斑中。单壁碳纳米管只有在催化剂存在的情况下才能形成。

脉冲激光蒸发法在长型石英管中进行，石英管被放置于加热炉内加热到 1200℃的炉温，由金属催化剂/石墨混合而成的石墨靶置于石英管中，管内充入惰性气体并形成沿石英管流动的气流。高功率脉冲激光(通常可采用重复频率为 30 Hz, 每个脉冲约 500mJ，波长为 532nm 的 Nd: YAG 激光器)被聚焦到石墨靶上，使之气化，所形成的气态碳和催化剂粒子被气流从高温区带向低温区，在催化剂的作用下生长成单壁碳纳米管。

电弧法和脉冲激光蒸发法可以获得平均直径为～1.4 nm 的窄尺寸分布的纳米管，但两者都需要 3000～4000℃的高温以气化固态碳源，并产生大量不需要的副产品，但事实上碳纳米管可在低得多的温度下形成。为避免上述问题，碳源和催化剂全部采用气相给料的热解技术被用于碳纳米管的制备。有机物气相催化热解法中，有机金属前驱体在 200～300℃升华或蒸发，并被惰性载气带入温度保持在 900～1200℃的加热炉反应器中，在其中发生分解。有机金属前驱物种的金属成分聚集成纳米粒子，从而催化分解产生的有机部分生长形成纳米管。在上述过程中，须防止金属纳米粒子成为氧化物以致“毒化”单壁碳纳米管生长。为此可采用连续流动的氩气流以去除系统中的空气，也可以用氢气代替惰性气体还原已生成的金属氧化物。通常采用单独的碳氢气体或蒸气作为碳源。乙炔、甲烷、己烷、二甲苯、苯等都可以茂金属(如二茂铁)作为催化剂热解形成单壁碳纳米管。例如，可采用 $Fe(CO)_5$ 作为催化剂，催化 CO 的歧化反应形成单壁碳纳米管。

化学气相沉积法(CVD)与催化热解法非常相似。CVD 通常是指在表面进行的生长，因此在 CVD 法中采用负载于表面的催化剂，使碳纳米管沿表面生长或从表面长出。在衬底表面附着催化剂粒子的方法很多，如最简单的一种方法是在硅片等表面旋涂金属盐，也可以将金属盐浸渍到多孔氧化铝或氧化硅中。然后在空气中煅烧时金属盐转化为金属氧化物纳米粒子，随后通过与催化热解法相同的过程来形成碳纳米管。也可以直接蒸发 Fe 等金属到衬底表面形成催化剂纳米粒子。在这种方法中，碳纳米管是通过 VLS 的生长机制形成的。

通常采用开口生长模型来分析单壁碳纳米管的生长。碳纳米管在生长过程中端部是开口的，碳原子加入该开口端而导致碳管的生长。如图 10.9 所示，在碳纳米管的开口端存在两类悬挂键边缘。如果在开口端的(a)类活性悬挂键边缘吸附 C_2 原子簇，则将在开口端增加一个六元环，连续增加 C_2 原子簇则导致碳管的不断生长。对于(b)类活性悬挂键边缘，需加入 C_3 原子簇才能形成六元环，如果加入 C_2 原子簇则形成五元环。五元环的引入导致局部生长条件的变化，碳纳米管弯曲活性升高，就会形成一个帽，从而使碳纳米管停止生长。因此纳米管是生长还是停止生长，取决于 C_2 原子簇与 C_3 原子簇的竞争。

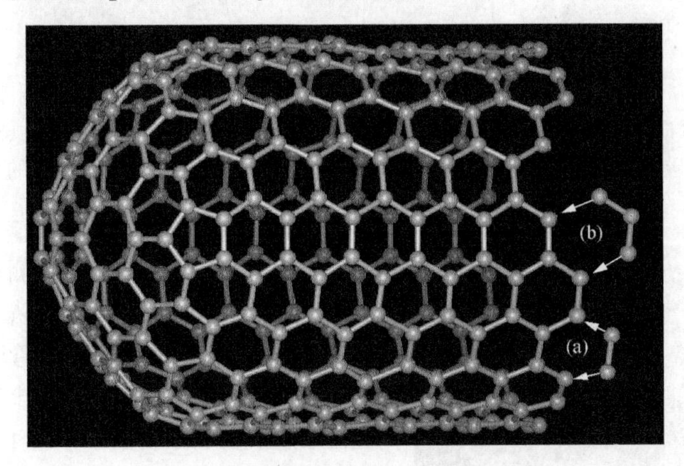

图 10.9　碳纳米管开口生长模型示意图

10.5　碳纳米管的结构

碳纳米管是由单层或多层石墨片绕中心按一定角度卷曲而成的无缝、中空纳米管。图 10.10(a)为一根多壁碳纳米管的高分辨透射电子显微镜照片，由同心的六层单壁碳纳米管构成，两层管壁之间的距离为 0.34nm，与石墨中两层石墨烯之间的间距接近。图 10.10(c)为一根单壁碳纳米管的高分辨透射电镜照片，其直径为 1.5nm，比图 10.10(a)显示的多壁碳纳米管的直径要大得多。单壁碳纳米管总是趋向于形成由数十根管聚集而成的管束，管束中纳米管呈三角点阵一维平行密集排列，如图 10.10(b)和(d)所示。尽管研究通常针对的是单根碳纳米管，但在应用中需要考虑实际样品中聚集成管束碳纳米管的特性。图 10.10(e)给出了单壁碳纳米管“木排状”管束的高分辨电子显微镜照片[3]。大部分纳米管形成拱形结构，其起始端或终端是由笼状富勒烯分子无序堆积组成的碳块。某些纳米管束终止于数纳米直径的金属纳米粒子。在纳米管束的侧壁也可以观察到小的金属粒子。这些金属纳米粒子是在纳米管制备中作为催化剂引入的。

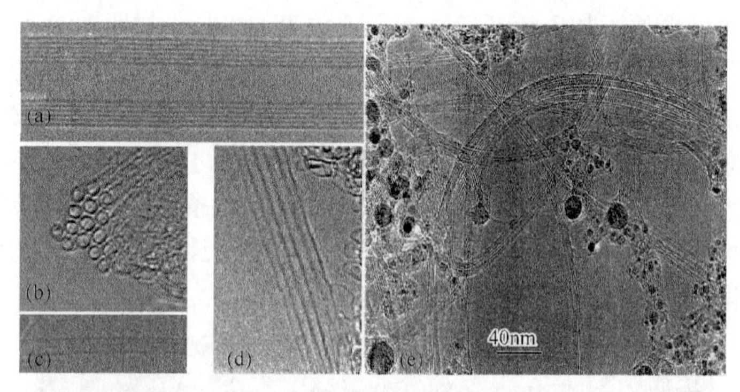

图 10.10　(a)一根多壁碳纳米管的高分辨透射电子显微镜照片；(b)单壁碳纳米管束截面的 TEM 照片，每根碳纳米管的直径～1.4nm，管束中碳管之间的距离为 0.315nm；(c)一根直径为 1.5nm 的单壁碳纳米管的高分辨 TEM 照片；(d)一个单壁碳纳米管束的横剖面的 TEM 照片；(e)一批拱形碳纳米管束的 TEM 照片

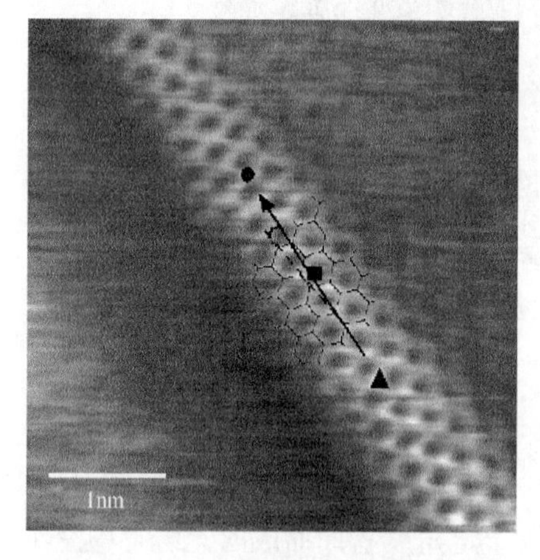

图 10.11　一根单壁碳纳米管的 STM 图像，从中可以分辨出管壁上的每个六元碳环。带箭头的实线标出了管的轴线方向，虚线标出了六元环排列的方向，两者间的角度表明碳六元环沿管轴呈螺旋形排列

图 10.11 为在 77K 低温下测量的一根碳纳米管的 STM 图像[4]，可以分辨出管壁上每个碳六元环，这些六元环沿着管轴线呈螺旋形排列，由管的直径和六元环排列方式可以确定碳纳米管的具体结构。

单壁碳纳米管可看成是由一层石墨六角网平面(石墨烯片)卷成无缝筒状而形成无缺陷的管状物质。直径主要分布在 0.8～2nm。目前合成的最细的单壁碳纳米管的直径为(0.42±0.02)nm。理论上，0.4nm 是碳纳米管可能的最小直径，若直径再小，碳纳米管结构不稳定。直径大于 3nm 的单壁碳管碳管则容易发生管壁的塌陷而变得不稳定。碳管中每个碳原子和相邻的三个碳原子相连，形成六角形网格结构。碳原子以 sp^2 杂化为主，但碳管中六角形网格结构会发生一定弯曲，形成空间拓扑结构，其中可形成一定的 sp^3 杂化键。直径较小的单壁碳纳米管曲率较大，因此 sp^3 杂化的比例较大。sp^3 的比例随碳管的直径增大而逐渐减小。单壁碳纳米管的原子结构可将石墨烯平面映射到圆柱体上得到，在映射过程中保持石墨烯片层中的六边形不变。映射时石墨烯片层中六角形网格和碳纳米管轴向之间可能出现各种夹角，根据夹角不同而呈现三种不同的结构类型，分别是扶手椅型(armchair)碳纳米管、锯齿型(zigzag)碳纳米管和螺旋型(coiled)碳纳米管。如图 10.12 所示，在扶手椅型碳纳米管中，碳六元环中有两对 C—C 键与碳纳米管的轴线呈 30°角，另有两个相对的 C—C 键垂直于碳纳米管的轴线，这种碳纳米管通常用结构指数(n,n)表示(n 为整数)；在锯齿型碳管中，碳六元环中有两个相对的 C—C 键平行于碳纳米管的轴线，这种碳纳米管通常用结构指数$(n,0)$表示；在螺旋型碳纳米管中，C—C 键与纳米管的轴线之间的夹角为 0°～30°，通常用结构指数(n,m)表示$(n\neq m)$。三种结构类型中，扶手椅型和锯齿型碳纳米管是没有手性的，螺旋型碳纳米管中六角形网格绕管轴产生螺旋，因此是有手性的，分为左螺旋和右螺旋两种。

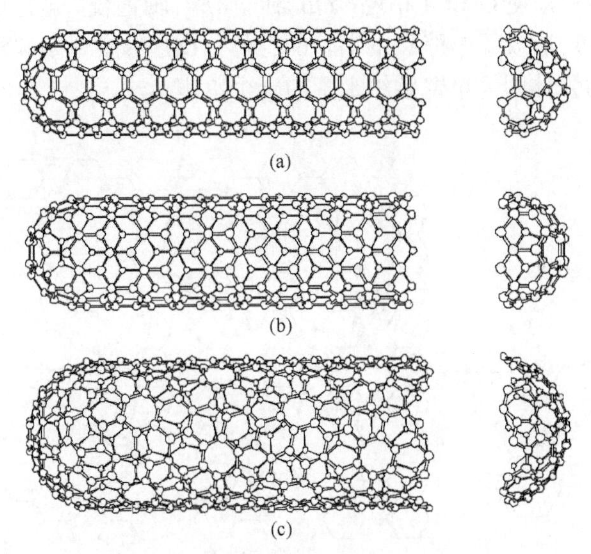

图 10.12　单壁碳纳米管的三种结构类型。(a)扶手椅型(n,n)；(b)锯齿型$(n,0)$；(c)螺旋型(n,m)

为描述石墨烯片层点阵，采用如图 10.13(a)所示的直角坐标系，可定义两个单位向量：

$$\vec{a}_1 = a(\sqrt{3}/2, 1/2),\ \ \vec{a}_2 = a(\sqrt{3}/2, -1/2) \tag{10.2}$$

其中，$a = \sqrt{3}a_{\mathrm{C-C}} = 0.246\mathrm{nm}$，$a_{\mathrm{C-C}}$ 为碳碳键长。石墨烯中任一格点的位置，

都可以用以下点阵向量给出：

$$\vec{C} = n_1\vec{a}_1 + n_2\vec{a}_2 \tag{10.3}$$

其中，n_1、n_2 为两个整数。

从石墨层片映射成碳纳米管的过程中，利用石墨层中的平面格点构造碳纳米管的过程如下[图 10.13(b)]：在石墨烯中任选一个格点 O 作为原点，经格点 A 作一晶格向量 $\vec{C}_h = n\vec{a}_1 + m\vec{a}_2$ (n、m 为整数)，然后过 O 点作垂直于向量 $\vec{C}_h$ 的直线，B 点是该直线所经过的二维石墨层平面的第一个格点，向量 $\overrightarrow{OB}$ 称为平移向量，用 $\vec{T}$ 表示。

直线 OD 是与单位矢量 $\vec{a}_1$ 平行的一条直线，沿石墨六方网格的锯齿轴(zigzag axis)，与六方网格的一个 C—C 键垂直。向量 $\vec{C}_h$ 和 OD 之间的夹角称为螺旋角 θ，而向量 $\vec{C}_h$ 称为螺旋向量。过 A 点作螺旋向量 $\vec{C}$ 的垂线，并与过 B 点垂直于 $\overrightarrow{OB}$ 的直线交于 B' 点。矩形 $OAB'B$ 构成单壁碳纳米管的一个单胞的平面展开。以 OB 为轴，卷曲石墨层片，使 O 和 A 相连，OB 轴与 AB' 轴重合，就形成了单壁碳纳米管管体圆周，OB 形成了单壁碳纳米管的管体，OA 形成单壁碳纳米管的圆周。$OAB'B$ 所围成的管体即为单壁碳纳米管的一个单胞。

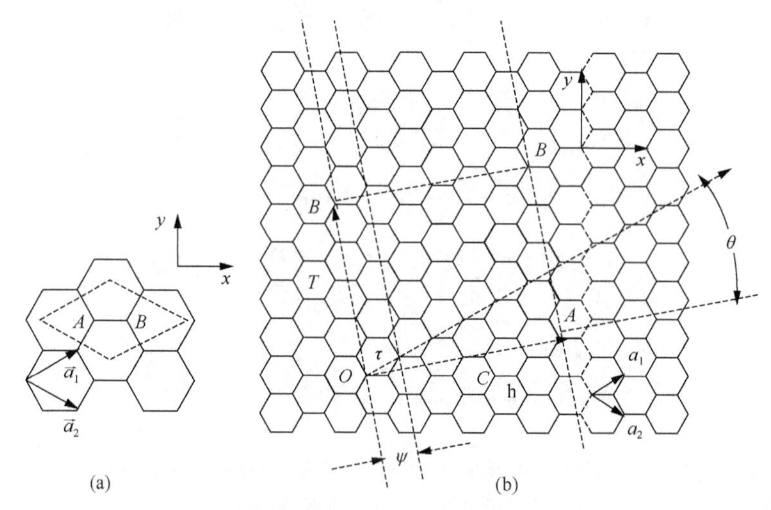

图 10.13　(a)石墨烯片层点阵单位向量的定义，菱形虚线为石墨烯单胞；(b)石墨层片卷曲成单壁碳纳米管的操作示意图

一旦在石墨晶格中选定了螺旋向量 $\vec{C}_h$，则碳纳米管的结构及其所有参数就被确定了。事实上，在不考虑手性的情况下，单壁碳纳米管可由螺旋向量 $\vec{C}_h$、石墨片层结构指数(n，m)、平移向量 $\vec{T}$、碳纳米管直径和螺旋角完全确定。这几个基

本参数间可以相互转换。

从碳纳米管的构造过程可看出，螺旋向量 $\vec{C}_{\mathrm{h}}$ 的数值就是碳纳米管的管周长，所以碳纳米管的直径可表示为

$$d=\frac{\left|\vec{C}_{\mathrm{h}}\right|}{\pi}=\frac{a\sqrt{m^2+n^2+mn}}{\pi} \tag{10.4}$$

螺旋角 θ 是六边形网格(边)相对于碳纳米管轴向之间的夹角，由于石墨层六边形网格结构的对称性（$0\leqslant|\theta|\leqslant\frac{\pi}{6}$），由螺旋角可得到碳纳米管的螺旋对称性。从螺旋角的定义可知螺旋角是螺旋向量 $\vec{C}_{\mathrm{h}}$ 和单位向量 $\vec{a}_1$ 之间的夹角。因此

$$\cos\theta=\frac{\vec{C}_h\cdot\vec{a}_1}{\left|\vec{C}\right|\cdot\left|\vec{a}_1\right|}=\frac{2n+m}{2\sqrt{m^2+n^2+mn}} \tag{10.5}$$

锯齿型和扶手椅型碳纳米管的螺旋角分别是 $\theta=0^{\circ}$ 和 $\theta=30^{\circ}$。

平移矢量 $\vec{T}$ 是沿碳纳米管轴向重复碳纳米管单胞的最短距离，可表示为

$$\vec{T}=t_1\vec{a}_1+t_2\vec{a}_2\equiv(t_1,t_2) \tag{10.6}$$

因为平移矢量 $\vec{T}$ 和螺旋向量 $\vec{C}$ 相垂直，即

$$\vec{T}\cdot\vec{C}=0 \tag{10.7}$$

故可得

$$\frac{t_1}{t_2}=-\frac{2m+n}{2n+m} \tag{10.8}$$

取 $t_1=\frac{2m+n}{d_{\mathrm{R}}}$，$t_2=\frac{-(2n+m)}{d_{\mathrm{R}}}$，$d_{\mathrm{R}}$ 是 $(2n+m，2m+n)$ 的最大公约数，其值为

$$d_{\mathrm{R}}=\begin{cases}d_{nm}\\3d_{nm}\end{cases} \tag{10.9}$$

其中 d_{nm} 是 (n,m) 的最大公约数,当 $(n-m)$ 不是 3 的倍数时取第一项，$(n-m)$ 是 3 的倍数时取第二项。则平移矢量 $\vec{T}$ 的长度为

$$T=\frac{\sqrt{3}L}{d_{\mathrm{R}}} \tag{10.10}$$

碳纳米管的单胞是由石墨层面内螺旋向量$\vec{C}_h$和平移向量$\vec{T}$构成的石墨烯面卷曲而成的，碳纳米管的单胞包含 N 个石墨六边形，$2N$ 个碳原子，N的数值为

$$N=\frac{\left|\vec{T}\times\vec{C}_h\right|}{\left|\vec{a}_1\times\vec{a}_2\right|}=2\frac{(n^2+m^2+nm)}{d_R} \tag{10.11}$$

对于无手性的$(n,0)$和(n,n)两种碳纳米管来讲，碳原子数 $2N=4n$。由半径和 $2N$ 可知，$2N$ 的大小与碳管的半径成正比，所以单胞含有的碳原子数目较少；对于螺旋形的碳纳米管，一般情况下 $2N$ 的大小与半径的平方成正比，这样单胞含有的碳原子数目就较多。

对称矢量$\vec{R}$用来在碳纳米管内产生碳原子坐标，定义为在$\vec{C}_h$方向最小分量的位置矢量，如下式所示

$$\vec{R}=p\vec{a}_1+q\vec{a}_2=(p,q)\quad (p,q\text{是整体}) \tag{10.12}$$

这里 p 和 q 没有公约数(1 除外)。$\vec{R}$在$\vec{C}_h$上的分量，即$\vec{C}_h\cdot\vec{R}$正比于$\vec{T}\cdot\vec{R}$的值:

$$\frac{\vec{C}\cdot\vec{R}}{L}=\frac{\left|\vec{R}\cdot\vec{T}\right|}{T} \tag{10.13}$$

且

$$\vec{T}\cdot\vec{R}=(t_1q-t_2p)(\vec{a}_1\cdot\vec{a}_2) \tag{10.14}$$

其中，t_1q-t_2p 是整数。选择$\vec{R}$的 p 和 q，以构成最小位置矢量$(i=1)$，如下式所示：

$$t_1q-t_2p=1\quad (0<mp-nq\leqslant N) \tag{10.15}$$

通过对称矢量$\vec{R}$可以描述碳纳米管单位原胞内其他碳原子位置矢量。

通常在理论计算构造 SWNT 结构时，采用(n,m)结构指数，表示 SWNT 单胞及进行对称操作时，采用$\vec{C}_h$和$\vec{T}$参数，而在实验观察(HRTEM、STM、SED)碳纳米管结构时，则采用 d、θ参数。

10.6　异型单壁碳纳米管

两端封闭等单壁碳纳米管可以看作一个多面体，晶体形成各种形状的凸多面体时，均遵循瑞士数学家欧拉(Euler)所建立的欧拉定律，其给定了一个凸多面体中点、线、面之间的关系：设多面体中的顶点数为 V，棱数为 E，面数为 F，则

$$F+V=E+2-2G \tag{10.16}$$

其中 G 为所形成的结构中出现没有封闭面的数目，即出现孔的数目。$G=0$, 多面体是一个完全封闭的结构；$G=1$，多面体上有一个孔；$G=2$，多面体上有两个孔。

根据欧拉定律，由碳原子形成仅包含正曲率的(凸多面体)并且完全封闭的碳结构，即 $G=0$ 时，石墨片层六边形网格中，必须包含 12 个五边形。因此，如果 SWNT 碳原子形成的封闭结构仅由五元环和六元环组成，则其中必定包含 12 个五边形。这时，五元环通常出现碳纳米管的两端，使纳米管的石墨烯面发生径向弯曲，产生正的曲率，形成一个帽，从而使碳纳米管两端封闭。SWNT 中也可以出现七边形环，但七边形环不能单独存在，如果在管体上存在一个七边形就会存在一个与之对应的(12 个五边形之外的)五边形，即形成一个五边形/七边形对。出现七边形后，石墨烯片产生负的曲率，故七边形环通常出现在 SWNT 的管壁上。

七元环/五元环对的引入，在不产生旋转位移的情况下，可改变 SWNT 的连接、螺旋角而形成特殊结构。碳纳米管之间可以通过引入五元、七元等非六边形环而连接为 L、Y、T 或 X 型碳纳米管[5,6]，这些特殊结构被称为异型碳纳米管。由于破坏了纯六边形的完美结构，引入的非六边形环被称为缺陷环。如图 10.14(a)所示，由(8，0)和(7，1)型 SWNT 连接形成碳纳米管异质结，在连接处管体上出现相邻的一个五元环和一个七元环[7]。当出现不相邻的五元环和七元环对，五元环导致正的曲率，七元环导致负的曲率，因此出现纳米管的弯曲。如图 10.14(b)所示，由(10，0)和(6，6)型 SWNT 连接形成碳纳米管结，一个五元环和一个七元环分别出现于纳米管壁相对的两侧[8]。在图 10.14(c)中，以三个(9，0)型 SWNT 为分支管构成的 Y 型碳纳米管异质结结构，在连接部位加入了 6 个七元环[9]。直径、手性不同的碳纳米管连接为多端口碳纳米管异质结，可作为纳米电子器件的结构单元。例如，Y 型纳米异质结特有的多端口管状结构决定了从一个支管流向另一个支管的电流，可受到第三支管电压的控制而完成开关动作，从而构成碳基纳米晶体管。

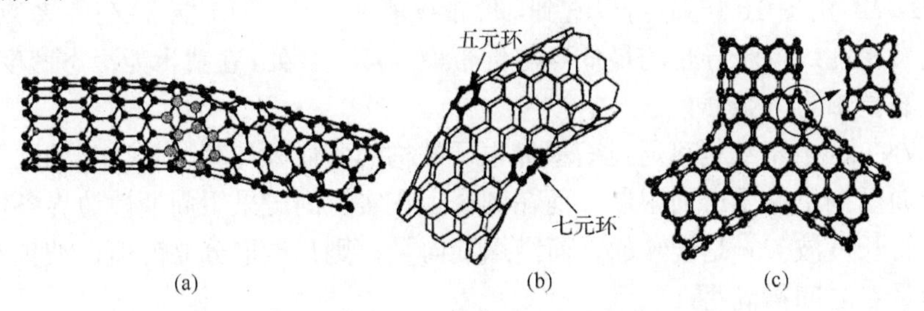

图 10.14　(a)由(8，0)和(7，1)型 SWNT 连接形成碳纳米管异质结；(b)由(10，0)和(6，6)型 SWNT 连接形成的碳纳米管结；(c)以三个(9，0)型 SWNT 构建成 Y 型碳纳米管异质结

10.7 碳纳米管的电学性质

10.7.1 单壁碳纳米管的电子能带结构

具有分立能级的分子的电子性质与最高已占据分子轨道(HOMO)与最低未占据分子轨道(LUMO)之间的间隙密切相关。与此对应，对于固态材料费米面附近的能量色散的形状具有关键意义。设由独立 sp^2 杂化的碳原子一个一个地组装成单壁碳纳米管，当仅包含 2 个碳原子时，HOMO 与 LUMO 能级是由 p_z 原子轨道重叠而成的π和π^*分子轨道。随着更多的碳原子加入，泡利不相容使能级进一步分裂，最终当 SWNT 形成时，由 p_z 轨道重叠而形成 HOMO 与 LUMO 能带，或者说π和π^*能带，费米能级位于两者之间。因此，只有 p_z 轨道对于决定碳纳米管的电子性质是重要的，由 sp^2 分子轨道分裂形成的σ和σ^*能带，由于距离费米能级太远而可以不予考虑。σ轨道与π之间的混合也同样太小而可以忽略。

SWNT 的能带结构可以从石墨烯平面的 p_z 轨道出发通过简单的量子力学计算导出。对石墨烯的π和π^*能带采用紧束缚近似，在费米能级附近的二维能量色散关系为[10,11]

$$E_{2D}(\vec{k}) = \pm\gamma_0\sqrt{1+4\cos\left(\frac{\sqrt{3}k_x a}{2}\right)\cos\left(\frac{k_y a}{2}\right)+4\cos^2\left(\frac{k_y a}{s}\right)} \tag{10.17}$$

式中，γ_0 是最近邻碳-碳原子间的相互作用能(重叠积分)；$a=|\vec{a}_1|=|\vec{a}_2|=\sqrt{3}a_{C—C}$。在简约能区图式中，上述能量色散关系给出了石墨烯第一布里渊区的电子能带结构图，如图 10.15(a)所示。式(10.17)中的负值对应于价带(π能带)，价带已被完全填充(石墨烯中的每个单胞中有两个π电子)，而费米能级对应于能量零点。图 10.15(b)给出了石墨烯在倒格子空间的第一布里渊区，并标出了高对称点Γ、M、K。由图 10.15(a)可以看到，价带(π能带)与导带(π^*能带)在各 K 点相切，这表明费米能级位于导带的最低点与价带最高点重合处，在费米能级态密度为零。因此，石墨烯为半金属。

SWNT 的电子结构可通过石墨烯电子结构的弯曲来计算。SWNT 的电子波函数在径向受到单原子层的限制，而在圆周上在实空间可采用周期性边界条件，沿着纳米管长度波矢 $\vec{k}$ 是连续的，而沿螺旋向量 $\vec{C}$ 则只能取分立的值，波矢 $\vec{k}$ 与其螺旋向量 $\vec{C}$ 之间需满足：

$$\vec{C}\cdot\vec{k}=2\pi q \quad (q\text{为整数}) \tag{10.18}$$

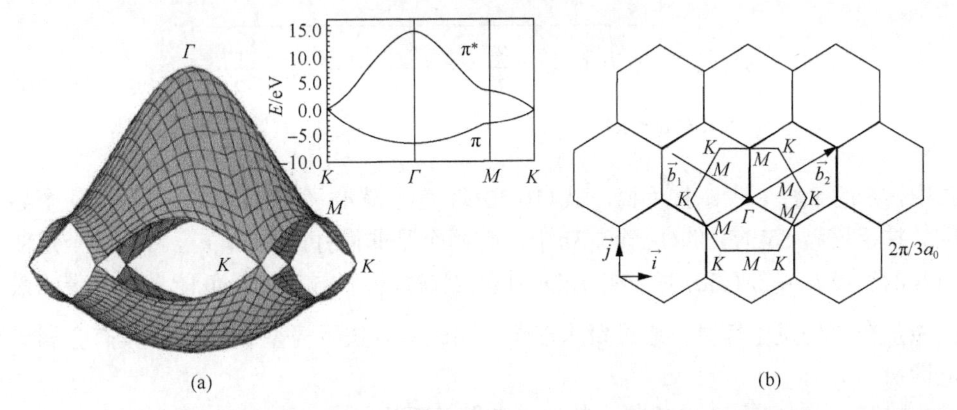

图 10.15　(a)石墨烯费米面附近色散关系曲面图，给出了石墨烯的电子能带结构。价带(π能带)与导带(π^*能带)在各 K 点相切。(b)石墨烯的倒格子与第一布里渊区(灰色部分)。并标出了倒格矢 $\vec{b}_1$、$\vec{b}_2$ 与高对称点：Γ(布里渊区中心)，K(布里渊区角)，M(布里渊区边缘中点)

因此，SWNT 中允许的 k 状态是限制于石墨烯第一布里渊区的一系列直线(与 q 所取的直线值对应)，它们平行于管轴，互相之间等间隔，如图 10.16 所示，波失沿 $\vec{k}_1$ 方向仅能取一系列分立的值，沿 $\vec{k}_2$ 方向在第一布里渊区内连续。也就是说，SWNT 的第一布里渊区是一条条分立的直线，其方向与 $\vec{k}_2$ 平行，长度为直线在石墨烯第一布里渊区内的线段。在布里渊区内，SWNT 的色散关系满足式(10.17)。因此，石墨烯的二维色散关系被折叠成 SWNT 的一维布里渊区。

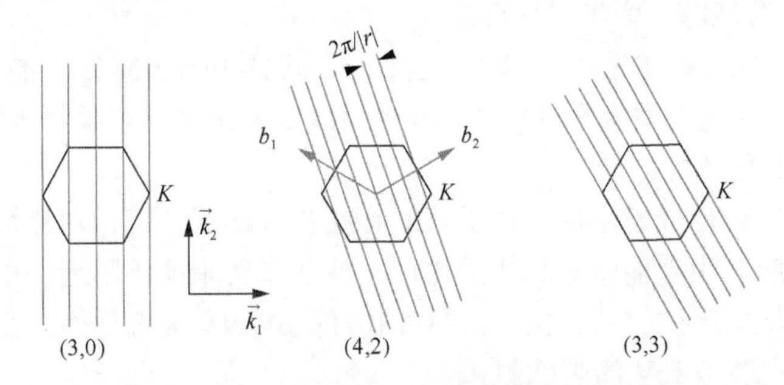

图 10.16　SWNT 的允许的波矢(第一布里渊区)与高对称点 K 的关系。(3，0)和(3，3)碳管布里渊区的直线可与 K 点相交，因而为金属性，(4，2)碳管布里渊区的直线不能与 K 点相交，因而为非金属性

通过上述的布里渊区折叠模型，得到了 SWNT 的 N 个电子能带的一维电子色散关系。对于(n, n)扶手椅型 SWNT，圆周周期性边界条件式(10.18)成为

$$\vec{C}\cdot\vec{k}=\sqrt{3}nk_x a=2\pi q \tag{10.19}$$

由式(10.17)可得其能量色散关系

$$E_q^{\mathrm{a}}(k) = \pm\gamma_0\sqrt{1 + 4\cos(\frac{q\pi}{2n})\cos(\frac{k_y a}{2}) + 4\cos^2(\frac{k_y a}{2})} \tag{10.20}$$
$$(-\pi < k_y a < \pi)$$

式中，E 的上标 a 表示扶手椅。式(10.20)取负号得 $4n$ 个价带，取正号得 $4n$ 个导带。扶手椅型 SWNT 的 $4n$ 个能带中，有两个是非简并的(q=0, n)，有 $2n$ 个是双简并的。当 k_y=±2π/(3a)时，在 q=2n 时有 $E_q^{\mathrm{a}}(k)=0$，导带的最低能量和价带的最低能量在此处发生简并，通过费米能级，因此所有扶手椅型 SWNT 都具有金属导电性。

对于(n, 0)锯齿型 SWNT，其能量色散关系为

$$E_q^{\mathrm{z}}(k) = \pm\gamma_0\sqrt{1 + 4\cos\left(\frac{\sqrt{3}k_x a}{2}\right)\cos\left(\frac{q\pi}{n}\right) + 4\cos^2\left(\frac{q\pi}{n}\right)} \tag{10.21}$$
$$(-\frac{\pi}{\sqrt{3}} < k_x a < \frac{\pi}{\sqrt{3}})$$

式中，E 的上标 z 表示锯齿。上式给出了锯齿型 SWNT 的 $2n$ 个电子态的一维色散关系。对于任意(n, 0)锯齿型 SWNT，当 n 为 3 的倍数，q=n 时在 k_x=0 处有 $E_q^{\mathrm{z}}(k)=0$，导带与价带间没有能隙，碳纳米管呈现为金属性。其他锯齿型碳纳米管，在 k_x=0 处有能隙，为半导体性。

对于(n, m)螺旋型单壁碳纳米管，当(n, m)满足 2n+m=3q(q 为整数)，纳米管表现为金属性，其他类型为半导体性。因此，1/3 的螺旋型单壁碳纳米管呈金属性，另外 2/3 则呈半导体性。

单壁碳纳米管形成管束后，由于管间存在相互作用，镜像对称性被破坏，产生量子排斥效应，引起能带互相排斥作用，改变了费米能级附近的电子态密度，从而对其电子结构产生扰动。例如，(10, 10)的 SWNT 为金属性，而其管束在电子态密度中可产生 0.1eV 的赝能隙。

层数较少但直径较大的 MWNT 的电子性质基本保持相应的 SWNT 的性质。但对于直径较小的 MWNT，由于曲率较大，层间相互作用较大，可能会改变其电子结构。

10.7.2　单壁碳纳米管的电学性质

金属性的 SWNT 的费米能级附近有两个互相交叉的能带，因此有两个通道，4 个电子在输运中起作用。每个通道产生一个单位量子电导，在电子散射和理想接触条件下，SWNT 具有两个单位量子电导，即

$$G=2G_0=4e^2/h \tag{10.22}$$

式中，G_0 为单位量子电导。

SWNT 是典型的量子导线。电子在碳纳米管的径向运动受到限制，表现出典型的量子限制效应，其电导是不连续的，可观察到由量子限制引起离散能级的共振隧道效应。而电子在轴向的运动不受任何限制。无缺陷金属性碳纳米管被认为是弹道式导体，其导电性能仅次于超导体。

金属性的碳纳米管在低温下表现出典型的库仑阻塞效应。当电子注入碳纳米管这一微小的电容器时，由于纳米尺度电容足够小，只要注入 1 个电子就会产生足够高的反向电压使电路阻断。当被注入的电子穿过碳纳米管后，反向阻断电压随之消失，又可以继续注入电子。因此在对单根单壁碳纳米管的低温电学性质进行研究时，可以观察到单电子输运现象。

碳纳米管的导电能力随着温度的升高而下降，这是因为声子散射在电导中的作用。温度升高时，由于热激发的作用，声子散射效率变得更高。随着杂质原子或者缺陷的增加，碳纳米管的电导率也会降低。

10.8　碳纳米管的力学性质

石墨烯平面中 sp^2 杂化的 C—C 键是自然界中最强的化学键之一。但在大块石墨中，石墨烯层与层之间的相互作用较弱，使石墨材料强度低。在碳纤维中，所有 sp^2 杂化的 C—C 键的基面平行于轴向，使之成为超轻高强的复合材料。但是，由于碳纤维结构存在大量的缺陷，其力学性质与理论值相差较远。而在碳纳米管中，基面中的碳由 sp^2 杂化共价键直接相连，缺陷少。因此碳纳米管具有很高的强度，可能是迄今最高强度的纤维。

碳纳米管的弹性模量与 sp^2 共价键密切相关。根据连续介质理论，弹性能与其直径的平方成反比，杨氏模量与直径之间有以下关系：

$$Y=\frac{4.296}{d}+8.24(\text{GPa}) \tag{10.23}$$

式(10.23)与碳纳米管的螺旋角、层数等几何结构无关。

碳纳米管的弹性模量还具有独特的各向异性：碳纳米管在基面方向比较柔软，在轴向具有很高的模量，与金刚石相当。碳纳米管的泊松比为正数，在 0.15～0.28，与螺旋角度无关。

理论计算的 SWNT 的杨氏模量约为 1TPa 量级。实验测得 SWNT 的杨氏模量为 1～3TPa，多壁碳纳米管的杨氏模量平均值为 1.8TPa。与之对比，氧化铝、碳钢、凯夫拉(最广为人知的用途是防弹衣和防刺衣)、钛的杨氏模量分别为 350GPa、210GPa、130GPa 和 110GPa。

碳纳米管还展现了很大的回弹性，SWNT 可以承受大角度的弯曲、扭绞和其他扭曲形变而不会出现断裂，这些形变可以完全恢复，仅其六边形及圆柱形状发生变化。碳纳米管容纳大弹性应变的非凡能力可归因于其单原子层壳壁使得没有应力集中的空间，以及碳在受到石墨烯平面外畸变时重杂化的能力。

图 10.17 为在应力下具有很大程度弯曲的碳纳米管的高分辨透射电子显微镜照片[12]。尽管在其截面上发生了极大的扭曲形变，仍未断裂，说明碳纳米管具有极大的柔韧性，能够通过网格的结构变化来释放引力。

在超出弹性形变后，碳纳米管通过 Stone-Wales 形变来改变形状以消除应力。计算表明，SWNT 在一定的临界张力下，应变能过高使得完整六元环晶格不再能够被保持，因此通过形变转变到低能量态，这种形变通过一个 C—C 键绕其中心旋转 90°而达到，导致在六边形网格中出现一对拓扑缺陷，每个拓扑缺陷由相连的一个五边形和一个七边形组成，成为一个 5-7 缺陷。这种变形称为 Stone-Wales 形变。两个 5-7 缺陷最初是结合在一起的(5-7-7-5 成对缺陷)，在引力场作用下，通过一系列的 Stone-Wales 形变使两对五边形/七边形对缺陷分开，使位错得以移动(发生滑移)，释放应力，如图 10.18 所示。Stone-Wales 形变是碳纳米管可发生较大塑性形变的原因，它使碳纳米管不仅具有很高的强度，而且具有特别好的柔韧性。

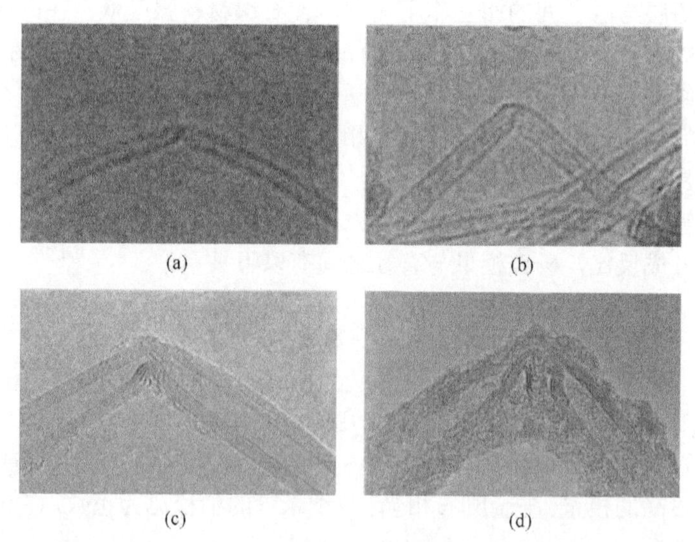

图 10.17　在应力下碳纳米管发生弯曲和扭曲的高分辨透射电子显微镜照片。(a)直径为 0.8nm 的 SWNT 在其中部发生单个扭结；(b)直径为 1.2nm 的 SWNT 在其中部发生单个扭结；(c)8nm 直径的 MWNT 发生单个扭结；(d)8nm 直径的 MWNT 发生复杂的双扭结

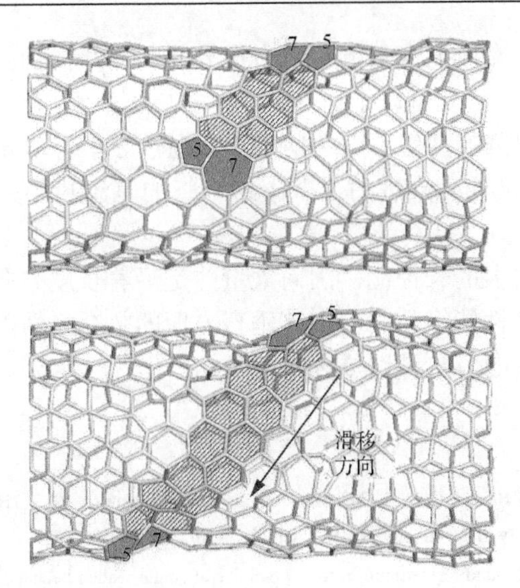

图 10.18　(10，10)碳管发生在 $T=3000K$ 温度发生 3%应变，5-7-7-5 成对缺陷分离为两个 5-7 缺陷并通过一系列 Stone-Wales 形变相互离开。加阴影的区域为 5-7 缺陷的移动路径[13]

为充分利用碳纳米管在轴向的超高强度，需将 SWNT 按一定方向排列起来制成复合材料。普通材料受到拉力而出现裂纹时，在裂纹的尖端会出现应力集中现象，使强度大大降低。碳纳米管束中，在拉力作用下，单壁碳纳米管受力均匀，即使个别强度比较低的发生断裂，应力集中出现也较小，整个复合材料的强度不会降低。

10.9　碳纳米管的热学性质

对材料加热，促使其内电子进入激发态并出现高能量声子模，从未使材料的内能提高。电子和声子都对比热容有贡献，即比热容 $C=C_{el}+C_{ph}$，C_{el} 和 C_{ph} 分别为电子比热容和声子比热容。对于 SWNT，$C_{ph}/C_{el}\sim 100$，因此碳纳米管声子比热容是主要的，$C\sim C_{ph}$。在低温时(<5K)，碳纳米管中仅出现声学分支振动模，SWNT 的量子化声子谱导致其比热容与温度线性相关。

材料中的声传播主要通过纵向声子进行，声速由相应的 $k=0$ 处的色散的斜率给出。声子热导率 κ 近似为

$$\kappa = Cv_s l \tag{10.24}$$

其中，v_s 为声速；l 为声子平均自由程。

大部分固体的声速为 3～6km/s，石墨烯和 SWNT 对应于纵向声子模(LA)的声速高达 20km/s。这一异常大的声速源于高强度的 C—C 共价键，并直接导致碳

基材料的高热导率：金刚石和石墨烯具有所有材料中最高的热导率。由于热导率依赖于平均自由程 l，因此可以推断 SWNT 内在的长程结晶度将导致更好的热传导。理论上一根无缺陷的理想单壁碳纳米管室温热导率可达 6000W/(m·K)，而实验上也测得高达 3000W/(m·K)的单壁碳纳米管的室温热导率，远高于金属铜的 400W/(m·K)。

一维管具有非常大的长径比，因而大量热是沿着长度方向传递的。虽然在管轴平行方向的热交换性能很高，但在其垂直方向的热交换性能较低。适当排列碳纳米管可得到非常高的各向异性热传导材料。

参 考 文 献

[1] Kroto H W, Heath J R, O'Brien S C, et al. C60: Buckminsterfullerene, Nature, 1985, 318: 162-165.

[2] Smalley R E.Self-assembly of the fullerenes.Acc Chem Res, 1992, 25 (3): 98-105.

[3] Qin LC, Iijima S. Structure and formation of raft-like bundles of single-walled helical carbon nanotubes produced by laser evaporation. Chem Phys Lett,1997, 269(1-2):65-71.

[4] Odom T W, Huang J L, Kim P, et al. Atomic structure and electronic properties of single-walled carbon nanotubes. Nature, 1998, 391: 62-64.

[5] Iijima S, Ichihashi T Single-shell carbon nanotubes of 1-nm diameter. Nature, 1993, 363: 603-605.

[6] Bethune D S, Kiang C H, de Vries M S, et al. Cobalt-catalysed growth of carbon nanotubes with single-atomic-layer walls. Nature, 1993, 363: 605-607.

[7] Chico L, Crespi V H, Benedict L X, et al. Pure carbon nanoscale devices: nanotube Heterojunctions. Phys Rev Lett, 1996, 76: 971-974.

[8] 成会明. 纳米碳管：制备、结构、物性及应用. 北京：化学工业出版社，2002.

[9] 薛冰纯. 碳纳米管异型结构以及生长机理的理论研究. 南京：南开大学博士学位论文, 2009.

[10] Saito R，Fujita M，Dresselhaus G，et al Electronic structure of chiral graphene tubules. Appl Phys Lett, 1992, 60(18):2204-2206.

[11] Hamada N, Sawada S, Oshiyama A. New one-dimensional conductors: Graphitic microtubules. Phys Rev Lett, 1992, 68: 1579-1582.

[12] Iijima S, Brabec C, Maiti A, et al Structural flexibility of carbon nanotubes. J Chem Phys, 1996, 104104(5): 2089-2092.

[13] Buongiorno-Nardelli M, Yakobson B I, Bernholc J. Mechanism of strain release in carbon nanotubes. Phys Rev Lett, 1998, 81: R4656.